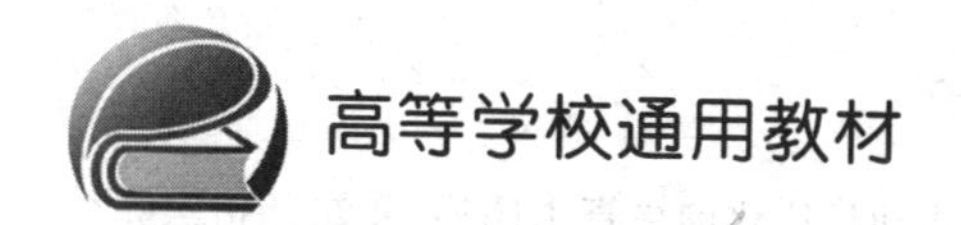

自动控制原理简本

魏　鹏　编著

北京航空航天大学出版社

内容简介

本书将晦涩难懂的公式和定理用简单易懂的图、表和口语化的语言来阐述，并配合相应的教学视频，更适应于同学们自学的需求。本书选取了经典控制理论和现代控制理论方法的基础部分，内容涵盖：自动控制原理的一般概念、数学模型、时域分析法、根轨迹法、频域分析法、控制系统的校正、非线性系统、采样系统理论、状态空间分析法、李雅普诺夫稳定性分析等。

本书可作为高等院校相关专业本科生的"自动控制原理"教材以及考研复习参考书。

图书在版编目(CIP)数据

自动控制原理简本 / 魏鹏编著. -- 北京 ：北京航空航天大学出版社，2022.10

ISBN 978-7-5124-3918-4

Ⅰ. ①自… Ⅱ. ①魏… Ⅲ. ①自动控制理论—高等学校—教材 Ⅳ. ①TP13

中国版本图书馆 CIP 数据核字(2022)第 189197 号

自动控制原理简本

魏 鹏 编著

策划编辑 胡晓柏 责任编辑 胡晓柏 张 楠

*

北京航空航天大学出版社出版发行

北京市海淀区学院路 37 号(邮编 100191) http://www.buaapress.com.cn

发行部电话:(010)82317024 传真:(010)82328026

读者信箱:emsbook@buaacm.com.cn 邮购电话:(010)82316936

涿州市新华印刷有限公司印装 各地书店经销

*

开本:710×1 000 1/16 印张:22 字数:469 千字

2022 年 10 月第 1 版 2022 年 10 月第 1 次印刷

ISBN 978-7-5124-3918-4 定价:69.00 元

若本书有倒页、脱页、缺页等印装质量问题，请与本社发行部联系调换。联系电话:(010)82317024

前　言

自动控制原理是工科类本科生三年级的课程，它上接大学一、二年级的“高等数学”和“工程数学”等基础课，下接大学四年级“电机学”“自动控制元件”等专业课，是一门承上启下的专业核心课程。关于自动控制原理的专著和教材国内外不下几十种，但是适合自学的简化版教材几乎空白。本书将晦涩难懂的公式和定理用简单易懂的图、表和口语化的语言来阐述，并配合相应的教学视频，更适应于同学们自学的需求。根据教学大纲和学时安排，选取了经典控制理论和现代控制理论方法的基础部分，编写了本教材。

第 1 章：绪论；

第 2 章：系统的数学模型；

第 3 章：时域分析法；

第 4 章：根轨迹法；

第 5 章：频域分析法；

第 6 章：控制系统的校正；

第 7 章：非线性系统；

第 8 章：采样系统理论；

第 9 章：状态空间分析法；

第 10 章：李雅普诺夫稳定性分析。

编者从事自动控制专业的教学与科研工作接近三十年，从最初在山东大学自动控制学院师从林家恒先生、张承慧先生接受自控原理的启蒙教育，后在北京航空航天大学自动控制学院师从王占林先生、程鹏先生。虽时隔多年，先生们的教导至今历历在目。正逢新冠疫情期间，遂将在先生们身边学来的知识加上我的理解汇聚在这本自动控制原理简本教材中。成长于信息爆炸年代的学生们也许更喜欢这样一本比较容易自学的简化版教材。

本书承蒙林岩先生批阅指教，特此感谢！

总之，本书是一本自动控制原理入门级的教材，同时本人的讲课视频也放在了哔哩哔哩网站上，可以与本书共同使用。

作　者

2022 年 10 月

前言

目　　录

第1章　绪　论

【提要】　本章简要介绍有关自动控制理论的一些基本定义和基本概念，主要讨论三个大问题：

(1) 自动控制的基本原理；

(2) 自控系统的基本分类；

(3) 对自控系统的基本要求。

众所周知，自动控制在现代科学技术和日常生活中，起着十分重要的作用。那么，什么叫自动控制？自动控制的基本原理是什么？自动控制理论要讲哪些内容？这就是第一章要讲的主要内容。下面我们归纳起来主要讲三个问题。

1.1　自动控制的基本原理

1.1.1　定　义

1. 自动控制

在没有人直接参与的情况下，利用控制装置控制被控对象(机器，设备或生产过程)的某些物理量，自动地按预先给定的规律运行。

控制装置又被称为控制器。被控对象，即被控制的设备或过程。

[例1-1]　水位自动控制系统。

如图1-1所示，液面希望高度由控制器刻盘上的指针指定。

当出水和进水的平衡破坏时，水位下降(或上升)，出现偏差。这个偏差由浮子检测出来。再由控制器控制气动阀门开大(或关小)，从而保持液面高度不变。

2. 自动控制系统

控制器与被控对象的总和，称为被控系统。

例1-1即为水位自动控制系统。

一个系统可用方框图来表示。所谓方框图，即将组成系统的各部分用一个功能

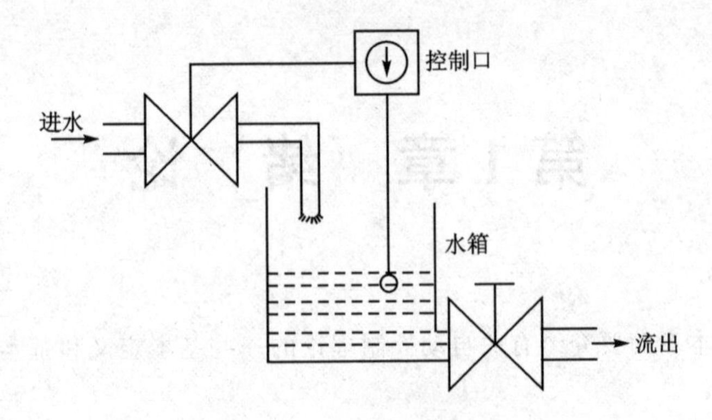

图 1-1　水位自动控制系统

方框表示，然后用有向线段将它们依次连接起来，并标明信号，这就是方框图。方框图的作用是，将一个复杂的系统，用图形形式表示出来，它突出了各部分之间的相互联系和相互关系。它是对一个实际系统的简单抽象。

例如：例 1-1 水位自动控制系统，用方框图可表示如图 1-2 所示。

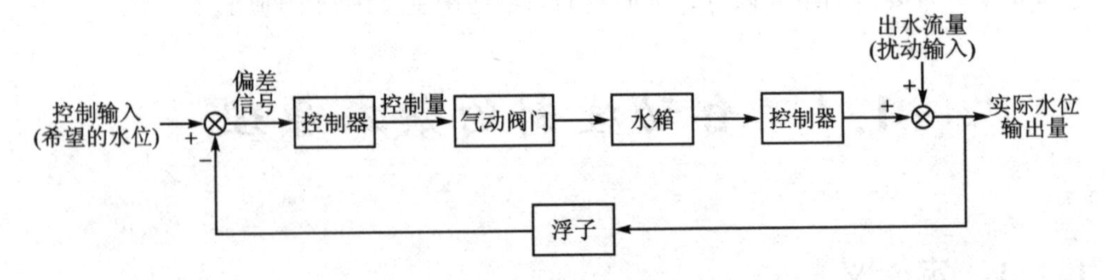

图 1-2　水位自动控制系统方框图

几个定义：

(1) 输入信号：作用于系统的激发信号。

控制输入：使系统具有一定性能或输出的激发信号，一般认为是给定的，因此，也称为给定输入，或给定信号。它实际上代表了希望的输出。

扰动输入：干扰和破坏系统具有预定性能和输出的激发信号，例如：例 1-1 中水箱的出水流量，就是扰动信号。

(2) 输出信号：被控制的物理量，叫输出，又称为对输入的响应。

(3) 控制量：控制器的输出信号。

(4) 系统的特性：指系统输出与输入的关系，可以用解析表示（如方程），也可用曲线表示。一般分为静态特性和动态特性两类。

静态特性：系统过渡过程结束后（即稳定以后），输出与输入的关系。又称为稳态特性。

动态特性：系统过渡过程期间，输出与输入的关系。

1.1.2 基本控制方式

1. 开环控制

(1) 定 义

控制器与被控对象之间只有顺向作用(输入至输出)而没有反向作用(输出至输入)的控制。

(2) 结构框图分类

① 按给定输入的开环控制(见图1-3)。

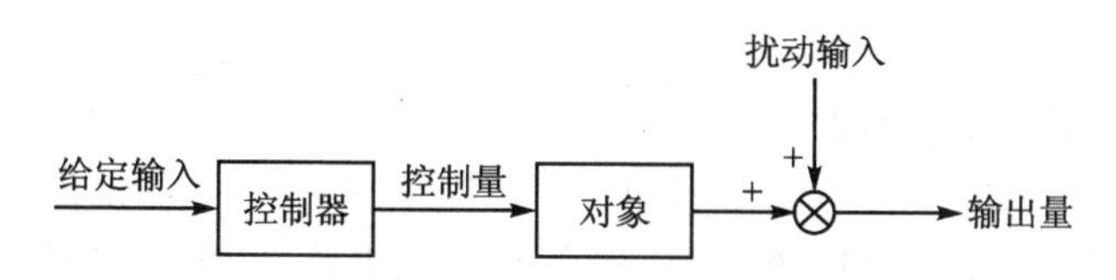

图1-3 按给定输入的开环控制结构框图

特点:信号单方向传递。

优点:结构简单,维护容易。

缺点:控制精度低,原因是抗扰动能力差。

[**例1-2**] 直流电机转速开环控制(见图1-4)。

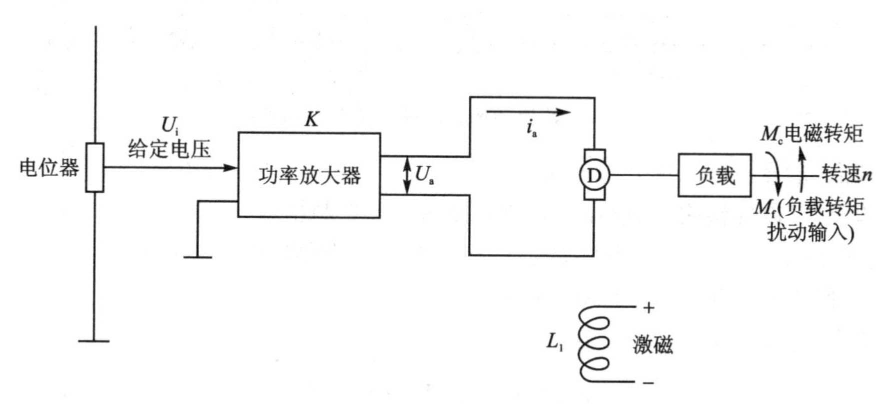

图1-4 直流电机转速开环控制原理图

原理:为方便起见,以静态时为例。

加在电枢上的电压:

$$U_a = KU_i$$

电枢回路电压方程:

$$U_a = i_a R_a + C_e n$$

上式中 R_a 是直流电机的等效电阻，C_e 是直流电机的电势系数。

电机轴上的运动方程：

$$M_c - M_f = J\alpha$$

上式中 J 是直流电机的转矩系数，α 是直流电机的转动角加速度，此方程即为电机轴上的转矩方程。

静态时（此处注意静态不等于静止，转速不变即为静态，转速为零即为静止），$\alpha=0$，所以 $M_c=M_f=C_m i_a$（C_m 为转矩系数），此时负载转矩 M_f 不变，则电机等效电流 i_a 不变，有

$$n=\frac{U_a - i_a R_a}{C_e}=\frac{KU_i - i_a R_a}{C_e}$$

所以，增大输入电压 U_i 会导致输出转速 n 增大，这就是直流电机调速基本原理。

当扰动输入转矩 M_f 增大，

$$M_c\uparrow = M_f \rightarrow i_a\uparrow \rightarrow n\downarrow \tag{1-1}$$

会引起电机主动转矩 M_c 增大，进而引起等效电流 i_a 增大，最终导致电机输出转速 n 下降，即抗扰动能力差。

② 按扰动输入的开环控制，又称为前馈控制（见图 1-5）。

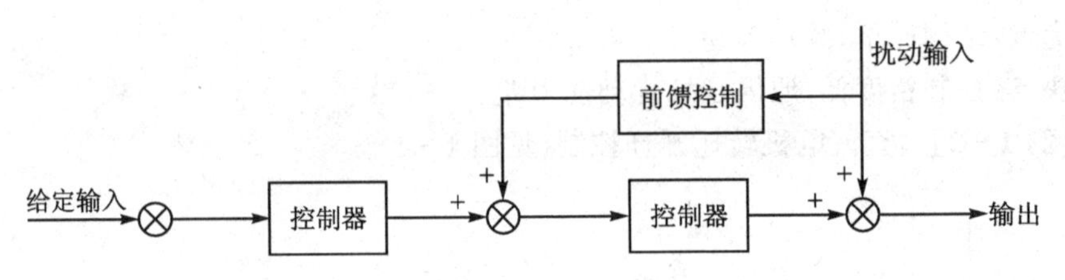

图 1-5　按扰动输入的开环控制结构框图

特点：信号（扰动）单方向传递。

优点：可以补偿扰动对输出的影响，提高稳态控制精度。

［例 1-3］　仍以直流电机调速系统为例。原理图如图 1-6 所示。

原理：为方便起见，以静态时为例。

静态时 $M_c=M_f=C_m i_a$，有

$$M_f\uparrow \xrightarrow{\text{导致}} i_a\uparrow \rightarrow i_a R_f\uparrow$$

所以当负载转矩 M_f 增大时，i_a 增大，从而导致 $R_f i_a$ 也增大，其中 R_f 是回路电阻，进而导致 U_f 增大。

$$\Delta U\uparrow = U_i + U_f\uparrow \xrightarrow{\text{导致}} U_a\uparrow \rightarrow U_a\uparrow = i_a R_a\uparrow + C_e n$$

因为 $\Delta U=U_i+U_f$，所以功率放大器的输入电压 ΔU 增大，从而导致电枢回路电压 U_a 增大。

又因为 $U_a=i_a R_a+C_e n$，若使 U_a 的增加量等于 $i_a R_a$ 的增加量，则 n 保持不变。

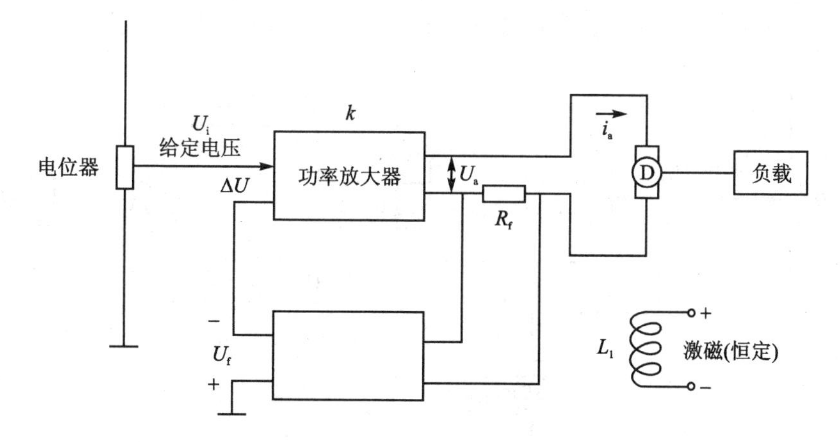

图 1-6　直流电机扰动控制开环转速控制原理图

理论上可以达到完全补偿,克服了扰动对于输出的补偿。

注意:这里的扰动必须是可以测量的。

2. 闭环控制

(1) 定　义

输入量与输出量之间既有顺向作用,又有反向联系的控制过程。

(2) 方框图

图 1-7 为闭环控制方框图。

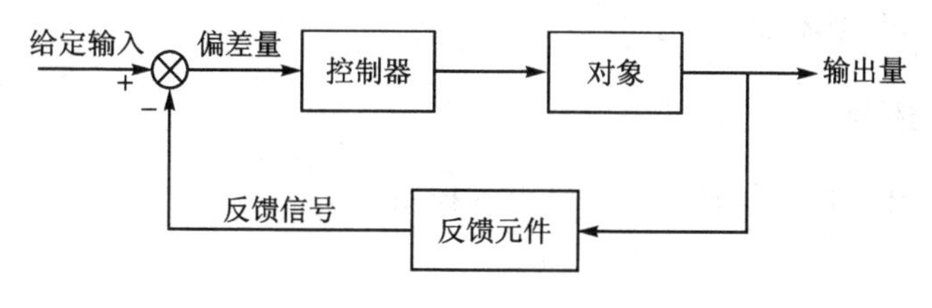

图 1-7　闭环控制方框图

特征:存在反馈,输出量反送回输入端,并与输入信号比较的过程,称为反馈。

反馈有两种:正反馈和负反馈。

负反馈:若反馈信号的极性与输入信号相反,使偏差减小,称为负反馈。

正反馈:若反馈信号的极性与输入信号相同,使偏差增大,称为正反馈。

一般都采用负反馈。

[例 1-4]　直流电机闭环控制系统,其原理图如图 1-8 所示。

优点:控制精度高,可以克服被反馈所包围的各种扰动对输出的影响。

如图 1-9 所示,当负载转矩 M_f 增大时,导致 i_a 增大;i_a 增大导致转速 n 下降;转速 n 下降导致 U_f 减小;U_f 减小导致输入电压 ΔU 增大;输入电压 ΔU 增大导致 U_a

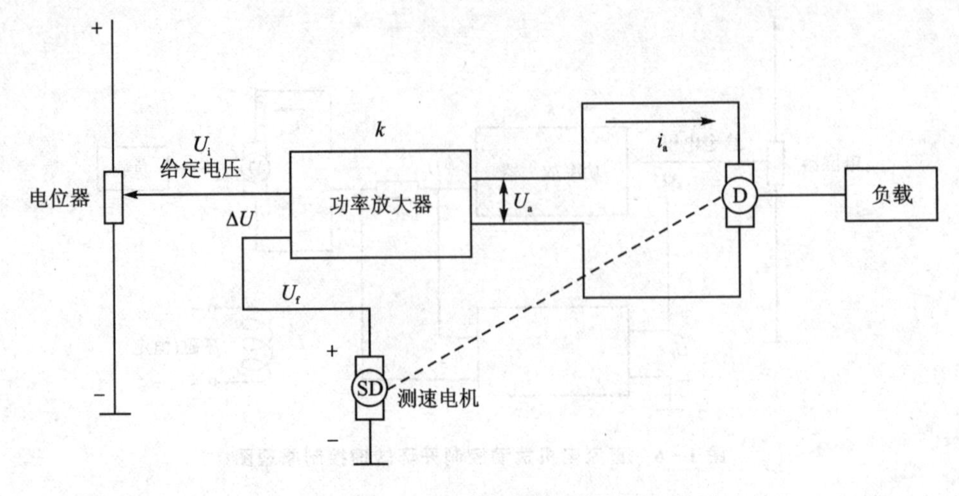

图 1-8 直流电机闭环控制原理图

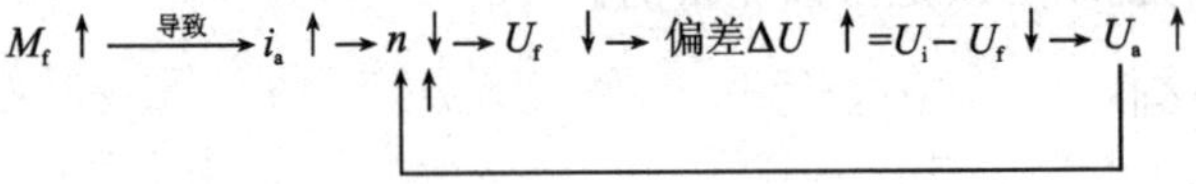

$M_f \uparrow \xrightarrow{\text{导致}} i_a \uparrow \rightarrow n \downarrow \rightarrow U_f \downarrow \rightarrow$ 偏差 $\Delta U \uparrow = U_i - U_f \downarrow \rightarrow U_a \uparrow$（$U_a$ 反馈至 $n \uparrow\uparrow$）

图 1-9 直流电机闭环控制原理的调速规律

的增大；而 U_a 的增大反过来又导致转速 n 增大，从而补偿了因为负载转矩的增大而导致的转速 n 下降。

缺点：存在稳定性问题。这是由于实际系统中都存在惯性、延迟，负反馈后，就可能产生振荡，甚至不能工作。

3. 复合控制

这是把开环控制与闭环控制相结合的控制方式。

(1) 定　义

同时采用按输出的反馈控制和按输入的前馈控制，称为复合控制。

(2) 分　类

由于输入有两种（给定和扰动），故复合控制也有两种。

① 按给定输入的复合控制

框图如图 1-10 所示。

作用：进一步提高控制精度，理论上可做到：输入＝输出。

② 按扰动输入的复合控制

框图如图 1-11 所示。

作用：进一步补偿或消除扰动对输出的影响，理论上可达到扰动产生的输出量为零。

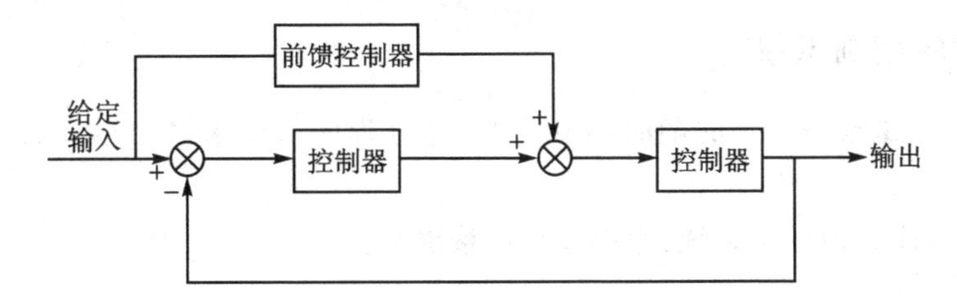

图1-10 按给定输入的复合控制框图

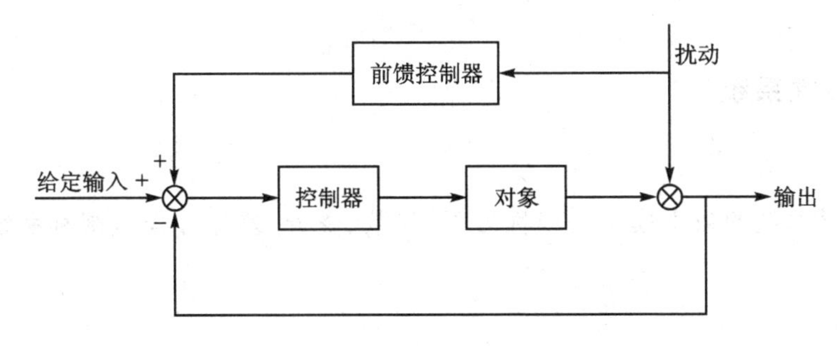

图1-11 按扰动输入的复合控制框图

1.2 自控系统的基本分类

为便于对系统进行理论分析，通常把系统按某一特征分成若干类。

1.2.1 按输入信号的编号规律分类

1. 恒值控制系统

给定输入一经设定就维持不变(常值)。

作用：保证输出量，在有扰动存在的情况下，维持恒定。

例如：上面提到的水位控制系统、直流电机调速系统，再譬如恒温控制系统、恒压控制系统等。

2. 随动系统

给定输入的变化规律是未知的，系统的作用是保证输出以足够的精度，快速准确地跟随输入的变化。

例如：雷达跟踪系统、航空航天中的自动导航系统和机床上的伺服系统等。

3. 程序控制系统

给定输入是预先确定的随时间变化的函数(程序),要求输出迅速、准确地按预定程序来运行。

例如:机床数控加工系统、生产线自控系统等。

1.2.2 按描述系统的数学模型的性质分类

1. 线性系统

(1) 定　义

若描述系统的数学模型是线性方程(代数、微分、差分方程),则称系统是线性系统。

(2) 性　质

① 线性系统中的元件一定都是线性元件。

所谓线性元件是指元件的静特性曲线是一条过原点的直线。

② 迭加原理成立。注意,迭加原理包括两方面的含义。

迭加性:

[例 1-5] 设有线性微分方程为:

$$\ddot{C}(t)+\dot{C}(t)+C(t)=r(t)$$

当 $r=r_1(t)$时,方程的解为 $C_1(t)$;

当 $r=r_2(t)$时,方程的解为 $C_2(t)$;

当 $r=r_1(t)+r_2(t)$时,方程的解为 $C_1(t)+C_2(t)$。

比例性,又称齐次性:

当 $r=r_1(t)$时,方程的解为 $C_1(t)$;

当 $r=ar_1(t)$时,方程的解为 $aC_1(t)$。

迭加原理为分析和设计线性系统带来很大方便,如有 n 个输入同时作用,则可依次求出各个输入信号单独作用时的输出,然后将它们迭加起来。此外,对每个输入,在数值上可只取单位值。

(3) 分　类

根据线性方程中的系数可分为如下两类:

① 线性定常系统:各系数均为常数,例如:本章例子中的直流电机转速控制系统。

② 线性时变系统:系数中含有时间 t 的函数,例如:$\ddot{C}(t)+2t\dot{C}(t)+C(t)=r(t)$。

2. 非线性系统

(1) 定　义

若数学模型是非线性方程，则称为非线性系统。例如：

$$\ddot{C}(t)+C(t)\dot{C}(t)+C^2(t)=r(t)$$

(2) 性　质

① 系统中只要有一个元件是非线性元件，就是非线性系统。非线性元件的特性如图 1-12 所示。

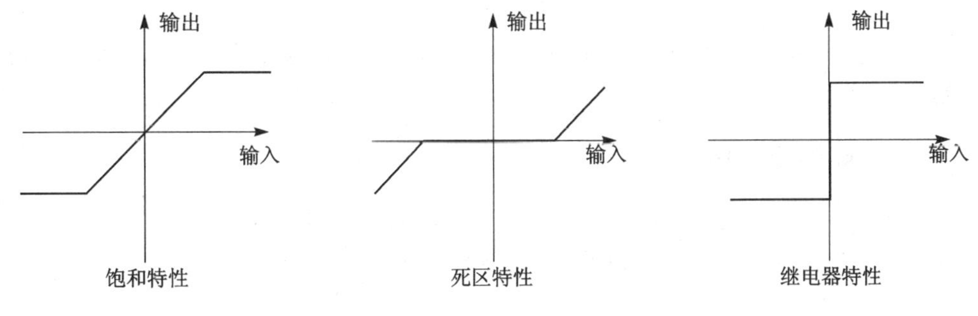

图 1-12　非线性元件的特性

② 迭加原理不成立。

1.2.3　按系统中信号的连续性分类

1. 连续系统

定义：系统中各元件的输入、输出信号均是时间 t 的连续函数。

特点：数学模型是微分方程，例如：本章的水位控制系统和直流电机调速系统。

2. 离散系统

定义：系统中只要有一处的信号是脉冲序列或数码，则称为离散系统。

特点：都是用差分方程来描述。

分类：若离散信号是脉冲序列，则称为采样系统；若是数码，则称为数字控制系统（或计算机控制系统）。

按系统中含有的输入和输出量的个数分类：

① 单变量系统：系统中只有一个输入量和一个输出量的系统。

② 多变量系统：系统中含有多个输入量和多个输出量的系统。

1.3 对控制系统的基本要求

控制系统性能的好坏,取决于输出对输入的响应。所谓响应,即在输入作用下,系统的输出。为便于评价一个系统性能的好坏,通常用系统静止时(零初始条件下),输入为单位阶跃函数时系统的输出,即单位阶跃响应作为统一的标准。

1.3.1 单位阶跃响应

一个系统,输入为 $r(t)=1(t)$,$1(t)$为单位阶跃函数,输出为 $C(t)$,如图 1-13 所示。

1. 实际响应曲线

图 1-14 为系统的单位阶跃输入。由于实际系统总具有惯性,因此实际系统的单位阶跃响应曲线如图 1-15 和图 1-16 所示。

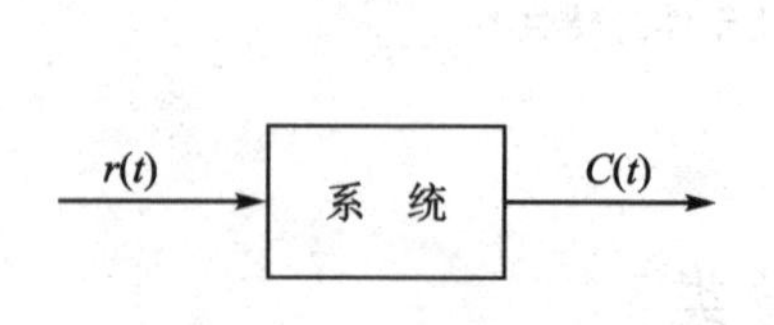

图 1-13 一般系统框图

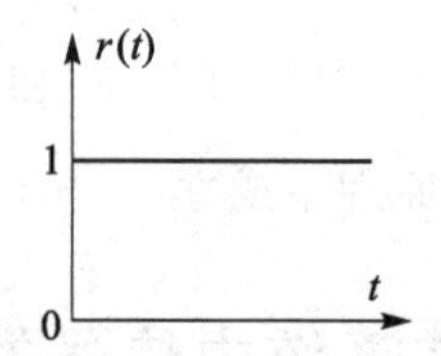

图 1-14 系统的单位阶跃输入

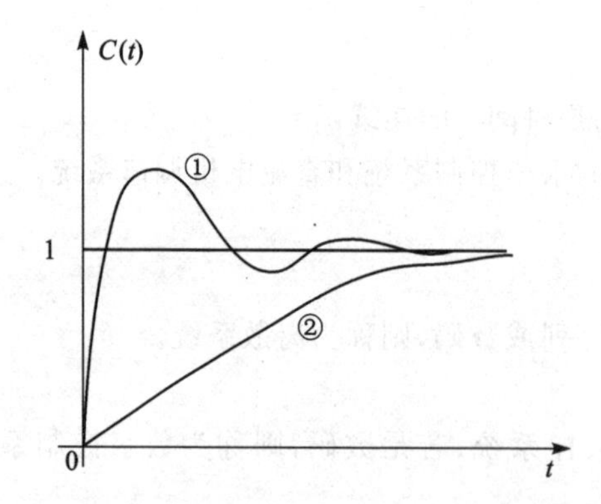

图 1-15 系统的单位阶跃响应之一

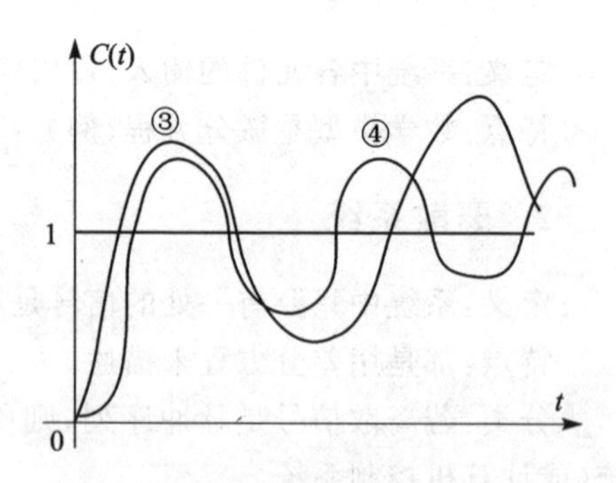

图 1-16 系统的单位阶跃响应之二

从单位阶跃响应曲线上看,有两类:

(1) 稳定的:图 1-15 中的两条响应曲线最终趋向于一个稳态值,称这类系统是稳定的。对这类系统的要求是:

曲线①尽快地趋向于稳态值，且冲击要小，这通常称为动态响应品质。

曲线②稳态值与希望值(输入)的误差要小，通常称为稳态性能，或稳态误差。

(2) 不稳定的：即响应曲线永远不会到达稳态值，如图1-16中的曲线③和④，称这类系统是不稳定的，不稳定的系统是无法使用的。

2. 从数字上看：响应(输出)即是微分方程的解(在初始条件和外部输入作用下)

其解的结构是(设线性定常微分方程，且系统是稳定的)：

解 $C(t)$＝齐次微分方程的通解＋特解

＝自由分量＋强迫分量

＝零输入解(初始条件作用下)＋零状态解(在输入作用下)

＝暂态分量＋稳态分量

1.3.2 对系统的要求

由于给定输入就是希望的输出，因此对系统理想的要求，就是输出就是输入，即输出与输入完全相同。但这是不可能的，原因在于系统总是存在惯性和延迟。由上述实际的单位阶跃响应曲线可知，对系统的要求是三个方面：

① 稳定：不稳定的系统无法正常工作，判断稳定性(分析)。

② 过渡过程要快，冲击尽可能小，称为动态性能，要好，动态品质计算。

③ 稳态输出值尽可能接近希望的输出(输入)，即稳态误差小，稳态误差计算称为稳态性能。

较好的输出曲线就是图1-15中的曲线①。

上述的三项要求，又称为系统的三大性能指标。由于这三项指标是相互影响、相互矛盾的，这就需要从理论上找到解决矛盾的方法，从而形成了一整套的理论和方法，这就是控制理论。

1.3.3 本课程的任务

1. 建立系统的数学模型

这是从工程实际系统到理论的一个抽象，这是第一步(本书第2章)。

2. 系统分析

即系统是已知的，求系统的三大性能指标。

方法：根据模型不同，有不同的分析方法：

① 基于微分方程理论的时域分析法(本书第 3 章);

② 基于传递函数的根轨迹法(本书第 4 章);

③ 基于频率特性的频域分析法(本书第 5 章)。

3. 系统校正(设计)

要求达到的性能指标是给定的(已知的),被控对象是确定的,求取满足要求的控制器(本书第 6 章)。

可见,建立系统的数学模型是控制理论的第一项任务。

第 2 章　系统的数学模型

【提要】 本章主要介绍三种数学模型：

(1) 微分方程；

(2) 传递函数；

(3) 结构图。

其中微分方程和传递函数是模型的解析表示。结构图是模型的图解表示。

2.1　数学模型的基本概念

2.1.1　数学模型的简介

1. 定　义

描述系统中各物理量间动态关系的数学表达式，称为数学模型。

2. 分　类

在经典控制理论中共有两类四种数学模型：

(1) 解析模型：包含微分方程、传递函数、频率特性三种数学模型；

(2) 图解模型：结构图这一种数学模型。

3. 建立方法

(1) 解析法：在了解系统工作原理的基础上，依据基本物理规律，列写出基本方程，最后整理出系统的数学模型。

(2) 实验法：首先选择一种适当的典型信号，作为测试的输入信号，然后记录下系统的输出值(曲线)，最后利用数学方法从信号输入、输出数据中，推出数学模型。这种方法又称为系统辨识。

4. 建模原则

建立一个合理的数学模型。所谓合理，即在满足分析精度的前提下，建立一个尽可能简单的模型。

方法是：

(1) 忽略掉一些次要因素，如元件的分布参数按集中参数处理，时变参数按固定参数处理，一些非线性因素可忽略的都忽略掉。

(2) 当非线性因素不能忽略掉，则在一定条件下，进行线性化处理。

2.1.2 拉式变换复习

在建模和求解过程中，经常用到数学拉氏变换，同时它又是整个经典控制理论的数学基础。下面简要复习一下：

1. 拉氏变换的定义

设有函数 $f(t)$，若 $\int_0^{\infty} f(t)\mathrm{e}^{-st}\,\mathrm{d}t$，$s=\sigma+\mathrm{j}\omega$ 存在，则称其为函数 $f(t)$的拉氏变换，记为：

$$F(s)=L[f(t)]=\int_0^{\infty} f(t)\mathrm{e}^{-st}\,\mathrm{d}t$$

而 $L^{-1}[F(s)]=f(t)$，称为 $F(s)$的拉式反变换。

[例 2-1] $f(t)=1(t)=\begin{cases}0, & t<0\\ 1, & t\geqslant 0\end{cases}$，则有

$$L[f(t)]=\int_0^{\infty} 1(t)\mathrm{e}^{-st}\mathrm{d}t=-\frac{1}{s}\mathrm{e}^{-st}\Big|_0^{\infty}=\frac{1}{s}$$

常用函数的拉氏变换如表 2-1 所列。

表 2-1 常用函数的拉式变换表

序 号	原函数 $f(t)$	象函数 $F(s)$
1	$\delta(t)$	1
2	$1(t)$	$\frac{1}{s}$
3	t	$\frac{1}{s^2}$
4	$\frac{1}{2}t^2$	$\frac{1}{s^3}$
5	e^{-at}	$\frac{1}{s+a}$
6	$\sin\omega t$	$\frac{\omega}{s^2+\omega^2}$
7	$\cos\omega t$	$\frac{s}{s^2+\omega^2}$

2. 拉氏变换的性质

(1) 线性定理：若 $f_1(t)$、$f_2(t)$的拉式变换为 $F_1(s)$、$F_2(s)$，则

$$L[af_1(t) \pm bf_2(t)] = aF_1(s) \pm bF_2(s)$$

式中，a、b 是常数。

函数线性组合的拉氏变换＝各函数拉氏变换的线性组合。

(2) 微分定理：若 $L[f(t)] = F(s)$，则

$$L\left[\frac{\mathrm{d}}{\mathrm{d}t}f(t)\right] = sF(s) - f(0)$$

$$L\left[\frac{\mathrm{d}^2}{\mathrm{d}t^2}f(t)\right] = s^2F(s) - sf(0) - f'(0)$$

$$\vdots$$

$$L[f^{(n)}(t)] = s^nF(s) - s^{n-1}f(0) - s^{n-2}f'(0) - \cdots - f^{(n-1)}(0)$$

若 $f(0) = f'(0) = \cdots = 0$，则

$$L[f^{(n)}(t)] = s^nF(s)$$

(3) 积分定理：若 $L[f(t)] = F(s)$，且 $f^{(-1)}(0) = f^{(-2)}(0) = \cdots = f^{(-n)}(0) = 0$，则

$$L\left[\int f(t)\mathrm{d}t\right] = \frac{F(s)}{s}$$

$$L\left[\int\cdots\int f(t)\mathrm{d}t^n\right] = \frac{F(s)}{s^n}$$

(4) 终值定理：若 $L[f(t)] = F(s)$，且$\lim\limits_{t\to\infty}f(t)$存在，则

$$f(\infty) = \lim_{t\to\infty}f(t) = \lim_{s\to 0}sF(s)$$

(5) 初值定理：若 $L[f(t)] = F(s)$，且$\lim\limits_{s\to\infty}sF(s)$存在，则

$$f(0) = \lim_{t\to 0}f(t) = \lim_{s\to\infty}sF(s)$$

(6) 延迟定理：若 $L[f(t)] = F(s)$，$a \geqslant 0$，则

$$L[f(t-a)] = \mathrm{e}^{-as}F(s)$$

(7) 复位移定理：若 $L[f(t)] = F(s)$，则

$$L[\mathrm{e}^{-at}f(t)] = F(s+a)$$

式中，a 可为正或负。

根据前面的 n 个常用函数的拉式变换，利用上述性质，可以求出更复杂函数的拉式变换。

[例 2-2]　$f(t) = t^m$，求 $L[f(t)]$。

解：$f(0) = f'(0) = \cdots = f^{(m-1)}(0) = 0$，则

$$f^{(m)}(t) = m!$$

$$L[m!] = L[m! \times 1(t)] = L[f^{(m)}(t)] = s^mL[f(t)]$$

$$m!\ \frac{1}{s}=s^m L[f(t)]$$

$$L[f(t)]=\frac{m!}{s^{m+1}}$$

当 $m=1,2$ 时，

$$f(t)=t;L[f(t)]=\frac{1}{s^2}$$

$$f(t)=\frac{1}{2}t^2;L[f(t)]=\frac{1}{2}\cdot\frac{2}{s^3}=\frac{1}{s^3}$$

例题解答完毕。

[例 2-3] 已知 $f(t)$的波形如图 2-1 所示，求 $L[f(t)]$。

解： $f(t)=t-(t-\tau)-\tau\cdot 1(t-\tau)$

$$\therefore L[f(t)]=\frac{1}{s^2}-\frac{e^{-\tau s}}{s^2}-\frac{\tau e^{-\tau s}}{s}$$

$$\therefore L[f(t)]=\frac{1-e^{-\tau s}-\tau s e^{-\tau s}}{s^2}$$

例题解答完毕。

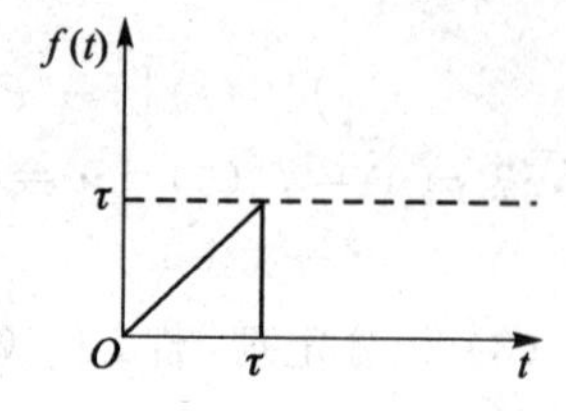

图 2-1 $f(t)$的波形图

2.1.3 拉式反变换复习

由已知的 $F(s)$反求 $f(t)$，记为 $L^{-1}[F(s)]=f(t)$。

由于在经典控制理论中，$F(s)$通常是 s 的有理分式，故下面只介绍部分分式法，该方法的条件是：$F(s)$必须是 s 的有理分式的形式。

设

$$F(s)=\frac{B(s)}{A(s)}=\frac{b_m s^m+b_{m-1}s^{m-1}+\cdots+b_0}{s^n+a_{n-1}s^{n-1}+\cdots+a_1 s+a_0},(n>m)$$

一般步骤：

(1) 先求分母多项式 $A(s)=0$ 的根：$s_1,s_2,\cdots,s_n$。

(2) 根据根的不同情况，将 $F(s)$部分分式展开，并逐项取拉式反变换。

① 若 $A(s)=0$ 的根互不相同，则

$$F(s)=\frac{C_1}{s-s_1}+\cdots+\frac{C_n}{s-s_n}$$

其中：$C_i=\lim\limits_{s\to s_i}F(s)(s-s_i)$。

[例 2-4] 求下列 $F(s)$的拉式反变换。

$$F(s)=\frac{s+4}{s^3+6s^2+11s+6}$$

解：令

$$A(s)=s^3+6s^2+11s+6=0$$

可得

$$s_1=-1, s_2=-2, s_3=-3$$

则 $F(s)$ 可以写成分式形式：

$$F(s)=\frac{C_1}{s+1}+\frac{C_2}{s+2}+\frac{C_3}{s+3}$$

$$C_1=\lim_{s\to -1}F(s)(s+1)=\frac{3}{2}$$

$$C_2=\lim_{s\to -2}F(s)(s+2)=-2$$

$$C_3=\lim_{s\to -3}F(s)(s+3)=\frac{1}{2}$$

利用拉氏反变换求得原函数

$$f(t)=\frac{3}{2}e^{-t}-2e^{-2t}+\frac{1}{2}e^{-3t}$$

例题解答完毕。

② 若 $A(s)=0$ 有一对共轭复根，可以按互不相同的根处理，但是很麻烦，一般再用下面的方法处理。举例说明如下：

［例 2-5］ 已知 $F(s)$ 如下所示，求 $f(t)$。

$$F(s)=\frac{s+3}{s^2+2s+2}$$

解：$s^2+2s+2=0$ 的根：$s_1=-1+\mathrm{j}1, s_2=-1-\mathrm{j}1$，是一对共轭复根。

$$F(s)=\frac{s+3}{s^2+2s+2}=\frac{(s+1)+2}{(s+1)^2+1}=\frac{(s+1)}{(s+1)^2+1}+\frac{2}{(s+1)^2+1}$$

$$L^{-1}\left[\frac{(s+1)}{(s+1)^2+1}\right]=e^{-t}\cos t$$

$$L^{-1}\left[\frac{2}{(s+1)^2+1}\right]=2e^{-t}\sin t$$

$$f(t)=e^{-t}(\cos t+2\sin t)$$

③ 若 $A(s)=0$ 有重根，设 s_1 是 m 重根，则：

$$F(s)=\frac{C_m}{(s-s_1)^m}+\frac{C_{m-1}}{(s-s_1)^{m-1}}+\cdots+\frac{C_1}{s-s_1}$$

其中：

$$C_m=\lim_{s\to s_1}(s-s_1)^m F(s)$$

$$C_{m-1}=\lim_{s\to s_1}\frac{\mathrm{d}}{\mathrm{d}s}[(s-s_1)^m F(s)]$$

$$\vdots$$

$$C_1=\frac{1}{(m-1)!}\lim_{s\to s_1}\frac{\mathrm{d}^{m-1}}{\mathrm{d}s^{m-1}}[(s-s_1)^m F(s)]$$

例题解答完毕。

[例 2-6] 已知 $F(s)$如下所示，求 $f(t)$。

$$F(s)=\frac{s+2}{s(s+1)^2(s+3)}$$

解：由于 $F(s)$的极点已知，则可把 $F(s)$直接写成部分分式之和的形式：

$$F(s)=\frac{C_2}{(s+1)^2}+\frac{C_1}{s+1}+\frac{C_3}{s}+\frac{C_4}{s+3}$$

$$C_2=\lim_{s\to -1}F(s)(s+1)^2=-\frac{1}{2}$$

$$C_1=\lim_{s\to -1}\frac{\mathrm{d}}{\mathrm{d}s}[F(s)(s+1)^2]=-\frac{3}{4}$$

$$C_3=\lim_{s\to 0}sF(s)=\frac{2}{3}$$

$$C_4=\lim_{s\to -3}(s+3)F(s)=\frac{1}{12}$$

利用拉氏反变换求得原函数：

$$f(t)=\frac{2}{3}+\frac{1}{12}\mathrm{e}^{-3t}-\frac{1}{2}\left(t+\frac{3}{2}\right)\mathrm{e}^{-t},t>0$$

例题解答完毕。

2.2 微分方程式的建立

2.2.1 列写简单系统微分方程式的一般步骤

(1) 根据系统的工作原理，确定系统的输入量和输出量，并忽略一些次要因素；

(2) 根据基本规律，列写原始方程组；

(3) 消去中间变量(除输入、输出量以外的变量，称为中间变量)，得到只含有输出量和输入量的微分方程组，并整理成微分方程的标准形式。

[例 2-7] 电枢控制的直流电动机如图 2-2 所示，列写其微分方程。

解：列写原始方程组：

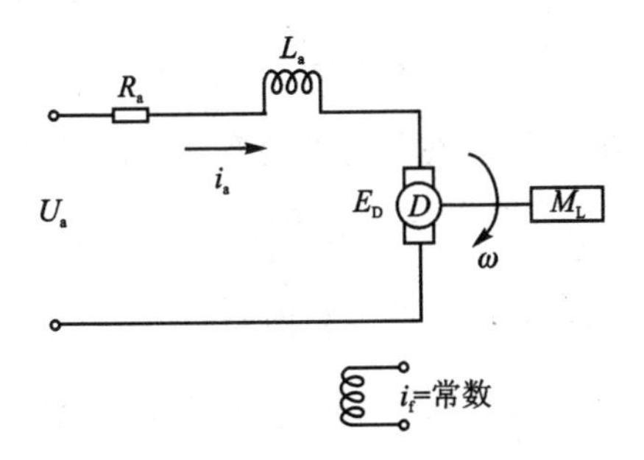

图 2-2　电枢控制直流电动机

电枢回路电压方程：

$$L_a \frac{di_a}{dt} + R_a i_a + E_a = U_a$$

电机轴上的运动方程：

$$M_D - M_L = J \frac{d\omega}{dt}$$

电势方程：

$$E_a = K_e \omega$$

转矩方程：

$$M_D = K_m i_a$$

中间变量有 3 个，分别是 i_a, E_a, M_D。消去中间变量，并写成标准形式。

引入两个时间常数，分别是：

电磁时间常数：

$$T_a = \frac{L_a}{R_a}$$

机电时间常数：

$$T_m = \frac{R_a J}{K_e K_m}$$

最后得：

$$T_a T_m \frac{d^2\omega}{dt^2} + T_m \frac{d\omega}{dt} + \omega = \frac{1}{K_e} U_a - \frac{T_m}{J} M_L - \frac{T_a T_m}{J} \frac{dM_L}{dt}$$

这就是电枢控制的直流电机的微分方程，在一定条件下，还可以进一步简化：

① 对小功率电机，L_a 一般很小，令 $L_a \approx 0$，则 $T_a = 0$，于是

$$T_m \frac{d\omega}{dt} + \omega = \frac{1}{K_e} U_a - \frac{T_m}{J} M_L$$

就成了一阶微分方程。

② 对微型电机，$L_a \approx 0$，且 J 很小，$J \approx 0$，则 $T_a = T_m \approx 0$，于是

$$\omega=\frac{1}{K_e}U_a$$

③ 若输出信号取为角位移 θ(在位置随动系统中常用),将

$$\omega=\frac{d\theta}{dt}$$

带入即可。以小电机为例,这时的微分方程即为:

$$T_m\frac{d^2\theta}{dt^2}+\frac{d\theta}{dt}=\frac{1}{K_e}U_a-\frac{T_m}{J}M_L$$

④ 在工程中,转速常用 n(转/分钟)表示,所以

$$\omega=\frac{2\pi n}{60}=\frac{\pi n}{30}$$

令负载转矩 $M_L=0$(空载),则

$$T_aT_m\frac{d^2n}{dt^2}+T_m\frac{dn}{dt}+n=\frac{1}{K'_e}U_a$$

其中:

$$K'_e=\frac{\pi}{30}K_e$$

例题解答完毕。

[**例 2-8**] 运算放大器电路的微分方程,以图 2-3 中的比例-积分(PI)电路为例,求微分方程。

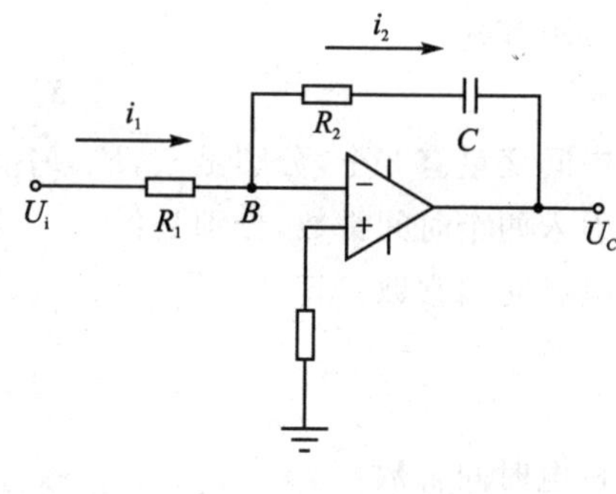

图 2-3 比例-积分电路图

解:考虑到 B 点为虚地点:$U_B=0$,且为简单起见,负端输入的"—"暂不考虑,则有:

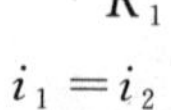

$$i_1=\frac{U_i}{R_1}$$

$$i_1=i_2$$

$$U_C=R_2i_2+\frac{1}{C}\int i_2\,dt$$

消去中间变量 i_1 和 i_2,得:

$$U_C=\frac{R_2}{R_1}U_i+\frac{1}{R_1C}\int U_i\,dt$$

可见,U_C 是 U_i 的比例+积分。对上式等式两边求导,得:

$$\frac{dU_C}{dt}=\frac{R_2}{R_1}\frac{dU_i}{dt}+\frac{1}{R_1C}U_i$$

例题解答完毕。

2.2.2 微分方程的解法:拉式变换法

一般步骤如下:

(1) 首先对微分方程等号两边取拉式变换,变成代数方程;$C(t)\rightarrow C(s)$;

(2) 求解代数方程,得 $C(s)$;

(3) 利用部分分式法求 $C(s)$的拉式反变换,得 $C(t)$。

[例 2-9] RC 电路如图 2-4 所示,求电容电压的变化规律。

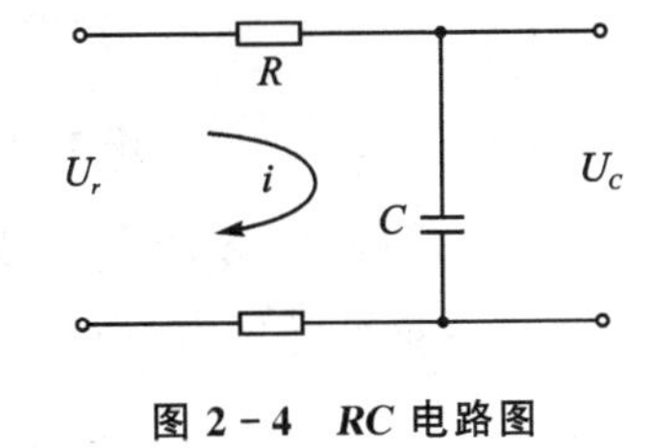

图 2-4　RC 电路图

解:因为输入电压=电阻电压+输出电压,即为:

$$U_r = U_R + U_C$$

$$U_R = Ri = RC\frac{\mathrm{d}U_C}{\mathrm{d}t}$$

$$U_r = RC\frac{\mathrm{d}U_C}{\mathrm{d}t} + U_C$$

令 $T=RC$,则

$$U_r = T\frac{\mathrm{d}U_C}{\mathrm{d}t} + U_C$$

对上式微分方程等号两边进行拉式变换,可得:

$$T[sU_C(s) - U_C(0)] + U_C(s) = U_r(s)$$

$$U_C(s) = \frac{1}{Ts+1}U_r(s) + \frac{T}{Ts+1}U_C(0)$$

设输入信号 $U_r(t)$为阶跃函数,且信号幅值为 U_0,则

$$U_r(s) = U_0\frac{1}{s}$$

$$U_C(s) = \frac{U_0}{s(Ts+1)} + \frac{T}{Ts+1}U_C(0)$$

$$U_C(s) = U_0\left(\frac{1}{s} - \frac{1}{s+\frac{1}{T}}\right) + U_C(0)\frac{1}{s+\frac{1}{T}}$$

上式等号两边取拉式反变换,得

$$U_C(t) = U_0(1 - \mathrm{e}^{-\frac{t}{T}}) + U_C(0)\mathrm{e}^{-\frac{t}{T}}$$

式中第一项与 U_0,即与输入信号有关,是强迫分量,又称为零状态解(初始状态为零)。式中第二项与初始条件有关,是自由响应(分量),又称为零输入解(输入为零)。

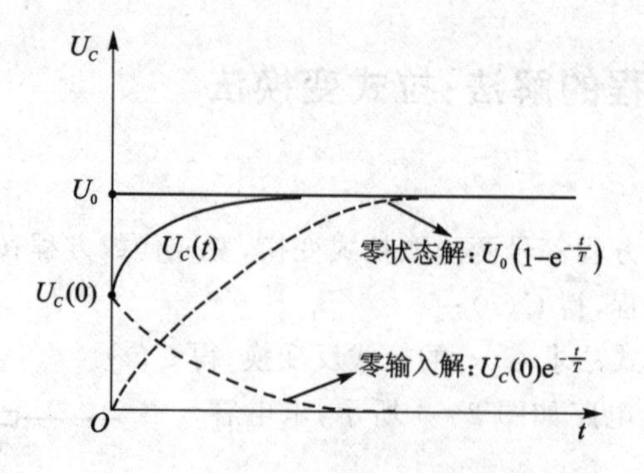

图 2-5　*RC* 电路图解微分方程结果

图 2-5 中两条虚线分别表示零状态解和零输入解，两者之和是最终的解 $U_C(t)$。上式也可以写成如下的形式：

$$U_C(t)=U_0-U_0\mathrm{e}^{-\frac{t}{T}}+U_C(0)\mathrm{e}^{-\frac{t}{T}}$$

式中的第一项是稳态分量，后两项是暂态分量，后两项在时间 $t\to\infty$ 时都趋于零。

例题解答完毕。

［**例 2-10**］　求解如下的微分方程：

$$\ddot{X}+3\dot{X}+6X=1(t),X(0)=0,\dot{X}(0)=3$$

解：对微分方程两边进行拉氏变换，可得：

$$s^2X(s)-sX(0)-\dot{X}(0)+3[sX(s)-X(0)]+2X(s)=\frac{1}{s}$$

$$s^2X(s)+3sX(s)+2X(s)=\frac{1}{s}+3$$

$$X(s)=\frac{1}{s(s^2+3s+2)}+\frac{3}{s^2+3s+2}$$

$$X(s)=\frac{\frac{1}{2}}{s}+\frac{-1}{s+1}+\frac{\frac{1}{2}}{s+2}+\frac{3}{s+1}+\frac{-3}{s+2}$$

$$X(s)=\frac{1}{2}\cdot\frac{1}{s}+\frac{2}{s+1}-\frac{5}{2}\cdot\frac{1}{s+2}$$

$$X(t)=\frac{1}{2}+2\mathrm{e}^{-t}-\frac{5}{2}\mathrm{e}^{-2t}$$

例题解答完毕。

本小节的补充说明：

相似系统（相似性）：不同的物理系统，可以具有相同的数学模型，称这些系统为相似系统。例如，*RLC* 网络与某种机械运动系统相似，则可以用 *RLC* 网络来研究这种机械运动系统的规律。同样，我们可以用 *RLC* 网络来研究火箭飞行系统。这种方法称为系统仿真。

列写微分方程时，最后应将其整理成标准形式：即与输入有关的项写在右边，与输出有关的项写在左边。两边导数项均按降幂排列。所以，n 阶线性定常系统（输出为 $c(t)$，输入为 $r(t)$）的微分方程的一般形式可表示为：

$$a_0 \frac{\mathrm{d}^n}{\mathrm{d}t^n}c(t)+a_1 \frac{\mathrm{d}^{n-1}}{\mathrm{d}t^{n-1}}c(t)+\cdots+a_{n-1} \frac{\mathrm{d}c(t)}{\mathrm{d}t}+a_n c(t)=$$

$$b_0 \frac{\mathrm{d}^m}{\mathrm{d}t^m}r(t)+\cdots+b_{m-1} \frac{\mathrm{d}r(t)}{\mathrm{d}t}+b_m r(t) \tag{2-1}$$

其中 $n \geqslant m$。

2.3 传递函数

2.3.1 传递函数的定义与性质

1. 定　义

线性定常系统，零初始条件下，系统输出的拉氏变换与输入的拉式变化之比，称为系统的传递函数，记为 $G(s)$，如图 2-6 所示。

$$G(s)=\frac{c(s)}{R(s)}$$

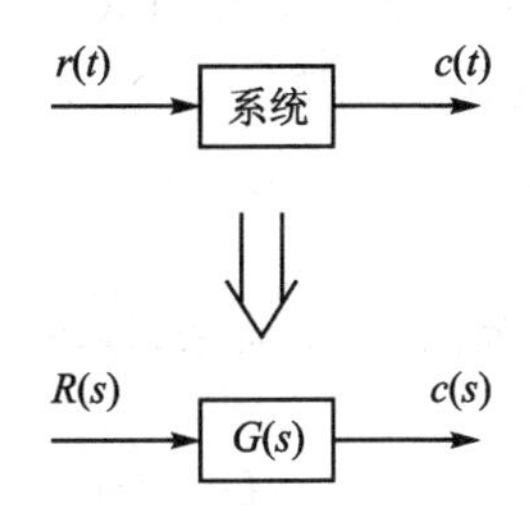

图 2-6　系统传递函数定义方框图

注意：零初始条件有两层含义：

(1) 输入是在 $t \geqslant 0$ 时作用的，故在 $t<0$ 时，输入 $r(t)$ 及其各阶导数均为零；

(2) 在输入作用之前（$t<0$），输出 $c(t)$ 及其各阶导数均为零，即系统是静止的。

对 n 阶线性定常系统（输出为 $c(t)$，输入为 $r(t)$）的微分方程的一般形式(2-1)等号两边取拉氏变换（零初始条件），并写成传递函数的比例形式：

$$G(s)=\frac{c(s)}{R(s)}=\frac{b_0 s^m+\cdots+b_{m-1}s+b_m}{a_0 s^n+a_1 s^{n-1}+\cdots+a_{n-1}s+a_n}$$

2. 求　法

从定义出发，首先列写系统的微分方程，然后在零初始条件下取拉式变换。

[例 2-11]　RLC 无源网络如图 2-7 所示，图中 R、L、C 分别为电阻、电感、电容，建立输入电压 U_r 和输出电压 U_C 之间的微分方程，并建立相应的传递函数。

解:根据电路理论中的基尔霍夫定律,可得:

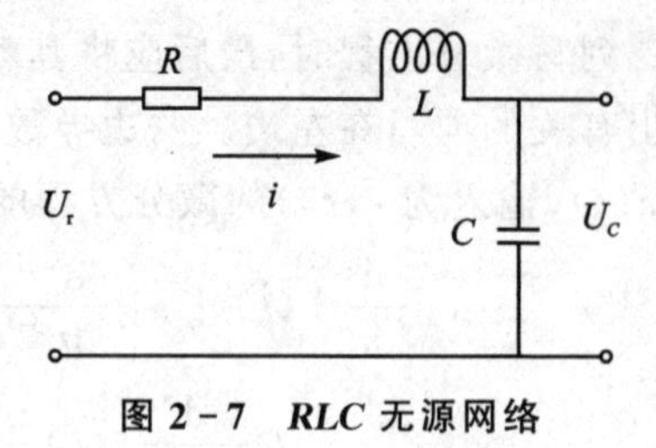

图 2-7 RLC 无源网络

$$\begin{cases} U_r(t)=Ri(t)+L\dfrac{di(t)}{dt}+\dfrac{1}{C}\int i(t)dt \\ U_C(t)=\dfrac{1}{C}\int i(t)dt \end{cases}$$

消去中间变量 $i(t)$,则

$$U_r(t)=RC\frac{dU_C(t)}{dt}+LC\frac{d^2U_C(t)}{dt^2}+U_C(t)$$

$$T_1=\frac{L}{R},T_2=RC$$

$$T_1T_2\frac{d^2U_C(t)}{dt^2}+T_2\frac{dU_C(t)}{dt}+U_C(t)=U_r(t)$$

上式即为所求的微分方程。对上式等号两边取拉式变换(零初始条件),可得:

$$T_1T_2s^2U_C(s)+T_2sU_C(s)+U_C(s)=U_r(s)$$

$$G(s)=\frac{U_C(s)}{U_r(s)}=\frac{1}{T_1T_2s^2+T_2s+1}$$

注意:对特殊的无源 RLC 电路及运放电路,可利用复数阻抗法直接写出。

例题解答完毕。

[例 2-12] 仍然是例 2-11 中的 RLC 无源网络,试利用复数阻抗法写出传递函数。

解:如图 2-7 所示,输出 U_C 是输入 U_r 的复阻抗分压的形式,故

$$\frac{U_C(s)}{U_r(s)}=\frac{\dfrac{1}{Cs}}{R+Ls+\dfrac{1}{Cs}}=\frac{1}{RCs+LCs^2+1}$$

令:

$$T_1=\frac{L}{R},T_2=RC$$

则:

$$G(s)=\frac{U_C(s)}{U_r(s)}=\frac{1}{T_1T_2s^2+T_2s+1}$$

与例 2-11 的结果完全相同。

对运算放大器电路中没有接地的情况,也可以使用复数阻抗法来列写传递函数。

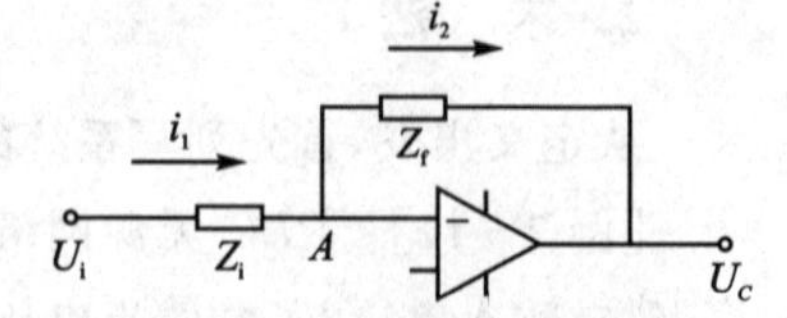

图 2-8 运算放大器网络(无接地)

图 2-8 中 A 是虚地点,所以 $U_A\approx 0$,运放的输入阻抗很大,可略去运放的输入电流,可得:

$$i_1=i_2$$

$$I_1(s)=I_2(s)$$

$$U_i(s)=I_1(s)Z_i$$

$$U_C(s)=-I_2(s)Z_f$$

上式考虑了“—”端输入的影响，所以传递函数为：

$$G(s)=\frac{U_C(s)}{U_i(s)}=-\frac{Z_f}{Z_i}$$

例题解答完毕。

［例2-13］　如图2-9所示的比例-积分调节器，利用复数阻抗法来列写其传递函数。

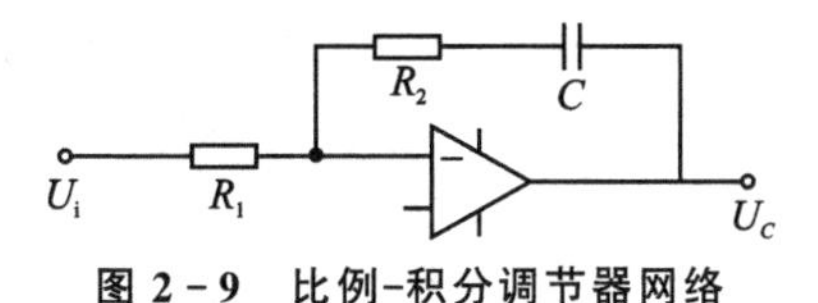

图2-9　比例-积分调节器网络

解：

$$Z_i=R_1, Z_f=R_2+\frac{1}{Cs}$$

$$G(s)=\frac{U_C(s)}{U_i(s)}=-\frac{Z_f}{Z_i}=-\frac{R_2+\frac{1}{Cs}}{R_1}=-\frac{R_2Cs+1}{R_1Cs}$$

例题解答完毕。

3. 传递函数的性质

(1) $G(s)$只取决于系统内部结构，而与外部输入无关。

(2) $G(s)$是s的真有理分式，即$n\geqslant m$，这是由于实际系统必然存在惯性。

(3) 传递函数与微分方程都是系统的模型，因此同一系统，两者之间可相互转换，如图2-10所示。

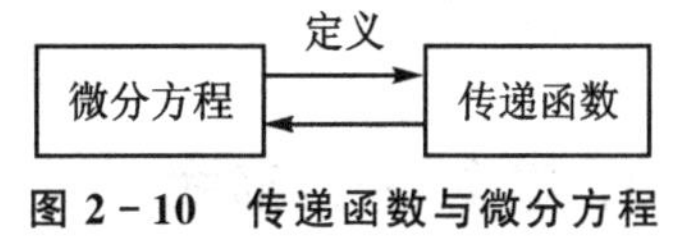

图2-10　传递函数与微分方程都模型的相互转换

若已知传递函数，则可反推出微分方程，设：

$$G(s)=\frac{c(s)}{R(s)}=\frac{b_0s^m+\cdots+b_{m-1}s+b_m}{a_0s^n+a_1s^{n-1}+\cdots+a_{n-1}s+a_n}$$

$$(a_0s^n+a_1s^{n-1}+\cdots+a_{n-1}s+a_n)c(s)=(b_0s^m+\cdots+b_{m-1}s+b_m)R(s)$$

等号两边进行拉式反变换，可得：

$$a_0\frac{d^n}{dt^n}c(t)+a_1\frac{d^{n-1}}{dt^{n-1}}c(t)+\cdots+a_{n-1}\frac{dc(t)}{dt}+a_nc(t)$$
$$=b_0\frac{d^m}{dt^m}r(t)+\cdots+b_{m-1}\frac{dr(t)}{dt}+b_mr(t)$$

(4) 传递函数是在零初始条件下定义的，因而不能直接反映在非零初始条件下系统的运动规律。但是仍可以用传递函数求出非零初始条件作用下的输出，即自由运动。

方法：

① 先由 $G(s)$，反写出微分方程；

② 考虑初始条件，利用拉氏变换法求解微分方程。

(5) 传递函数 $G(s)$的拉氏变换，就是系统的单位脉冲响应 $g(t)$。

所谓 $g(t)$，就是零初始条件下，$r(t)=\delta(t)$时的输出。

$\delta(t)$的定义是：

$$\delta(t)=\begin{cases}0, t\neq 0\\ \infty, t=0\end{cases}$$

$$\int_{-\infty}^{\infty}\delta(t)\mathrm{d}t=1$$

$$L\left[\delta(t)\right]=1$$

又因为：

$$G(s)=\frac{C(s)}{R(s)}$$

当 $R(s)=L\left[\delta(t)\right]=1$ 时，

$$C(s)=G(s)R(s)=G(s)$$

所以对上式的等号两边进行拉式反变换，可得：

$$g(t)=L^{-1}\left[G(s)\right]=L^{-1}\left[C(s)\right]$$

2.3.2 传递函数的两种常用形式

1. 零点、极点形式

$$G(s)=\frac{b_0 s^m+\cdots+b_{m-1}s+b_m}{a_0 s^n+a_1 s^{n-1}+\cdots+a_{n-1}s+a_n}=\frac{b_0}{a_0}\cdot\frac{(s-z_1)\cdots(s-z_m)}{(s-p_1)\cdots(s-p_n)}$$

$$=K_{\mathrm{g}}\cdot\frac{\prod_{i=1}^{m}(s-z_i)}{\prod_{j=1}^{n}(s-p_j)}$$

式中，最高项系数为 1；

$z_i(i=1,2,\cdots,m)$，是分子多项式等于零的根，称为 $G(s)$的零点；

$p_j(j=1,2,\cdots,n)$，是分母多项式等于零的根，称为 $G(s)$的极点；

K_{g} 称为零点、极点形式的传递函数，以后又称为根轨迹增益。

零点、极点可在跟平面 S 平面表示出来，称为传递函数的零点、极点分布图。

［**例 2－14**］ 求出下列 $G(s)$的零点、极点，并画图。

$$G(s)=\frac{s+2}{(s+3)(s^2+2s+2)}$$

解：$z_1=-2, p_1=-3, p_{2,3}=-1\pm j1$，位置图如图 2-11 所示。

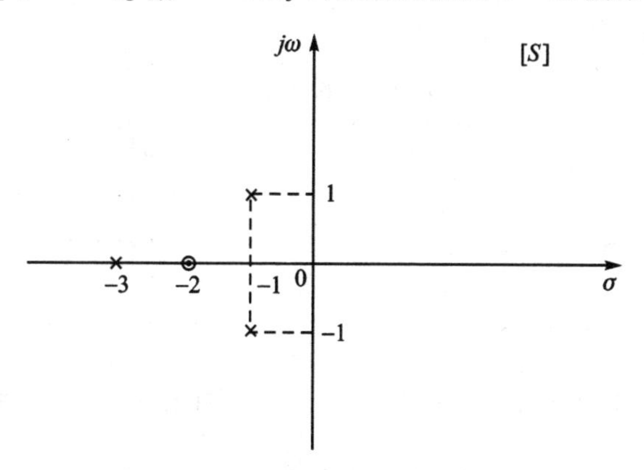

图 2-11　零点、极点位置图

例题解答完毕。

这种零点、极点形式表示的 $G(s)$ 在第 4 章根轨迹法中常用。

2. 时间常数形式

$$G(s)=\frac{b_m}{a_n}\cdot\frac{(\tau_1 s+1)\cdots(\tau_m s+1)}{(T_1 s+1)\cdots(T_n s+1)}=K\cdot\frac{\prod_{i=1}^{m}(\tau_i s+1)}{\prod_{j=1}^{n}(T_j s+1)}$$

其中：τ_i，T_j 是时间常数；K 是 $G(s)$ 的真正传递系数。

因为传递系数是传递函数的稳态值（终值），在 S 域中 $S\to0$，对应于时间域中 $t\to\infty$，即稳态。

$$G(s)\,|\,s\to0=\frac{b_m}{a_n}=K$$

这种形式在第 5 章频率法中常用。

2.4　典型环节及其传递函数

实际系统是由若干元件组成的，这些元件从其数学模型上看，总可以归结为不多的几种典型形式，称为典型环节。常用的有以下 7 种。

1. 比例环节

微分方程

$$c(t)=Kr(t)$$

传递函数

$$G(s)=K$$

单位阶跃响应：

$$c(t)=K\cdot 1(t)$$

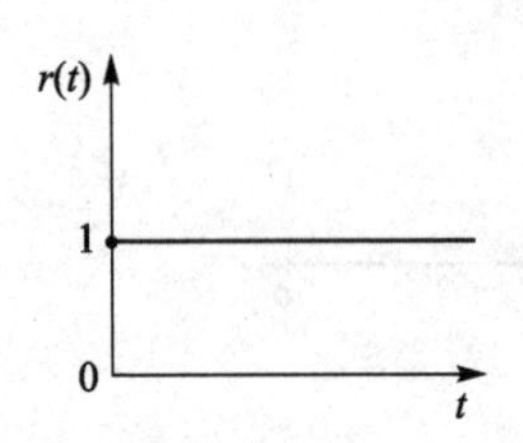

图 2-12　比例环节输入时域图

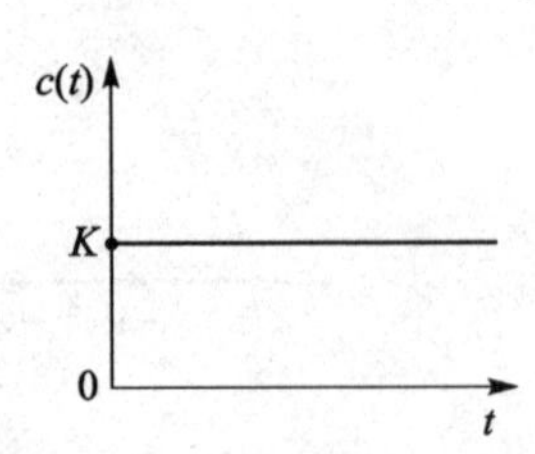

图 2-13　比例环节输出时域图

由图 2-12 和图 2-13 可见，该环节中输出与输入成比例。在实际工程中，放大器、测速电机等，都是比例环节。

2. 惯性环节

微分方程：

$$T\frac{\mathrm{d}c(t)}{\mathrm{d}t}+c(t)=r(t)$$

传递函数：

$$G(s)=\frac{1}{Ts+1}$$

可见，惯性环节有一个极点是$-\frac{1}{T}$。

单位阶跃响应：

$$c(t)=1-\mathrm{e}^{-\frac{t}{T}}$$

当输入 $r(t)$ 为单位阶跃函数时（如图 2-12 所示），输出 $c(t)$ 的拉氏变换为：

$$c(s)=\frac{1}{Ts+1}\cdot\frac{1}{s}=\frac{\frac{1}{T}}{s\left(s+\frac{1}{T}\right)}$$

由图 2-14 可见，惯性环节的单位阶跃响应单调增长，过渡过程快慢与 T 有关，T 越大，响应越慢，把 T 称为惯性环节的时间常数。电路中的 RC 滤波网络即是惯性环节。

3. 积分环节

微分方程：

$$c(t)=\frac{1}{T}\int_{0}^{t}r(t)\mathrm{d}t$$

或者

$$T\,\frac{\mathrm{d}c(t)}{\mathrm{d}t}=r(t)$$

传递函数：

$$G(s)=\frac{1}{Ts}$$

单位阶跃响应：

$$c(t)=-\frac{t}{T}$$

其中 T 是积分时间常数。

由图 2－15 可见积分环节的单位阶跃响应。

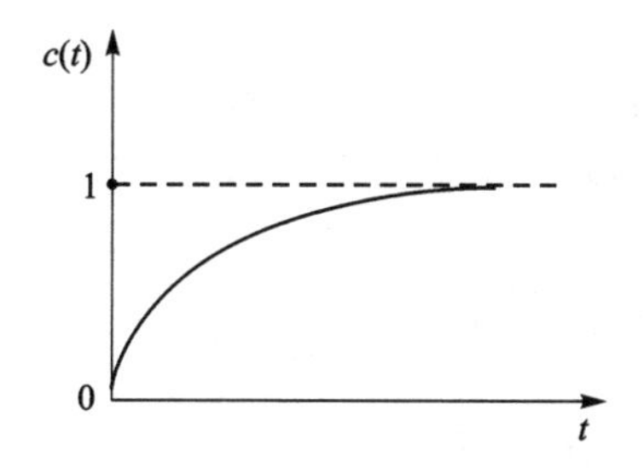

图 2－14　惯性环节输出时域图

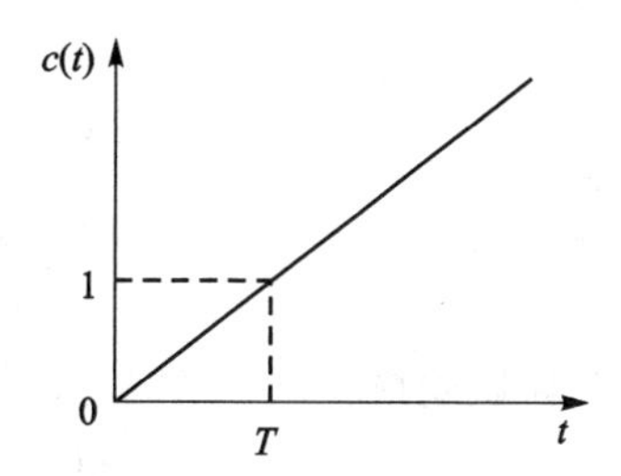

图 2－15　积分环节输出时域图

4. 微分环节

微分方程：

$$c(t)=T\,\frac{\mathrm{d}r(t)}{\mathrm{d}t}$$

传递函数：

$$G(s)=Ts$$

单位阶跃响应：

$$c(t)=T\cdot\delta(t)$$

图 2－16 为微分环节输出时域图。

理想微分环节是不存在的，通常是与其他环节并存。如图 2－17 所示的 CR 电路网络，其传递函数为下式所示：

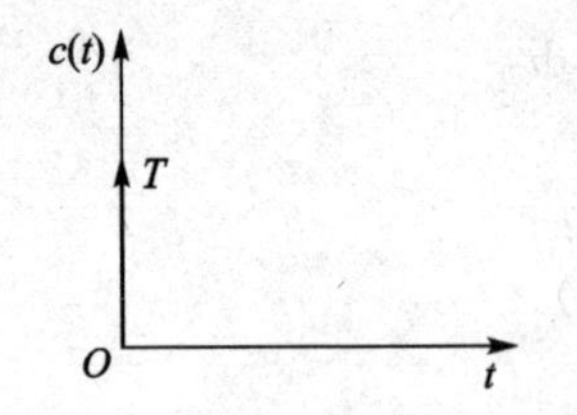

图 2-16 微分环节输出时域图

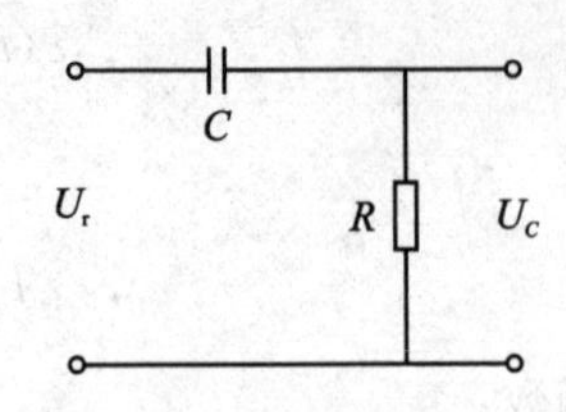

图 2-17 CR 电路网络

$$G(s)=\frac{U_C(s)}{U_r(s)}=\frac{R}{R+\frac{1}{Cs}}=\frac{RCs}{RCs+1}$$

当 $RC\ll 1$ 时,$G(s)\approx RCs$。

5. 比例微分环节

微分方程：

$$c(t)=r(t)+T\frac{\mathrm{d}r(t)}{\mathrm{d}t}$$

传递函数：

$$G(s)=1+Ts$$

单位阶跃响应：

$$c(t)=T\cdot\delta(t)+1(t)$$

上式是比例环节和微分环节响应的迭加。

6. 振荡环节

微分方程：

$$T^2\frac{\mathrm{d}^2c(t)}{\mathrm{d}t^2}+2\zeta T\frac{\mathrm{d}c(t)}{\mathrm{d}t}+c(t)=r(t)$$

传递函数：

$$G(s)=\frac{1}{T^2s^2+2\zeta Ts+1}$$

式中,T 为该环节的时间常数,ζ 为阻尼比。上式也可以写成如下的形式：

$$G(s)=\frac{1}{s^2+2\zeta\omega_n s+\omega_n^2}$$

$$\omega_n=\frac{1}{T}$$

式中,ω_n 为自然振荡频率。

7. 延迟环节

微分方程：

$$c(t)=r(t-\tau)$$

传递函数：

$$G(s)=e^{-\tau s}$$

单位阶跃响应：

$$c(t)=1(t-\tau)$$

图 2－18 为延迟环节单位脉冲响应时域图。

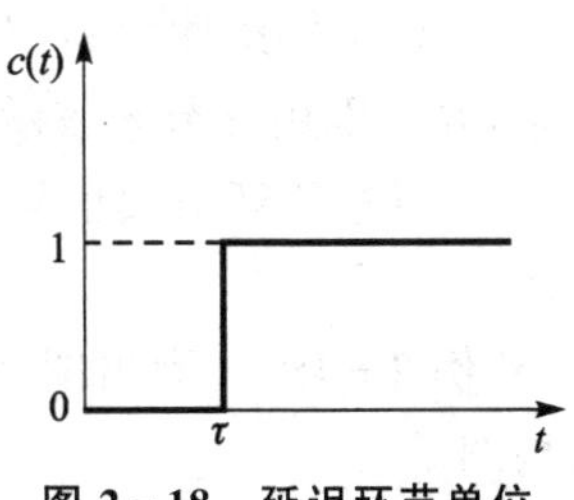

图 2－18　延迟环节单位脉冲响应时域图

由于延迟环节的 $G(s)$ 是超越函数，因此一般近似表示为以下两种形式：

（1）根据一种极限表示形式

$$e^{-\tau s}=\lim_{n\to\infty}\frac{1}{\left(1+\frac{\tau}{n}s\right)^n}$$

所以有简略形式：

$$e^{-\tau s}\approx\frac{1}{\left(1+\frac{\tau}{n}s\right)^n}$$

（2）根据泰勒级数展开

$$e^{-\tau s}=1-\tau s+\frac{\tau^2}{2}s^2+\cdots$$

所以有简略形式：

$$e^{-\tau s}\approx 1-\tau s$$

2.5　结构图

2.5.1　结构图的定义

1. 定　义

由具有一定函数关系的环节组成，并标有信号流向的方框图，称为结构图，如图 2－19 所示。

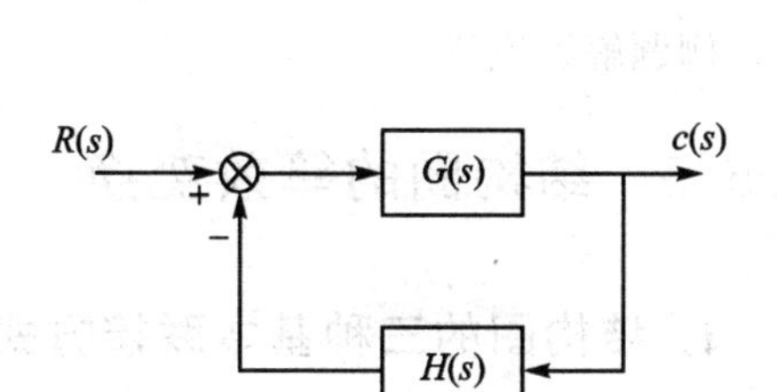

图 2－19　一般系统的结构图

2. 结构图的组成

结构图由 4 种基本元素组成：环节、信

号线、相加点和分支点。

2.5.2 结构图的画法

① 列写每个元件的原始方程；

② 设初始条件为零，对上述原始方程进行拉式变换，整理成各变量之间的因果关系，并分别用环节来表示；

③ 将这些环节按信号流向连接起来，即是系统的结构图。

[例 2-15] 画出图 2-20 所示的 RC 电路网络的结构图。

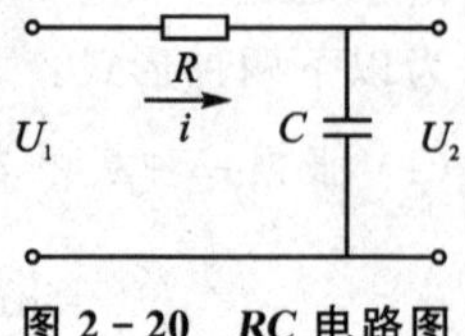

图 2-20 RC 电路图

解：(1) 列写方程组：

$$\begin{cases} U_1 - U_2 = U_R \\ \dfrac{U_R}{R} = i \\ U_2 = \dfrac{1}{C}\displaystyle\int i\,\mathrm{d}t \end{cases}$$

(2) 对方程组中的各微分方程等号两边进行拉式变换：

$$\begin{cases} U_1(s) - U_2(s) = U_R(s) \\ \dfrac{U_R(s)}{R} = I(s) \\ U_2(s) = \dfrac{1}{Cs} I(s) \end{cases}$$

(3) 画出系统结构图，如图 2-21 所示。

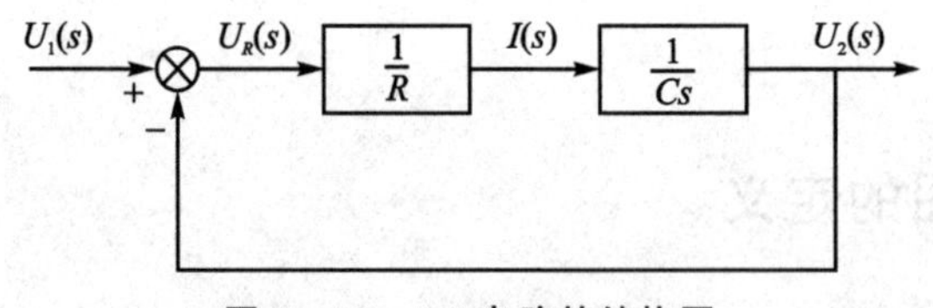

图 2-21 RC 电路的结构图

例题解答完毕。

2.5.3 结构图的等效变换

1. 结构图的三种基本联接方式

(1) 串联联接

下一个环节的输入是前一个环节的输出，如图 2-22 所示。

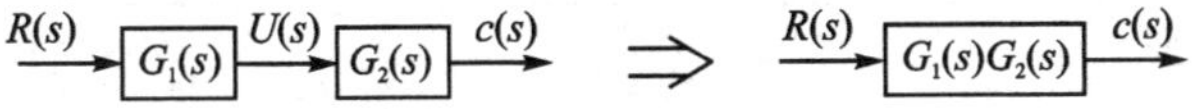

图 2-22　串联联接结构图

$$G(s)=\frac{c(s)}{R(s)}=\frac{c(s)}{U(s)}\cdot\frac{U(s)}{R(s)}=G_1(s)G_2(s)$$

结论：总传递函数＝各串联环节传递函数的乘积。

(2) 并联联接

输入相同，输出相加（代数和），如图 2-23 所示。

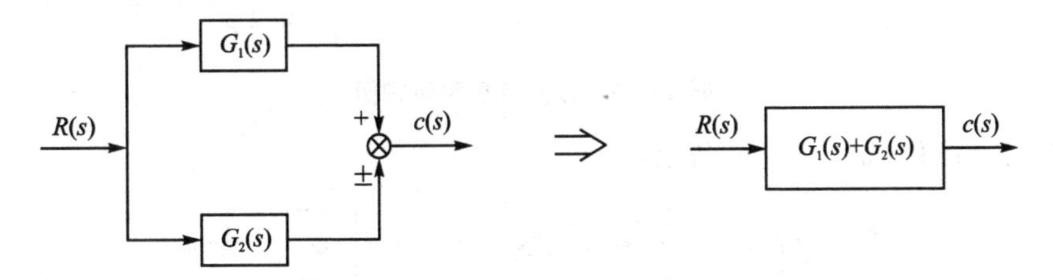

图 2-23　并联联接结构图

$$G(s)=\frac{c(s)}{R(s)}=\frac{c_1(s)\pm c_2(s)}{R(s)}=\frac{c_1(s)}{R(s)}\pm\frac{c_2(s)}{R(s)}=G_1(s)\pm G_2(s)$$

结论：总函数＝各并联环节传递函数的代数和。

(3) 反馈联接

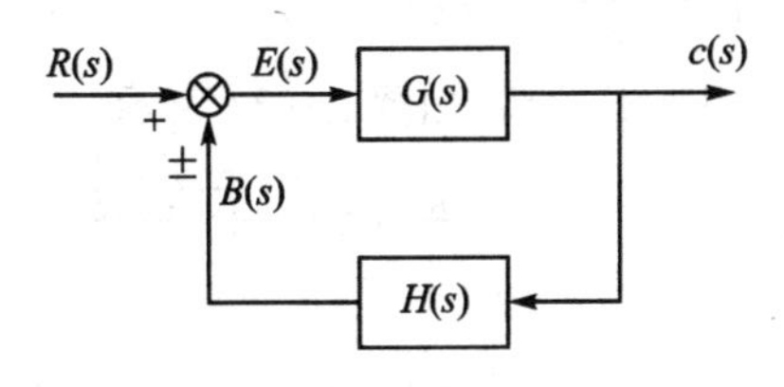

图 2-24　反馈联接结构图

图 2-24 为反馈联接结构图。

$G(s)$：前向通道传递函数；

$H(s)$：反馈通道传递函数，$H(s)=1$ 称为单位反馈；

$G(s)H(s)$：开环传递函数；

$$G(s)H(s)=\frac{B(s)}{E(s)}$$

$\Phi(s)$：闭环传递函数；

$$\Phi(s)=\frac{c(s)}{R(s)}$$

$$c(s)=G(s)E(s)=G(s)[R(s)\pm H(s)c(s)]$$

$$[1\mp G(s)H(s)]c(s)=G(s)R(s)$$

$$\Phi(s)=\frac{c(s)}{R(s)}=\frac{G(s)}{[1\mp G(s)H(s)]}=\frac{\text{前向通道传递函数}}{1\mp\text{开环传递函数}}$$

2. 变换法则

原则:保持变换前后的信号不变。

(1) 分支点移位

分支点后移,如图 2-25 所示:

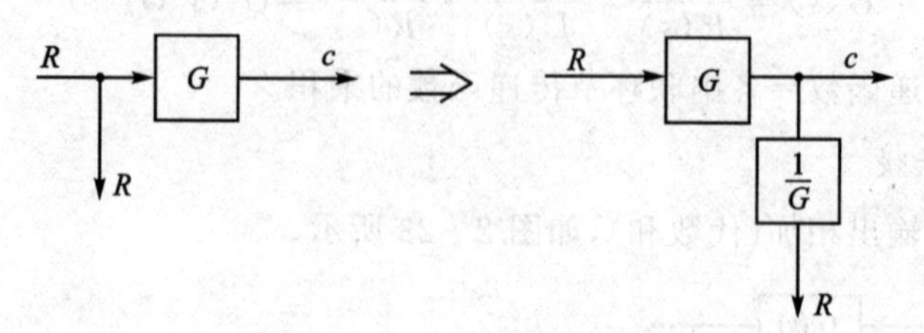

图 2-25 分支点后移结构图

分支点前移,如图 2-26 所示:

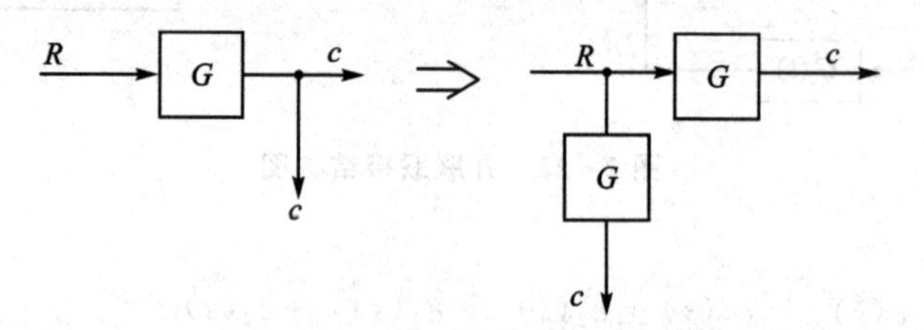

图 2-26 分支点前移结构图

(2) 相加点移位

相加点后移,如图 2-27 所示:

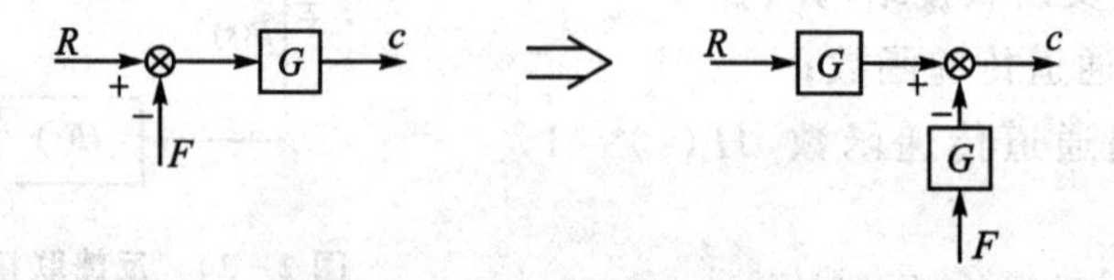

图 2-27 相加点后移结构图

相加点前移,如图 2-28 所示:

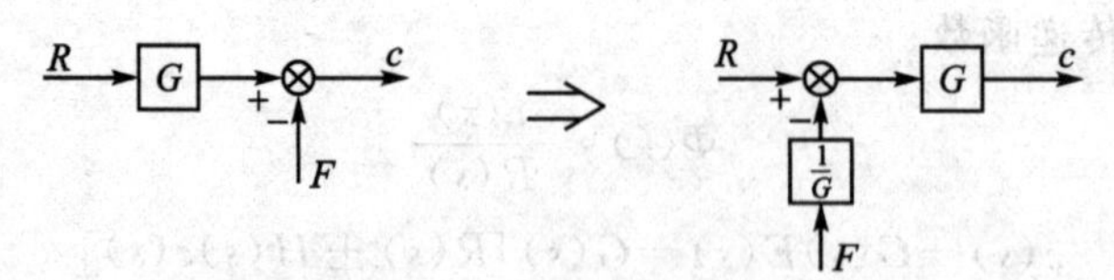

图 2-28 相加点前移结构图

(3) 两个分支点直接互换

其结构图如图 2 - 29 所示。

图 2 - 29　两个分支点直接互换结构图

(4) 两个相加点直接互换

其结构图如图 2 - 30 所示。

图 2 - 30　两个相加点直接互换结构图

3. 结构图的简化

目的:求出指定输出量与输入量之间的总的传递函数。

步骤:

① 首先确定输入量、输出量。注意:不一定是控制输入和系统输出,是由所求的传递函数来决定。

② 利用交换法则,把几个回路公用部分打开,逐步变成三种基本联接方式。

③ 根据三种基本联接方式的等效传递函数,逐步写出总的传递函数。

[例 2 - 16]　用结构图化简的方法求图 2 - 31 中系统的输入量和输出量之间的结构图最简化形式。

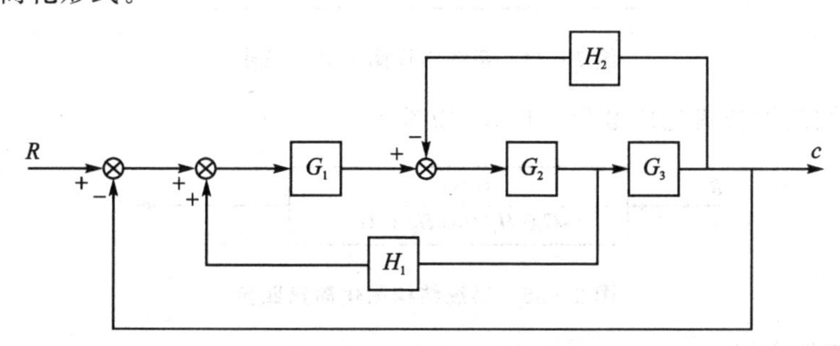

图 2 - 31　未化简系统结构图

解:

① 将包含 H_2 的负反馈环的相加点前移,并交换相加点,可得图 2 - 32 所示结构图。

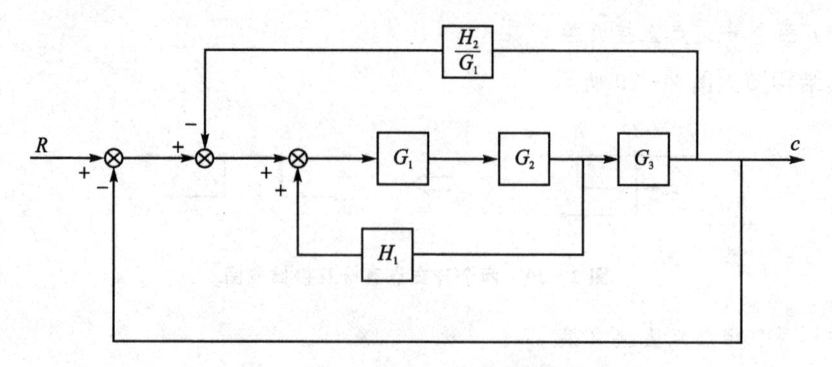

图 2-32　系统结构图化简第一步

② 消去包在里面的正反馈，可得图 2-33 所示的结构图。

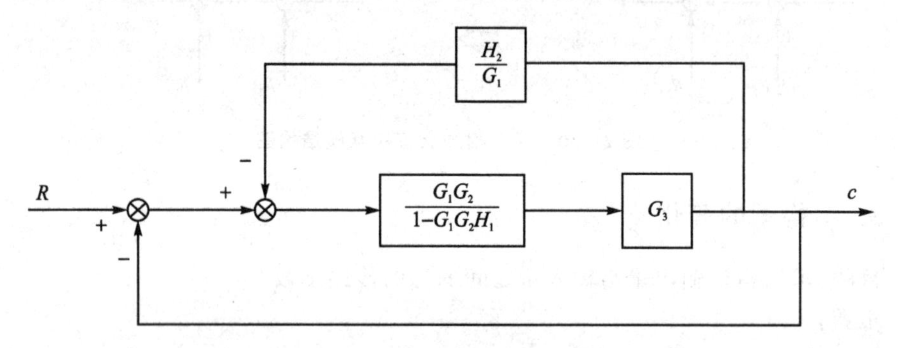

图 2-33　系统结构图化简第二步

③ 进一步消去内环，可得图 2-34 所示结构图。

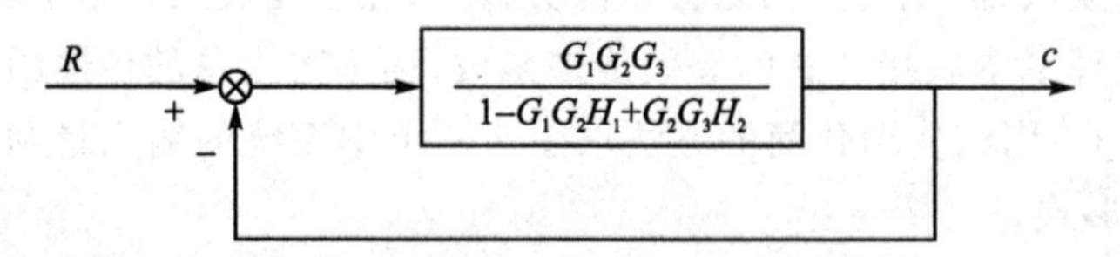

图 2-34　系统结构图化简第三步

④ 利用反馈公式化成最简化形式，如图 2-35 所示。

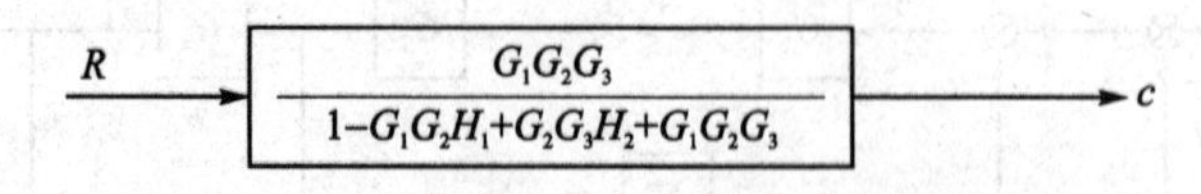

图 2-35　系统结构图化简第四步

例题解答完毕。

[例 2-17]　用结构图化简的方法求图 2-36 中系统的输入量和输出量之间的结构图最简化形式。

解：

① 首先将含有 G_2 的前向通道上的分支点前移，移到下面的回环之外，可得图 2－37 所示的结构图。

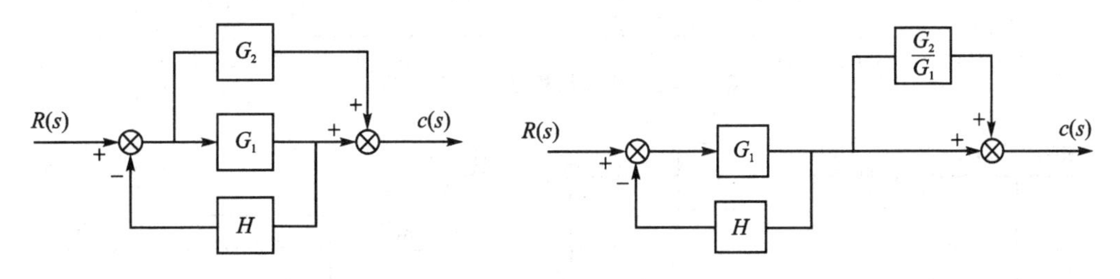

图 2－36　系统结构图　　　　图 2－37　系统结构图化简第一步

② 将反馈环和并联环分别化简，可得图 2－38 所示的结构图。

图 2－38　系统结构图化简第二步

③ 最后将两个方框串联相乘，可得图 2－39 所示的结构图。

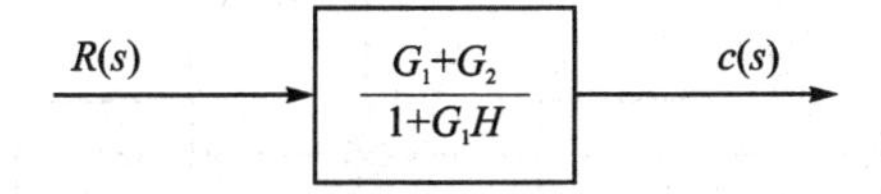

图 2－39　系统结构图化简第三步

例题解答完毕。

［**例 2－18**］　用结构图化简的方法求图 2－40 中系统的输入量和输出量之间的结构图最简化形式。

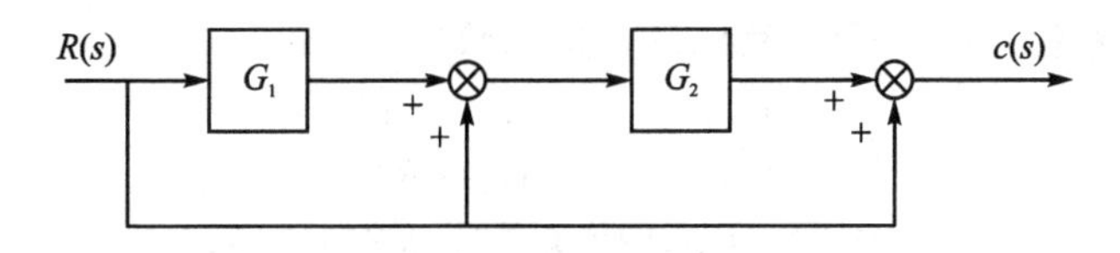

图 2－40　系统结构图

解：

① 将两条前馈通道分开，可得图 2－41 所示的结构图。

② 将小前馈并联支路相加，可得图 2－42 所示的结构图。

③ 最后先用串联法，再用并联法化简，可得图 2－43 所示的结构图。

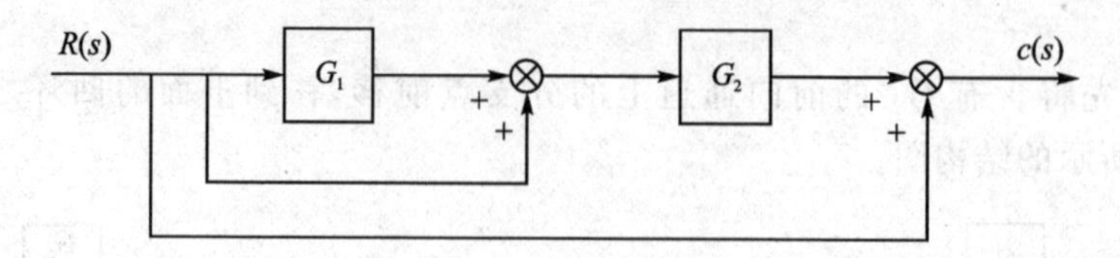

图 2-41　系统结构图化简第一步

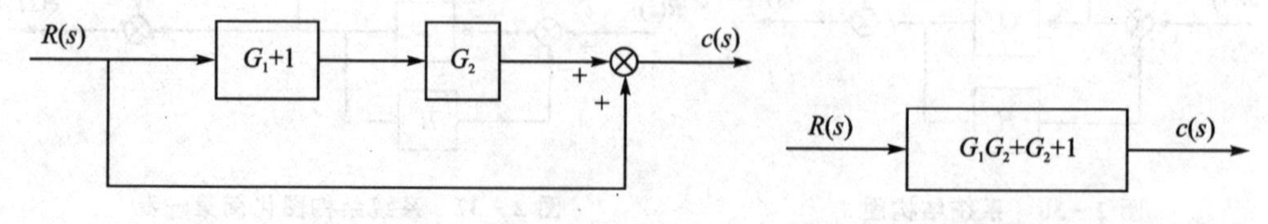

图 2-42　系统结构图化简第二步

图 2-43　系统结构图化简第三步

例题解答完毕。

2.5.4　闭环系统的传递函数

典型闭环系统结构图如图 2-44 所示。

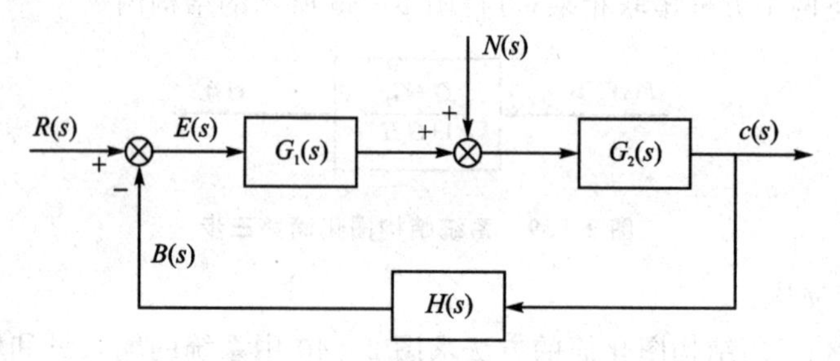

图 2-44　典型闭环系统结构图

(1) 对控制输入 $R(s)$而言的闭环传递函数($N(s)=0$)：

$$\Phi(s)=\frac{c(s)}{R(s)}=\frac{G_1(s)G_2(s)}{1+G_1(s)G_2(s)H(s)}$$

(2) 对扰动输入 $N(s)$而言的闭环传递函数($R(s)=0$)：

$$\Phi_N(s)=\frac{c(s)}{N(s)}=\frac{G_2(s)}{1+G_1(s)G_2(s)H(s)}$$

(3) 对控制输入 $R(s)$而言的误差传递函数($N(s)=0$)：

$$\Phi_E(s)=\frac{E(s)}{R(s)}=\frac{1}{1+G_1(s)G_2(s)H(s)}$$

(4) 对扰动输入 $N(s)$而言的误差传递函数($R(s)=0$)：

$$\Phi_{EN}(s)=\frac{E(s)}{N(s)}=\frac{-G_2(s)H(s)}{1+G_1(s)G_2(s)H(s)}$$

(5) 当 $R(s)$ 和 $N(s)$ 同时作用时：

$$C(s)=C_{\mathrm{N}}(s)+C_{\mathrm{R}}(s)=\frac{G_1(s)G_2(s)R(s)+G_2(s)N(s)}{1+G_1(s)G_2(s)H(s)}$$

$$E(s)=E_{\mathrm{N}}(s)+E_{\mathrm{R}}(s)=\frac{R(s)-G_2(s)H(s)N(s)}{1+G_1(s)G_2(s)H(s)}$$

2.5.5　用梅森公式求传递函数

用结构图变换的方法求复杂系统的传递函数是很烦琐的，而用梅森公式方法确实很简单，它不需要对结构图进行任何变换，只须对结构图观察、分析后，就可以写出传递函数。

梅森(Mason)公式的一般形式为：

$$G(s)=\frac{\sum_{k=1}^{n}P_k\Delta_k}{\Delta}$$

式中，$G(s)$ 为待求的传递函数；

P_k：从输入节点到输出节点的第 k 条前向通道的增益；

Δ_k：与第 k 条前向通道不接触部分的 Δ 值；

Δ 为特征值，且

$$\Delta=1-\sum L_a+\sum L_bL_c-\sum L_dL_eL_f+\cdots$$

$\sum L_a$：所有单独回路的增益之和；

$\sum L_bL_c$：所有两两互不接触回路增益乘积之和；

$\sum L_dL_eL_f$：所有三个互不接触回路增益乘积之和。

［**例 2-19**］　用梅森公式求图 2-45 中的多回路系统传递函数。

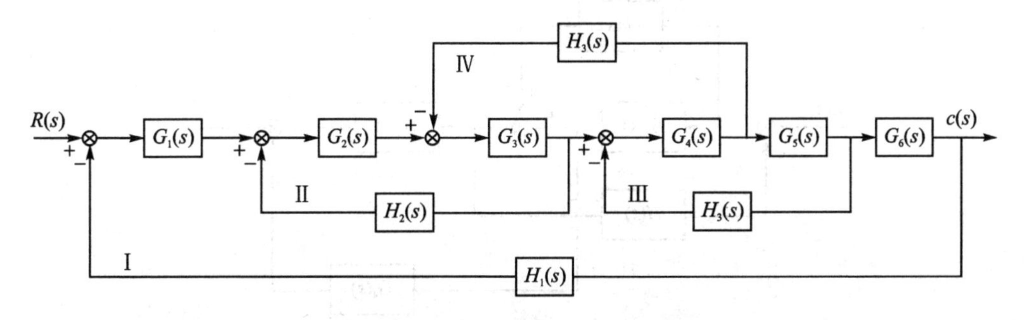

图 2-45　多回路系统结构图

解：观察图 2-45 可见，该图中共有 4 个独立回路，则

$$\sum_{a=1}^{4}L_a=L_1+L_2+L_3+L_4$$

$$=-G_1(s)G_2(s)G_3(s)G_4(s)G_5(s)G_6(s)H_1(s)-G_2(s)G_3(s)H_2(s)$$
$$-G_4(s)G_5(s)H_3(s)-G_3(s)G_4(s)H_4(s)$$

在这 4 个独立回路中，Ⅱ、Ⅲ回路互不接触，因此

$$\sum L_bL_c=L_2L_3=[-G_2(s)G_3(s)H_2(s)][-G_4(s)G_5(s)H_3(s)]$$
$$=G_2(s)G_3(s)G_4(s)G_5(s)H_2(s)H_3(s)$$

在这 4 个独立回路中，没有 3 个回路互不接触，因此

$$\sum L_dL_eL_f=0$$

于是，可求出特征值为

$$\Delta=1-\sum_{a=1}^{4}L_a+\sum L_bL_c$$
$$=1+G_1(s)G_2(s)G_3(s)G_4(s)G_5(s)G_6(s)H_1(s)+G_2(s)G_3(s)H_2(s)$$
$$+G_4(s)G_5(s)H_3(s)+G_3(s)G_4(s)H_4(s)$$
$$+G_2(s)G_3(s)G_4(s)G_5(s)H_2(s)H_3(s)$$

由图 2－45 可知，从输入 $R(s)$ 到输出 $c(s)$，只有一条前向通道，则

$$k=1$$
$$P_1=G_1(s)G_2(s)G_3(s)G_4(s)G_5(s)G_6(s)$$

4 个回路与这一条前向通道都有接触，则

$$\Delta_1=1$$

将上述各项带入梅森公式，就可以求出系统的总的传递函数为

$$G(s)=\frac{c(s)}{R(s)}=\frac{P_1\Delta_1}{\Delta}$$

例题解答完毕。

[例 2－20] 用梅森公式求图 2－46 中的多回路系统传递函数。

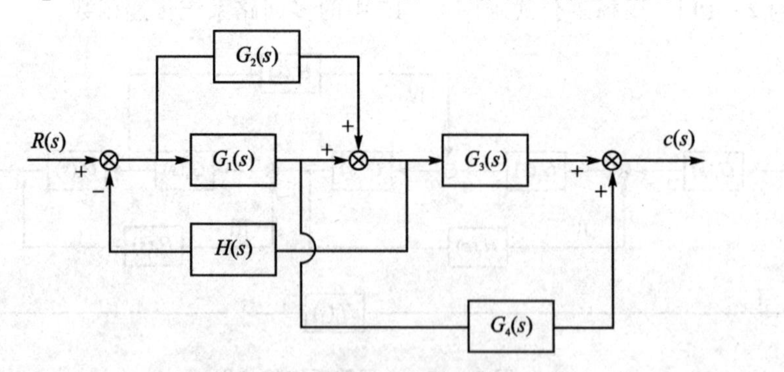

图 2－46　多回路系统结构图

解：观察图 2－46 可见，该图中共有 2 个独立回路，则

$$\sum_{a=1}^{2} L_a = L_1 + L_2 = -G_1(s)H(s) - G_2H(s)$$

在这 2 个独立回路中，没有互不接触的回路，可得

$$\Delta = 1 - \sum_{a=1}^{2} L_a = 1 - [-G_1(s)H(s) - G_2H(s)] = 1 + G_1(s)H(s) + G_2H(s)$$

从图中可以看出有 3 条前向通道，则

$$k = 3$$

$$P_1 = G_1(s)G_3(s), \Delta_1 = 1$$

$$P_1 = G_2(s)G_3(s), \Delta_2 = 1$$

$$P_1 = G_1(s)G_4(s), \Delta_3 = 1$$

将上述各项带入梅森公式，就可以求出系统的总的传递函数为

$$G(s) = \frac{c(s)}{R(s)} = \frac{P_1\Delta_1 + P_2\Delta_2 + P_3\Delta_3}{\Delta} = \frac{G_1(s)G_3(s) + G_2(s)G_3(s) + G_1(s)G_4(s)}{1 + G_1(s)H(s) + G_2H(s)}$$

例题解答完毕。

2.6　本章小结

本章主要讨论了 3 种数学模型，如图 2-47 所示。

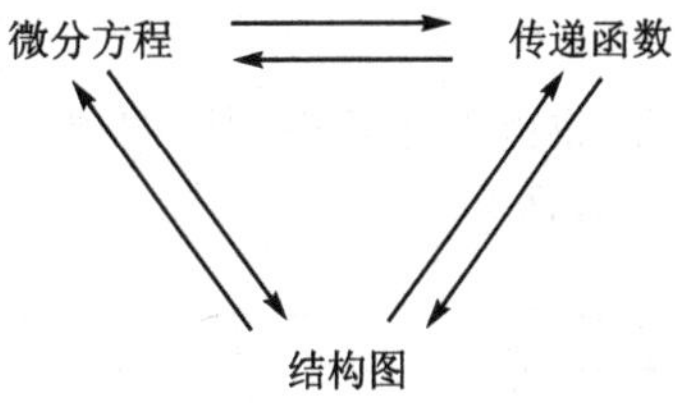

微分方程
传递函数
结构图

图 2-47　3 种数学模型转换图

1. 微分方程

(1) 会列写微分方程：RC 网络、运放电路、已知传递函数反写微分方程。

(2) 会求解：用拉式变换法。

2. 传递函数

(1) 定义。

(2) 求法：已知微分方程求传递函数、已知结构图求传递函数。

(3) 传递函数的两种表示形式：零极点形式、时间常数形式。

(4) 典型环节的传递函数：7 种。

(5) 闭环系统的传递函数：4 种，$\Phi(s)$、$\Phi_N(s)$、$\Phi_E(s)$、$\Phi_{EN}(s)$。

3. 结构图

(1) 会画结构图。

(2) 会简化结构图。

(3) 会由梅森公式求传递函数。

[例 2-21] 如图 2-48 所示的 RC 无源网络,画出系统的结构图,并求出系统的传递函数。

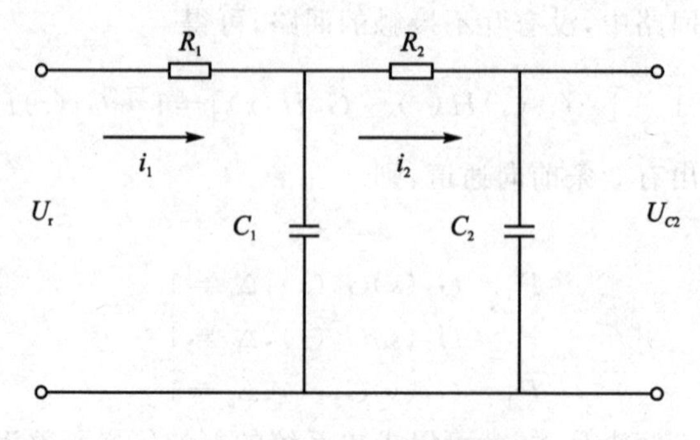

图 2-48 RC 无源网络图

解:① 列写电路方程组:

$$I_1(s)=\frac{U_r(s)-U_{C_1}(s)}{R_1}$$

$$U_{C_1}(s)=\frac{I_1(s)-I_2(s)}{C_1 s}$$

$$I_2(s)=\frac{U_{C_1}(s)-U_{C_2}(s)}{R_2}$$

$$U_{C_2}(s)=\frac{I_2(s)}{C_2 s}$$

② 将以上 4 式用方框图表示(见图 2-49),并相互连接即得 RC 网络结构图,如图 2-50 所示。

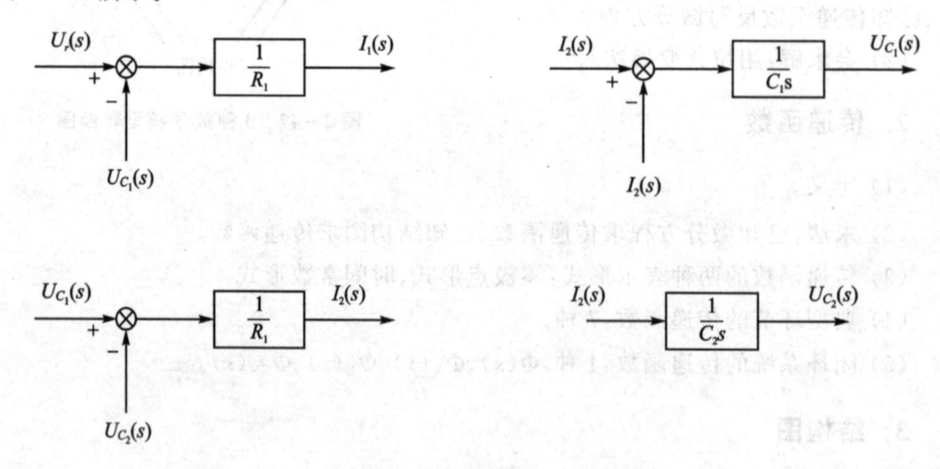

图 2-49 4 个方程结构图

③ 用梅森公式求系统的传递函数。由图 2-50 可知,系统有 3 个独立回路,则

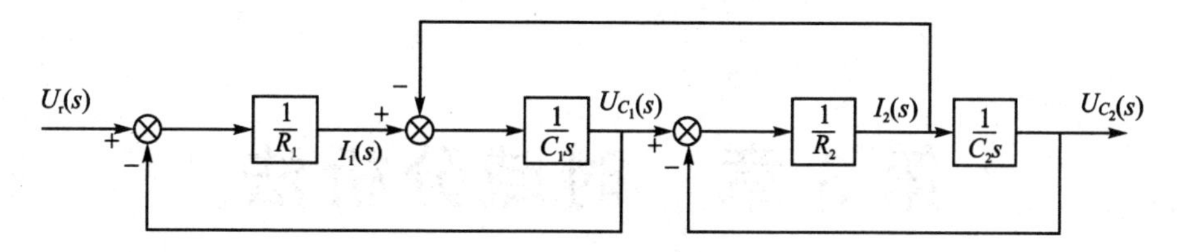

图 2-50　系统结构图

$$L_1=-\frac{1}{R_1}\cdot\frac{1}{C_1s}=-\frac{1}{R_1C_1s}$$

$$L_2=-\frac{1}{R_2}\cdot\frac{1}{C_2s}=-\frac{1}{R_2C_2s}$$

$$L_3=-\frac{1}{R_2}\cdot\frac{1}{C_1s}=-\frac{1}{R_2C_1s}$$

两两互不接触的回路只有 L_1 和 L_2，则

$$L_1L_2=\frac{1}{R_1R_2C_1C_2s^2}$$

系统的特征值为：

$$\Delta=1-(L_1+L_2+L_3)+L_1L_2=1+\frac{1}{R_1C_1s}+\frac{1}{R_2C_2s}+\frac{1}{R_2C_1s}+\frac{1}{R_1R_2C_1C_2s^2}$$

前向通道只有 1 条，可得：

$$P_1=\frac{1}{R_1}\cdot\frac{1}{C_1s}\cdot\frac{1}{R_2}\cdot\frac{1}{C_2s}=\frac{1}{R_1R_2C_1C_2s^2}$$

$$\Delta_1=1$$

则系统的传递函数为：

$$G(s)=\frac{U_{C_2}(s)}{U_r(s)}=\frac{P_1\Delta_1}{\Delta}=\frac{1}{R_1R_2C_1C_2s^2+(R_1C_1+R_2C_2+R_2C_1)s+1}$$

例题解答完毕。

第3章　时域分析法

【提要】 本章介绍系统分析的第一种方法，即时域分析法，包括3大内容：

(1) 稳定性分析；

(2) 动态品质的求取；

(3) 稳态误差计算。

3.1　时域性能指标

所谓系统分析，指系统的数学模型和输入信号是已知的，分析求取系统的3大性能指标。系统分析法有3种，本章介绍第一种即时域分析法。时域分析法依据的数学模型是微分方程或传递函数，通过求取微分方程的时域解，进而求取系统的性能指标。而输入信号则是人们事先选定了若干个典型意义的信号，即典型输入信号，作为输入信号。

3.1.1　典型输入信号

1. 单位脉冲函数 $\boldsymbol{\delta}(t)$

$$\delta(t)=\begin{cases}0 & t\neq 0\\ \infty & t=0\end{cases}$$

$$\int_{-\infty}^{+\infty}\delta(t)\mathrm{d}t=1$$

图3-1为单位脉冲函数时域图。

注意：$\delta(t)$在实际中是不存在的，它只有数学上的意义。但一般若一个脉冲函数信号宽度足够小，幅度足够大，就可以按脉冲函数$\delta(t)$来处理。

2. 单位阶跃函数 1(t)

$$1(t)=\begin{cases}0 & t<0\\ 1 & t\geqslant 0\end{cases}$$

图 3－2 为单位阶跃函数时域图。

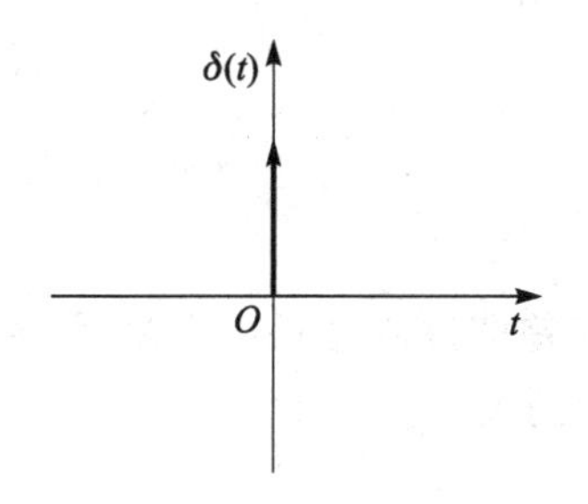

图 3－1　单位脉冲函数时域图

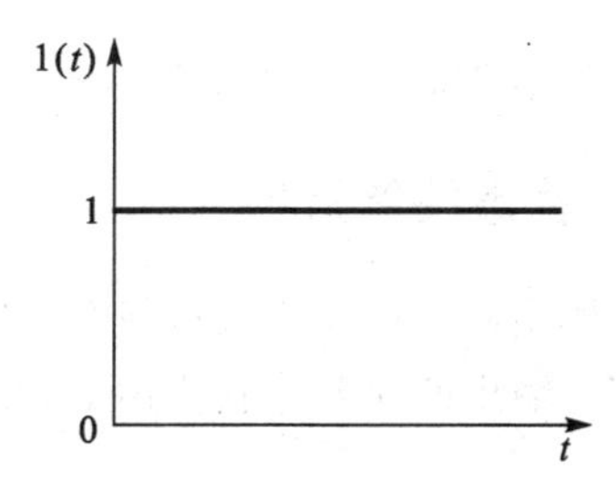

图 3－2　单位阶跃函数时域图

$R\cdot 1(t)$称为阶跃函数，其中 R 为常数。

在实际中，突加负载或突加一个常值输入都是阶跃函数。

3.1.2　时域性能指标

以单位阶跃响应函数 $h(t)$为标准，一般 $h(t)$曲线的形状如图 3－3 所示。

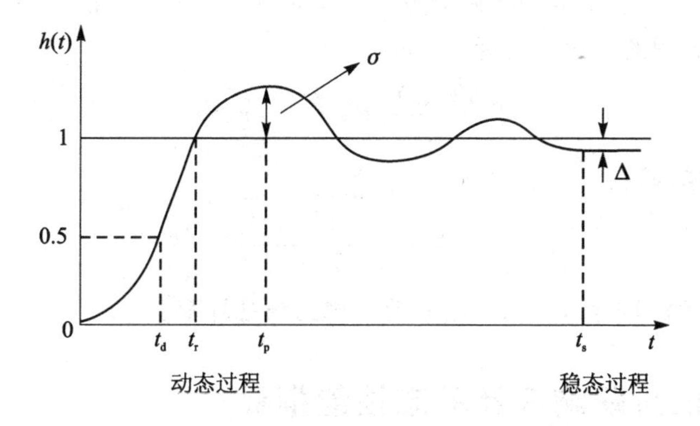

图 3－3　单位阶跃响应函数时域图

动态分量描述的是动态（暂态）过程，稳态分量描述的是稳态过程。

针对上图中的两个过程，分别定义了两类指标：

1. 动态性能指标

(1) 延迟时间 t_d：$h(t)$到达稳态值 50%时所需的时间。

(2) 上升时间 t_r：$h(t)$从 0 到第一次到达稳态值所需的时间。

(3) 峰值时间 t_p：$h(t)$到达第一个峰值所需的时间。

(4) 调节时间 t_s：$h(t)$进入稳态值的允许误差范围 Δ 所需的最小时间。

$$\Delta=\pm 2\%,\quad \pm 5\%$$

(5) 超调量 $\sigma\%$：

$$\sigma\% = \frac{h(t_p) - h(\infty)}{h(\infty)} \times 100\%$$

最常用的是 t_p、t_s 和 $\sigma\%$。

2. 稳态性能指标

一般用稳态误差来表示稳态性能。所谓稳态误差即过渡过程结束之后，希望输出与实际输出的误差。它描述了系统稳态控制精度的大小。

3.2 一阶系统时域分析

先从最简单的一阶系统开始，然后二阶系统，最后是高阶系统。

3.2.1 一阶系统的数学模型

定义：凡是数学模型为一阶微分方程的系统，称为一阶系统。

一阶微分方程的一般形式为：

$$T\frac{dC(t)}{dt} + C(t) = r(t)$$

对应的传递函数：

$$\Phi(s) = \frac{1}{Ts+1}$$

式中，T 为惯性时间常数，所以一阶系统又称为惯性环节。

3.2.2 单位阶跃响应及动态性能指标

1. $h(t)$

$$C(s) = \Phi(s)R(s) = \frac{1}{s(Ts+1)} = \frac{1}{s} - \frac{1}{s+\frac{1}{T}}$$

$$h(t) = 1 - e^{-\frac{t}{T}} \quad (t \geqslant 0)$$

式中，1 是稳态分量，e 的指数函数是暂态分量。

2. 动态指标

调节时间 t_s：

$$\because t=3T, h(3T)=0.95$$

$$\because t=4T, h(4T)=0.98$$

$$\therefore t_s=\begin{cases}3T(\Delta=\pm 5\%)\\4T(\Delta=\pm 2\%)\end{cases}$$

另外

$$t=T, h(T)=1-e^{-1}=0.632$$

$$t=0, \frac{dh(t)}{dt}=\frac{1}{T}e^{-\frac{t}{T}}=\frac{1}{T}$$

利用这些特点，可以从实验曲线上确定出一阶系统的时间常数 T，如图 3-4 所示。

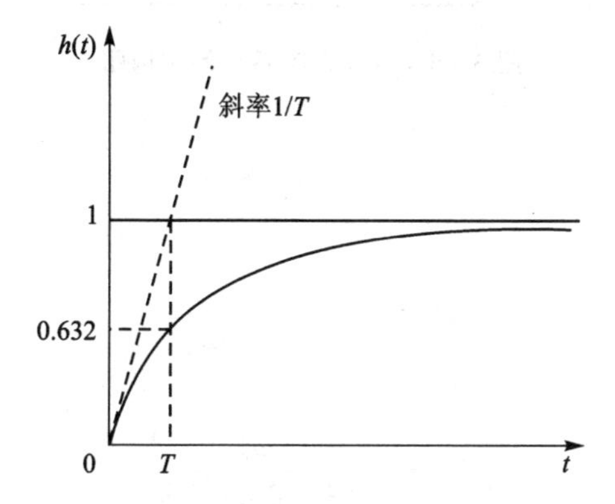

图 3-4　一阶系统单位阶跃响应函数时域图

3. 稳态误差

$$t\to\infty, 1-h(t)=1-(1-e^{-\infty})=1-1=0$$

对于一阶系统的单位斜坡函数和单位脉冲函数，由于这些完全可以由拉式变换法求出，所以不再讨论。又因为脉冲函数和斜坡函数分别是阶跃函数的导数和积分，故响应的脉冲响应函数和斜坡响应函数也分别是阶跃响应函数的导数和积分。也就是说，只要知道一种响应函数，就可求出另两种响应函数，所以以后只讨论单位阶跃响应。

3.3　二阶系统时域分析

凡是数学模型为二阶微分方程的系统，称为二阶系统。这里讨论的二阶系统是下面的典型二阶系统。

3.3.1 典型二阶系统的数学模型

1. 结构图

其结构图如图 3-5 所示。

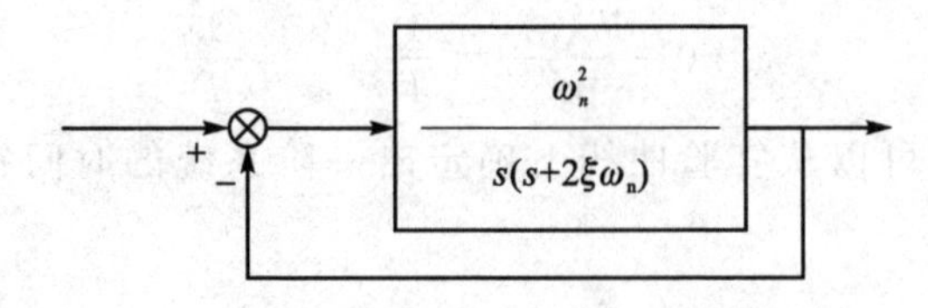

图 3-5 典型二阶系统的结构图

2. 传递函数

开环传递函数：

$$G(s)=\frac{\omega_n^2}{s(s+2\xi\omega_n)}$$

闭环传递函数：

$$\varphi(s)=\frac{\omega_n^2}{s^2+2\xi\omega_n s+\omega_n^2}$$

式中：ξ，ω_n 都称为系统参数，ξ 为阻尼比；ω_n 为自然振荡频率。

3. 极点分布

系统的特征方程，即 $\varphi(s)$的分母多项式为零的方程为：

$$s^2+2\xi\omega_n s+\omega_n^2=0$$

特征方程的解为：

$$s_{1,2}=-\xi\omega_n\pm\sqrt{\xi^2-1}\cdot\omega_n$$

(1) $\xi<0$：极点具有正的实部，系统不稳定，故以后只讨论 $\xi\geqslant 0$ 的情况。

(2) $\xi=0$：无阻尼，$s_{1,2}=\pm j\omega_n$，一对共轭虚根，如图 3-6 所示。

(3) $0<\xi<1$：欠阻尼，$s_{1,2}=-\xi\omega_n\pm j\omega_n\sqrt{1-\xi^2}$，一对共轭复根，如图 3-7 所示。

(4) $\xi=1$：临界阻尼，$s_{1,2}=-\omega_n$，两个相等的负实根，如图 3-8 所示。

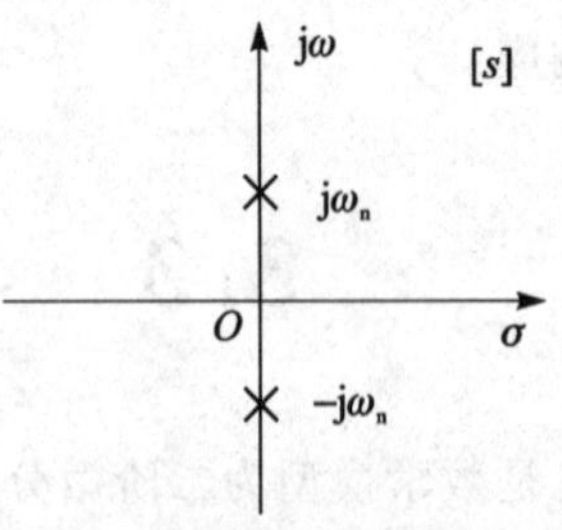

图 3-6 典型二阶系统无阻尼情况下的根平面图

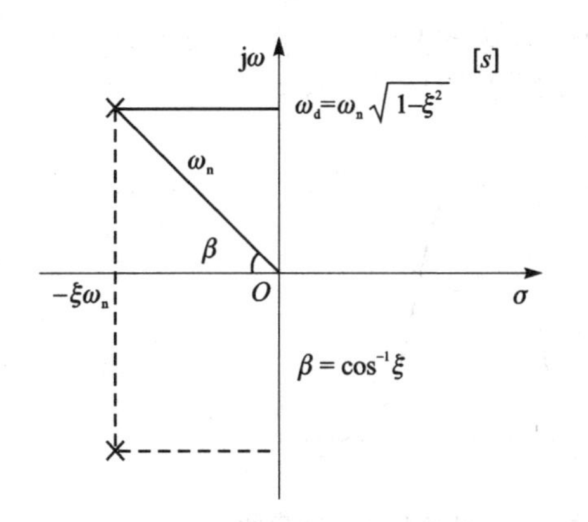

图 3－7　典型二阶系统欠阻尼情况下的根平面图

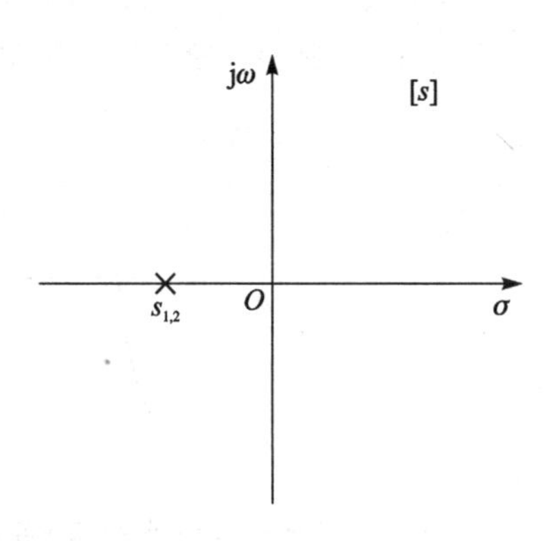

图 3－8　典型二阶系统临界阻尼情况下的根平面图

(5) $\xi>1$:过阻尼,$s_{1,2}=-\xi\omega_n\pm\omega_n\sqrt{\xi^2-1}$,两个不相等的负实根,如图 3－9 所示。

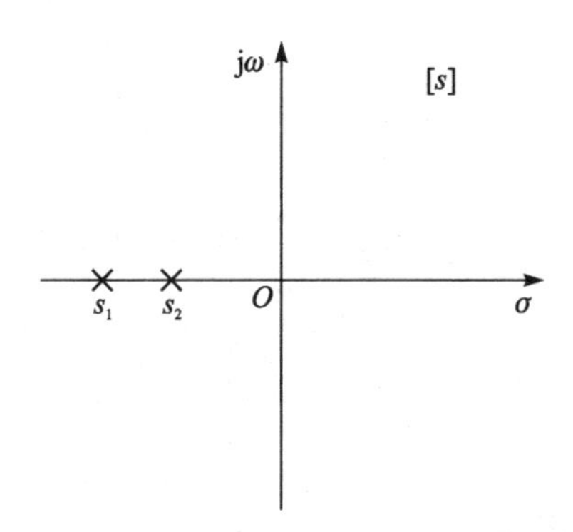

图 3－9　典型二阶系统过阻尼情况下的根平面图

3.3.2　典型二阶系统的单位阶跃响应

零初始条件,输入 $r(t)=1(t)$。

1. 无阻尼:$\xi=0$

利用拉氏变换法求解:

$$\because \varphi(s)=\frac{\omega_n^2}{s^2+\omega_n^2},R(s)=\frac{1}{s}$$

$$\therefore h(s)=C(s)=\frac{\omega_n^2}{s(s^2+\omega_n^2)}=\frac{1}{s}-\frac{s}{s^2+\omega_n^2}$$

$$\therefore h(t)=1-\cos\omega_{\mathrm{n}}t\ (t\geqslant 0)$$

图 3-10 为典型二阶系统无阻尼情况下的单位阶跃响应图。

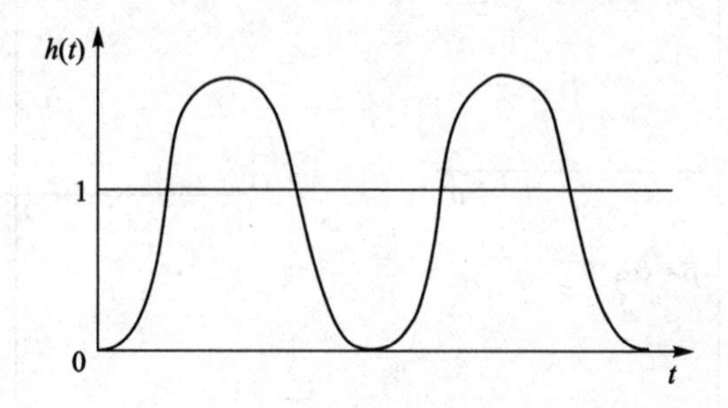

图 3-10　典型二阶系统无阻尼情况下的单位阶跃响应图

结论：

(1) $h(t)$是等幅振荡，系统不稳定。

(2) ω_{n} 是无阻尼时的等幅振荡角频率，故又称为自然振荡频率。

2. 欠阻尼，0<ξ<1

$$h(s)=\frac{\omega_{\mathrm{n}}^{2}}{s(s^{2}+2\xi\omega_{\mathrm{n}}s+\omega_{\mathrm{n}}^{2})}=\frac{1}{s}-\frac{s+\xi\omega_{\mathrm{n}}}{(s+\xi\omega_{\mathrm{n}})^{2}+\omega_{\mathrm{d}}^{2}}-\frac{\xi\omega_{\mathrm{n}}}{(s+\xi\omega_{\mathrm{n}})^{2}+\omega_{\mathrm{d}}^{2}}$$

$$\therefore h(t)=1-\frac{1}{\sqrt{1-\xi^{2}}}\mathrm{e}^{-\xi\omega_{\mathrm{n}}t}\sin(\omega_{\mathrm{d}}t+\beta)\ (t\geqslant 0)$$

上式中：

$$\beta=\cos^{-1}\xi$$

$$\omega_{\mathrm{d}}=\omega_{\mathrm{n}}\sqrt{1-\xi^{2}}$$

ω_{d} 为图 3-7 中根的虚部。

图 3-11 为典型二阶系统欠阻尼情况下的单位阶跃响应图。

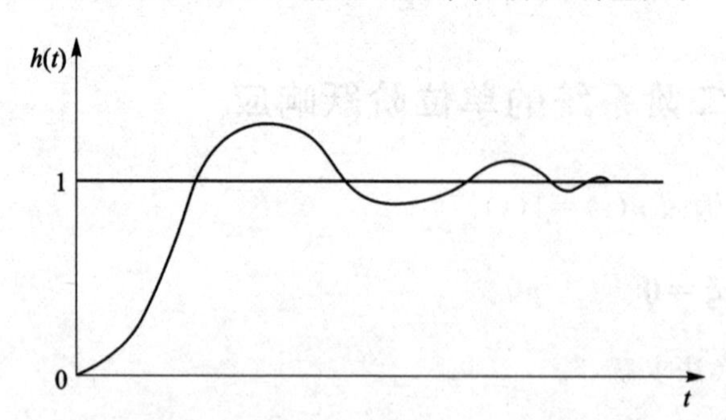

图 3-11　典型二阶系统欠阻尼情况下的单位阶跃响应图

结论：

(1) 响应具有衰减振荡性质。$\xi\omega_{\mathrm{n}}$ 表示了衰减的快慢，故称阻尼系数；ω_{d} 是振荡频率，故称为欠阻尼振荡频率。

(2) 稳态误差为零：

$$r(t)-h(\infty)=1-1=0$$

3. 临界阻尼，$\xi=1$

$$\varphi(s)=\frac{\omega_n^2}{(s+\omega_n)^2}$$

$$h(s)=\frac{\omega_n^2}{s(s+\omega_n)^2}=\frac{1}{s}-\frac{\omega_n}{(s+\omega_n)^2}-\frac{1}{s+\omega_n}$$

$$\therefore h(t)=1-\omega_n t e^{-\omega_n t}-e^{-\omega_n t}=1-e^{-\omega_n t}(1+\omega_n t)\ (t\geqslant 0)$$

图 3 - 12 为典型二阶系统临界阻尼情况下的单位阶跃响应图。

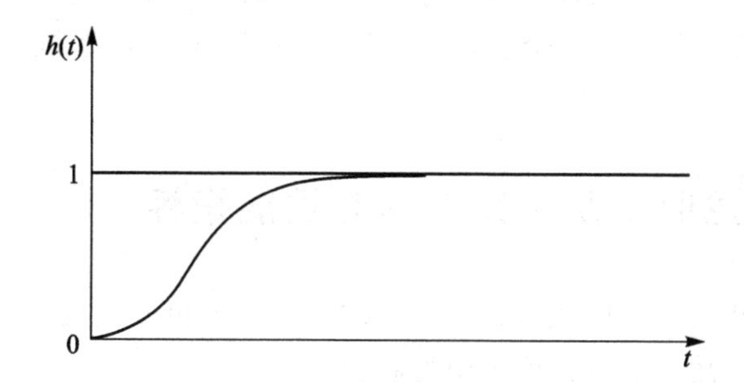

图 3 - 12　典型二阶系统临界阻尼情况下的单位阶跃响应图

结论：

(1) 响应是单调上升的，无振荡。

(2) 稳态误差为零，则

$$\because r(t)-h(t)=e^{-\omega_n t}(1+\omega_n t)$$

$$\therefore \lim_{t\to\infty}[r(t)-h(t)]=\lim_{t\to\infty}\frac{1+\omega_n t}{e^{\omega_n t}}=\lim_{t\to\infty}\frac{\omega_n}{\omega_n e^{\omega_n t}}=0$$

(3) ω_n 也是临界阻尼系数，则

$$\xi=\frac{\xi\omega_n}{\omega_n}=\frac{\text{欠阻尼系数}}{\text{临界阻尼系数}}=\text{阻尼比}$$

4. 过阻尼，$\xi>1$

与上面的情况同理，可得

$$h(t)=1+\frac{e^{-\frac{t}{T_1}}}{\frac{T_2}{T_1}-1}+\frac{e^{-\frac{t}{T_2}}}{\frac{T_1}{T_2}-1}\ (t>0)$$

式中 T_1、T_2 为常数，且 $T_1>T_2$。

图 3－13 为典型二阶系统过阻尼情况下的单位阶跃响应图。

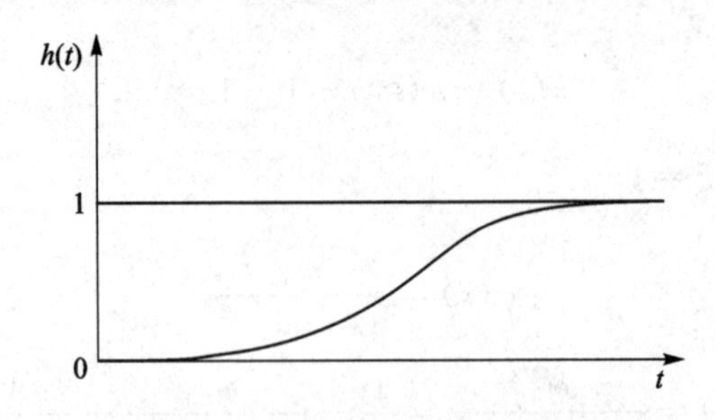

图 3－13　典型二阶系统过阻尼情况下的单位阶跃响应图

结论：

(1) 响应是增长的，无超调量，但是比临界阻尼的情况更慢。

(2) 响应的暂态分量为两个衰减的指数项，故此时，二阶系统可等效为两个惯性环节串联。

3.3.3　欠阻尼时二阶系统的动态性能指标

由于欠阻尼状况是二阶系统的主要形式，且临界和过阻尼时的动态指标（主要是 t_s）计算很复杂，故下面只讨论欠阻尼状态。

1. 上升时间 t_r

根据定义可知 $h(t_r)=1$，第一次到达稳态值所需的时间，可得：

$$t_r=\frac{\pi-\beta}{\omega_d}$$

2. 峰值时间 t_p

根据定义可知第一次到达峰值所需的时间，令：

$$\frac{dh(t)}{dt}=0$$

可得：

$$t_p=\frac{\pi}{\omega_d}$$

3. 超调量 $\sigma\%$

根据定义可知：

$$\sigma\%=\frac{h(t_p)-h(\infty)}{h(\infty)}$$

可得：

$$\sigma\% = e^{-\frac{\pi\xi}{\sqrt{1-\xi^2}}} \times 100\%$$

4. 调节时间 t_s

根据定义，进入允许误差范围 Δ 所需的最小时间。通过近似计算可得：

$$t_s \approx \frac{3}{\xi\omega_n}(\Delta = \pm 5\%)$$

$$t_s \approx \frac{4}{\xi\omega_n}(\Delta = \pm 2\%)$$

欠阻尼时二阶系统的动态性能指标讨论如下：

(1) $\sigma\%$：只与 ξ 有关。

结合图 3－7 典型二阶系统欠阻尼情况下的根平面图和图 3－14 看：

极点距离虚轴越近，导致 β 上升，进一步导致 $\xi = \cos\beta$ 下降，最终导致 $\sigma\%$ 上升。

一般在工程设计的时候，先由要求的 $\sigma\%$，确定 ξ，再由 t_s 或 t_p 确定 ω_n。

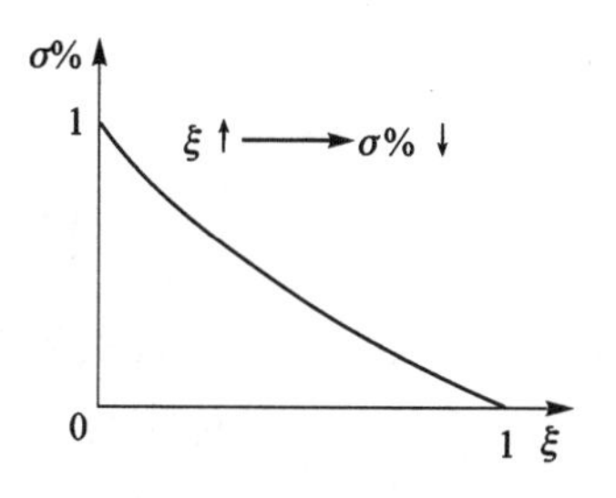

图 3－14　σ%与 ξ 的关系曲线

(2) t_p：与 ξ 和 ω_n 都有关，与虚部 ω_d 成反比。

从图 3－7 根平面上看：极点距离实轴越远，导致 ω_d 上升，t_p 下降。

(3) t_s：与 ξ 和 ω_n 都有关，与实部 $\xi\omega_n$ 成反比。

从图 3－7 根平面上看：极点距离虚轴越远，导致 $\xi\omega_n$ 上升，t_s 下降。

在工程上，由于 ξ 与 $\sigma\%$、t_p、t_s 都有关，一般选 $\xi = \frac{\sqrt{2}}{2} = 0.707$ 时，响应快且超调较小。故又把 $\xi = \frac{\sqrt{2}}{2}$ 称为最佳阻尼比，或称为二阶最优系统。

3.4　高阶系统时域分析

3.4.1　高阶系统的单位阶跃响应

不失一般性，如图 3－15 所示的系统，其闭环传递函数为：

$$\Phi(s) = \frac{G(s)}{1+G(s)H(s)} = \frac{b_0 s^m + \cdots + b_m}{a_0 s^n + a_1 s^{n-1} + \cdots + a_n}$$

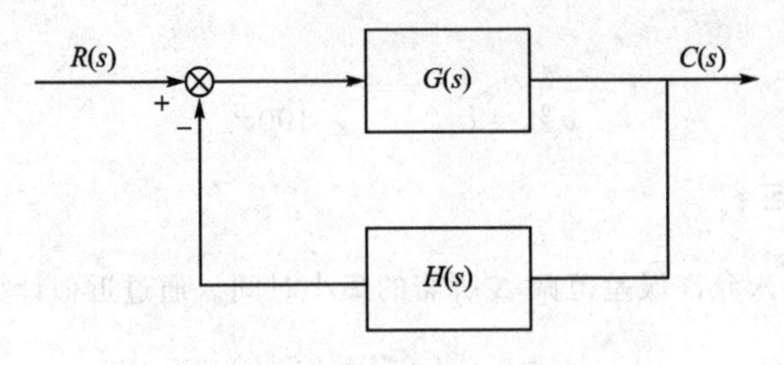

图 3-15　一般系统结构图

$$=\frac{b_0}{a_0}\cdot\frac{\prod_{j=1}^{m}(s-z_j)}{\prod_{i=1}^{q}(s-p_i)\prod_{k=1}^{r}(s^2+2\xi_k\omega_k s+\omega_k^2)}$$

$$=K_g\cdot\frac{\prod_{j=1}^{m}(s-z_j)}{\prod_{i=1}^{q}(s-p_i)\prod_{k=1}^{r}(s^2+2\xi_k\omega_k s+\omega_k^2)}$$

其中 $n\geqslant m$，系统有 q 个实数极点 p_i，r 对共轭复数极点，m 个闭环零点。

当输入信号为单位阶跃函数的时候，可得：

$$C(s)=\frac{K_g}{s}\cdot\frac{\prod_{j=1}^{m}(s-z_j)}{\prod_{i=1}^{q}(s-p_i)\prod_{k=1}^{r}(s^2+2\xi_k\omega_k s+\omega_k^2)}$$

对上式进行部分分式展开，并取拉氏反变换，可得：

$$C(t)=h(t)=A_0+\sum_{i=1}^{q}A_i\mathrm{e}^{p_i t}+\sum_{k=1}^{r}B_k\mathrm{e}^{-\xi_k\omega_k t}\sin(\omega_{\mathrm{d}}kt+\beta_k)$$

结论：

(1) 高阶系统的阶跃响应也是由稳态分量与暂态分量组成的，其暂态分量是由典型一阶和二阶系统的暂态分量组成的，每一个极点对应一个暂态分量，形式与极点有关。

(2) 若各极点均具有负实部，则当 $t\to\infty$时，各暂态分量都将趋于零，$h(t)\to A_0$，系统是稳定的。

(3) 各分量衰减的快慢取决于负实部的大小，距虚轴越远，衰减越快。

(4) 各分量系数的大小，由零点和极点共同决定。

3.4.2　闭环主导极点

通常，用闭环主导极点对高阶系统近似分析，闭环主导极点的条件是：

(1) 在 S 左半平面距虚轴最近，一般比其他极点(实部的绝对值)小 5 倍以上，因为这些极点对应的暂态分量衰减最慢。

(2) 周围没有闭环零点，此时意味着该分量的系数较大。因此，该分量是响应中的主要分量，其他暂态分量可忽略不计。

通常，闭环主导极点是一对共轭复数，这样高阶系统就可以用二阶系统来近似分析了。

3.5　稳定性分析

系统稳定是系统正常工作的首要条件。

3.5.1　稳定性定义

系统在扰动作用下，偏离了原来的平衡状态，产生了初始偏差。当扰动消失后，系统恢复到原平衡状态的能力，称为系统的稳定性。

如图 3－16 所示，若能恢复到原平衡状态，则称系统是稳定的；反之，是不稳定的。

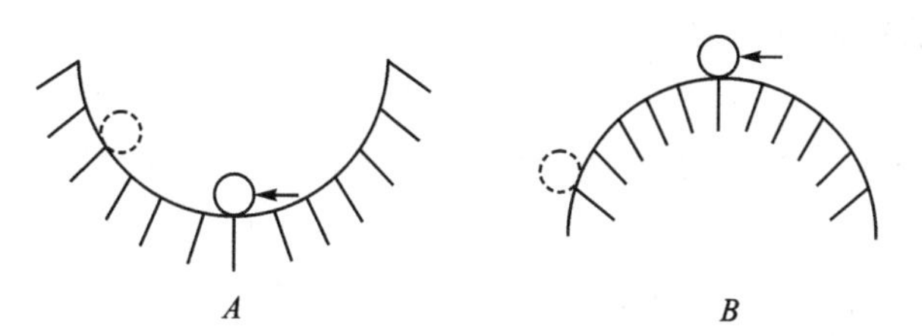

图 3－16　系统的稳定性定义图

3.5.2　基本定理

1. 稳定的充要条件

定理：线性系统稳定的充要条件是：闭环特征根均具有负实部，即：

$$R_e(s_i)<0(i=1,\cdots,n)$$

证明：由稳定性的定义可知，不妨设系统的原平衡状态为静止的，即零初始条件，输入 $r(t)=\delta(t)$，这时的输出又称为单位脉冲响应 $g(t)$，这就相当于系统在扰动信号作用下，输出偏离原平衡状态的情况。若当 $t\to\infty$ 时，$g(t)\to 0$，则系统是稳定的。

设闭环系统的传递函数为：

$$\Phi(s)=\frac{M(s)}{D(s)}$$

有 n 个闭环极点，即 $D(s)=0$ 的根。为简单起见，设都是互不相同的实根，则

$$C(s)=\Phi(s)R(s)=\Phi(s)=\sum_{i=1}^{n}\frac{A_i}{s-s_i}$$

$$g(t)=\sum_{i=1}^{n}A_i e^{s_i t}$$

故当且仅当 s_i 为负实数时，可得

$$\lim_{t\to\infty}g(t)=0$$

定理得证。

结论：上述定理又等价于：

(1) 系统的闭环极点均具有负实部；

(2) 系统的闭环极点均在 S 的左开半平面。

2. 稳定的必要条件

定理：线性系统稳定的必要条件是：系统的闭环特征方程各项系数均大于 0，即

$$a_i>0(i=0,1,\cdots,n)$$

证明：设系统特征方程为：

$$D(s)=a_0 s^n+a_1 s^{n-1}+\cdots+a_n=0(a_0>0)$$

有 k 个实根：$s_i,(i=1,\cdots,k)$；r 对共轭复根：$\sigma_i\pm j\omega_i,(i=1,\cdots,r)$，则方程又可写成：

$$a_0(s-s_1)\cdots(s-s_k)\left[(s-\sigma_1)^2+\omega_1{}^2\right]\cdots\left[(s-\sigma_r)^2+\omega_r{}^2\right]=0$$

若稳定，则由充要条件可知

$$s_i<0,(i=1,\cdots,k)$$

$$\sigma_i<0,(i=1,\cdots,r)$$

所以方程各项系数乘出后，必须为正数。

[例 3-1] 一阶系统，闭环特征方程为：

$$a_0 s+a_1=0(a_0>0)$$

有一个特征根：

$$s=-\frac{a_1}{a_0}$$

所以系统稳定的充要条件为：

$$a_0>0,\quad a_1>0$$

故充要条件也是必要条件。

例题解答完毕。

故从以上的两个定理出发，可得判断系统稳定性的步骤如下：

(1) 首先写出系统的闭环特征方程；

(2) 若 $a_i \leqslant 0, (i=0,1,\cdots,n)$，则系统不稳定；

(3) 若 $a_i > 0, (i=0,1,\cdots,n)$，则系统稳定性不能确定，需进一步求出 n 个根；若 $R_e(s_i) < 0, (i=1,\cdots,n)$，则系统稳定。

3.5.3　劳斯判据(代数判据)

判据：不用求解特征根，而能判断系统稳定性的方法或准则，称为稳定判据。时域法中有若干个判据，下面只介绍常用的劳斯判据，且不加证明。

1. 劳斯判据

(1) 写出闭环特征方程：

$$a_0 s^n + a_1 s^{n-1} + \cdots + a_n = 0 (a_0 > 0)$$

(2) 列写劳斯表，如图3-17所示。

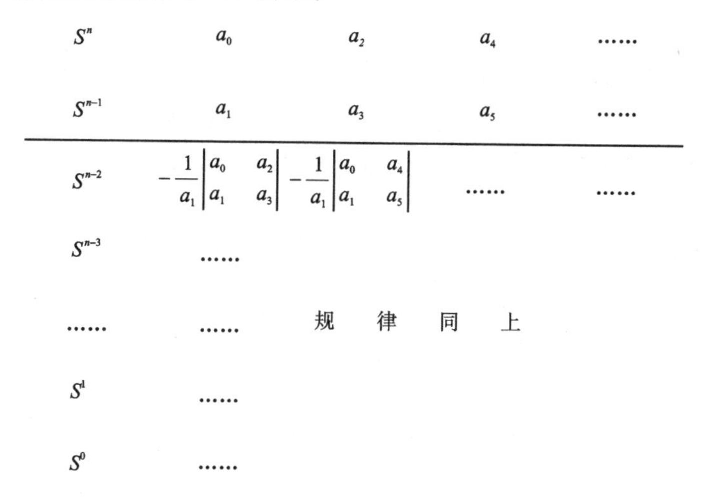

S^n	a_0	a_2	a_4	……
S^{n-1}	a_1	a_3	a_5	……
S^{n-2}	$-\frac{1}{a_1}\begin{vmatrix} a_0 & a_2 \\ a_1 & a_3 \end{vmatrix}$	$-\frac{1}{a_1}\begin{vmatrix} a_0 & a_4 \\ a_1 & a_5 \end{vmatrix}$	……	……
S^{n-3}	……			
……	……	规　律　同　上		
S^1	……			
S^0	……			

图3-17　n阶线性定常系统劳斯表

(3) 稳定的充要条件是：劳斯表中第一列各元素均大于0。若第一列元素中有负数，则第一列各元素符号改变的次数就是根在 S 右半平面的个数。

[例3-2]　系统的特征方程如下，判断系统的稳定性。

$$s^4 + 2s^3 + 3s^2 + 4s + 5 = 0$$

解：列写劳斯表，如图3-18所示。

所以，系统不稳定，且有2个根在 S 右半平面。

例题解答完毕。

注意：可用某一个正数乘或除劳斯表中的某一行，结论不变。

$$
\begin{array}{llll}
S^4 & 1 & 3 & 5 \\
S^3 & 2 & 4 & 0 \\
\hline
S^2 & -\frac{1}{2}\begin{vmatrix}1 & 3\\2 & 4\end{vmatrix}=1 & -\frac{1}{2}\begin{vmatrix}1 & 5\\2 & 0\end{vmatrix}=5 & 0 \\
S^1 & -\frac{1}{1}\begin{vmatrix}2 & 4\\1 & 5\end{vmatrix}=-6 & 0 & \\
S^0 & -\frac{1}{-6}\begin{vmatrix}1 & 5\\-6 & 0\end{vmatrix}=5 & 0 &
\end{array}
$$

图 3-18　例 3-2 系统劳斯表

2. 特殊情况(一)

劳斯表第一列中有 0,可用一个任意小的正数 ε 代替这个 0,继续算下去。

结论:

(1) 系统一定不稳定;

(2) 第一列符号改变的次数,为根在 S 右半平面的个数。

[**例 3-3**]　系统的特征方程如下,判断系统的稳定性。

$$s^3-3s+2=0$$

解:列写劳斯表,如图 3-19 所示。

$$
\begin{array}{lll}
S^3 & 1 & -3 \\
S^2 & 0\ (\varepsilon) & 2 \\
S^1 & -\frac{1}{\varepsilon}\begin{vmatrix}1 & -3\\\varepsilon & 2\end{vmatrix}=-3-\frac{2}{\varepsilon}<0 & \\
S^0 & 2 &
\end{array}
$$

图 3-19　例 3-3 系统劳斯表

第一列符号改变 2 次,所以系统不稳定,有 2 个根在 S 右半平面。

例题解答完毕。

实际上:

$$s^3-3s+2=(s-1)^2(s+2)=0$$

可得:

$$s_{1,2}=1, s_3=-2$$

3. 特殊情况(二)

劳斯表中某一行全为 0。

处理：

(1) 由它的上一行的系数构成辅助方程，且方程的次数总是偶数；

(2) 对辅助方程求导，将其系数构成新的一行，代替这个全零行继续算下去。

结论：

(1) 系统不稳定；

(2) 说明存在与原点对称的根(实根、虚根，或共轭复根)，这些根可由辅助方程精确求出；

(3) 若第一列有负数，则符号改变的次数就是系统最终总的根在 S 右半平面的个数(其中包括了与原点对称的在右半平面的根)。

［例 3－4］ 某线性定常系统的特征方程如下，判断系统的稳定性。

$$D(s)=s^4+s^3-3s^2-s+2=0$$

解：列写劳斯表，如图 3－20 所示。

S^4	1	–3	2
S^3	1	–1	
S^2	–2	2	
S^1	0	0	

图 3－20　例 3－4 系统劳斯表(1)

s^1 项中出现了全零行，是劳斯判据的第二种特殊情况。

用它的上一行 s^2 项的系数构成辅助方程：

$$F(s)=-2s^2+2=0$$

对上式辅助方程求导，可得：

$$F'(s)=-4s=0$$

将上式的系数构成新的一行，代替 s^1 项中出现的全零行继续算下去，可得如图 3－21 所示的劳斯表。

S^4	1	–3	2
S^3	1	–1	
S^2	–2	2	
S^1	–4	0	
S^0	2		

图 3－21　例 3－4 系统劳斯表(2)

由于劳斯表中第一列元素的符号有两次变化，所以系统有两个正实部根。

关于坐标原点为对称的根，可由辅助方程求得，为：

$$s_{1,2}=\pm 1$$

例题解答完毕。

说明：劳斯判据的应用：

(1) 判断系统稳定性及闭环极点的分布，如上面例题所讲的；

(2) 分析参数变化对稳定性的影响；

(3) 还可进一步讨论相对稳定性。

3.6 稳态误差的计算

本节介绍系统的第三项性能指标——稳态误差的计算问题。

3.6.1 基本概念

1. 定　义

误差信号 $e(t)$：系统的控制输入信号与主反馈信号之差，如图 3-22 所示。

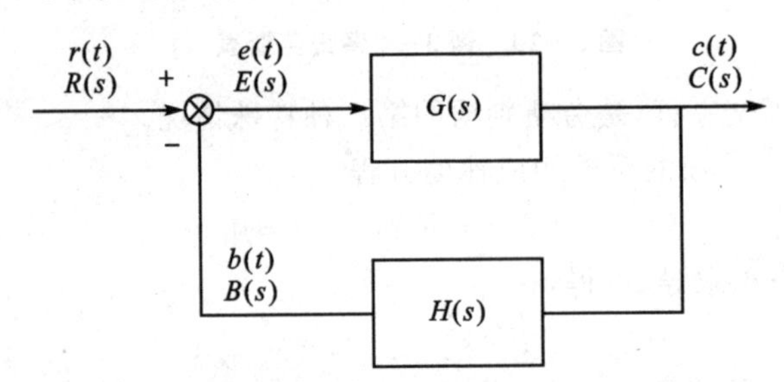

图 3-22　误差信号定义图

这是误差信号 $e(t)$，两种定义方法的一种，是从输入端定义的。这种定义的误差信号 $e(t)$在实际系统中是可以测量得到的，故应用广泛。

稳态误差：误差信号的稳态值。

$$e_{ss}=\lim_{t\to\infty}e(t)$$

2. 基本计算方法

由拉氏变换的终值定理可得：

$$e_{ss}=\lim_{t\to\infty}e(t)=\lim_{s\to 0}sE(s)$$

由图 3-22 可知：

$$\Phi_e(s)=\frac{E(s)}{R(s)}$$

$$\therefore E(s)=\Phi_e(s)\cdot R(s)=\frac{R(s)}{1+G(s)H(s)}$$

$$\therefore e_{ss}=\lim_{s\to 0}s\cdot\frac{R(s)}{1+G(s)H(s)}$$

注意：

(1) 此时要满足终值定理的条件，即终值是存在的、确定的，从系统角度看，要求系统是稳定的，且输入信号是非周期函数。

(2) e_{ss} 与开环传递函数有关。

设开环传递函数的一般形式为：

$$G(s)H(s)=\frac{K(\tau_1 s+1)\cdots(\tau_m s+1)}{s^{\gamma}(T_1 s+1)\cdots(T_{n-\gamma}s+1)}$$

式中：

K：开环传递系数；

γ：开环积分环节数，称为无差型号。$\gamma=0$，0 型系统；$\gamma=1$，Ⅰ型系统；$\gamma=2$，Ⅱ型系统；$\gamma=3$，Ⅲ型系统。

(3) e_{ss} 与输入信号 $r(t)$ 有关，故常以 $1(t)$、t、$\frac{1}{2}t^2$ 为典型输入信号计算 e_{ss}。

3.6.2　稳态误差计算

1. 阶跃输入

$$r(t)=A\cdot 1(t)$$

$$e_{ss}=\lim_{s\to 0}s\cdot\frac{1}{1+G(s)H(s)}\cdot\frac{A}{s}=\frac{A}{1+G(0)H(0)}$$

令：$K_p=\lim\limits_{s\to 0}G(s)H(s)=G(0)H(0)$，则稳态位置误差系数为：

$$e_{ss}=\frac{A}{1+K_p}$$

(1) 对于 0 型系统来说：

$$K_p=\lim_{s\to 0}\frac{K(\tau_1 s+1)\cdots(\tau_m s+1)}{(T_1 s+1)\cdots(T_{n-\gamma}s+1)}=K$$

$$e_{ss}=\frac{A}{1+K}$$

所以 0 型系统是有稳态误差系统，简称有差系统。

(2) 对于Ⅰ型及以上系统来说：

$$K_p = \lim_{s \to 0} \frac{K(\tau_1 s+1)\cdots(\tau_m s+1)}{s^\gamma (T_1 s+1)\cdots(T_{n-\gamma} s+1)} = \infty$$

$$e_{ss} = 0$$

所以Ⅰ型及以上系统是无稳态误差系统,简称无差系统。

2. 斜坡输入

$$r(t) = Bt$$

$$e_{ss} = \lim_{s \to 0} s \cdot \frac{1}{1+G(s)H(s)} \cdot \frac{B}{s^2} = \lim_{s \to 0} \frac{B}{s+sG(s)H(s)} = \lim_{s \to 0} \frac{B}{sG(s)H(s)}$$

令:$K_v = \lim_{s \to 0} sG(s)H(s)$,则稳态速度误差系数为:

$$e_{ss} = \frac{B}{K_v}$$

(1) 对于0型系统来说:

$$K_v = \lim_{s \to 0} s \cdot \frac{K(\tau_1 s+1)\cdots(\tau_m s+1)}{(T_1 s+1)\cdots(T_{n-\gamma} s+1)} = 0$$

$$e_{ss} = \infty$$

(2) 对于Ⅰ型系统来说:

$$K_v = \lim_{s \to 0} s \cdot \frac{K(\tau_1 s+1)\cdots(\tau_m s+1)}{s(T_1 s+1)\cdots(T_{n-\gamma} s+1)} = K$$

$$e_{ss} = \frac{B}{K_v}$$

所以Ⅰ型系统是有差系统。

(3) 对于Ⅱ型及以上系统来说:

$$K_p = \lim_{s \to 0} s \cdot \frac{K(\tau_1 s+1)\cdots(\tau_m s+1)}{s^\gamma (T_1 s+1)\cdots(T_{n-\gamma} s+1)} = \infty$$

$$e_{ss} = 0$$

所以Ⅱ型及以上系统是无差系统。

3. 抛物线输入

$$r(t) = \frac{1}{2} C t^2$$

$$e_{ss} = \lim_{s \to 0} s \cdot \frac{1}{1+G(s)H(s)} \cdot \frac{C}{s^3} = \lim_{s \to 0} \frac{C}{s^2+s^2 G(s)H(s)} = \lim_{s \to 0} \frac{C}{s^2 G(s)H(s)}$$

令:$K_a = \lim_{s \to 0} s^2 G(s)H(s)$,则稳态加速度误差系数为:

$$e_{ss} = \frac{C}{K_a}$$

(1) 对于0型、Ⅰ型系统来说:

$$K_a = 0$$

$$e_{ss} = \frac{C}{K_a} = \infty$$

(2) 对于Ⅱ型系统来说：

$$K_a = K$$

$$e_{ss} = \frac{C}{K}$$

所以Ⅱ型系统是有差系统。

(3) 对于Ⅲ型及以上系统来说：

$$K_a = \infty$$

$$e_{ss} = 0$$

所以Ⅲ型及以上系统是无差系统。

4. 合成输入

$$r(t) = A \cdot 1(t) + Bt + \frac{1}{2}Ct^2$$

由线性系统的迭加原理，可得：

$$e_{ss} = \frac{A}{1+K_p} + \frac{B}{K_v} + \frac{C}{K_a}$$

[例 3-5]　某线性定常系统如图 3-23 所示，求 $r(t)=1(t)$时的 e_{ss}。

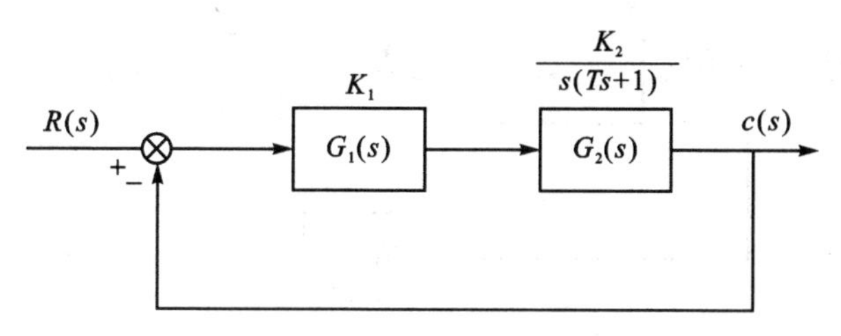

图 3-23　例 3-5 系统结构图

解：

$$G(s)H(s) = \frac{K_1K_2}{s(Ts+1)}$$

(1) 判断系统的稳定性。列写系统的特征方程如下：

$$1 + G(s)H(s) = 0$$

$$Ts^2 + s + K_1K_2 = 0$$

列写劳斯表如图 3-24 所示。

故当 K_1K_2、T 均大于 0 时，系统稳定。

(2) 由 $G(s)H(s)$的表达式可知，这是一个Ⅰ型系统，所以对于输入信号 $r(t)=$

s^2	T	K_1K_2
s^1	1	0
s^0	K_1K_2	

图 3-24　例 3-5 系统的劳斯表

1(t)时，$e_{ss}=0$。

如果由终值定理进行计算也可以得到同样的结果。

$$e_{ss}=\lim_{s\to 0}sE(s)=\lim_{s\to 0}s\cdot\frac{1}{1+G(s)H(s)}\cdot R(s)=\lim_{s\to 0}s\cdot\frac{1}{1+G(s)H(s)}\cdot\frac{1}{s}$$

$$=\lim_{s\to 0}\frac{s(Ts+1)}{s(Ts+1)+K_1K_2}=0$$

例题解答完毕。

3.6.3　扰动作用下的稳态误差计算

为区别起见，用 e_{ssn} 表示。此时稳态误差的定义和计算方法与前面给定输入的完全相同。设系统的结构图如图 3-25 所示。

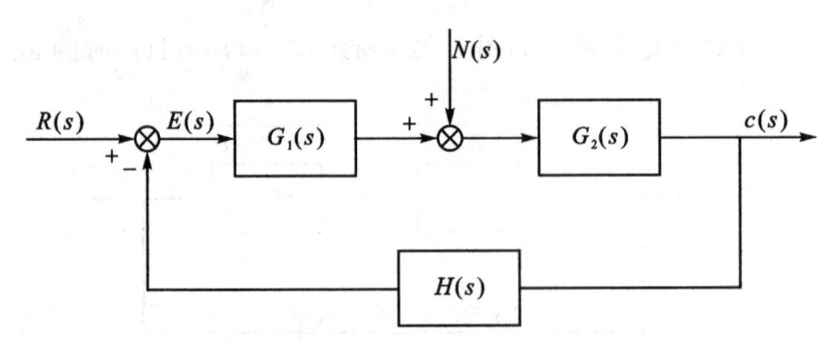

图 3-25　扰动作用下的系统

设输入信号为 0，$r(t)=0$，

$$E_n(s)=\Phi_{en}(s)\cdot N(s)=\frac{-G_2(s)H(s)}{1+G_1(s)G_2(s)H(s)}\cdot N(s)$$

$$\therefore e_{ssn}=\lim_{s\to 0}sE_n(s)=\lim_{s\to 0}s\frac{-G_2(s)H(s)}{1+G_1(s)G_2(s)H(s)}\cdot N(s)$$

由于扰动作用点不同，因此，e_{ssn} 的计算只能由上式计算，而写不出更具体的结果。

［例 3-6］　某线性定常系统如图 3-26 所示，求 $n(t)=1(t)$时的 e_{ss}。

解：

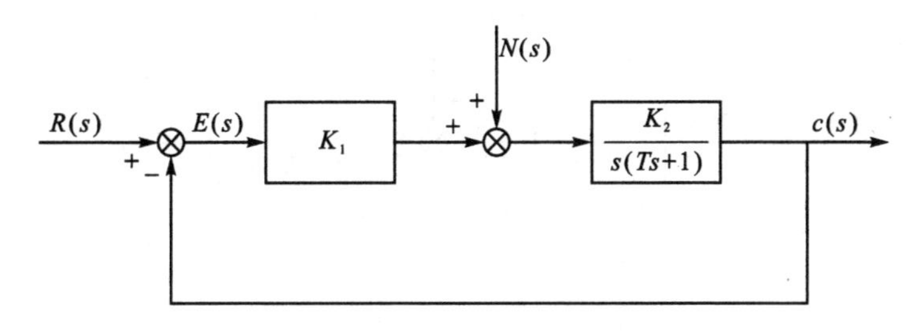

图 3-26　例 3-6 系统结构图

$$E_{n}(s)=\Phi_{en}(s)\cdot N(s)=\frac{-\dfrac{K_{2}}{s(Ts+1)}}{1+\dfrac{K_{1}K_{2}}{s(Ts+1)}}\cdot\frac{1}{s}=\frac{-K_{2}}{s(Ts+1)+K_{1}K_{2}}\cdot\frac{1}{s}$$

$$e_{ssn}=\lim_{s\to 0}sE_{n}(s)=\lim_{s\to 0}\left[-\frac{K_{2}}{K_{1}K_{2}}\right]=-\frac{1}{K_{1}}$$

进一步:可求出 $r(t)=n(t)=1(t)$,给定输入和扰动输入同时作用时的 e_{ss} 为:

$$e_{ss}=e_{ssr}+e_{ssn}=0-\frac{1}{K_{1}}=-\frac{1}{K_{1}}$$

例题解答完毕。

3.6.4　减小或者消除稳态误差的措施

1. 对控制输入 $r(t)$ 而言

(1) 增大开环传递系数 K,可减小 $r(t)$ 产生的 e_{ssr};

(2) 增加开环系统的积分环节数 γ,可提高对 $r(t)$ 而言的无差型号。

2. 对扰动输入 $n(t)$ 而言

(1) 增大 $E(s)$ 与扰动作用点之间的传递系数,可减小 $n(t)$ 产生的 e_{ssn};

(2) 增加 $E(s)$ 与扰动作用点之间的积分环节数 γ,可提高对 $n(t)$ 而言的无差型号。

由例 3-6 的结论可以看出,增大 $k_{1}\uparrow\Rightarrow e_{ssn}\downarrow$,后面有一个积分环节,但是不起作用。同样是这个系统,若在前面增加一个积分环节,而不是后面有一个积分环节,结果又有所不同,如例 3-7 所示。

[例 3-7]　某线性定常系统如图 3-27 所示,求 $n(t)=1(t)$ 时的 e_{ss}。

解:

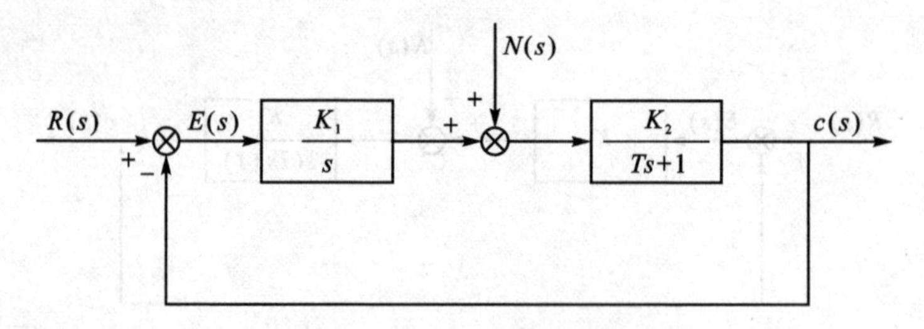

图 3-25　例 3-7 系统结构图

$$E_n(s)=\Phi_{en}(s)\cdot N(s)=\frac{-\dfrac{K_2}{Ts+1}}{1+\dfrac{K_1K_2}{s(Ts+1)}}\cdot\frac{1}{s}$$

$$=\frac{-K_2s}{s(Ts+1)+K_1K_2}\cdot\frac{1}{s}$$

$$=\frac{-K_2}{s(Ts+1)+K_1K_2}$$

$$e_{ssn}=\lim_{s\to 0}sE_n(s)=0$$

例题解答完毕。

对例 3-6 再进行一次改变，将 $G_1(s)$变成比例一积分调节器，如例 3-8 所示。

[例 3-8]　某线性定常系统如图 3-28 所示，求 $n(t)=1(t)$时的 e_{ss}。

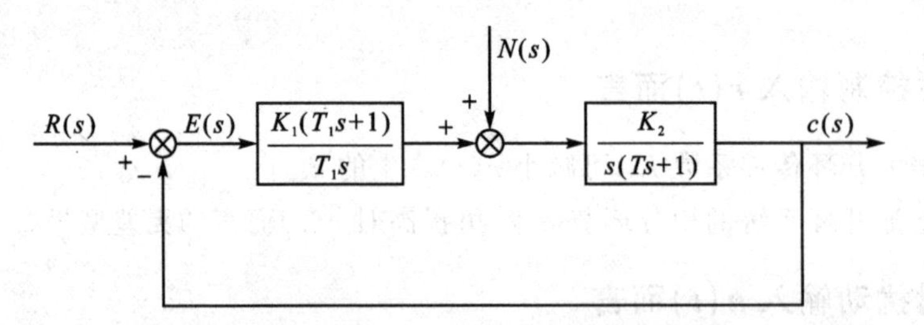

图 3-28　例 3-8 系统结构图

解：

$$\Phi_{en}(s)=\frac{-\dfrac{K_2}{s(Ts+1)}}{1+\dfrac{K_1K_2(T_1s+1)}{T_1s^2(Ts+1)}}=\frac{-K_2T_1s}{T_1s^2(Ts+1)+K_1K_2(T_1s+1)}$$

$$E_n(s)=\Phi_{en}(s)\cdot N(s)$$

$$e_{ssn}=\lim_{s\to 0}sE_n(s)=\lim_{s\to 0}s\cdot\frac{-K_2T_1s}{T_1s^2(Ts+1)+K_1K_2(T_1s+1)}\cdot\frac{1}{s}=0$$

例题解答完毕。

另外，增大反馈通道的传递函数或积分环节，能否减小 e_{ssn} 呢？对例3-6再进行一次改变，将反馈通道变成积分环节。

［**例3-9**］　某线性定常系统如图3-29所示，求 $n(t)=1(t)$ 时的 e_{ss}。

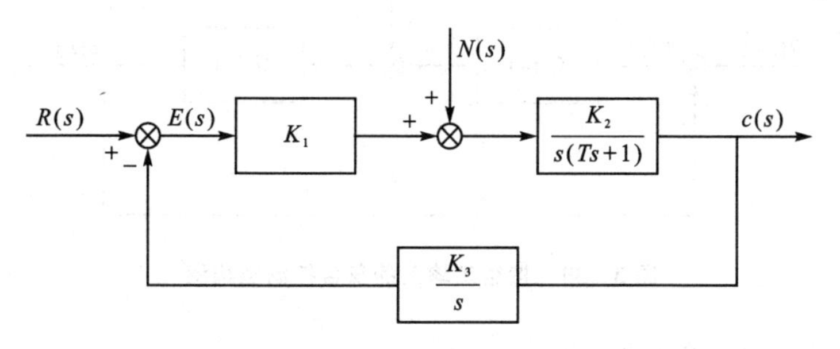

图3-29　例3-9系统结构图

解：

$$\Phi_{en}(s)=\frac{-\dfrac{K_2K_3}{s^2(Ts+1)}}{1+\dfrac{K_1K_2K_3}{s^2(Ts+1)}}=\frac{-K_2K_3}{s^2(Ts+1)+K_1K_2K_3}$$

$$e_{ssn}=\lim_{s\to 0}sE_n(s)=-\lim_{s\to 0}s\cdot\frac{-K_2K_3}{s^2(Ts+1)+K_1K_2K_3}\cdot\frac{1}{s}=-\frac{1}{K_1}$$

与前面的例3-6的结果完全相同，这说明增大反馈通道的传递系数或积分环节，对减小 e_{ssn} 不起作用。

例题解答完毕。

3. 采用复合控制

(1) 按给定输入的复合控制

根据梅森公式可得，图3-30中系统的传递函数为：

$$\Phi(s)=\frac{C(s)}{R(s)}=\frac{G_1(s)G_2(s)+G_r(s)G_2(s)}{1+G_1(s)G_2(s)}$$

若令 $G_r(s)G_2(s)=1$，即

$$G_r(s)=\frac{1}{G_2(s)}$$

则 $C(s)=R(s)$，即

$$E(s)=C(s)-R(s)=0$$

即不管什么形式的输入信号 $r(t)$，不仅稳态时，同时动态时输出恒等于输入，且稳定性不变。这称为完全补偿。由于完全补偿很难实现，故也可以采用近似补偿，或称为稳态补偿。

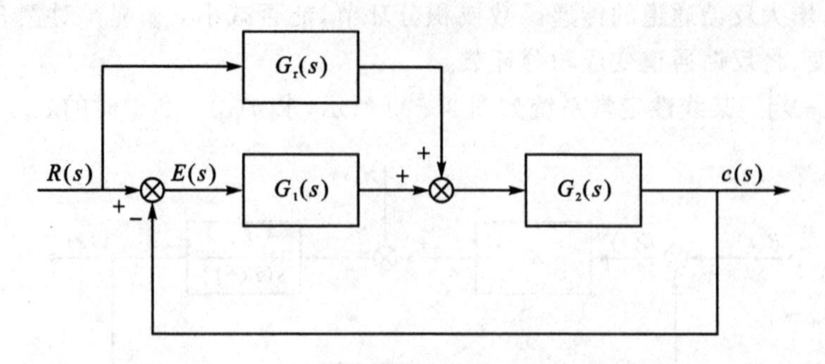

图 3-30　按给定输入的复合控制结构图

(2) 按扰动输入的复合控制

根据梅森公式可得，图 3-31 中系统为：

$$C(s)=\frac{G_2(s)[1+G_1(s)G_n(s)]}{1+G_1(s)G_2(s)}\cdot N(s)$$

所以，当 $G_n(s)G_1(s)=-1$，即：

$$G_n(s)=-\frac{1}{G_1(s)}$$

则 $C(s)=0$，即

$$E(s)=-C(s)=0$$

即输出完全不受扰动的影响，实现完全补偿。

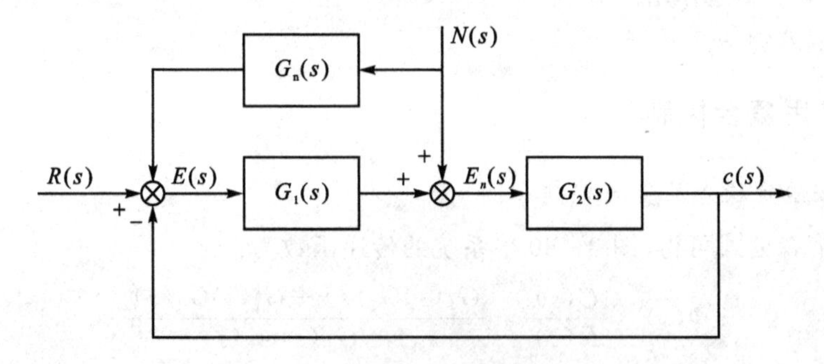

图 3-31　按扰动输入的复合控制结构图

3.7　本章小结

本章讨论了系统分析的第一种方法——时域法，包括三大内容：

1. 稳定性分析

(1) 稳定性定义。

(2) 稳定性的两个基本定理：充要条件、必要条件。

(3) 稳定性代数判据：劳斯判据。正常情况以及两种特殊的情况，能判断稳定性，也能给出闭环极点的分布，并能求出与原点对称的根。

2. 动态性能计算

(1) 动态性能指标的定义：以单位阶跃响应为标准，主要有：t_p、t_s、$\sigma\%$。

(2) 一阶系统的动态性能：

$$\Phi(s)=\frac{1}{Ts+1}$$

$h(t)$曲线：

$$t_s=\begin{cases}3T, & \Delta=\pm 5\% \\ 4T, & \Delta=\pm 2\%\end{cases}$$

(3) 二阶系统动态性能指标：

传递函数：

$$\Phi(s)=\frac{\omega_n^2}{s^2+2\xi\omega_n s+\omega_n^2}$$

闭环极点分布：$\xi=0$、$0<\xi<1$、$\xi=1$、$\xi>1$ 等情况，特别是欠阻尼情况下的闭环极点分布。

$h(t)$曲线的基本形态：$\xi=0$，等幅振荡；$0<\xi<1$，衰减振荡；$\xi=1$ 和 $\xi>1$，单调增长。

主要性能指标：t_p、t_s、$\sigma\%$。

$$t_p=\frac{\pi}{\omega_d}$$

$$\sigma\%=e^{-\frac{\pi\xi}{\sqrt{1-\xi^2}}}\times 100\%$$

$$t_s\approx\frac{3}{\xi\omega_n}(\Delta=\pm 5\%)$$

记住这几个公式，并掌握其与极点分布的关系。

(4) 高阶系统：

近似分析，闭环主导极点的概念。

3. 稳态误差计算

(1) $e(t)$的定义：从输入端定义，$e(t)=r(t)-b(t)$。

(2) 基本方法：终值定理，$e_{ss}=\lim\limits_{s\to 0}sE(s)$。

(3) 对给定输入信号 $r(t)$的 e_{ssr} 计算：

$$G(s)\Rightarrow K_p, K_v, K_a \Rightarrow e_{ssr}$$

(4) 对扰动输入信号 $n(t)$的 e_{ssn} 计算：

已知结构图$\Rightarrow E_n(s)\Rightarrow$终值定理求 e_{ssn}

(5) 减小 e_{ss} 的措施：

① $K\uparrow$或者 $\gamma\uparrow\Rightarrow e_{ssr}\downarrow$。

② 增大 $E(s)$与扰动点之间的 K 或积分环节数$\Rightarrow e_{ssn}\downarrow$。

③ 采用复合控制：

(a) 可实现完全补偿：给定输入复合控制：$C(s)=R(s)$；扰动输入复合控制：$C_n(s)=0$。

(b) 不改变系统的稳定性。

(c) 对任意输入都成立。

上述三大问题，最复杂的是稳态误差的计算问题，应引起足够重视。

第4章　根轨迹法

【提要】 本章介绍系统分析的第二种方法——根轨迹法：

(1) 根轨迹的基本概念；

(2) 根轨迹的基本条件，充要条件与必要条件；

(3) 绘制根轨迹的基本法则(根轨迹的绘制方法)：常规、零度与参数根轨迹；

(4) 利用根轨迹曲线分析系统的性能。

4.1　根轨迹法的基本概念

我们知道，系统的闭环极点即闭环特征根是至关重要的，它唯一地决定了系统的稳定性；它与零点一起共同决定了系统的动态响应过程。各暂态分量的形态由极点决定，各分量的大小由零点、极点共同决定，而要确定闭环极点，就要求解高次特征方程。为解决这一困难，1948年，Evans首先提出了根轨迹法。

4.1.1　根轨迹法定义

1. 定　义

所谓根轨迹，是指当系统的开环传递函数中某一参数从零到无穷变化时，闭环特征根在S平面上移动的轨迹。主要讨论以K_g为参量的根轨迹。为具体说明根轨迹的概念，下面以二阶系统为例加以说明。

[例4-1]　一个二阶系统如图4-1所示，求K_g从零到无穷变化时的根轨迹曲线。

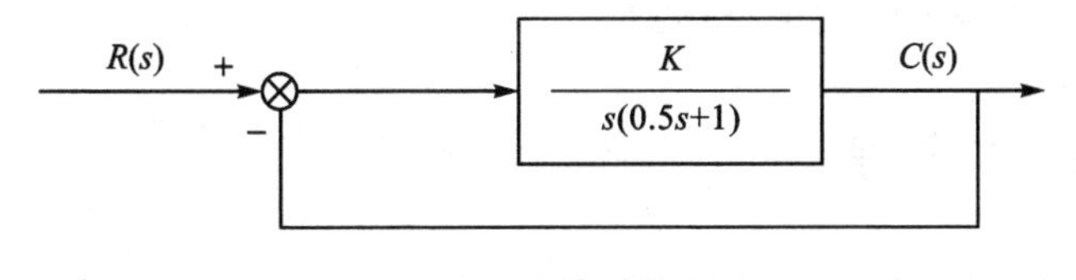

图4-1　某二阶系统的结构图

解：

$$\because G(s)=\frac{K}{s(0.5s+1)}=\frac{2K}{s(s+2)}=\frac{K_g}{s(s+2)}$$

$$\therefore \Phi(s)=\frac{K_g}{s^2+2s+K_g}$$

闭环特征根：

$$s_{1,2}=-1\pm\sqrt{1-K_g}$$

当 $K_g=0$ 时，$s_1=0$，$s_2=-2$，注意：这就是开环极点；

当 $K_g=1$ 时，$s_{1,2}=-1$；

当 $K_g=2$ 时，$s_{1,2}=-1\pm j1$；

当 $K_g=\infty$ 时，$s_{1,2}=-1\pm j\infty$。

根轨迹曲线如图 4-2 所示。

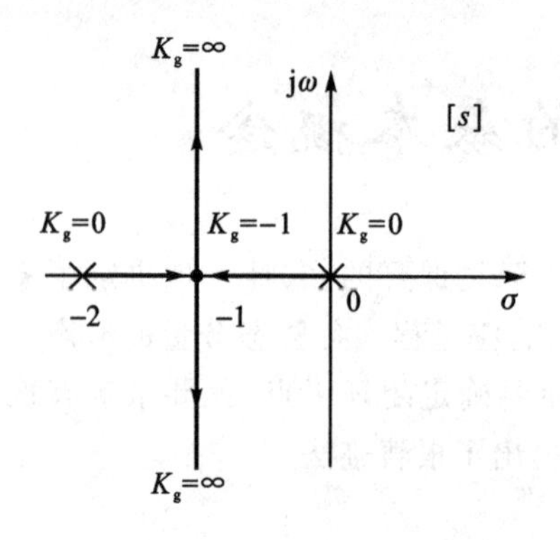

图 4-2　某二阶系统的根轨迹图

特点：

(1) 根轨迹的起点就是开环极点；

(2) n 阶系统有 n 条根轨迹曲线分支。

例题解答完毕。

2. 根轨迹与系统性能的关系

有了根轨迹图，就可立即分析出系统性能的好坏，以例 4-1 为例进行说明：

稳定性：当 $K_g>0$ 时，系统总是稳定的。

稳态性能：由图 4-2 可知，开环极点有一个在原点上，故是 Ⅰ 型系统。

带入本书 3.3 节中的公式分析，可得：

$K_p=\infty$，$K_v=K=\frac{K_g}{2}$，$K_a=0$，一旦确定 K_g，稳态误差就可以计算出来。

动态性能：

当 $0<K_g<1$ 时，过阻尼，$h(t)$ 单调增长；

当 $K_g=1$ 时，临界阻尼，$h(t)$ 单调增长，响应较过阻尼为快；

当 $K_g>1$ 时，欠阻尼，$h(t)$ 振荡衰减。

因此，当 $K_g\uparrow\Rightarrow\beta\uparrow\Rightarrow\xi\downarrow\Rightarrow\sigma\%\uparrow$。

4.1.2　根轨迹方程

在例 4-1 中，绘制根轨迹是从求解特征根出发的，但对高阶系统很困难。Evans 的方法是从已知的开环零点、极点分布出发，利用图解法，求闭环极点，基本出发点是系统的闭环特征方程。

1. 根轨迹方程

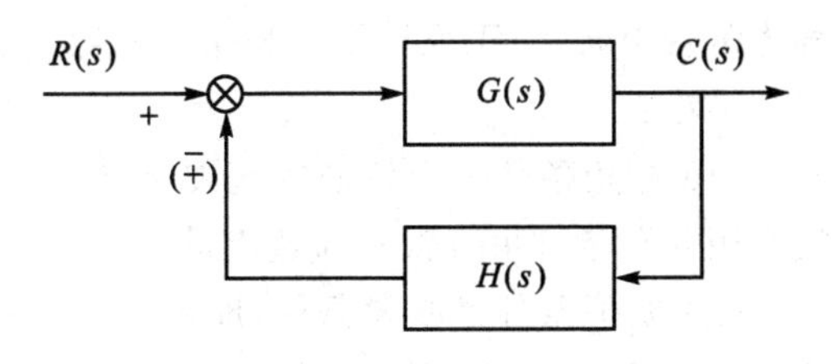

图 4-3　某反馈系统结构图

设反馈系统结构图如图 4-3 所示。

此系统开环传递函数为：

$$G(s)H(s)=\frac{K_g\prod_{i=1}^{m}(s-z_i)}{\prod_{j=1}^{n}(s-p_j)}$$

闭环特征方程为：

$$1\pm G(s)H(s)=0$$

$$G(s)H(s)=\pm 1$$

即：

$$\frac{K_g\prod_{i=1}^{m}(s-z_i)}{\prod_{j=1}^{n}(s-p_j)}=\pm 1$$

其中，z_i 为开环零点，p_j 为开环极点，K_g 为开环根轨迹增益。

这就是根轨迹方程。

2. 两个基本条件

因为根轨迹方程是个复数方程，那么幅值、相角分别相等，于是得到两个基本条件：

(1) 幅值条件：

$$\frac{\prod_{i=1}^{m}|s-z_i|}{\prod_{j=1}^{n}|s-p_j|}=\frac{1}{K_g}$$

(2) 相角条件：

负反馈系统：

$$\sum_{i=1}^{m}\angle(s-z_i)-\sum_{j=1}^{n}\angle(s-p_j)=(2k+1)\pi$$

$$k=0,\pm 1,\pm 2,\cdots$$

正反馈系统：

$$\sum_{i=1}^{m}\angle(s-z_i)-\sum_{j=1}^{n}\angle(s-p_j)=2k\pi$$

$$k=0,\pm 1,\pm 2,\cdots$$

由于当 $k=0$ 时，负反馈系统相角条件等号左边 $=180^\circ$，故又称为 180° 根轨迹，或称为常规根轨迹；正反馈系统相角条件等号右边 $=0^\circ$，故又称为 0° 根轨迹。

结论：

(1) 相角条件是根轨迹的充要条件，即只要满足相角条件，就是根轨迹上的点。故利用相角条件可寻找根轨迹上的点。

(2) 幅值条件是必要条件，即若是根轨迹上的点，则必满足幅值条件。故利用幅值条件来确定根轨迹的 K_g 值。

[例 4-2] 仍以例 4-1 中的系统为例，利用根轨迹的幅值条件和相角条件判断图 4-4 中的点是否为根轨迹上的点，并求出相应的 K_g。

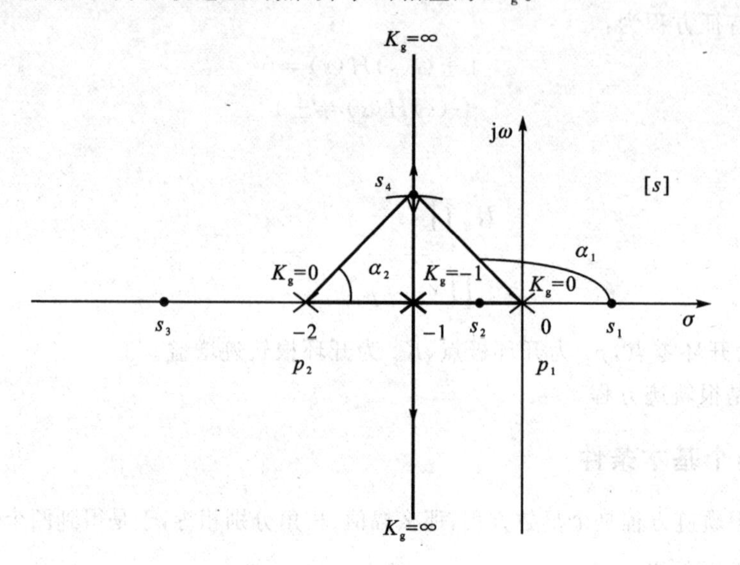

图 4-4 例 4-2 的根轨迹图

解：开环传递函数为：

$$\frac{K_g}{s(s+2)}$$

负反馈系统：

(1) 相角条件：判断 s_1、s_2、s_3、s_4 点是否在根轨迹曲线上。

s_1：

$$\because \angle(s_1-p_1)=\angle(s_1-p_2)=0^\circ$$

$$\therefore -[\angle(s_1-p_1)+\angle(s_1-p_2)]=0^\circ \neq (2k+1)\pi$$

故 s_1 不是根轨迹上的点。

s_2：

$$\because \angle(s_2-p_1)=180^\circ, \angle(s_2-p_2)=0^\circ$$

$$\therefore -[\angle(s_2-p_1)+\angle(s_2-p_2)]=-180^\circ$$

故 s_2 是根轨迹上的点。

s_3：

$$\because \angle(s_3-p_1)=180°,\angle(s_3-p_2)=180°$$

故 s_3 不是根轨迹上的点。

s_4：

$$\because \angle(s_4-p_1)=\alpha_1,\angle(s_4-p_2)=\alpha_2$$

故 s_4 是根轨迹上的点。

（2）幅值条件：

$$\frac{\prod_{i=1}^{m}|s-z_i|}{\prod_{j=1}^{n}|s-p_j|}=\frac{1}{K_g}$$

在本例中，因为没有开环零点，所以：

$$K_g=\prod_{j=1}^{n}|s-p_j|=|s-p_1|\cdot|s-p_2|$$

譬如根轨迹上的一点（-1，j0），则

$$K_g=|-1-0|\cdot|-1-(-2)|=1\times1=1$$

与例 4 - 1 的结论相同。

例题解答完毕。

4.2　基本绘制法则

由上一节可知，直接利用根轨迹的两个基本条件，利用试探法，可以画出根轨迹，但仍很麻烦。Evans 从这两个条件出发提出了若干绘制法则，从而大大简化了绘制过程。本节要讨论三类根轨迹的绘制法则。

4.2.1　常规根轨迹的绘制法则

又称为 180°根轨迹，即负反馈系统以 K_g 为参量的根轨迹，共 10 条法则。

（1）根轨迹的连续性：根轨迹曲线在 S 平面上是连续的。

（2）根轨迹的对称性：根轨迹曲线关于实轴对称。这是由于根或是实数，或是共轭复数。利用本条法则，可先绘出上半平面的轨迹，然后对称画出下半部分。

（3）根轨迹的条数：n 阶系统一定有 n 条根轨迹分支。

（4）根轨迹的起点和终点：

起点：即 $K_g=0$ 的点，起始于开环极点；

终点：即 $K_g \to \infty$ 的点，终止于开环零点。

特殊情况：若 $n \neq m$，即开环极点和开环零点的个数不相同：

① $n > m$：即零点少，则必定有 $(n-m)$ 条分支终止于无穷远处，相当于存在 $(n-m)$ 个无限开环零点。

② $m > n$：即极点少，则必定有 $(m-n)$ 条分支起始于无穷远处，相当于存在 $(m-n)$ 个无限开环极点。

例如：

$m=n$ 的情况，根轨迹如图 4-5 所示。

$m<n$ 的情况，根轨迹如图 4-6 所示。

$m>n$ 的情况，根轨迹如图 4-7 所示。

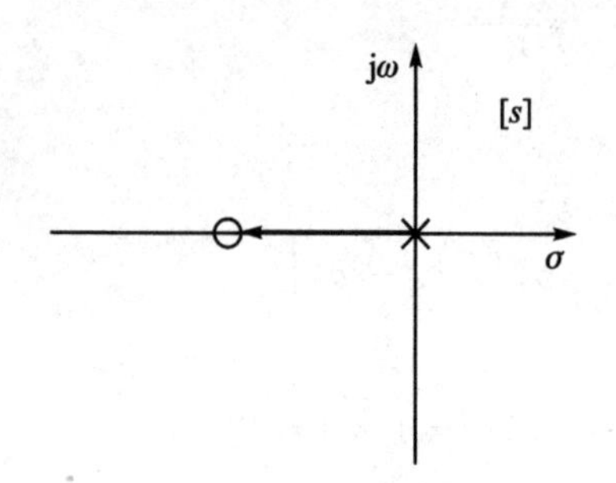

图 4-5　$m=n$ 情况下的根轨迹图

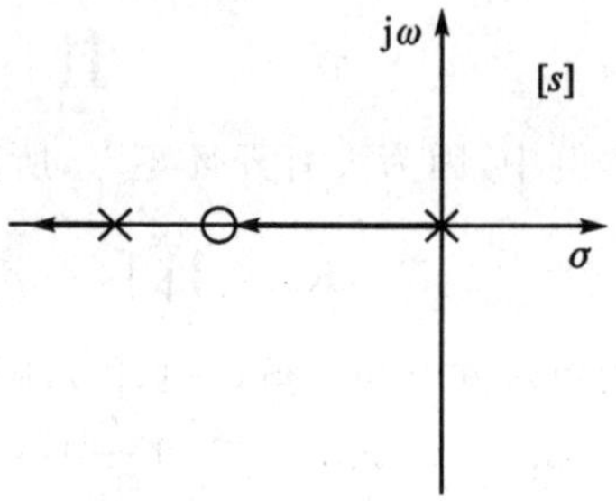

图 4-6　$m<n$ 情况下的根轨迹图

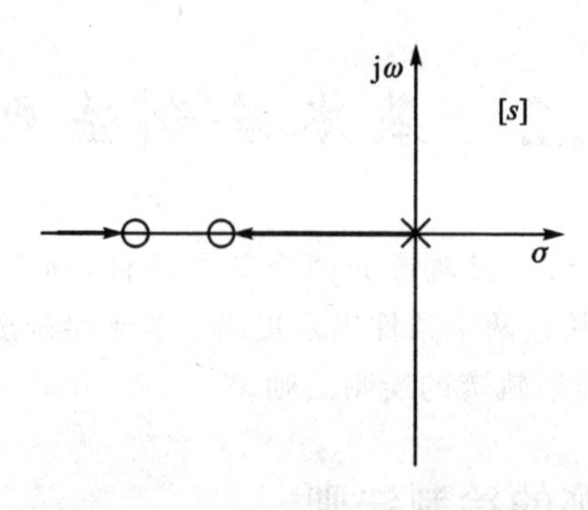

图 4-7　$m>n$ 情况下的根轨迹图

(5) 根轨迹的渐近线：

若 $m<n$，必有 $(n-m)$ 条分支沿渐近线趋近于无穷远处。

渐近线与实轴的夹角：

$$\varphi_a = \frac{(2k+1)}{n-m}\pi \quad (k=0,1,2,\cdots,n-m-1)$$

渐近线与实轴的交点：

$$\sigma_a = \frac{\sum_{j=1}^{n} p_j - \sum_{i=1}^{n} z_i}{n-m} = \frac{开环极点之和-开环零点之和}{开环极点数-开环零点数}$$

[例 4-3]　已知单位负反馈系统的开环传递函数如下所示，画出系统的根轨迹曲线。

$$G(s) = \frac{K_g}{s(s+1)(s+5)}$$

解：因为 $G(s)$ 有 3 个开环极点：0，-1，-5；$G(s)$ 又没有开环零点。

所以根轨迹有 3 条分支；$n=3$；故有 3 条渐近线，渐近线有实轴的交点和夹角如下所示：

$$\sigma_a = \frac{(0-1-5)-0}{n-m} = \frac{-6}{3} = -2$$

$$\varphi_a = \frac{(2k+1)}{3}\pi = \begin{cases} \frac{\pi}{3}, k=0 \\ \pi, k=1 \\ \frac{5\pi}{3}, k=2 \end{cases}$$

根轨迹曲线如图 4-8 所示。

例题解答完毕。

(6) 实轴上的根轨迹：

若实轴上的某区段，其右边开环实数零点、极点个数之和为奇数，则该区域必是根轨迹的一部分。

[例 4-4]　沿用例 4-3 中的系统，确定实轴上的根轨迹区域。

解：在实轴上，[-1,0] 区间、小于-5 的区间满足实轴上的根轨迹条件，如图 4-9 所示。

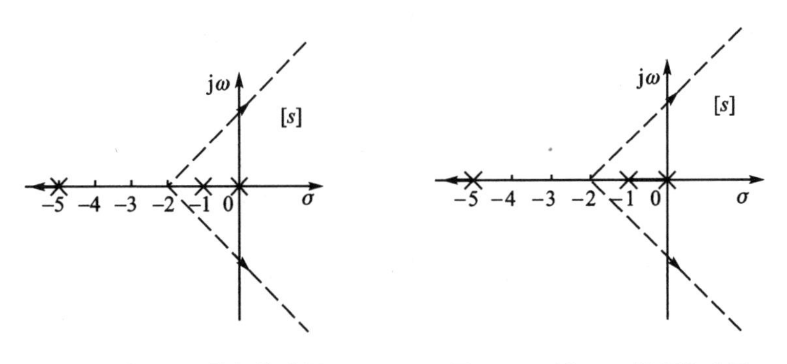

图 4-8　例 4-3 的根轨迹图　　**图 4-9　例 4-4 的根轨迹图**

(7) 根轨迹的分离点：

① 定义：两条或两条以上的分支在 S 平面上相遇又立即分开的点，称为分离点。

② 性质：

(a) 分离点，实质上就是特征方程重根的情况。

(b) 因根轨迹对称于实轴，故分离点或位于实轴上，或以共轭点的形式成对地出现在复平面上。

(c) 实轴上，两相邻开环极点间的根轨迹上至少有一个分离点，其中一个可以是无限极点。实轴上，两相邻开环零点间的根轨迹上至少有一个分离点，其中一个可以是无限零点。

③ 求法：本书只讲最常用的一种。

分离点的坐标 d 是下列分离点方程的解：

$$\sum_{i=1}^{m} \frac{1}{d-z_i}=\sum_{j=1}^{n} \frac{1}{d-p_j}$$

其中，z_i 为开环零点；p_j 为开环极点。

④ 说明：

(a) 分离点方程有时可能是高阶方程，故求解时可用试探法。另外，分离点方程的解不一定都是分离点，要结合图逐个检验。

(b) 若系统无开环有限零点，则分离点方程为：

$$\sum_{j=1}^{n} \frac{1}{d-p_j}=0$$

(c) 分离角：

定义：在分离点处，根轨迹的切线方向与正实轴之间的夹角，称为分离角。可用 θ_{d} 来表示：

$$\theta_d=\frac{180^\circ}{k}$$

其中，k 为进入分离点的分支数。

[例 4-5] 沿用例 4-4 中的系统，确定根轨迹的分离点。

解：根据例 4-4 可知，系统实轴上的根轨迹 $[-1,0]$ 区间，位于两个开环极点之间，该轨迹段上必然存在根轨迹的分离点，设分离点的坐标为 d，则：

$$\sum_{i=1}^{m} \frac{1}{d-z_i}=\sum_{j=1}^{n} \frac{1}{d-p_j}$$

本例中，$m=0$，$\mathrm{n}=3$，$p_1=0$，$p_2=-1$，$p_3=-5$，可得：

$$\frac{1}{d-0}+\frac{1}{d+1}+\frac{1}{d+5}=0$$

即：

$$3d^2+12d+5=0$$

求解上式，可得：$d_1=-0.472$，$d_2=-3.53$。

d_1 是在实轴上的根轨迹区段上，是根轨迹的分离点，d_2 不在实轴的根轨迹区段上，不是系统根轨迹的分离点，舍去。

分离点上根轨迹的分离角为±90°。根轨迹图如图 4－10 所示。

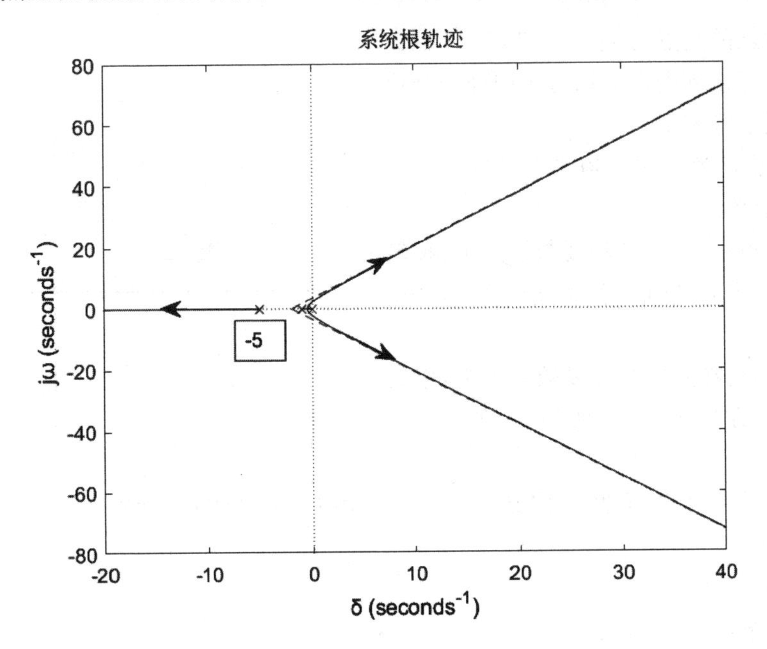

图 4－10　例 4－5 的根轨迹图

例题解答完毕。

(8) 根轨迹与虚轴的交点：

方法一：利用劳斯判据确定，令其出现全零行，但第一列保证不变号，这时系统处于临界稳定，求出 ω 值和 K_g 值。

方法二：将 $s=\mathrm{j}\omega$ 带入闭环特征方程，分别令其实部和虚部为 0，求出 ω 值和 K_g 值。

［例 4－6］　沿用例 4－5 中的系统，确定根轨迹与虚轴的交点。

解：系统的闭环传递函数为：

$$\Phi(s)=\frac{G(s)}{1+G(s)H(s)}=\frac{\dfrac{K_g}{s(s+1)(s+5)}}{1+\dfrac{K_g}{s(s+1)(s+5)}}=\frac{K_g}{s(s+1)(s+5)+K_g}$$

故系统的闭环特征方程为：

$$D(s)=s(s+1)(s+5)+K_g=s^3+6s^2+5s+K_g=0$$

将 $s=\mathrm{j}\omega$ 带入闭环特征方程，可得：

$$(\mathrm{j}\omega)^3+6(\mathrm{j}\omega)^2+5(\mathrm{j}\omega)+K_g=0$$

上式可分解为实部和虚部，并分别等于 0，即：

$$K_g-6\omega^2=0$$

$$5\omega-\omega^3=0$$

解得 $\omega=0,\pm\sqrt{5}$，相应 $K_g=0,30$，其中 $\omega=0,K_g=0$ 是根轨迹的起点，舍去。根轨迹与虚轴的交点为 $s=\pm j\sqrt{5}$，$K_g=30$。

根据劳斯判据也可以得出同样的结论。

例题解答完毕。

(9) 根轨迹的出射角与入射角：

① 定义：

出射角：在共轭开环复数极点上，根轨迹的切线方向与正实轴的夹角，用 θ_{px} 表示。

入射角：在共轭开环复数零点上，根轨迹的切线方向与正实轴的夹角，用 φ_{zx} 表示。

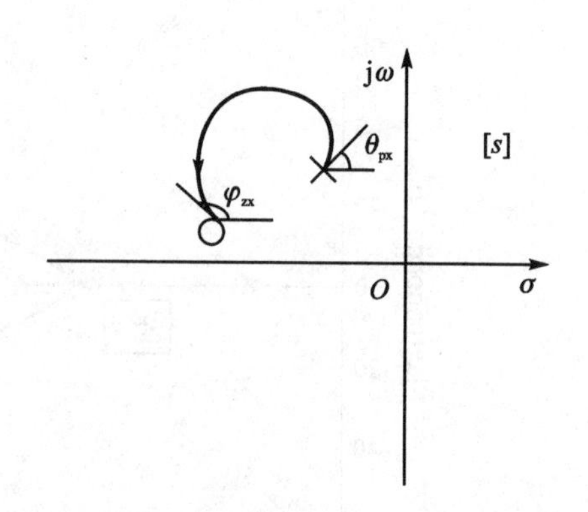

图 4-11　根轨迹的出射角与入射角概念图

出射角与入射角概念图如图 4-11 所示。

② 求法：

出射角：

$$\theta_{px}=180°+\left[\sum_{i=1}^{m}\angle(p_x-z_i)-\sum_{\substack{j=1\\ j\neq x}}^{n}\angle(p_x-p_j)\right]$$

上式中括号内第一式：所有开环零点到该极点的矢量相角之和；

上式中括号内第二式：其他开环极点到该极点的矢量相角之和。

入射角：

$$\varphi_{zx}=180°-\left[\sum_{\substack{i=1\\ i\neq x}}^{m}\angle(z_x-z_i)-\sum_{j=1}^{n}\angle(z_x-p_j)\right]$$

上式中括号内第一式：其他开环零点到该零点的矢量相角之和；

上式中括号内第二式：所有开环极点到该零点的矢量相角之和。

［例 4-7］ 设负反馈系统的开环传递函数如下所示，绘制出系统的根轨迹。

$$G(s)H(s)=\frac{K_g}{s(s^2+2s+2)}$$

解：系统存在 3 个开环极点：$p_1=0,p_{2,3}=-1\pm j$；

不存在开环零点。$n=3,m=2$。

故系统有 3 条根轨迹分支。

系统的 3 条根轨迹分支分别起始于 3 个开环极点，均终止于无穷远处。

系统的根轨迹有 3 条渐近线，渐近线与 S 平面正实轴的夹角 φ_a 及与实轴交点 σ_a 的坐标分别为：

$$\varphi_a=\frac{(2k+1)}{3}\pi=\frac{\pi}{3},\pi,\frac{5\pi}{3}(k=0,1,2)$$

$$\sigma_a=\frac{\sum_{j=1}^{n}p_j-\sum_{i=1}^{n}z_i}{n-m}=\frac{p_1+p_2+p_3}{3}=-\frac{2}{3}$$

实轴上根轨迹的分布区间为：$(-\infty,0)$，即整个负实轴。

实轴上的根轨迹分布在一个开环极点和一个无限开环零点之间，根轨迹不存在分离点。

起始于 p_2、p_3 的根轨迹分支趋近于 $\pi/3$、$5\pi/3$ 两条渐近线，根轨迹与虚轴存在交点。

系统的闭环特征方程为：

$$1+G(s)H(s)=1+\frac{K_g}{s(s^2+2s+2)}=0$$

$$s^3+2s^2+2s+K_g=0$$

令 $s=j\omega$，代入上式，可得：

$$(j\omega)^3+2(j\omega)^2+2(j\omega)+K_g=0$$

令上式的实部和虚部分别等于 0，可得：

$$K_g-2\omega^2=0$$

$$2\omega-\omega^3=0$$

求解上述两式，可得根轨迹与虚轴的交点为：$\pm\sqrt{2}j$，$K_g=4$。

在共轭的开环复数极点 p_2、p_3 处，根轨迹的出射角为：

$$\begin{aligned}\theta_{p_2}&=180^\circ+[-\angle(p_2-p_1)-\angle(p_2-p_3)]\\&=180^\circ+[-\angle(0-1+j)-\angle(2j)]=-45^\circ\end{aligned}$$

$$\theta_{p_3}=-\theta_{p_2}=45^\circ$$

根据以上各项，可以绘制出系统的根轨迹图，如图 4-12 所示。

例题解答完毕。

(10) 闭环极点之和：

结论：若 $n-m\geqslant 2$，则系统的闭环极点之和等于其开环极点之和且等于常数，即

$$\sum_{i=1}^{m}z_i=\sum_{j=1}^{n}p_j=-a_1$$

式中，a_1 是开环特征方程的一个系数，开环特征方程的一般形式如下：

$$s^n+a_1s^{n-1}+\cdots+a_n=0$$

这个结论，很容易根据代数方程根与系数关系来证明。

利用这个结论，当 K_g 增大时，一些闭环极点增大时，另一些必然减小；也就是说，当 K_g 增大时，一些分支右行时，另一些分支必然左行。利用此法则，可以判断根轨迹的总体走向，如例 4-7 的根轨迹图(见图 4-12)所示。

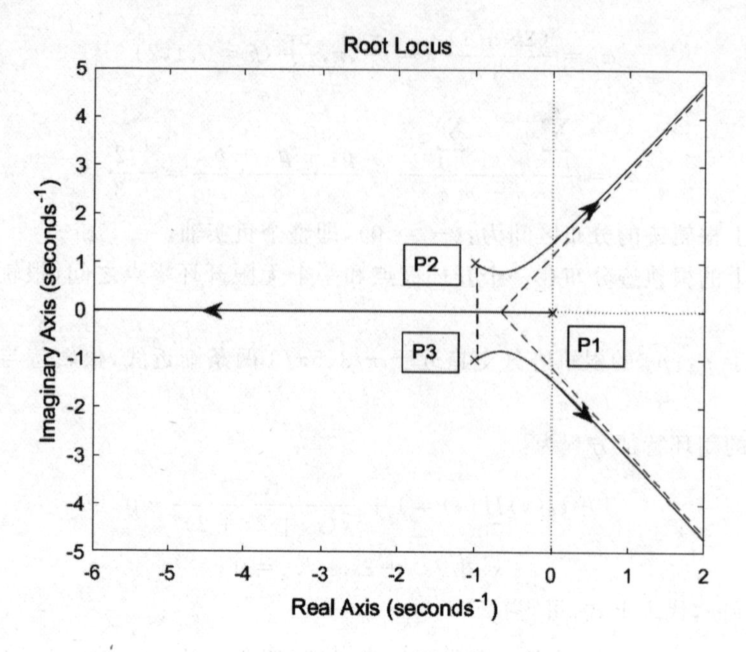

图 4-12　例 4-7 系统根轨迹图

[例 4-8]　设负反馈系统的开环传递函数如下所示，绘制出系统的根轨迹。

$$G(s)H(s)=\frac{K(s+3)}{s(s+2)}$$

解：开环传递函数零点、极点为：

$$z_1=-3, p_1=0, p_2=-2$$

实轴上的根轨迹为(2,−0)区间和(−∞,−3)区间。

渐近线为：

$$\varphi_a=\frac{(2k+1)}{2-1}\pi=\pi \quad (k=0)$$

$$\sigma_a==\frac{(0-2)-(-3)}{2-1}=1$$

分离点：

$$\sum_{i=1}^{m}\frac{1}{d-z_i}=\sum_{j=1}^{n}\frac{1}{d-p_j}$$

$$\frac{1}{d+3}=\frac{1}{d}+\frac{1}{d+2}$$

$$d^2+6d+6=0\Rightarrow d_{1,2}=-3\pm\sqrt{3}$$

故复平面上的根轨迹是以(−3,j0)点为圆心，以$\sqrt{3}$为半径的圆，如图 4-13 所示。

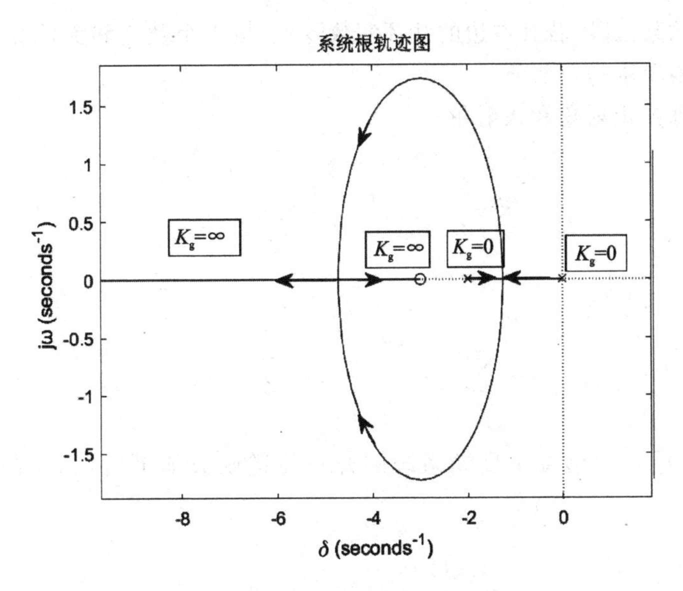

图 4-13　例 4-8 系统根轨迹图

例题解答完毕。

注意：

① 上述法则，确定的是根轨迹的主要特征或一些特殊点，其余部分仍是近似画出的。故画根轨迹时需要一定的经验。

② 绘制时，一定要标清[s]、σ 轴、jω 轴，且两坐标轴的分度要相同。

③ 在各分支上，要写上起点 $K_g=0$，终点 $K_g=\infty$，分离点，与虚轴的交点，且在分支上要画上箭头。

4.2.2　零度根轨迹的绘制法则

所谓 0°根轨迹，指相角条件为 $2k\pi$ 的根轨迹（注意：不是$(2k+1)\pi$）。一般的，正反馈系统以 K_g 为参量的根轨迹，是 0°根轨迹。

由于 0°根轨迹的两个基本条件与 180°根轨迹相比，幅值条件相同，相角条件差 180°，故在前述的常规根轨迹绘制法则中，与相角条件相关的法则，要进行修改，其余的不变。需要修改的共有下面 3 条：

(1) 法则 5：渐近线。

与实轴的交点：σ_a 相同。

与实轴的夹角为：

$$\varphi_a=\frac{2k}{n-m}\pi \quad (k=0,1,2,\cdots,n-m-1)$$

(2) 法则 6：实轴上的根轨迹。

实轴上的某区段，若其右边的开环实数零点、极点个数之和为偶数(包括零)，则该区段就是根轨迹的一部分。

(3) 法则9：出射角和入射角。

出射角：

$$\theta_{px}=\sum_{i=1}^{m}\angle(p_x-z_i)-\sum_{\substack{j=1\\j\neq x}}^{n}\angle(p_x-p_j)$$

入射角：

$$\varphi_{zx}=-\sum_{\substack{i=1\\i\neq x}}^{m}\angle(z_x-z_i)+\sum_{j=1}^{n}\angle(z_x-p_j)$$

[例4-9] 设单位正反馈系统的开环传递函数如下所示，绘制出系统的根轨迹。

$$G(s)=\frac{K_g(s+1)}{(s+2)(s+4)}$$

解：单位正反馈系统的闭环特征方程为：

$$D(s)=1-G(s)=1-\frac{K_g(s+1)}{(s+2)(s+4)}=0$$

系统的根轨迹方程为：

$$\frac{K_g(s+1)}{(s+2)(s+4)}=1$$

系统根轨迹须按照零度根轨迹法则绘制。

系统有两个开环极点：$p_1=-2$，$p_2=-4$；一个开环零点：$z_1=-1$；$n=2$，$m=1$。

系统根轨迹是关于实轴对称的连续曲线。

系统根轨迹有两个分支，分别起始于两个开环极点 p_1 和 p_2，一条终止于开环零点 z_1，另一条趋近于无穷远处。

根轨迹有一条渐近线，渐近线与实轴的交点及与正实轴的夹角分别为：

$$\sigma_a=\frac{-2-4-(-1)}{2-1}=-5$$

$$\varphi_a=\frac{2k}{2-1}\pi=0\quad(k=0)$$

实轴上的根轨迹分布在两个开环极点(−4，−2)和两个开环零点(−1，+∞)的实轴上，根轨迹存在两个分离点。分离点的坐标 d 如下式所示：

$$\frac{1}{d+1}=\frac{1}{d+4}+\frac{1}{d+2}$$

求解上式，得到 $d_{1,2}=-1\pm\sqrt{3}$，d_1 和 d_2 均为实轴根轨迹上的点，是根轨迹的分离点。分离点上根轨迹的分离角为±90°，即根轨迹与实轴垂直相交。

接下来求根轨迹与虚轴的交点。

系统的闭环特征方程可整理为：

$$(s+2)(s+4)-K_g(s+1)=0$$

即：

$$s^2+(6-K_g)s+8-K_g=0$$

令 $s=j\omega$，代入上式，可得：

$$-\omega^2+8-K_g=0$$
$$6-K_g=0$$

求解上述两式，可得根轨迹与虚轴的交点为：$\pm\sqrt{2}j$，$K_g=6$。

根据上述结论，可绘制出系统根轨迹如图 4－14 所示。

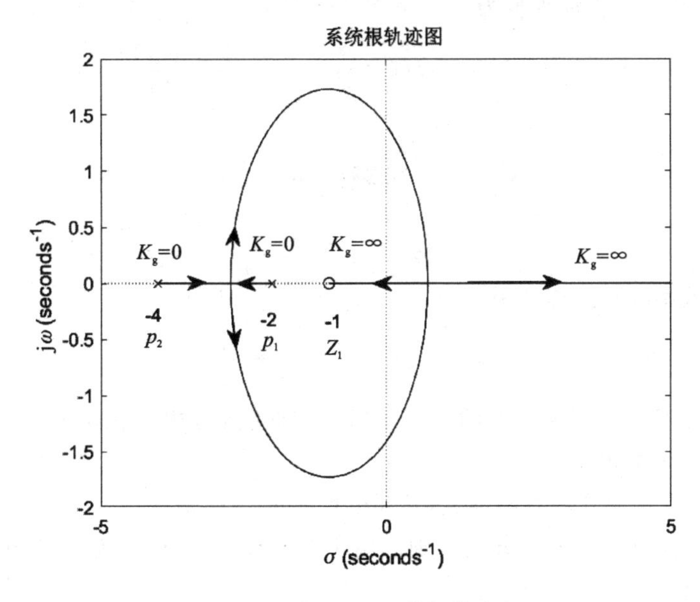

图 4－14　例 4－9 系统根轨迹图

例题解答完毕。

4.2.3　参数根轨迹

(1) 定义：以 K_g 以外的其他参数作为参变量的根轨迹，称为参数根轨迹。

(2) 绘制方法：化成以 K_g 为参量的根轨迹。

等效原则：闭环特征方程不变。

绘制方法如下：

① 首先写出闭环特征方程；

② 将闭环特征方程变换成下列形式：

$$D(s)=1\pm G(s)H(s)=0$$

$$D(s)=1\pm G(s)H(s)'=0$$

$$G(s)H(s)'=\frac{xp(s)}{Q(s)}$$

式中：x 是参变量，$G(s)H(s)'$ 称为等效开环传递函数。

③ 再根据 $G(s)H(s)'$ 按前面的根轨迹法则绘制。

[例 4-10] 设负反馈系统的开环传递函数如下所示，绘制参数 a 从零连续变化到正无穷时，闭环系统的根轨迹。

$$G(s)H(s)=\frac{0.25(s+a)}{s^2(s+1)}$$

解：系统的闭环特征方程为：

$$D(s)=1+G(s)H(s)=1+\frac{0.25(s+a)}{s^2(s+1)}=0$$

即：

$$s^3+s^2+0.25s+0.25a=0$$

$$1+\frac{a}{4s^3+4s^2+s}=0$$

于是等效系统开环传递函数为：

$$G(s)H(s)'=\frac{a}{4s^3+4s^2+s}$$

把参数 a 视为常规根轨迹的根轨迹增益，即可按常规根轨迹的绘制方法，绘制出 a 变化时系统的根轨迹。

(1) 等效系统无开环有限零点，开环极点为 $p_1=0, p_{2,3}=-0.25$。

(2) 系统根轨迹的 3 个分支分别起始于 3 个开环极点，沿着 3 条渐近线趋于无穷远处。渐近线与实轴的交点坐标和夹角为：

$$\sigma_a=-\frac{1}{3}$$

$$\Phi_a=\frac{\pi}{3},\pi,\frac{5\pi}{3}$$

(3) 实轴上的根轨迹为含坐标原点在内的整个负实轴。

(4) 根轨迹的分离点坐标是如下方程的解：

$$\frac{1}{d}+\frac{2}{d+0.5}=0$$

$$d=-\frac{1}{6}$$

(5) 根轨迹与虚轴的交点坐标：

等效系统的闭环特征方程可整理为：

$$D(s)=4s^3+4s^2+s+a=0$$

令 $s=\mathrm{j}\omega$，代入上式，可得：

$$\omega(1-4\omega^2)=0$$

$$a-4\omega^2=0$$

求解上述两式，可得根轨迹与虚轴的交点为：$\pm 0.5\mathrm{j}$，$a=1$。

闭环系统的根轨迹如图 4－15 所示。

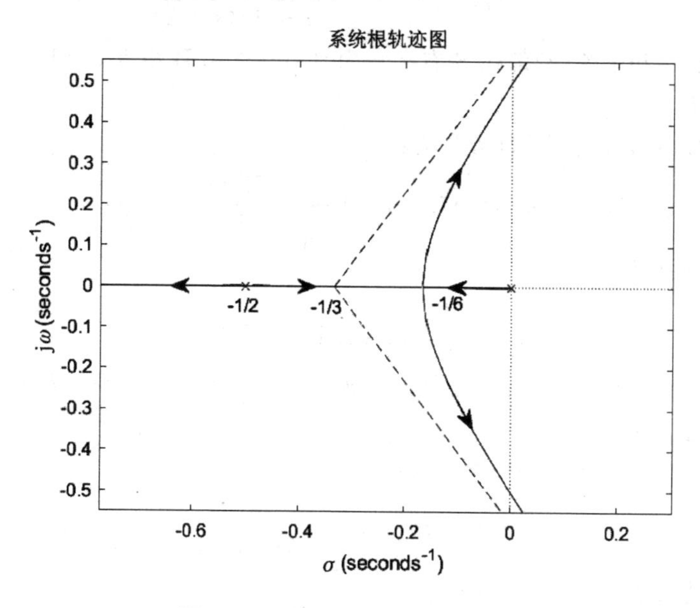

图 4－15　例 4－10 系统根轨迹图

例题解答完毕。

4.2.4　非最小相位系统根轨迹

（1）定义：若一个反馈系统，其开环零点、极点均不在 S 右半平面，称为最小相位系统，反之，称为非最小相位系统。

（2）绘制方法：

① 首先由已知开环传递函数写出闭环特征方程：

$$D(s)=1+G(s)H(s)=0$$

并将 $G(s)H(s)$ 写成标准形式：

$$G(s)H(s)=\frac{K_g\sum_{i=1}^{m}(s-z_i)}{\sum_{j=1}^{n}(s-p_j)}$$

从而确定是常规根轨迹,还是零度根轨迹。

② 再按相应的法则绘制。

[**例 4-11**] 设负反馈系统的开环传递函数如下所示,确定系统的根轨迹类型。

$$(1)\quad G(s)H(s)=\frac{K_g(s-1)}{s(s+1)(s+2)}$$

$$(2)\quad G(s)H(s)=\frac{K_g(1-s)}{s(s+1)(s+2)}$$

解:系统(1)和系统(2)都在 S 右半平面具有一个开环零点 $z=1$,所以都属于非最小相位系统。

对于系统(1),其闭环特征方程为:

$$D(s)=1+G(s)H(s)=1+\frac{K_g(s-1)}{s(s+1)(s+2)}=0$$

其根轨迹方程为:

$$\frac{K_g(s-1)}{s(s+1)(s+2)}=-1$$

因此,系统的根轨迹方程为常规根轨迹,可按照常规根轨迹的基本法则来绘制系统的根轨迹。

对于系统(2),其闭环特征方程为:

$$D(s)=1+G(s)H(s)=1+\frac{K_g(1-s)}{s(s+1)(s+2)}=0$$

其根轨迹方程为:

$$\frac{K_g(s-1)}{s(s+1)(s+2)}=1$$

因此,系统的根轨迹方程为零度根轨迹,可按照零度根轨迹的基本法则来绘制系统的根轨迹。

例题解答完毕。

4.3 控制系统的根轨迹分析

绘制根轨迹的目的,是为了利用根轨迹分析和设计系统,本节就来讨论如何利用根轨迹分析系统的性能。本节主要是将时域分析法用到根轨迹上,分析系统的性能。

4.3.1　闭环零点和极点的确定

1. 闭环零点的确定

设负反馈系统如图 4-16 所示。

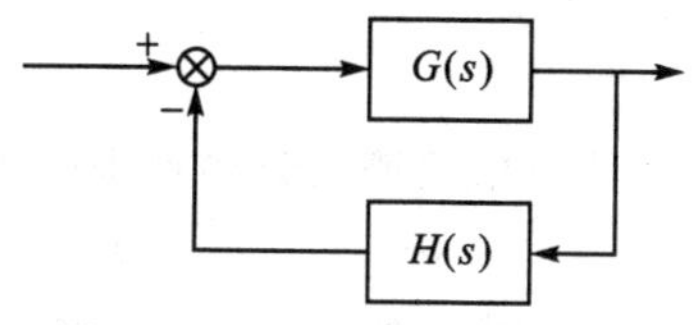

图 4-16　负反馈系统结构图

$$G(s)=\frac{K_{Gg}\sum_{i=1}^{m_1}(s-z_i)}{\sum_{j=1}^{n_1}(s-p_j)},H(s)=\frac{K_{Hg}\sum_{k=1}^{m_2}(s-z_k)}{\sum_{l=1}^{n_2}(s-p_l)}$$

则闭环传递函数为：

$$\phi(s)=\frac{G(s)}{1+G(s)H(s)}=\frac{K_{Gg}\sum_{i=1}^{m_1}(s-z_i)\sum_{l=1}^{n_1}(s-p_l)}{\sum_{j=1}^{n_1}(s-p_j)\sum_{l=1}^{n_2}(s-p_l)+K_{Gg}K_{Hg}\sum_{k=1}^{m_2}(s-z_k)\sum_{i=1}^{m_1}(s-z_i)}$$

$$=\frac{K_{\phi g}\sum_{j=1}^{m}(s-z_j)}{\sum_{i=1}^{n}(s-s_i)}$$

结论：

(1) 闭环零点＝前向通道 $G(s)$的零点＋反馈通道 $H(s)$的极点；

(2) 闭环极点＝闭环特征根，要由根轨迹曲线来确定；

(3) 闭环根轨迹增益 $K_{\phi g}$＝前向通道 $G(s)$的根轨迹增益 K_{Gg}。

若单位负反馈系统 $H(s)=1$，则 $K_{\phi g}=K_{Gg}\cdot K_{Hg}$。

2. 闭环极点的确定

实质上是确定根轨迹上的点，要由根轨迹曲线，并利用试探法来确定。

[例 4-12]　设负反馈系统的开环传递函数如下所示，运用根轨迹法来确定系统闭环极点。

$$G(s)H(s)=\frac{0.525}{s(s+1)(0.5s+1)}$$

解:用根轨迹法求解系统的单位阶跃响应，需要首先求出给定增益下系统的闭环零点、极点及根轨迹增益。为此，对开环传递函数做如下变化：

$$G(s)H(s)=\frac{K}{s(s+1)(0.5s+1)}=\frac{2K}{s(s+1)(s+2)}=\frac{K_g}{s(s+1)(s+2)}$$

对于上式所列的开环传递函数画出其对应的根轨迹图，如图 4－17 所示。

$$\frac{1}{d}+\frac{1}{d+1}+\frac{1}{d+2}=0$$

$$3d^2+6d+2=0$$

所以根轨迹的分离点坐标为 $d=-0.423, K_g=0.385$。

$$D(s)=s(s+1)(s+2)+K_g=0$$

将 $s=j\omega$ 带入 $D(s)$，可得根轨迹与虚轴的交点为 $(\pm\sqrt{2}j, K_g=6)$。

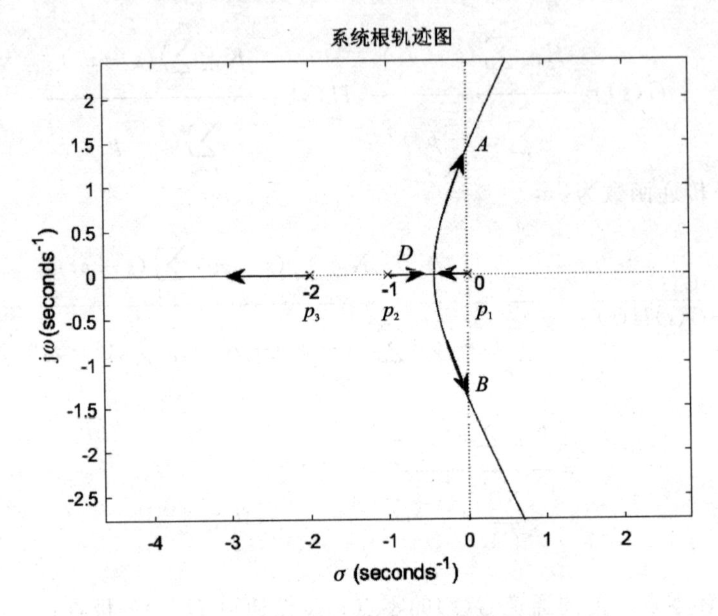

图 4－17 例 4－12 系统根轨迹图

由于原系统中 $k=0.525, K_g=1.05$。因此，此时系统有一对共轭复根 $s_{1,2}$ 位于 DA、DB 的根轨迹线段上，即

$$-0.423\leqslant Re(s_1)<0; 0<Im(s_1)\leqslant\sqrt{2}$$

在 DA 根轨迹线段上试探取点，带入根轨迹的幅值方程，即：

$$\frac{1}{|s_1||s_1+1||s_1+2|}=\frac{1}{K_g}=\frac{1}{1.05}$$

经过试探得到，$K_g=1.05$ 时，$s_{1,2}=-0.33\pm j0.58$。

因为 $n-m=3>2$，所以，$\sum s_i=\sum p_j=-3$，故系统的另外一个闭环极点为 $s_3=-2.34$。

例题解答完毕。

4.3.2 利用根轨迹曲线定型分析系统的性能

1. 稳定性分析

关键是求与虚轴的交点，从而确定出系统稳定的参变量取值范围。
注意：是要分析 K_g 还是 K。

2. 动态性能定性分析

(1) 单位阶跃单调增长或是振荡衰减时，K_g 的取值范围，如图 4－17 中，关键就是确定分离点、与虚轴的交点，及其所定义的 K_g 值。
(2) 动态性能指标与 K_g 的关系，这里的动态性能指标主要是 t_s 和 $\sigma\%$。
仍然以图 4－17 为例：
系统单调增长时(分离点之前)，$K_g \uparrow \Rightarrow$主导极点左移$\Rightarrow t_s \downarrow$；
系统振荡衰减时(分离点之后)，$K_g \uparrow \Rightarrow$主导极点右移$\Rightarrow t_s \uparrow, \sigma\% \uparrow$。
(3) 稳态误差的计算：仍然根据已知的 $G(s)H(s)$ 来计算。

4.3.3 增加开环零点、极点对系统性能的影响

问题的提出：开环零点、极点的分布决定了系统根轨迹的形状。如果对系统性能不满意，就可以调整开环零点、极点的分布，来改造根轨迹的形状，从而改善系统的性能。

1. 增大开环极点对根轨迹的影响

以例 4－13 为例来说明增大开环极点对根轨迹的影响。

[例 4－13] 设负反馈系统的开环传递函数如下所示，绘制如下几种情况下 K_g 从零连续变化到无穷大时系统的根轨迹曲线。

$$G(s)H(s)=K_g\frac{(s+b)}{s^2(s+a)},(a>0,b>0)$$

解：

(1) $a\to\infty$

此时，系统的开环传递函数为：

$$G(s)H(s)=\frac{K_g}{a}\frac{(s+b)}{s^2\left(\frac{s}{a}+1\right)}=K'_g\frac{(s+b)}{s^2}$$

对于以上的开环传递函数，绘制其根轨迹曲线。

渐近线与实轴的交点与夹角：

$$\varphi_a = \frac{(2k+1)}{2-1}\pi = \pi, \quad k=0$$

$$\sigma_a = \frac{0-(-b)}{2-1} = b$$

根轨迹的分离点：

$$\frac{1}{d} + \frac{1}{d} = \frac{1}{d+b}$$

$$d = -2b$$

所以 $a \to \infty$ 时的根轨迹曲线如图 4-18 所示。

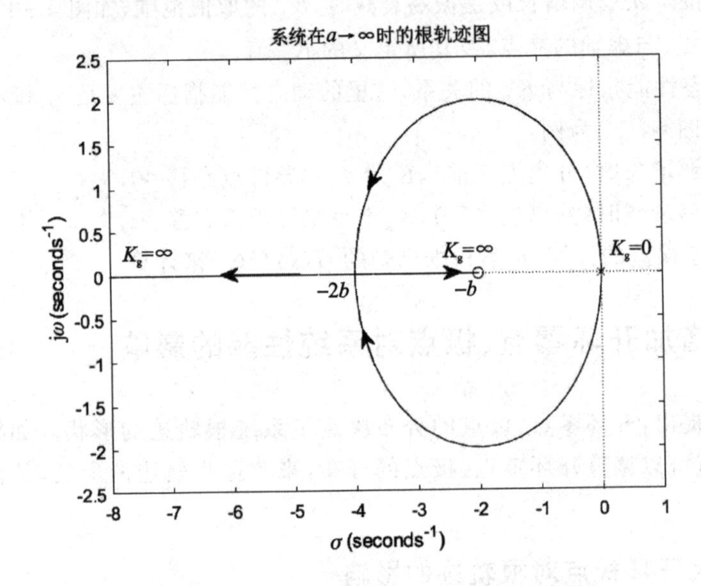

图 4-18　例 4-13 系统当 $a \to \infty$ 时根轨迹图

由图 4-18 可知，这个系统的根轨迹是一个圆，圆心在$(-b,0)$，半径是 b，整个闭环系统的根轨迹均在 S 左半平面，系统是稳定的。

(2) $a > b$

此时，系统的开环传递函数为：

$$G(s)H(s) = K_g \frac{(s+b)}{s^2(s+a)}, (a>0, b>0)$$

对于以上的开环传递函数，绘制其根轨迹曲线。

渐近线与实轴的交点与夹角：

$$\varphi_a = \frac{(2k+1)}{3-1}\pi = \frac{\pi}{2}, \frac{3}{2}\pi, \quad k=0,1$$

$$\sigma_a = \frac{-a-(-b)}{3-1} = \frac{b-a}{2} < 0$$

所以 $a>b$ 时的根轨迹曲线如图 4-19 所示。

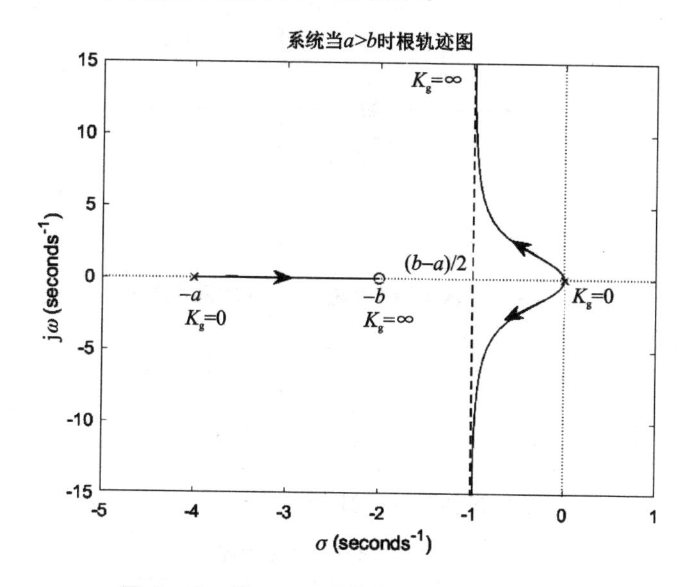

图 4-19　例 4-13 系统当 $a>b$ 时根轨迹图

由图 4-19 可知，这个系统的根轨迹与图 4-18 中的根轨迹曲线相比，更靠近虚轴，但是整个闭环系统的根轨迹均在 S 左半平面，系统是稳定的。

(3) $a=b$

此时，系统的开环传递函数为：

$$G(s)H(s)=K_g\frac{(s+b)}{s^2(s+a)},(a>0,b>0)$$

对于以上的开环传递函数，绘制其根轨迹曲线。

渐近线与实轴的交点与夹角：

$$\varphi_a=\frac{(2k+1)}{3-1}\pi=\frac{\pi}{2},\frac{3}{2}\pi,\quad k=0,1$$

$$\sigma_a=\frac{-a-(-b)}{3-1}=0$$

所以 $a=b$ 时的根轨迹曲线如图 4-20 所示。

由图 4-20 可知，这个系统的根轨迹与图 4-19 中的根轨迹曲线相比，此时的根轨迹就是虚轴，整个闭环系统的根轨迹在虚轴上，系统是不稳定的。

(4) $a<b$

此时，系统的开环传递函数为：

$$G(s)H(s)=K_g\frac{(s+b)}{s^2(s+a)},(a>0,b>0)$$

对于以上的开环传递函数，绘制其根轨迹曲线。

渐近线与实轴的交点与夹角：

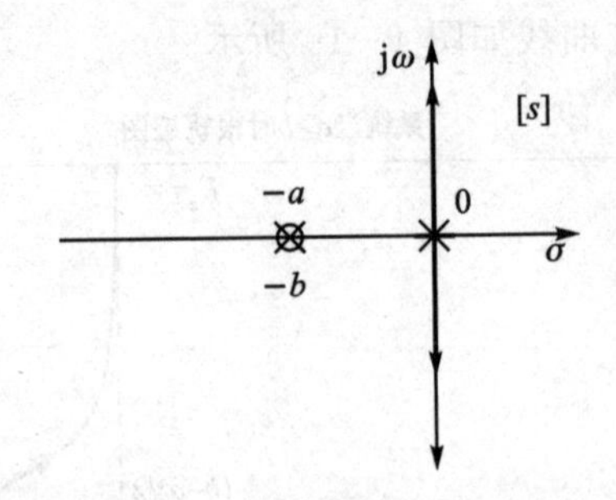

图 4-20　例 4-13 系统当 $a=b$ 时根轨迹图

$$\varphi_a=\frac{(2k+1)}{3-1}\pi=\frac{\pi}{2},\frac{3}{2}\pi,\quad k=0,1$$

$$\sigma_a=\frac{-a-(-b)}{3-1}=\frac{b-a}{2}>0$$

所以 $a<b$ 时的根轨迹曲线如图 4-21 所示。

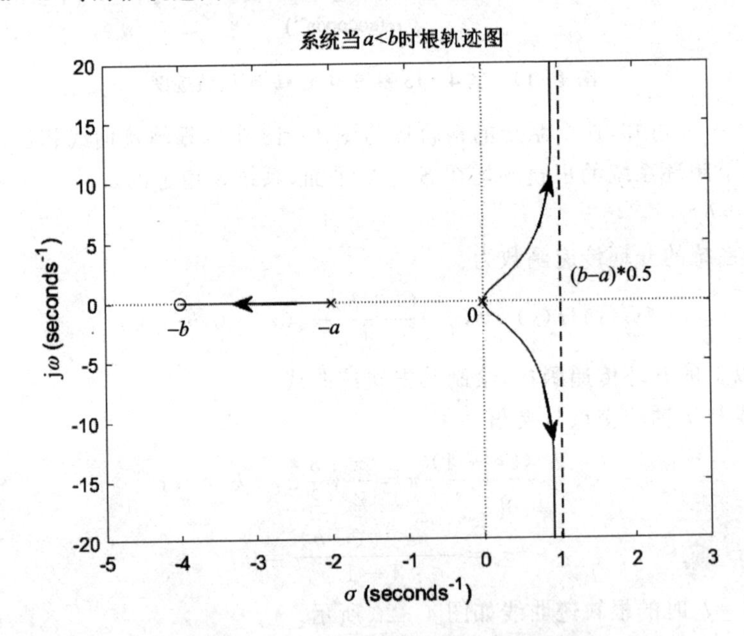

图 4-21　例 4-13 系统当 $a<b$ 时根轨迹图

由图 4-21 可知，这个系统的根轨迹与图 4-20 中的根轨迹曲线相比，闭环系统的根轨迹部分已经在 S 右半平面，系统是不稳定的。

(5) $a=0$

此时，系统的开环传递函数为：

$$G(s)H(s)=K_g\frac{(s+b)}{s^3},(b>0)$$

对于以上的开环传递函数，绘制其根轨迹曲线。

渐近线与实轴的交点与夹角：

$$\varphi_a = \frac{(2k+1)}{3-1}\pi = \frac{\pi}{2}, \frac{3}{2}\pi, \quad k = 0, 1$$

$$\sigma_a = \frac{0-(-b)}{3-1} = \frac{b}{2} > 0$$

所以 $a=0$ 时的根轨迹曲线如图 4-22 所示。

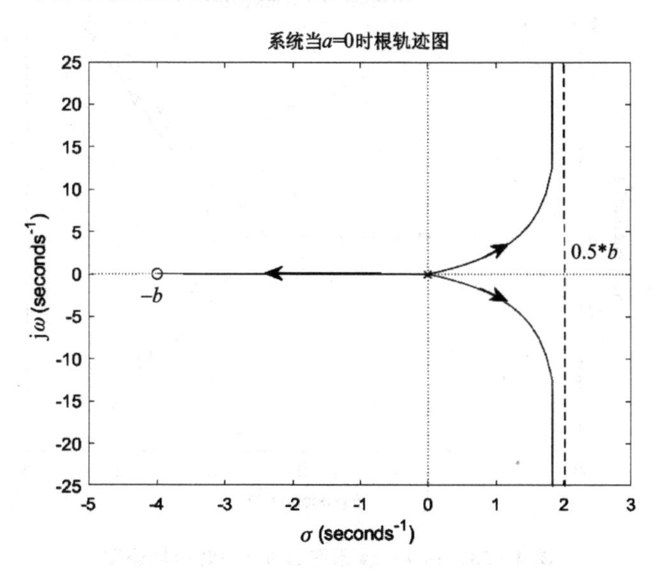

图 4-22　例 4-13 系统当 $a=0$ 时根轨迹图

由图 4-22 可知，这个系统的根轨迹与图 4-21 中的根轨迹曲线相比，闭环系统的根轨迹部分已经在 S 右半平面，系统是不稳定的。

结论：综合对比图 4-22～图 4-18 可以知道，增大开环极点，可改变系统的稳定性和动态品质。

例题解答完毕。

2. 增大开环零点对根轨迹的影响

以例 4-14 为例来说明增大开环零点对根轨迹的影响。

[例 4-14]　延续例 4-13 中的系统，设负反馈系统的开环传递函数如下所示，绘制如下几种情况下 K_g 从零连续变化到无穷大时系统的根轨迹曲线。

$$G(s)H(s) = K_g \frac{(s+b)}{s^2(s+a)}, (a>0, b>0)$$

(1) $b \to \infty$

此时，系统的开环传递函数为：

$$G(s)H(s)=bK_g\frac{\left(\frac{s}{b}+1\right)}{s^2(s+a)}=K_g'\frac{1}{s^2(s+a)}$$

对于以上的开环传递函数，绘制其根轨迹曲线。

$b\to\infty$时的根轨迹曲线如图 4－23 所示。

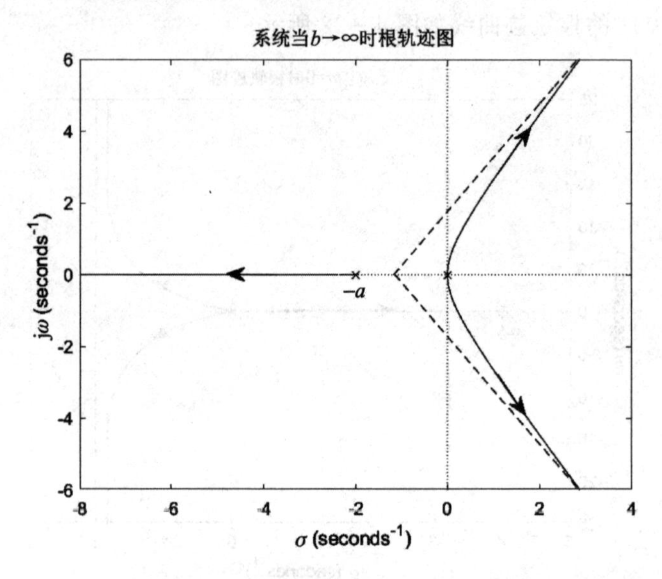

图 4－23　例 4－14 系统当 b→∞时根轨迹图

由图 4－23 可知，闭环系统的部分根轨迹在 S 右半平面，系统是不稳定的。

(2) $b>a$

与图 4－21 相同。

(3) $b=a$

与图 4－20 相同。

(4) $b<a$

与图 4－19 相同。

(5) $b=0$

此时，系统的开环传递函数为：

$$G(s)H(s)=K_g\frac{1}{s(s+a)},(b>0)$$

对于以上的开环传递函数，绘制其根轨迹曲线，如图 4－24 所示。

由图 4－24 可知，闭环系统的根轨迹已经全部在 S 左半平面，系统是稳定的。

结论：增大开环零点（比例－微分环节），可改变系统的稳定性和动态品质。

例题解答完毕。

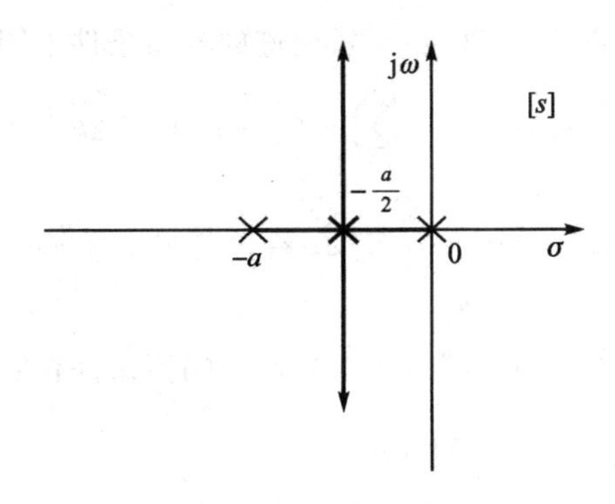

图 4-24　例 4-14 系统当 $b=0$ 时根轨迹图

4.4　本章小结

本章着重讨论了三个大问题。

1. 根轨迹的基本概念

(1) 定义：当系统的某个参数(K_g，或者其他非 K_g 的参数)从 $0\to\infty$ 变化时，闭环特征根(闭环极点)变化的轨迹。

(2) 分类：

① 常规根轨迹：负反馈，K_g 为参变量；

② 零度根轨迹：正反馈，K_g 为参变量；

③ 参数根轨迹：以非 K_g 为参变量；

④ 非最小相位系统的根轨迹。

从绘制方法上看有两类：

① 180°根轨迹；

② 0°根轨迹。

(3) 开环传递函数的标准形式(零点、极点形式)：

$$G(s)H(s)=\frac{K_g\sum_{i=1}^{m}(s-z_i)}{\sum_{j=1}^{n}(s-p_j)}$$

(4) 根轨迹方程和两个基本条件：

方程(闭环特征方程)：

$$1\pm G(s)H(s)=0$$

基本条件(180°、0°)：

① 相角条件(充要条件):180°和0°根轨迹的相角条件不同:

$$\sum_{i=1}^{m}\angle(s-z_i)-\sum_{j=1}^{n}\angle(s-p_j)=(2k+1)\pi$$

$$\sum_{i=1}^{m}\angle(s-z_i)-\sum_{j=1}^{n}\angle(s-p_j)=2k\pi$$

$$K=0,\pm 1,\pm 2,\cdots$$

② 幅值条件(必要条件):180°和0°根轨迹的幅值条件相同:

$$\frac{\prod_{i=1}^{m}|s-z_i|}{\prod_{j=1}^{n}|s-p_j|}=\frac{1}{K_g}$$

[例 4-15] 已知负反馈系统的开环零点、极点分布如图 4-25 所示。

(1) 判断 $s_1=-1+\sqrt{3}\mathrm{j}$ 是否是 K_g 为参量的根轨迹上的一个点;

(2) 求使闭环极点为-2时的 K_g 值,并求出另一个闭环极点。

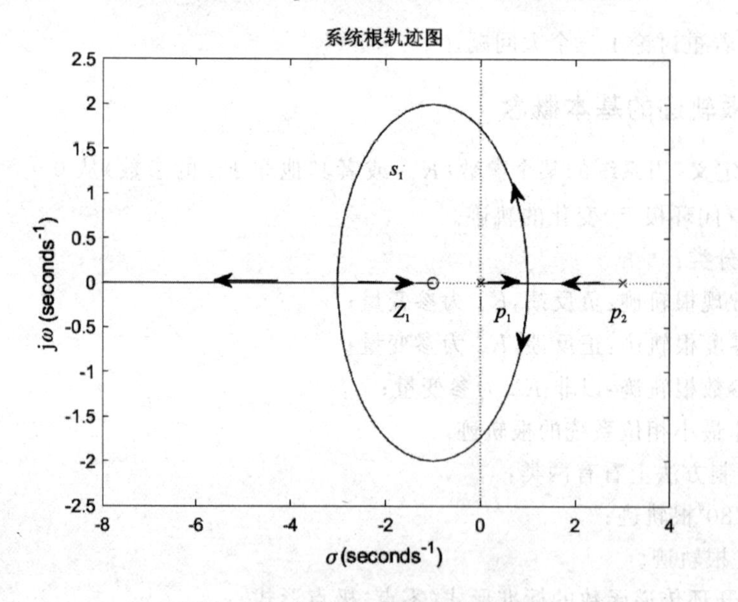

图 4-25 例 4-15 系统根轨迹图

解:

(1) 利用相角条件:

$$\sum_{i=1}^{m}\angle(s-z_i)-\sum_{j=1}^{n}\angle(s-p_j)=(2k+1)\pi$$

$$\angle(-1+\sqrt{3}\mathrm{j}+1)-[\angle(-1+\sqrt{3}\mathrm{j}-0)+\angle(-1+\sqrt{3}\mathrm{j}-3)]$$

$$=\angle(\sqrt{3}\mathrm{j})-[\angle(-1+\sqrt{3}\mathrm{j})+\angle(-4+\sqrt{3}\mathrm{j})]=90^\circ-(120^\circ+156.6^\circ)$$

$$\neq(2k+1)\pi$$

故 s_1 不是根轨迹上的一点。

(2) 设 $s_2=-2$,利用幅值条件:

$$\frac{\prod_{i=1}^{m}|s-z_i|}{\prod_{j=1}^{n}|s-p_j|}=\frac{1}{K_g}$$

$$K_g=\frac{|-2-0|\cdot|-2-3|}{|-2+1|}=10$$

$$G(s)H(s)=\frac{10(s+1)}{s(s-3)}$$

闭环特征方程为:

$$s(s-3)+10(s+1)=0$$

$$s^2+7s+10=0$$

$$s_2=-2,s_3=-5$$

例题解答完毕。

2. 根轨迹的绘制

(1) 常规根轨迹:先确定 $G(s)H(s)$(零点、极点形式)⇒180°法则⇒近似根轨迹;

(2) 参数根轨迹:先写出闭环特征方程⇒等效开环传递函数 $G(s)H(s)$⇒180°法则⇒近似根轨迹;

(3) 零度根轨迹:先确定 $G(s)H(s)$(零点、极点形式)⇒0°法则⇒近似根轨迹;

(4) 非最小相位根轨迹:先写出闭环特征方程⇒开环传递函数 $G(s)H(s)$的标准形式⇒180°法则(或者 0°法则)⇒近似根轨迹;

3. 根轨迹的应用

(1) 利用根轨迹分析系统的三大性能指标,与时域法结合分析;

(2) 利用根轨迹确定某一参变量值时的闭环极点,及某一闭环极点对应的参变量的值;

(3) 利用根轨迹法求高次代数方程的根。

第 5 章　频域分析法

【提要】　本章介绍系统分析的第三种方法——频域法，主要讨论三个问题：

(1) 频率特性的基本概念和求法；

(2) 两种重要的频率特性曲线及绘制方法：极坐标图和对数坐标图；

(3) 利用频率特性对系统进行分析：

① 奈奎斯特判据；

② 动态品质的估算；

③ 稳态误差的求取。

5.1　频率特性

所谓频域分析法，是根据系统的开环频率特性来分析闭环系统的三大性能指标的一种经典方法。由于频率特性既可由传递函数求出，又可通过实验测试的方法来获取。因此，在控制工程中获得了广泛的应用。目前，在工程设计中，主要采用频域法。

5.1.1　频率特性的定义和物理意义

关于频率特性的概念，已经在电子技术基础的课程中接触过，下面通过一个具体的例子从控制理论的角度加以说明。

[例 5-1]　一阶 RC 网络如图 5-1 所示，输入为正弦电压，$r(t)=R\sin\omega t$，求该网络的稳态输出。

解：

$$\because r(t)=R\cdot i(t)+c(t)$$

$$\because i(t)=C\frac{\mathrm{d}c(t)}{\mathrm{d}t}$$

$$\therefore RC\frac{\mathrm{d}c(t)}{\mathrm{d}t}+c(t)=r(t)$$

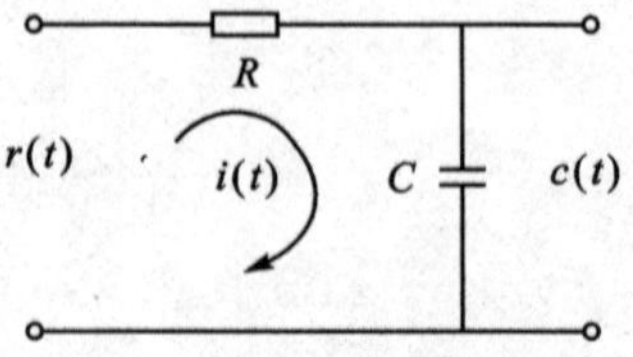

图 5-1　一阶 RC 网络图

令 $T=RC$，可得：

$$T\frac{\mathrm{d}c(t)}{\mathrm{d}t}+c(t)=r(t)$$

$$\therefore G(s)=\frac{1}{Ts+1}$$

$$\therefore c(s)=\frac{1}{Ts+1}\cdot\frac{R\omega}{s^2+\omega^2}$$

$$\therefore c(t)=\frac{R}{\sqrt{1+\omega^2T^2}}\cdot\sin(\omega t-\tan^{-1}\omega T)+\frac{R\omega T}{1+\omega^2T^2}\cdot \mathrm{e}^{-\frac{t}{T}}$$

$$\therefore \lim_{t\to\infty}c(t)=\frac{R}{\sqrt{1+\omega^2T^2}}\cdot\sin(\omega t-\tan^{-1}\omega T)$$

例题解答完毕。

结论：

(1) 一阶 RC 网络的稳态输出是同频率的正弦量，幅值变化了 $\frac{1}{\sqrt{1+\omega^2T^2}}$ 倍，相角产生了相移，滞后了 $\tan^{-1}\omega T$；

(2) 幅值的变化和相移的大小都是 ω 的函数。上述特征是一阶 RC 网络的固有特性，称为频率特性。即，线性定常系统在正弦输入作用下，其稳态输出与输入的幅值比和相角差随频率二变化的关系特性；

(3) 把幅值和相角的变化关系整合在一起，可用复数的形式来表示：

$$\frac{1}{\sqrt{1+\omega^2T^2}}\mathrm{e}^{-\mathrm{j}\tan^{-1}\omega T}=\frac{1}{1+\mathrm{j}T\omega}=\frac{1}{1+Ts}=G(s)=G(\mathrm{j}\omega)$$

式中，$s=\mathrm{j}\omega$。

5.1.2　频率特性的求法

前面我们通过 RC 网络说明了频率特性的概念，且频率特性可由传递函数求得：

$$G(\mathrm{j}\omega)=G(s)\big|_{s=\mathrm{j}\omega}$$

这个结论对于任意稳定的线性定常系统都是成立的。

小结：

(1) 频率特性也是系统的一个数学模型，如图 5-2 所示。

(2) 频率特性的物理意义：描述了稳定的线性定常系统，对不同频率的正弦信号，稳态时的传递能力：$|G(\mathrm{j}\omega)|$ 描述了变幅能力，$\angle G(\mathrm{j}\omega)$ 描述了相移能力。

(3) 定义：

幅频特性：幅值比，$A(\omega)=|G(\mathrm{j}\omega)|$；

相频特性：相角差，$\varphi(\omega)=\angle G(\mathrm{j}\omega)$；

实频特性：实部，$\mathrm{Re}(\omega)=\mathrm{Re}[G(\mathrm{j}\omega)]$；

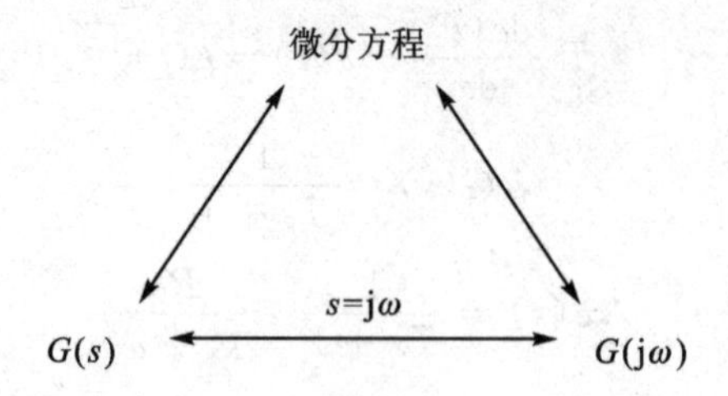

图 5-2　微分方程、传递函数与频率特性关系图

虚频特性：虚部，$\mathrm{Im}(\omega)=\mathrm{Im}[G(\mathrm{j}\omega)]$。

5.1.3　频率特性的几何表示

在工程中，通常把频率特性画成一些曲线，称为频率特性曲线，常用的有下面两种：

1. 极坐标图：幅相频特性曲线(奈奎斯特图)

画法：在 ω：0→∞变化时，以 ω 为参变量，求出 $G(\mathrm{j}\omega)$的幅值和相角，在极坐标图上确定一系列的点，所描绘的曲线。

[例 5-2]　仍然沿用例 5-1 中的一阶 RC 网络，画出它的极坐标图。

解：由例 5-1 可知：

$$G(\mathrm{j}\omega)=\frac{1}{1+\mathrm{j}T\omega}$$

$$\omega=0,|G(\mathrm{j}\omega)|=1,\angle G(\mathrm{j}\omega)=0^\circ$$

$$\omega=\frac{1}{T},|G(\mathrm{j}\omega)|=0.707,\angle G(\mathrm{j}\omega)=-45^\circ$$

$$\omega=\infty,|G(\mathrm{j}\omega)|=0,\angle G(\mathrm{j}\omega)=-90^\circ$$

图 5-3 为其极坐标图。

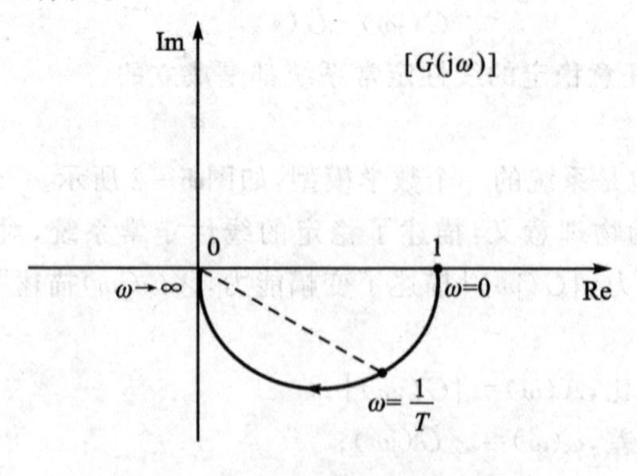

图 5-3　一阶 RC 网络极坐标图

例题解答完毕。

2. 对数坐标图:对数频率特性曲线(伯德图,Bode 图)

由两张图组成:对数幅频性曲线和对数相频特性曲线。

(1) 对数幅频特性曲线:$L(\omega)$

① 横坐标:ω 轴,采用对数分度,单位:弧度/秒,1/s,如图 5-4 所示。

对数分度是:

$\omega=0$,$\lg\omega$ 不存在,故起点不可能是 0;

$\omega=1$,$\lg\omega=0$;

$\omega=2$,$\lg\omega=0.3$;

$\omega=3$,$\lg\omega=0.48$;

⋮

$\omega=10$,$\lg\omega=1$;

$\omega=100$,$\lg\omega=2$。

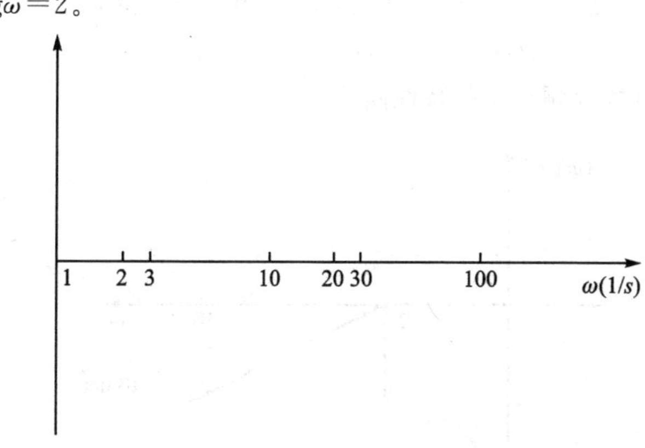

图 5-4　对数分度横坐标图

可见频率增大 10 倍,ω 轴上为一个长度单位,称为十倍频程,用 dec 表示(decade)。ω 轴采用对数分度的目的,是压缩高频段,放大低频段。

② 纵坐标:采用等分度,对数幅值:

$$L(\omega) \triangleq 20\lg|G(j\omega)|(dB)$$

采用对数幅值的目的,是把计算幅值中的乘除法,简化成加减法:

设 $G(s)=G_1(s)\cdot G_2(s)$,

$$\therefore |G(j\omega)|=|G_1(j\omega)|\cdot|G_2(j\omega)|$$

$$\therefore 20\lg|G(j\omega)|=20\lg|G_1(j\omega)|+20\lg|G_2(j\omega)|$$

$$\angle G(j\omega)=\angle G_1(j\omega)+\angle G_2(j\omega)$$

(2) 对数相频特性曲线:$\varphi(\omega)$

横坐标:ω 轴,采用对数分度,单位:弧度/秒,1/s;

纵坐标:角度,线性分度。

[例 5-3] 仍然沿用例 5-1 中的一阶 *RC* 网络,画出它的对数幅频与相频特性曲线。

解:由例 5-1 可知:

$$G(j\omega)=\frac{1}{1+jT\omega}$$

当 $T=0.5$ 时,

$$G(0.5j)=\frac{1}{1+j0.5\omega}$$

$$\omega \ll \frac{1}{T}=2, L(\omega)\approx 0$$

$$\omega \gg \frac{1}{T}=2, L(\omega)\approx -20\ \lg T\omega$$

所以,对数幅频特性曲线是一条直线,当 ω 增大 10 倍,$L(\omega)$下降 20 dB,

$$L(\omega)=-20\ \lg T10\omega=-20-20\ \lg T\omega$$

$$\varphi(\omega)=\angle G(j\omega)=-\tan^{-1}0.5\omega$$

图 5-5 为其对数幅频与相频特性曲线。

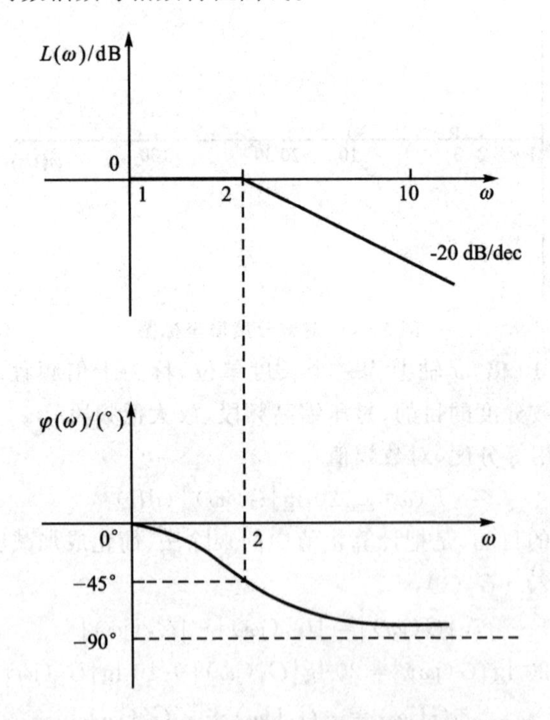

图 5-5　一阶 *RC* 网络的对数幅频与相频特性曲线

例题解答完毕。

5.2　典型环节的频率特性

所谓典型环节，是从系统传递函数的角度来看，组成系统的基本结构形式。常用的有 7 种，对每一种我们讨论其频率特性及两条相应的曲线。

1. 比例环节

传递函数：$G(s)=K$；

频率特性：$G(\mathrm{j}\omega)=K$；

幅相曲线：与 ω 无关，如图 5-6 所示；

对数幅频、相频特性曲线：$L(\omega)=20\lg k$；$\varphi(\omega)=0°$，如图 5-7 所示。

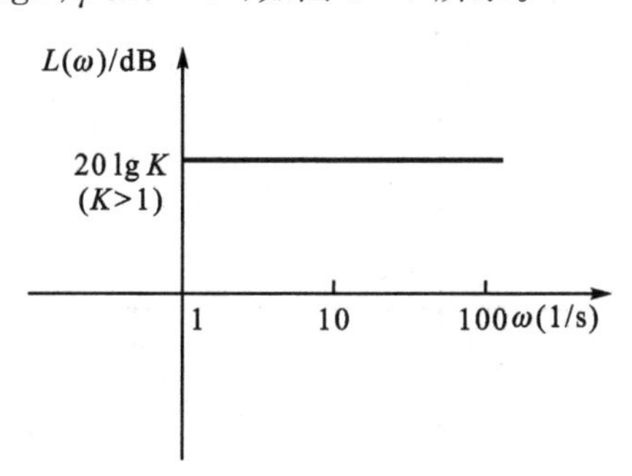

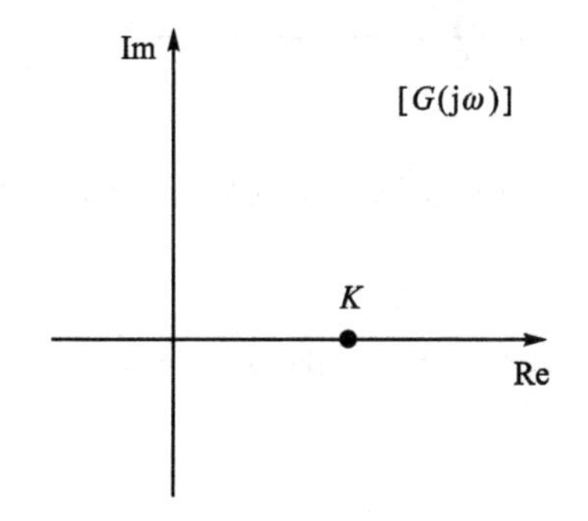

图 5-6　比例环节的幅相特性曲线

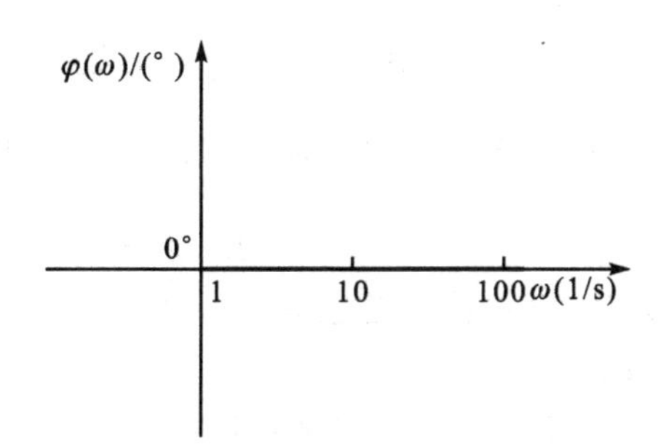

图 5-7　比例环节的对数幅频与相频特性曲线

2. 积分环节

传递函数：

$$G(s)=\frac{1}{s}$$

频率特性：

$$G(\mathrm{j}\omega)=\frac{1}{\mathrm{j}\omega}=\frac{1}{\omega}\mathrm{e}^{-\mathrm{j}\frac{\pi}{2}}$$

对数幅频、相频特性曲线：

$$L(\omega)=20\ \lg\frac{1}{\omega}=-20\ \lg\omega$$

$$\varphi(\omega)=-\frac{\pi}{2}$$

其幅相特性曲线如图 5－8 所示；其对数幅频与相频特性曲线如图 5－9 所示。

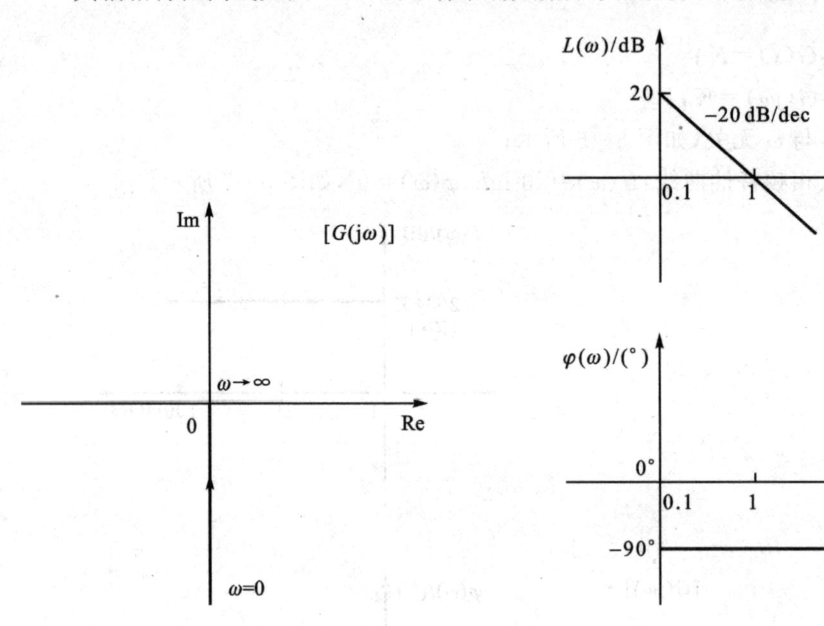

图 5－8　积分环节的幅相特性曲线

图 5－9　积分环节的对数幅频与相频特性曲线

$$\because \omega=1,L(\omega)=0;\omega=10,L(\omega)=-20\ \mathrm{dB}$$

所以 $L(\omega)$ 曲线是过 $\omega=1,L(\omega)=0$ 这一点，斜率为 -20 dB/dec 的直线。

特点：

从幅值上看，具有低通特性；

从相角上看，具有滞后特性。

3. 微分环节

传递函数：

$$G(s)=s$$

频率特性：

$$G(\mathrm{j}\omega)=\mathrm{j}\omega=\omega\mathrm{e}^{\mathrm{j}\frac{\pi}{2}}$$

对数幅频、相频特性曲线：

$$L(\omega)=20\ \lg\omega$$

$$\varphi(\omega)=\frac{\pi}{2}$$

其幅相特性曲线如图 5-10 所示；其对数幅频与相频特性曲线如图 5-11 所示。

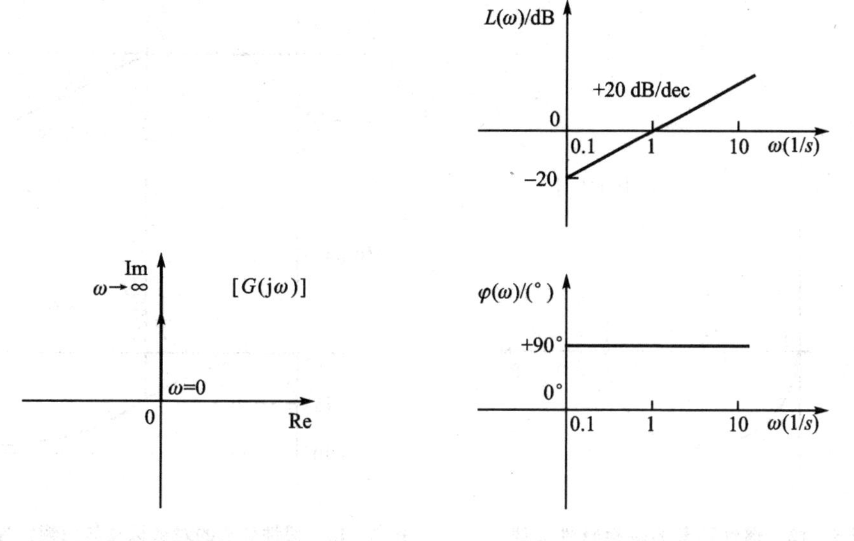

图 5-10　微分环节的幅相特性曲线　　**图 5-11　微分环节的对数幅频与相频特性曲线**

$$\because \omega=1, L(\omega)=0; \omega=10, L(\omega)=-20\ \text{dB}$$

所以 $L(\omega)$ 曲线是过 $\omega=1, L(\omega)=0$ 这一点，斜率为 -20 dB/dec 的直线。

幅相曲线：与积分环节关于实轴对称；

对数曲线：与积分环节关于 ω 轴对称。

特点：

从幅值上看，具有高通特性；

从相角上看，具有超前特性。

4. 惯性环节

传递函数：

$$G(s)=\frac{1}{1+Ts}$$

频率特性：

$$G(\mathrm{j}\omega)=\frac{1}{1+\mathrm{j}T\omega}=\frac{1}{\sqrt{1+T^2\omega^2}}\angle(-\tan^{-1}T\omega)$$

对数幅频、相频特性曲线：

$$L(\omega)=-20\ \lg\sqrt{1+T^2\omega^2}$$

$$\varphi(\omega) = -\tan^{-1} T\omega$$

其幅相特性曲线如图 5 - 12 所示；其对数幅频与相频特性曲线如图 5 - 13 所示。

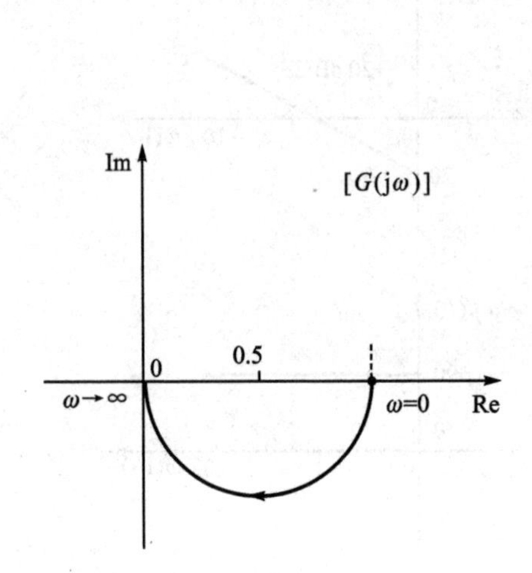

图 5 - 12　惯性环节的幅相特性曲线

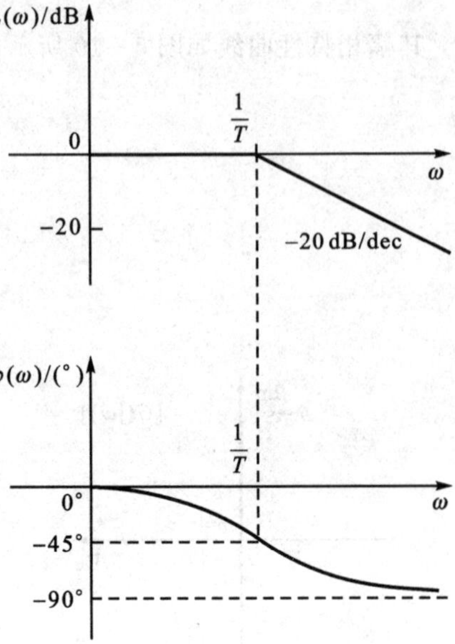

图 5 - 13　惯性环节的对数幅频与相频特性曲线

(1) 幅相特性曲线

$\because \omega = 0, G(\mathrm{j}\omega) = 1\angle 0°; \omega = \dfrac{1}{T}, G(\mathrm{j}\omega) = \dfrac{1}{\sqrt{2}}\angle -45°; \omega = \infty, G(\mathrm{j}\omega) = 0\angle -90°$

所以幅相特性曲线形状：圆心$(0.5, j0)$，半径为 0.5 的半圆(第三象限)。

(2) 对数特性曲线

$$L(\omega): \omega T \ll 1, \omega \ll \frac{1}{T}, L(\omega) \approx 0$$

$$L(\omega): \omega T \gg 1, \omega \gg \frac{1}{T}, L(\omega) \approx -20\ \lg T\omega$$

所以可用两条直线来近似 $L(\omega)$ 曲线，称为渐近线。这两条渐近线的交点在 0 dB，$\omega = \dfrac{1}{T}$处，称 $\omega = \dfrac{1}{T}$为惯性环节的转折频率。

误差分析：$\omega = \dfrac{1}{T}$处误差最大：

$$\Delta L(\omega) = L_{准确} - L_{近似} = -20\ \lg\sqrt{2} - 0 = -3\ \mathrm{dB}$$

误差不大，故 $L(\omega)$曲线可用渐近线表示。

$\varphi(\omega)$：一条反正切负的曲线，范围：$0° \sim -90°$，在 $\omega = \dfrac{1}{T}, \varphi(\omega) = -45°$，可用一

条近似曲线表示。

特点：

从幅值上看，具有低通特性；

从相角上看，具有滞后特性。

5. 一阶微分环节

传递函数：

$$G(s)=1+Ts$$

频率特性：

$$G(\mathrm{j}\omega)=1+\mathrm{j}T\omega=\sqrt{1+T^2\omega^2}\angle(\tan^{-1}T\omega)$$

对数幅频、相频特性曲线：

$$L(\omega)=20\lg\sqrt{1+T^2\omega^2}\quad\varphi(\omega)=\tan^{-1}T\omega$$

其幅相特性曲线如图 5－14 所示；其幅频与相频特性曲线如图 5－15 所示。

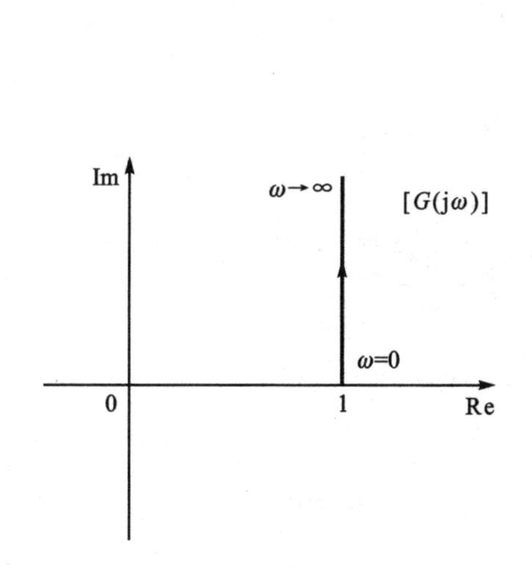

图 5－14　一阶微分环节的幅相特性曲线

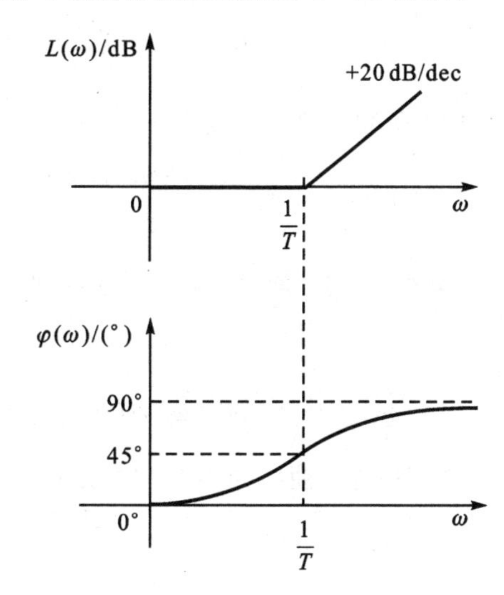

图 5－15　一阶微分环节的对数幅频与相频特性曲线

幅相曲线：实部为 1，虚部从 0→∞；

对数曲线：与惯性环节关于 ω 轴对称。

特点：

从幅值上看，具有高通特性；

从相角上看，具有超前特性。

6. 振荡环节

$$G(s)=\frac{\omega_n^2}{s^2+2\zeta\omega_n s+\omega_n^2}$$

$$G(j\omega)=\frac{\omega_n^2}{(j\omega)^2+j2\zeta\omega_n\omega+\omega_n^2}=\frac{1}{\left(1-\frac{\omega^2}{\omega_n^2}\right)+j2\zeta\frac{\omega}{\omega_n}}$$

$$A(\omega)=|G(j\omega)|=\frac{1}{\sqrt{\left(1-\frac{\omega^2}{\omega_n^2}\right)^2+4\zeta^2\frac{w^2}{w_n^2}}}$$

$$\varphi(\omega)=\angle G(j\omega)=-\tan^{-1}\frac{2\zeta\frac{\omega}{\omega_n}}{1-\frac{\omega^2}{\omega_n^2}}$$

$$L(\omega)=-20\lg\sqrt{\left(1-\frac{\omega^2}{\omega_n^2}\right)^2+4\zeta^2\frac{\omega^2}{\omega_n^2}}$$

(1) 幅相曲线

$$\omega=0,|G(j\omega)|=1,\angle G(j\omega)=0^\circ$$

$$\omega=\infty,|G(j\omega)|=0,\angle G(j\omega)=-\tan^{-1}\frac{2\zeta\frac{\omega}{\omega_n}}{1-\frac{\omega^2}{\omega_n^2}}=-\tan^{-1}\frac{2\zeta}{-\infty}=-\pi$$

$$\omega=\omega_n,|G(j\omega)|=\frac{1}{2\zeta},\angle G(j\omega)=-\frac{\pi}{2}$$

其幅相特性曲线如图 5－16 所示。

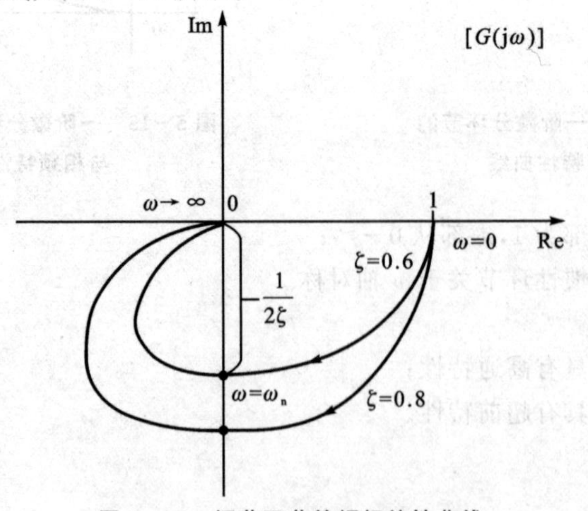

图 5－16　振荡环节的幅相特性曲线

特点：振荡曲线的形状与 ζ 有关，$\zeta\downarrow\Rightarrow$曲线轮廓越大。

存在一个谐振峰值 M_r，所谓 M_r 即 $|G(j\omega)|$ 的最大值，则

$$\frac{d|G(j\omega)|}{d\omega}=0$$

求解上式，可得

$$\omega_r=\omega_n\sqrt{1-2\zeta^2},M_r=\frac{1}{2\zeta\sqrt{1-\zeta^2}}\left(0\leqslant\zeta\leqslant\frac{\sqrt{2}}{2}\right)$$

显然，当 $\zeta\leqslant\frac{\sqrt{2}}{2}$ 时，ω_r 和 M_r 才存在。

注意：ω_r 和 M_r 由于与 ζ 和 ω_n 有关，因此也能反映动态品质的好坏：

$$M_r\uparrow\Rightarrow\zeta\downarrow\Rightarrow\sigma\%\uparrow$$

$$\omega_r\uparrow\Rightarrow\omega_n\uparrow(\zeta\text{不变})\Rightarrow t_s\downarrow$$

(2) $L(\omega)$曲线

近似分析：

$$\frac{\omega}{\omega_n}\ll 1,\omega\ll\omega_n,L(\omega)\approx 0$$

$$\frac{\omega}{\omega_n}\gg 1,\omega\gg\omega_n,L(\omega)\approx -20\lg\left(\frac{\omega}{\omega_n}\right)^2=-40\lg\frac{\omega}{\omega_n}$$

故 ω 增大10倍，$L(\omega)$减小40 dB，即斜率是－40 dB/dec。

渐近线：

首先找到 $\omega=\omega_n$，即转折频率。

$\omega\leqslant\omega_n$ 段，0 dB水平线；

$\omega>\omega_n$ 段，－40 dB/dec线。

其 $L(\omega)$曲线如图5-17所示。

误差：最大误差在 ω_n 处，当 $\omega=\omega_n$ 时，其精确 $L(\omega)$值为 $-20\lg(2\zeta)$。

如当 $\zeta=0.1$ 时，

$$L(\omega)=-20\lg 0.2=13.98\text{ dB}$$

这一点必须修正！

(3) $\varphi(\omega)$曲线：近似画法

$$\omega=0,\varphi(\omega)=0^\circ$$

$$\omega=\infty,\varphi(\omega)=-180^\circ$$

$$\omega=\omega_n,\varphi(\omega)=-90^\circ$$

$\varphi(\omega)$曲线是一条反正切曲线，当 ζ 很小时，ω_n 附近的相角变负的速率很大，曲线很陡！可在 ω_n 附近，确定几个点，再用一条近似曲线连接起来即可，如图5-18所示。

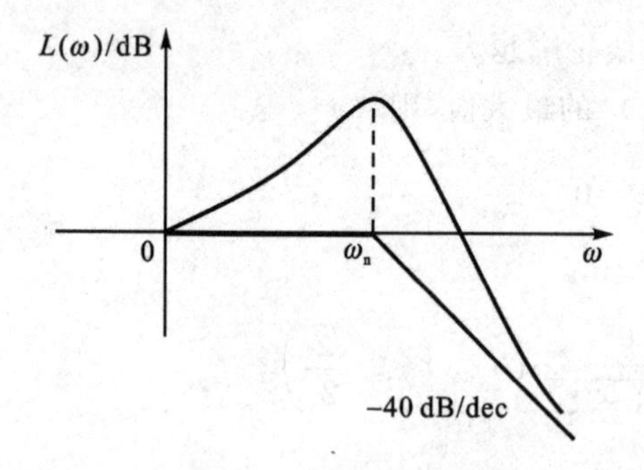

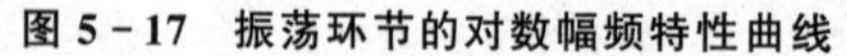

图 5-17　振荡环节的对数幅频特性曲线

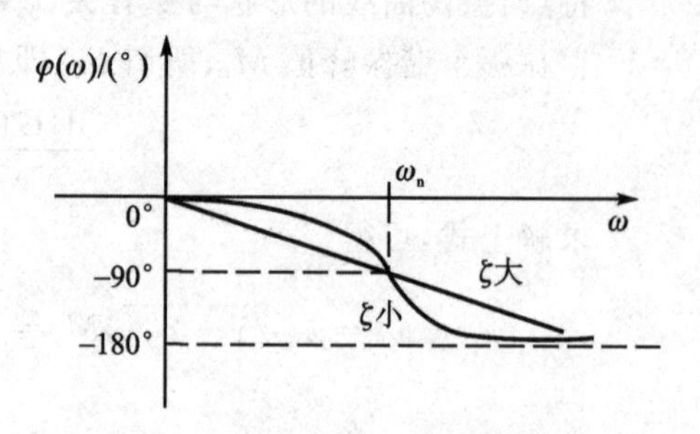

图 5-18　振荡环节的对数相频特性曲线

7. 延迟环节

$$G(s)=\mathrm{e}^{-\tau s}$$

$$G(\mathrm{j}\omega)=\mathrm{e}^{-\mathrm{j}\tau\omega}$$

$$A(\omega)=1$$

$$\varphi(\omega)=-\tau\omega(\mathrm{rad})=-\tau\omega\cdot\frac{180^\circ}{\pi}=-57.3\tau\omega(^\circ)$$

$$L(\omega)=20\ \lg 1=0\ \mathrm{dB}$$

其幅相特性曲线如图 5-19 所示;其对数幅频与相频特性曲线如图 5-20 所示。

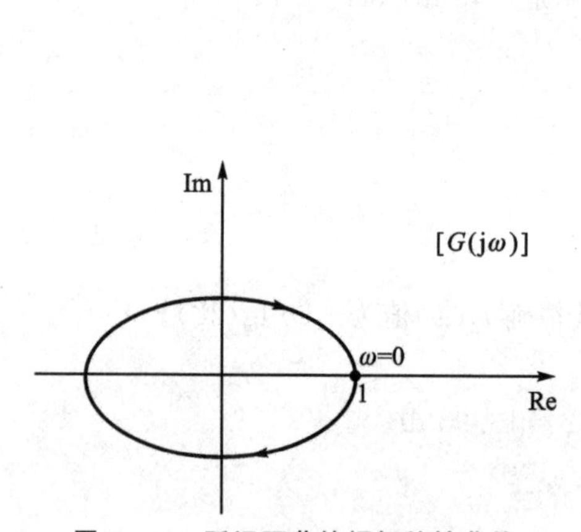

图 5-19　延迟环节的幅相特性曲线

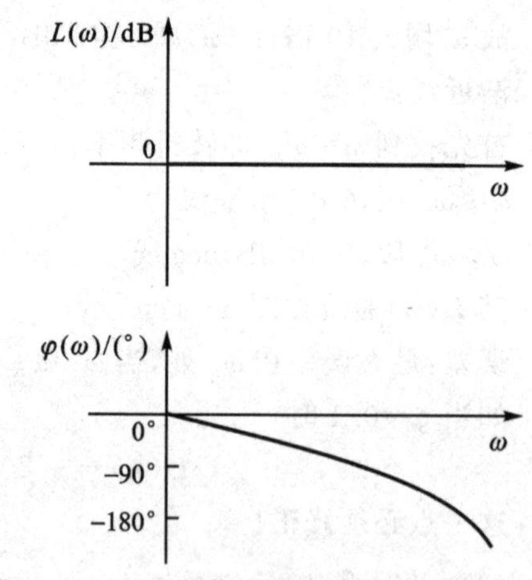

图 5-20　延迟环节的对数幅频与相频特性曲线

5.3　开环频率特性曲线

在掌握了典型环节的频率特性基础上,就可进一步作出系统的开环频率特性曲线,即闭环系统的开环传递函数的频率特性曲线。

5.3.1 开环极坐标图

1. 着重介绍粗略绘制方法：已知开环传递函数 $G(s)$

(1) 确定三类特殊点：

起点：

$$\omega=0: |G(j\omega)|=?, \angle G(j\omega)=?$$

终点：

$$\omega=\infty: |G(j\omega)|=?, \angle G(j\omega)=?$$

与虚轴、实轴交点：

$$G(j\omega)=U(\omega)+jV(\omega)$$

先令 $V(\omega)=0$，解得 ω 值，带入 $U(\omega)=?$，即是与实轴交点；

先令 $U(\omega)=0$，解得 ω 值，带入 $V(\omega)=?$，即是与虚轴交点。

(2) 用一条近似曲线，连接上述三类特殊点，就是粗略的曲线。

[例 5-4] 如图 5-21 所示的 RC 网络，画出它的极坐标图。

解：系统的传递函数为：

$$G(s)=\frac{Ts}{1+Ts}(T=RC)$$

$$G(j\omega)=\frac{j\omega T}{1+j\omega T}$$

$$A(\omega)=\omega T\cdot\frac{1}{\sqrt{1+(\omega T)^2}}$$

$$\varphi(\omega)=90^\circ-\tan^{-1}\omega T$$

$$\omega=0, A(\omega)=0, \varphi(\omega)=90^\circ$$

$$\omega=\infty, A(\omega)=1, \varphi(\omega)=0^\circ$$

$$\omega=\frac{1}{T}, A(\omega)=\frac{\sqrt{2}}{2}, \varphi(\omega)=45^\circ$$

其极坐标图如图 5-22 所示。

例题解答完毕。

2. 开环极坐标图的特点：最小相位系统才成立

设某系统的开环传递函数如下式所示，写成时间常数的标准形式，且分母的次数大于分子的次数。

$$G(s)=\frac{K(\tau_1 s+1)\cdots}{s^{\gamma}(T_1 s+1)\cdots}(n>m)$$

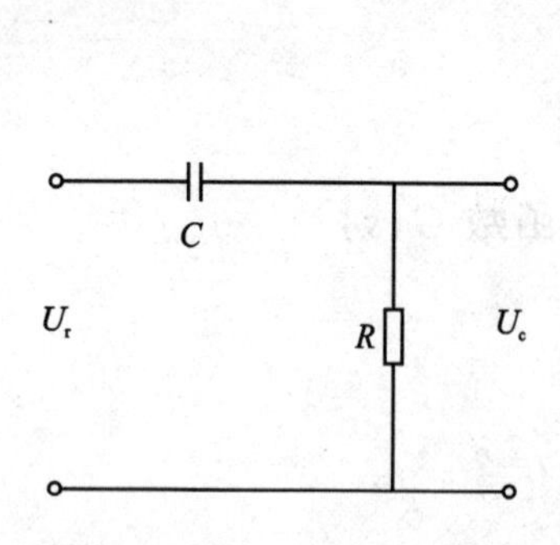

图 5－21　例 5－4 中的 RC 网络图

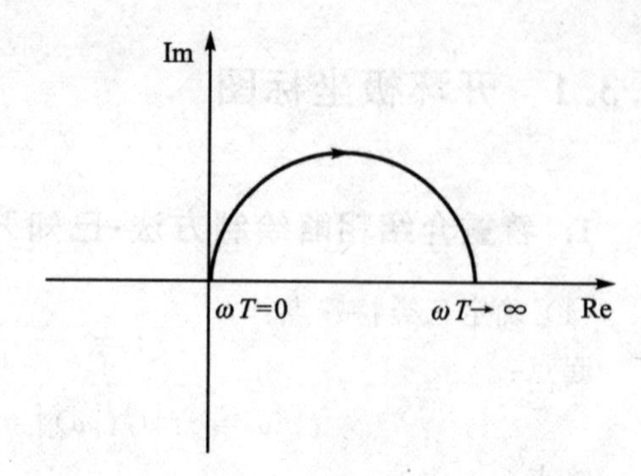

图 5－22　例 5－4 中的 RC 网络极坐标图

(1) 起点：与开环传递系数 K 与 γ 有关。当 $\omega\to0$ 时，

$$G(s)=\frac{K}{s^{\gamma}},G(\mathrm{j}\omega)=\frac{K}{(\mathrm{j}\omega)^{\gamma}}=\frac{K}{\omega^{\gamma}}\angle(-\gamma)\cdot\frac{\pi}{2}$$

0 型系统：$\gamma=0$，起始于正实轴上 K 这一点；

Ⅰ型系统：$\gamma=1$，起始于负虚轴无穷远处；

Ⅱ型系统：$\gamma=2$，起始于负实轴无穷远处；

…

图 5－23 为最小相位系统极坐标图起点。

(2) 终点：实际系统总是分母的次数大于分子的次数，即 $n>m$。此时，终点都在原点，相角为：

$$(n-m)\left(-\frac{\pi}{2}\right)$$

$$G(s)=\frac{b_0s^m+\cdots}{a_0s^n+\cdots}=\frac{b_0+b_1s^{-1}+\cdots}{a_0s^{n-m}+\cdots}(n>m)$$

当 $\omega\to\infty$ 时，

$$G(\mathrm{j}\omega)\approx\frac{b_0}{a_0}\cdot\frac{1}{(\mathrm{j}\omega)^{n-m}}=0\angle(n-m)\cdot\left(-\frac{\pi}{2}\right)$$

图 5－24 为最小相位系统极坐标图终点。

(3) 若 $G(s)$ 不包含一阶微分环节，则曲线相角连续减小；反之，曲线可能会有凹凸。

[例 5－5]　某 0 型反馈控制系统，其开环传递函数如下式所示，画出它的开环幅相曲线图。

$$G(s)=\frac{K}{(T_1s+1)(T_2s+1)}$$

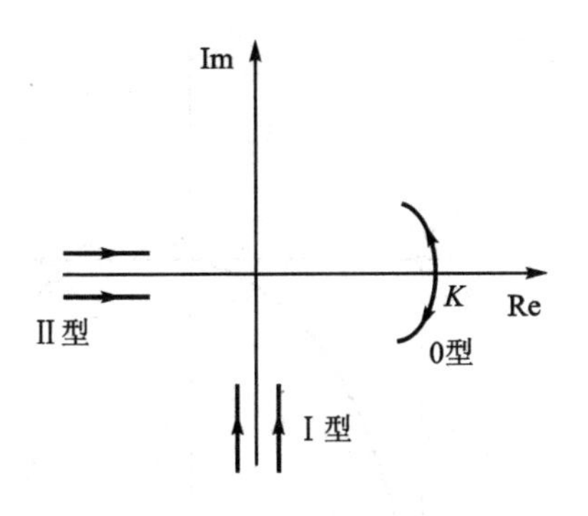

图 5-23　最小相位系统极坐标图起点

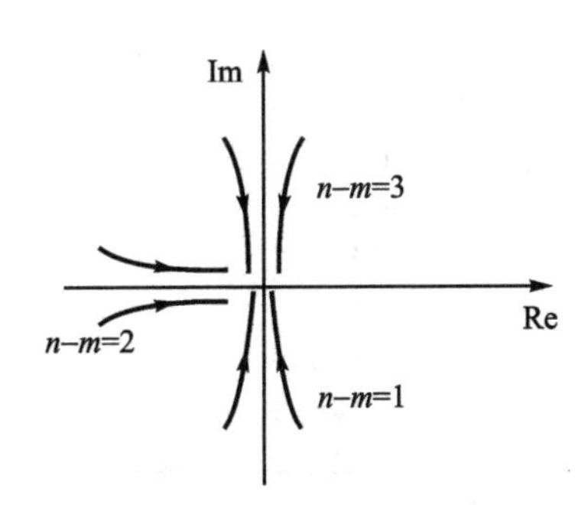

图 5-24　最小相位系统极坐标图终点

解:0 型系统:$\gamma=0$,起始于正实轴上 K 这一点。

终点:$n-m=2$,当 $\omega\to\infty$ 时,

$$G(j\omega)\approx 0\angle(n-m)\cdot\left(-\frac{\pi}{2}\right)=0\angle-\pi$$

开环幅相曲线图如图 5-25 所示。

例题解答完毕。

[例 5-6]　某Ⅰ型反馈控制系统,其开环传递函数如下式所示,画出它的开环幅相曲线图。

$$G(s)=\frac{1}{s(s+1)}$$

解:Ⅰ型系统:$\gamma=1$,起始于负虚轴无穷远处。

终点:$n-m=2$,当 $\omega\to\infty$ 时,

$$G(j\omega)=0\angle(n-m)\cdot\left(-\frac{\pi}{2}\right)=0\angle-\pi$$

与坐标轴的交点:

$$G(j\omega)=\frac{1}{j\omega(j\omega+1)}=-\frac{1}{1+\omega^2}-j\frac{1}{\omega(1+\omega^2)}$$

当 $\omega=0$ 时,实部函数有渐近线 -1,可以先作出渐近线,通过分析实部和虚部函数,可知与坐标轴无交点,开环幅相曲线图如图 5-26 所示。

例题解答完毕。

[例 5-7]　某反馈控制系统,其开环传递函数如下式所示,画出它的开环幅相曲线图。

$$G(s)=\frac{K(1+2s)}{s^2(0.5s+1)(1+s)}$$

解:Ⅱ型系统:$\gamma=2$,起始于负实轴无穷远处。

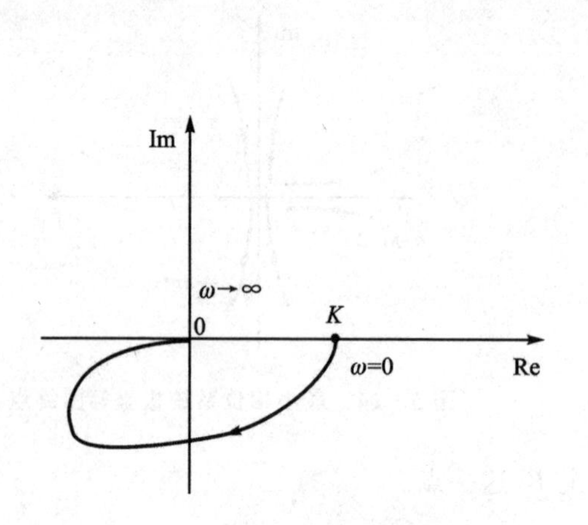

图 5－25　例 5－5 系统的幅相曲线

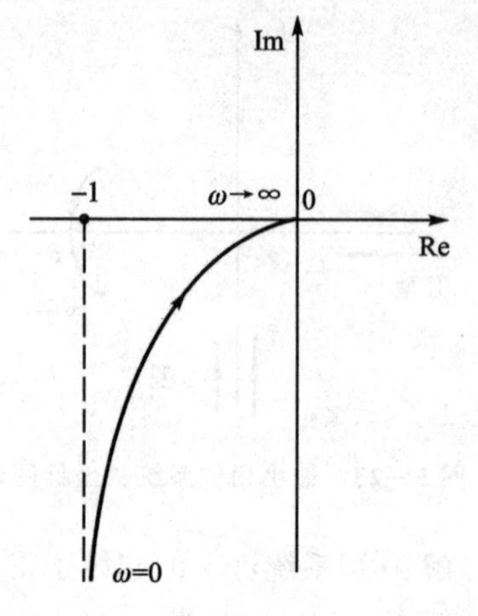

图 5－26　例 5－6 系统的幅相曲线

终点：$n-m=3$，当 $\omega\to\infty$ 时，

$$G(\mathrm{j}\omega)=0\angle(n-m)\cdot\left(-\frac{\pi}{2}\right)=0\angle-\frac{3\pi}{2}$$

与坐标轴的交点：

$$G(\mathrm{j}\omega)=\frac{K}{\omega^2(0.25\omega^2+1)}\left[-(1+2.5\omega^2)-\mathrm{j}(0.5-\omega^2)\right]$$

当 $\omega^2=0.5$ 时，即 $\omega=0.707$ 时，极坐标与实轴有一个交点，交点坐标为 $-2.67K$。

开环幅相曲线图如图 5－27 所示。

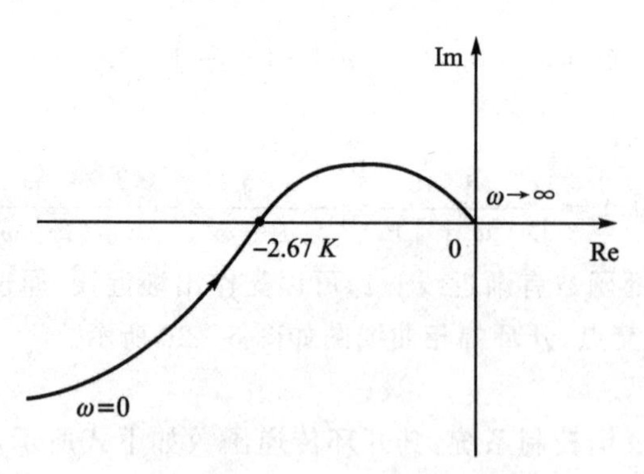

图 5－27　例 5－7 系统的幅相曲线

例题解答完毕。

5.3.2　开环对数坐标图

1. 迭加法

设开环传递函数为：

$$G(s)=\prod_{i=1}^{n}G_i(s)$$

$$G(j\omega)=\prod_{i=1}^{n}G_i(j\omega)$$

$$A(\omega)=\prod_{i=1}^{n}A_i(\omega)$$

$$L(\omega)=\sum_{i=1}^{n}20\ \lg A_i(\omega)=\sum_{i=1}^{n}L_i(\omega)$$

$$\varphi(\omega)=\sum_{i=1}^{n}\varphi_i(\omega)$$

因此，首先画出各串联环节的 $L_i(\omega)$ 和 $\varphi_i(\omega)$，然后分段相加，就是 $L(\omega)$ 和 $\varphi(\omega)$。

[例 5－8]　某反馈控制系统，其开环传递函数如下式所示，画出它的开环对数幅频和相频特性曲线。

$$G(s)=\frac{10}{s(0.2s+1)}$$

解：开环传递函数由以下三个典型环节组成：比例环节 $G_1(s)=10$，积分环节 $G_2(s)=1/s$，惯性环节 $G_3(s)=1/(0.2s+1)$。这三个典型环节的对数频率特性曲线如图 5－28 所示。将这些典型环节的对数幅频特性曲线和对数相频特性曲线分别相加，即可得此反馈控制系统总的开环对数幅频特性曲线和对数相频特性曲线，如图 5－28 所示。

例题解答完毕。

2. $L(\omega)$曲线的直接画法

利用该方法可一次性画出 $L(\omega)$曲线。

(1) 首先求出各环节的转折频率，并标在 ω 轴上；

(2) 确定 $L(\omega)$渐近线起始段的斜率和位置，设

$$G(s)=\frac{K(1+\tau_1 s)\cdots}{s^{\gamma}(1+T_1 s)(1+T_2 s)\cdots}(n>m)$$

$$\therefore L(\omega)|_{\text{起始}}=20\ \lg\left|\lim_{\omega\to 0}G(j\omega)\right|=20\ \lg\frac{K}{\omega^{\gamma}}=20\ \lg K-20\gamma\lg\omega$$

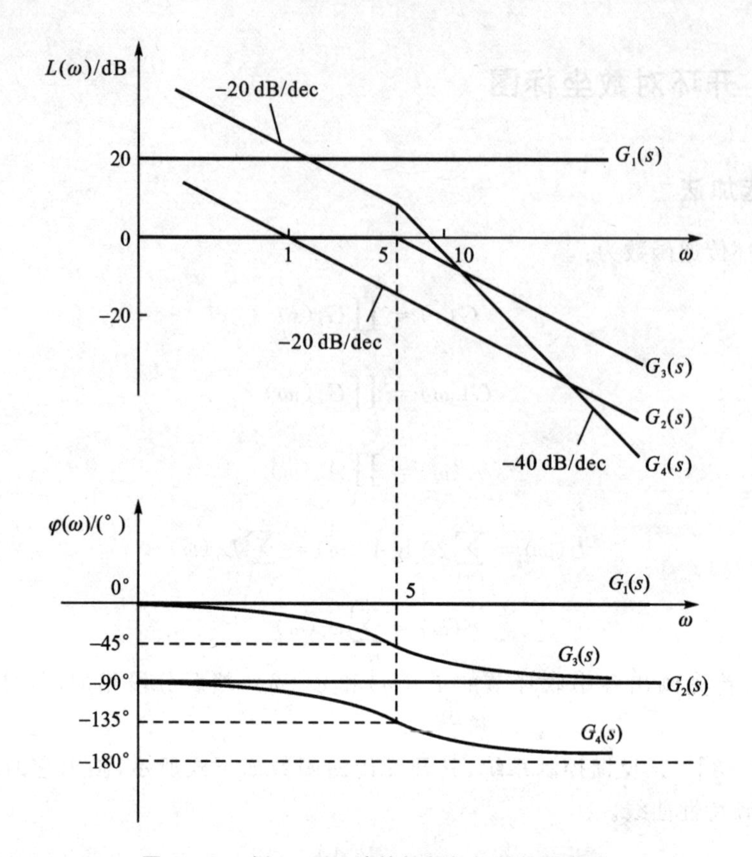

图 5-28　例 5-8 系统的幅频与相频特性曲线

可见：起始段斜率为 $-20\ \gamma$dB/dec，位置：$\omega=1$ 时，$L(\omega)=20\ \lg K$。

结论：起始段画法：过 $\omega=1$，$L(\omega)=20\ \lg K$ 这点作斜率为 $-20\ \gamma$dB/dec 的直线，一直画到第一个转折频率为止。

(3) 每过一个转折频率，渐近线斜率，按相应的环节，相应地改变一次，到此画出了 $L(\omega)$ 渐近线。

(4) 在此基础上进行修正：只对振荡环节修正，其余不必修正。

[例 5-9]　某反馈控制系统，其开环传递函数如下式所示，画出它的开环对数幅频特性曲线。

$$G(s)=\frac{100(s+2)}{s(s+1)(s+20)}$$

解：先将 $G(s)$ 化为由典型环节串联的标准形式：

$$G(s)=\frac{10(0.5s+1)}{s(s+1)(0.05s+1)}$$

按下列步骤绘制近似 $L(\omega)$ 曲线。

(1) 把各典型环节对应的交接频率标在 ω 轴上，交接频率分别为 1,2,20。

（2）画出低频段直线（最左端）：

斜率：-20 dB/dec，位置：$\omega=1$ 时，$L(\omega)=20\lg K=20$ dB。

（3）由低频向高频延续，每经过一个交接频率，斜率作适当的改变。令 $\omega=1$、2、20 分别为惯性环节、一阶比例微分环节、惯性环节的交接频率，故当低频段直线延续到 $\omega=1$ 时，直线斜率由 -20 dB/dec 变为 -40 dB/dec；$\omega=2$ 时，直线斜率由 -40 dB/dec 变为 -20 dB/dec；$\omega=20$ 时，直线斜率由 -20 dB/dec 变为 -40 dB/dec。这样，就可以很容易绘制出对数幅频特性曲线，如图 5－29 所示。

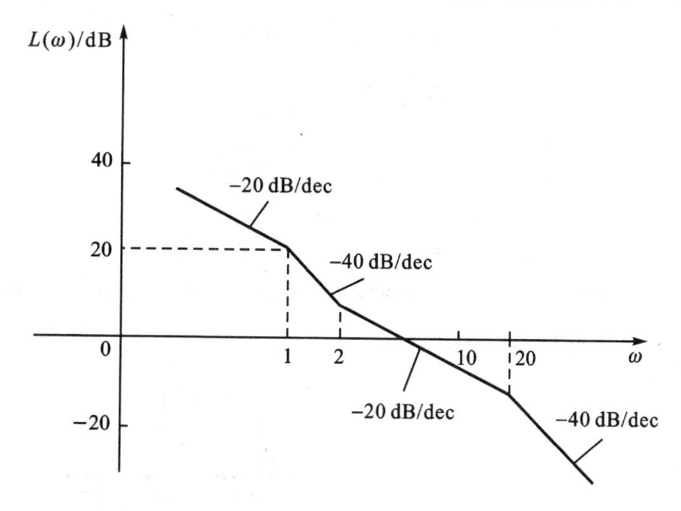

图 5－29　例 5－9 系统的幅频曲线

例题解答完毕。

5.3.3　最小相位系统

1. 定　义

若系统的开环零点、极点全部位于 S 左半平面，称为最小相位系统。

2. 性　质

（1）在具有相同的开环幅频特性曲线的系统中，最小相位系统的相角变化范围是最小的。

［例 5－10］　某两个反馈控制系统，其开环传递函数分别如下式所示，画出它们的开环对数幅频特性曲线，并进行比较。

$$G_1(s)=\frac{1+s}{1+2s}$$

$$G_2(s)=\frac{1-s}{1+2s}$$

解：

$$\because G_1(s)=\frac{1+s}{1+2s}$$

$$\therefore A_1(\omega)=\frac{\sqrt{1+\omega^2}}{\sqrt{1+4\omega^2}}$$

$$\therefore \varphi_1(\omega)=\tan^{-1}\omega-\tan^{-1}2\omega$$

$$\because G_2(s)=\frac{1-s}{1+2s}$$

$$\therefore A_2(\omega)=\frac{\sqrt{1+\omega^2}}{\sqrt{1+4\omega^2}}$$

$$\therefore \varphi_2(\omega)=\tan^{-1}(-\omega)-\tan^{-1}2\omega$$

比较图 5－30 和图 5－31，可以知道在具有相同的开环幅频特性曲线的系统中，最小相位系统的相角变化范围是最小的。

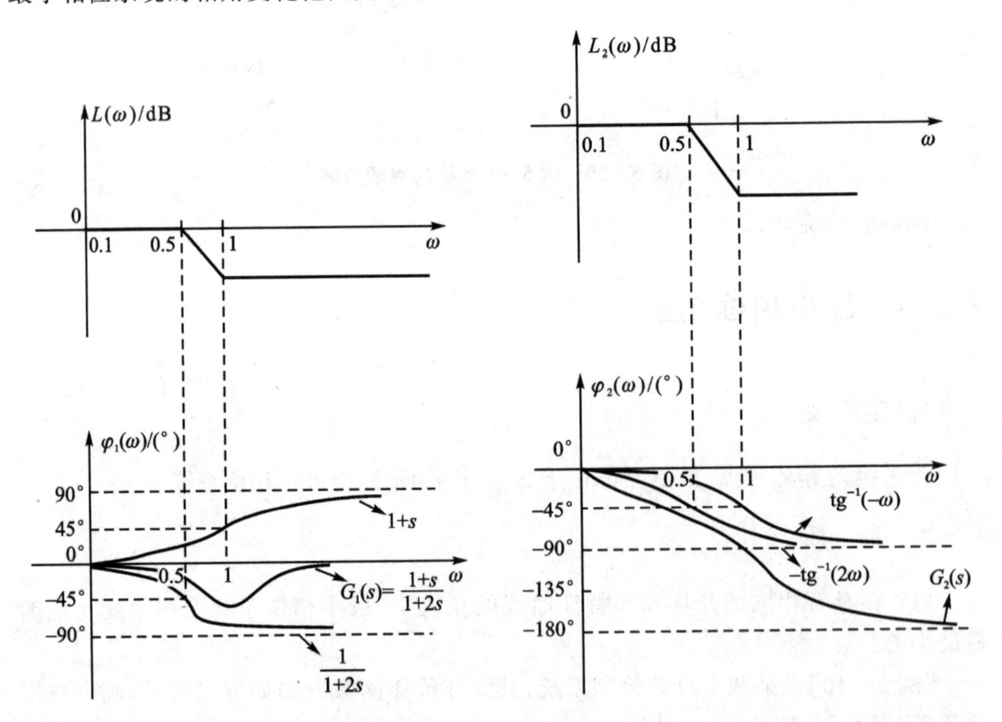

图 5－30　例 5－10$G_1(s)$系统的对数幅相频曲线　　图 5－31　例 5－10$G_2(s)$系统的对数幅相频曲线

例题解答完毕。

(2) 最小相位系统 $L(\omega)$对数幅频特性曲线和 $\varphi(\omega)$对数相频特性曲线的变化趋

势是一致的。(两者斜率变化一致。)

(3) 最小相位系统 $L(\omega)$ 和 $\varphi(\omega)$ 具有一一对应关系，因此在分析的时候，可只要分析 $L(\omega)$ 曲线。反之，若已知 $L(\omega)$，可反写出开环传递函数。

(4) 最小相位系统，若 $n>m$，则当 $\omega\to\infty$ 时，$\varphi(\omega)=-90^\circ(n-m)$。

5.4　奈奎斯特判据

该判据是利用系统的开环频率特性来判断闭环系统的稳定性的一个准则，这里只讲基本思路和结论，不讲详细证明。

5.4.1　奈氏判据基本原理

1. 基本出发点：仍然是稳定的充要条件

闭环特征根均在 S 左开半平面⇔闭环极点均不在 S 右半平面。奈氏判据就是利用开环频率特性，判断闭环极点有无在 S 右半平面，进而判断稳定性。

2. 引入一个辅助函数

通过这个函数，将闭环极点与开环传递函数，进而与开环频率特性联系在一起。

设闭环系统如图 5 - 32 所示。

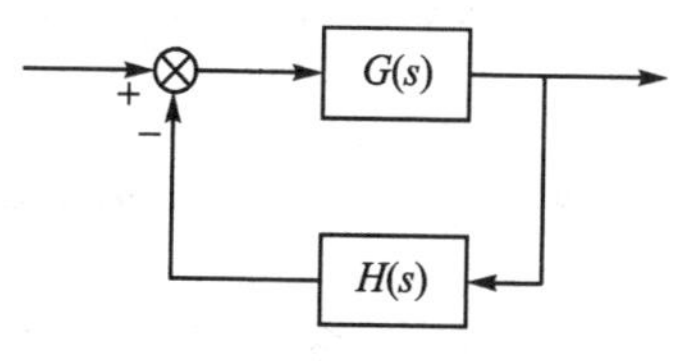

图 5 - 32　闭环系统的结构图

引入一个辅助函数：

$$F(s)=1+G(s)H(s)$$

设开环传递函数：

$$G(s)H(s)=\frac{q(s)}{p(s)}$$

$$\therefore \phi(s)=\frac{G(s)}{1+G(s)H(s)}=\frac{G(s)}{F(s)}$$

$$F(s)=1+G(s)H(s)=1+\frac{q(s)}{p(s)}=\frac{p(s)+q(s)}{p(s)}=\frac{\prod_{i=1}^{n}(s-z_i)}{\prod_{j=1}^{n}(s-p_j)}$$

式中：p_j 是开环极点，也是 $F(s)$ 的极点；z_i 是闭环极点，也是 $F(s)$ 的零点。

至此，判断系统的稳定性问题就是判断 $F(s)$ 的零点，有无在 S 右半平面。

3. 幅角原理

在“复变函数”中：设有一个复变函数 $F(s)$ 是 s 的有理分式。在 S 平面上有一条封闭曲线 Γ_s。若自变量 S 沿 Γ_s 顺时针方向取值，则在 $F(s)$ 平面上 Γ_s 曲线映射为一条封闭 Γ_F 曲线。

幅角原理：如果封闭曲线 Γ_s 内有 Z 个 $F(s)$ 的零点、P 个 $F(s)$ 的极点，则当 s 依 Γ_s 顺时针转一圈时，在 $F(s)$ 平面上，$F(s)$ 曲线（即 Γ_F 曲线）绕原点反时针转动圈数 R 为：

$$R=P-Z$$

$R>0$：反时针包围原点；

$R<0$：顺时针包围原点；

$R=0$：不包围原点。

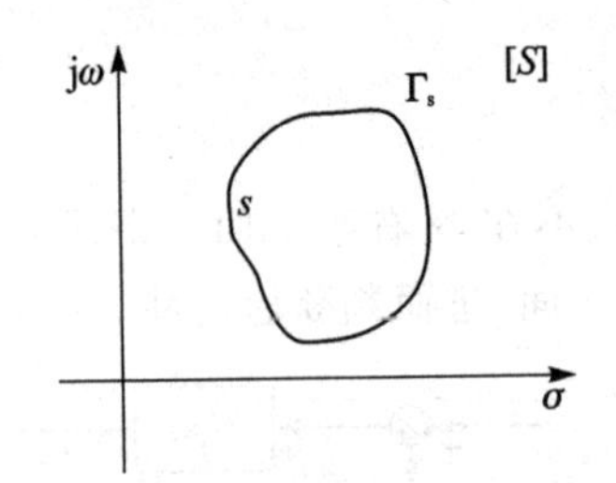

图 5-33　幅角定理中的 S 平面

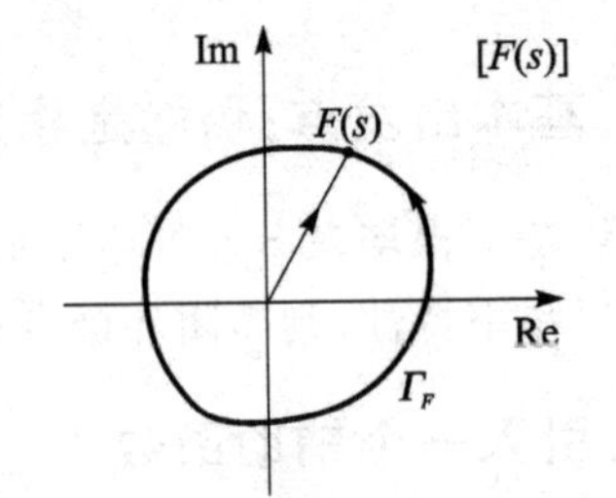

图 5-34　幅角定理中的 $F(s)$ 平面

对于图 5-33 和图 5-34，可以给出对照的图解说明，如表 5-1 所列。

表 5-1　图 5-33 和图 5-34 对照说明

	自变量 s	函数 $F(s)$
两个平面	S 平面$[s]$	$F(s)$平面$[F(s)]$
两条曲线	Γ_s 曲线	Γ_F 曲线
两个相角变化	s 沿 Γ_s 顺时针转一圈	$F(s)$ 点沿 Γ_F 曲线反时针绕原点转 R 次

［例 5-11］　某反馈控制系统，其 $F(s)=1+G(s)H(s)$ 如下式所示，讨论其幅角定理。

$$F(s)=1+G(s)H(s)=\frac{(s-z_1)(s-z_2)}{(s-p_1)(s-p_2)(s-p_3)}$$

解：由于只讨论幅角，故

$$\angle F(s)=[\angle(s-z_1)+\angle(s-z_2)]-[\angle(s-p_1)+\angle(s-p_2)+\angle(s-p_3)]$$

又因为幅角原理只关心相角的变化量，所以

$$\delta\angle F(s)=[\delta\angle(s-z_1)+\delta\angle(s-z_2)]-[\delta\angle(s-p_1)+\delta\angle(s-p_2)+\delta\angle(s-p_3)]$$

设在 S 平面上，有一个封闭曲线Γ_s，包围了一个零点 z_1，则当 s 沿Γ_s 顺时针转一圈时，则 $F(s)$便在 $F(s)$平面上映射出一个相应的封闭曲线Γ_F。因未包围的那些零点、极点，其相角变化为 0，而包围的矢量$(s-z_1)$相角变化量为(-2π)。

$$\therefore \angle F(s)=\angle(s-z_1)=-2\pi$$

此时约定反时针为正角度，即 $R=-1$。

故Γ_F 绕原点顺时针转一圈，若用幅角原理，有

$$R=P-Z=0-1=-1$$

图 5－35 和图 5－36 分别为例 5－11 中的 S 平面和 F(s)平面。

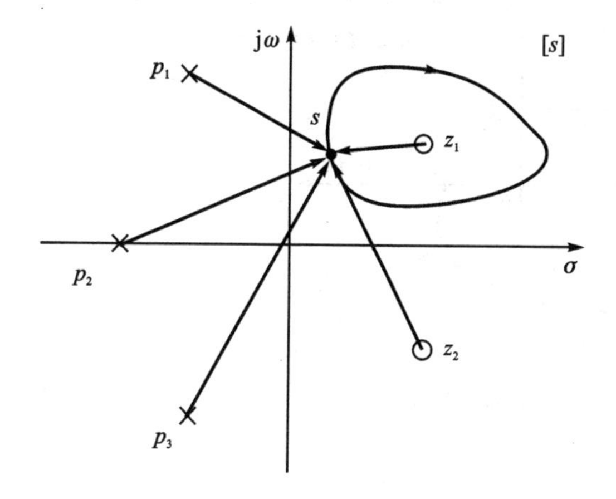

图 5－35　例 5－11 中的 S 平面

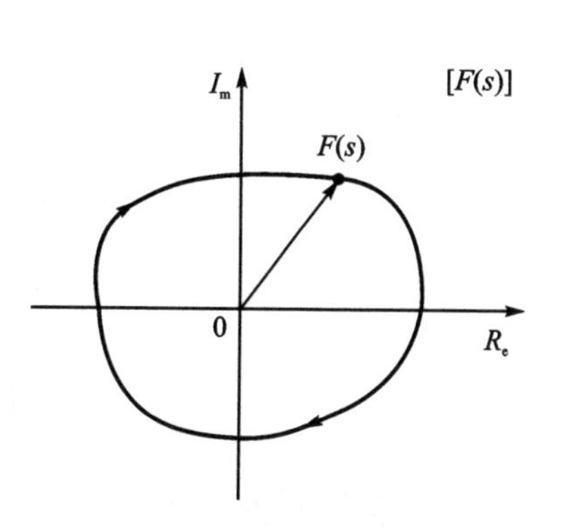

图 5－36　例 5－11 中的 F(s)平面

例题解答完毕。

4. 把Γ_s 扩展到包围整个 S 右半平面

为判断 $F(s)$在 S 右半平面的零点数(即闭环极点数)，把Γ_s 扩展到包围整个 S 右半平面。Γ_s 由虚轴 $s=j\omega$，和包围右半平面的无限大半圆组成，称为奈氏路径，方向顺时针，如图 5－37 所示。

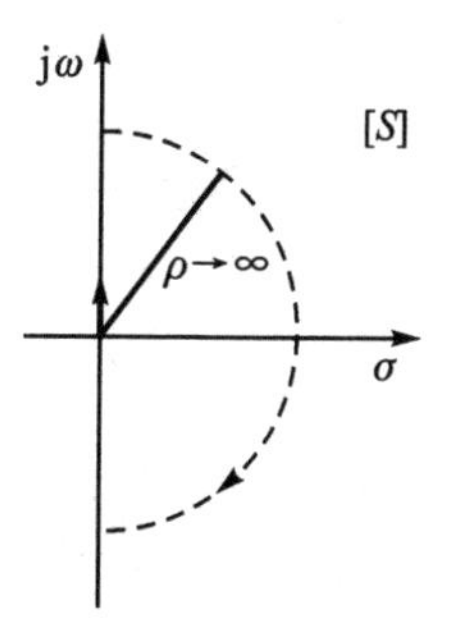

图 5－37　奈氏路径

由幅角原理：$F(s)$曲线，反时针包围原点的圈数为：

$$R=P-Z$$

式中，R 为 $F(s)$曲线包围原点的次数；

P 为 $F(s)$的极点(开环极点)在 S 右半平面的个数；

Z 为 $F(s)$的零点(闭环极点)在 S 右半平面的个数。

由上式，即可判断系统的稳定性。

下面要进一步解决：$F(s)$曲线的画法，即Γ_s在$F(s)$平面上的映射问题。

(1) 无限大半圆：即$|s|\to\infty$，$\because n>m$，$\therefore G(s)H(s)\Rightarrow 0$，$\therefore F(s)=1+G(s)H(s)=1$，即映射为$F(s)$平面上$(1,j0)$点。

(2) $s=j\omega$轴：$F(s)=1+G(j\omega)H(j\omega)$，$(\omega:-\infty\to+\infty)$。

由于关心的是$F(s)$曲线包围原点的次数，故映射点$(1,j0)$不用考虑。而$1+G(j\omega)H(j\omega)$与$G(j\omega)H(j\omega)$仅实部差1，故将虚轴右移一个单位，就是$G(j\omega)H(j\omega)$，即开环幅相曲线。而它在$1+G(j\omega)H(j\omega)$平面内包围原点的次数，就变成了$G(j\omega)H(j\omega)$曲线包围$(-1,j0)$的次数。

图5-38为坐标系的变换。

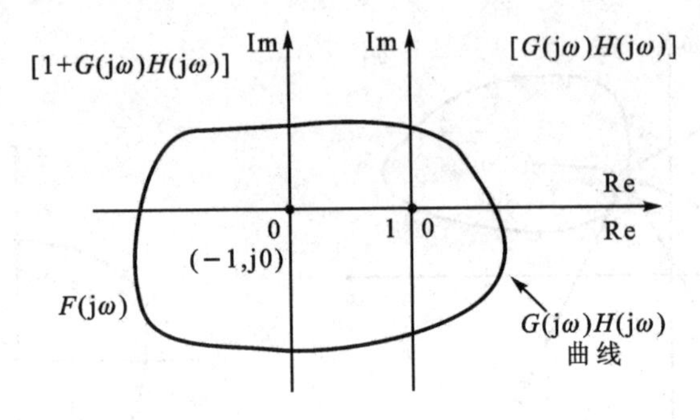

图5-38 坐标系的变换

5. 奈氏判据结论

利用奈氏判据判断系统稳定性的步骤是：

(1) 首先画出开环$G(j\omega)H(j\omega)$曲线$(\omega:-\infty\to+\infty)$，先画出正频段，然后与实轴对称画出负频段，进而确定R；

(2) 由已知$G(s)H(s)$，确定P；

(3) 代入幅角定理公式：

$$R=P-Z$$

式中，R为开环$G(j\omega)H(j\omega)$曲线包围$(-1,j0)$点的次数：

$R>0$：反时针包围$(-1,j0)$点；

$R<0$：顺时针包围$(-1,j0)$点；

$R=0$：不包围$(-1,j0)$点。

P为开环极点在S右半平面的个数。

Z为闭环极点在S右半平面的个数。

若$Z=0$，则稳定，否则不稳定(充要条件)。

注意：也可用正频段来判断稳定性：

$$R_{正}=\frac{1}{2}(P-Z)$$

［例 5－12］　某单位负反馈控制系统，其开环传递函数如下式所示，讨论其在 K 取 0.5 或者 2 时，闭环系统的稳定性。

$$G(s)=\frac{K}{(s-1)}$$

解：画出系统的开环幅相特性曲线，如图 5－39 所示。

由开环传递函数可知，$P=1$。

当 $K=0.5$ 时，$G(\mathrm{j}\omega)$ 曲线不包围$(-1,\mathrm{j}0)$点，即 $R_{正}=0$。根据奈氏判据可知，闭环系统极点个数为

$$Z=P-2R_{正}=1-0=1$$

所以当 $K=0.5$ 时，闭环系统不稳定。

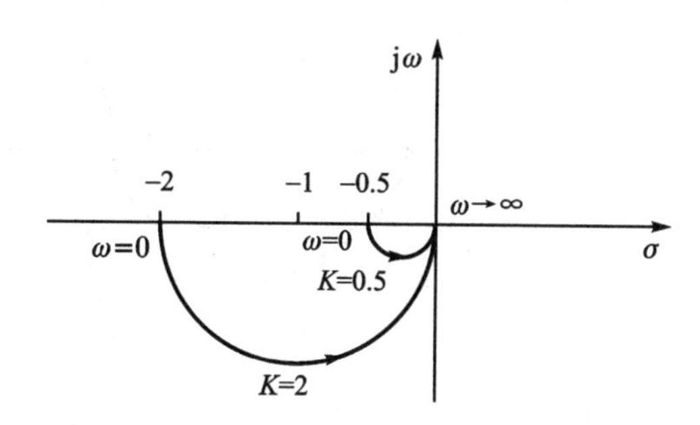

图 5－39　例 5－12 系统的开环幅相特性曲线

当 $K=2$ 时，$G(\mathrm{j}\omega)$ 曲线逆时针包围$(-1,\mathrm{j}0)$点半圈，即 $R_{正}=0.5$。根据奈氏判据可知，闭环系统极点个数为

$$Z=P-2R_{正}=1-1=0$$

所以当 $K=2$ 时，闭环系统稳定。

例题解答完毕。

［例 5－13］　单位负反馈闭环系统，开环系统幅相特性曲线如图 5－40 所示，判断闭环系统的稳定性。

解：由图 5－40 可知：$P=0$，$R=0$，则 $Z=0$，所以闭环系统是稳定的。

例题解答完毕。

［例 5－14］　单位负反馈闭环系统，开环系统幅相特性曲线如图 5－41 所示，判断闭环系统的稳定性。

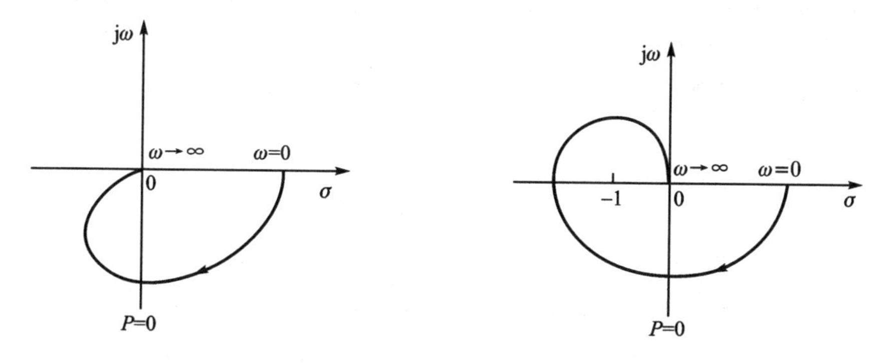

图 5－40　例 5－13 系统的开环幅相特性曲线　　图 5－41　例 5－14 系统的开环幅相特性曲线

解：由图 5－41 可知：$P=0$，$R_{正}=-1$(开环极坐标图顺时针包围$(-1,\mathrm{j}0)$点半圈)，则 $Z=P-2R_{正}=0-2=2\neq0$，所以闭环系统是不稳定的。

例题解答完毕。

[例 5-15] 单位负反馈闭环系统,开环系统幅相特性曲线如图 5-42 所示,判断闭环系统的稳定性。

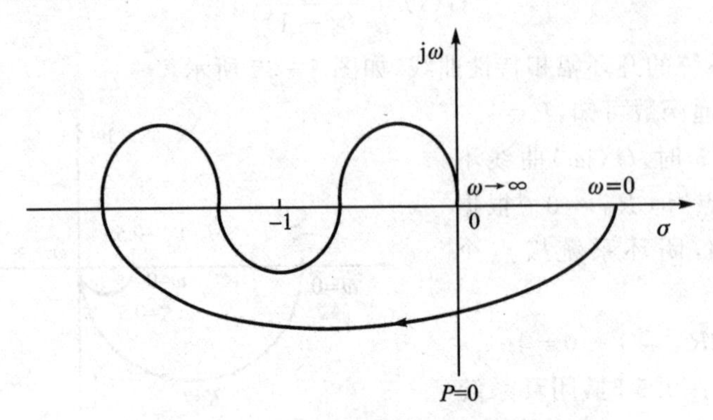

图 5-42 例 5-15 系统的开环幅相特性曲线

解:由图 5-42 可知:$P=0$,$R_{正}=0$(开环极坐标图顺时针不包围$(-1,\mathrm{j}0)$点,则$Z=P-2R_{正}=0-0=0$,所以闭环系统是稳定的。

例题解答完毕。

5.4.2 开环传递函数含有积分环节的情况

此时,$G(s)H(s)$含有 $s=0$ 的极点,设:

$$G(s)H(s)=\frac{K(1+\tau_1 s)\cdots}{s^{\gamma}(1+T_1 s)(1+T_2 s)\cdots}(n>m)$$

当 $s=0$ 时,$|G(s)H(s)|\to\infty$,映射不确定。

解决方法:如图 5-43 所示,修改奈氏路径,即用无限小的半圆右侧绕过原点,则当 $\varepsilon\to 0$ 时,Γ_s 仍包围整个 S 右半平面。

无限小半圆的映射:取无限小半圆上任一点 s,则

$$s=\varepsilon \mathrm{e}^{\mathrm{j}\theta}\to 0$$

$$G(s)H(s)\big|_{s\to 0}=\frac{K}{s^{\gamma}}=\frac{K}{\varepsilon^{\gamma}\mathrm{e}^{\mathrm{j}\gamma\theta}}\bigg|_{\varepsilon\to 0}$$

在图 5-43 中:

A 点:$\omega=0^-$,$\varepsilon\to 0$,$|G(s)H(s)|\to\infty$,$\angle G(s)H(s)=-\gamma\theta=-\gamma\left(-\dfrac{\pi}{2}\right)=\gamma\cdot\dfrac{\pi}{2}$

B 点:$\omega=0$,$\varepsilon\to 0$,$|G(s)H(s)|\to\infty$,$\angle G(s)H(s)=-\gamma\theta=-\gamma(0°)=0°$

C 点:$\omega=0^+$,$\varepsilon\to 0$,$|G(s)H(s)|\to\infty$,$\angle G(s)H(s)=-\gamma\theta=-\gamma\left(\dfrac{\pi}{2}\right)=-\gamma\cdot\dfrac{\pi}{2}$

所以,无限小半圆在 $G(\mathrm{j}\omega)H(\mathrm{j}\omega)$平面上的映射为:是从 0^- 到 0^+ 顺时针转 $\gamma\cdot$

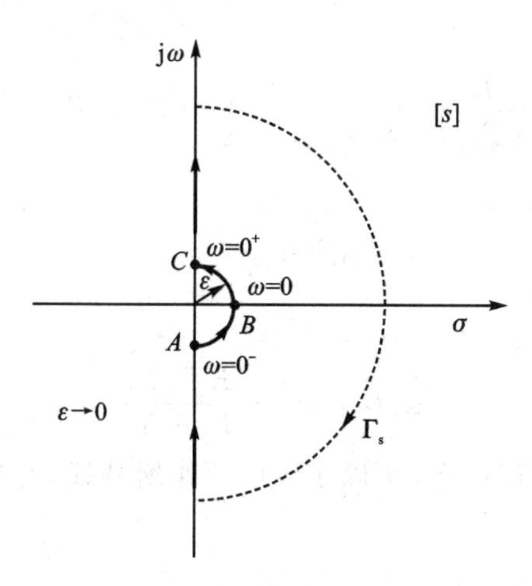

图 5-43　开环传递函数含有积分环节修改奈氏路径

180°的无限大圆弧。若只用正频段奈氏判据，则从 $\omega=0^+$ 反时针补画 $\gamma\cdot 90°$的无限大圆弧，如图 5-44 所示。

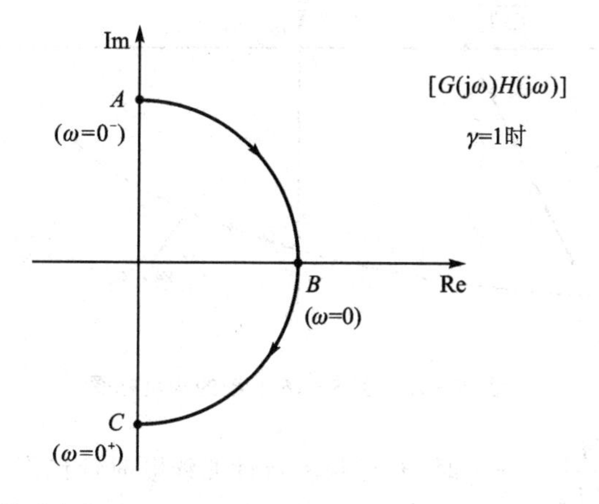

图 5-44　开环传递函数含有积分环节的无限小半圆在 $G(j\omega)H(j\omega)$ 平面上的映射

[例 5-16]　单位负反馈闭环系统，开环传递函数如下所示，判断闭环系统的稳定性。

$$G(s)=\frac{K}{s(T_1s+1)(T_2s+1)}$$

解：从开环传递函数可知 $P=0$。

作开环幅相频特性曲线，有

$$G(j\omega)=\frac{K}{j\omega(T_1j\omega+1)(T_2j\omega+1)}$$

起点：$G(j0)=\infty\angle(-90°)$；

终点：$G(j\infty)=0\angle(-270°)$。

与坐标轴的交点：

$$G(\mathrm{j}\omega)=\frac{K}{1+\omega^2({T_1}^2+{T_2}^2)+\omega^4{T_1}^2{T_2}^2}\left[-(T_1+T_2)-j\ \frac{1}{\omega}(1-\omega^2T_1T_2)\right]$$

令虚部为零，得

$${\omega_1}^2=\frac{1}{T_1T_2}$$

此时的实部为：

$$\mathrm{Re}(\omega_1)=-\frac{KT_1T_2}{T_1+T_2}$$

由于系统有一个开环极点，所以 $\gamma=1$，须作增补线，开环极坐标图如图 5-45 所示。

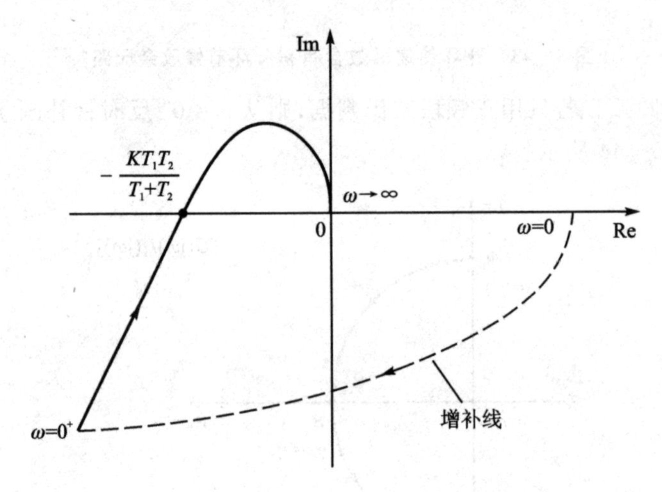

图 5-45 例 5-16 系统的极坐标图

(1) 当 $-\frac{KT_1T_2}{T_1+T_2}<-1$ 时，开环频率特性曲线顺时针包围 $(-1,\mathrm{j}0)$ 点 1 圈，$R_{正}=-1$，则

$$Z=P-2R_{正}=2\neq 0$$

此时闭环系统不稳定。

(2) 当 $-\frac{KT_1T_2}{T_1+T_2}>-1$ 时，开环频率特性曲线顺时针不包围 $(-1,\mathrm{j}0)$ 点，$R_{正}=0$，则

$$Z=P-2R_{正}=0$$

此时闭环系统稳定。

例题解答完毕。

5.4.3　对数判据

对数判据，实质上就是极坐标图中的奈氏判据（正频段），在对数坐标图上的推广。因此，搞清两种图的对应关系，是理解对数判据的关键。下面以一个例子说明两者之间的关系。

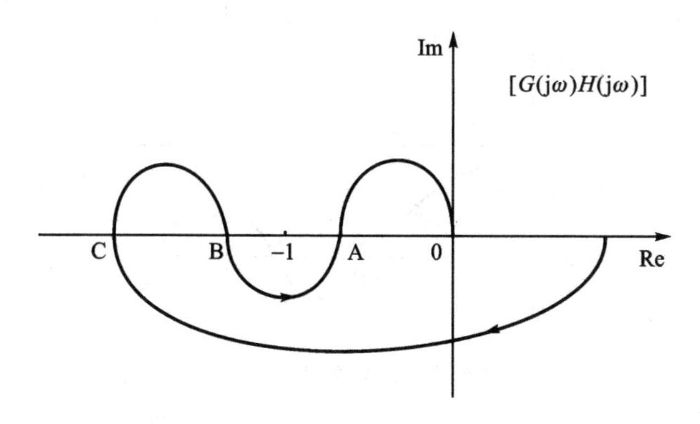

图 5－46　某系统的极坐标图

由图 5－46 可知，$G(j\omega)H(j\omega)$曲线不包围$(-1,j0)$点，完全取决于该曲线与实轴上区间$(-\infty,-1)$的交点，有两种情况：

(1) 负穿越：指 $G(j\omega)H(j\omega)$曲线，从$(-1,j0)$点左边穿越负实轴（即$-\pi$线），且相角随 ω 增加而变负。用 N_- 表示，如图 5－46 中的 C 点。

(2) 正穿越：指 $G(j\omega)H(j\omega)$曲线，从$(-1,j0)$点左边穿越负实轴（即$-\pi$线），且相角随 ω 增加而变正。用 N_+ 表示，如图 5－46 中的 B 点。

图 5－46 中 A 点不是穿越点。图 5－47 为其对数幅频和相频特性曲线。

对数判据，结论：

(1) 首先画出与极坐标图对应的开环对数坐标图，并求出 N_+ 和 N_-（在 $L(\omega)>0$ 的频段内，$\varphi(\omega)$与$-180°$线的交点）。

(2) 奈氏曲线包围$(-1,j0)$点的次数，在对数坐标图上为：在 $L(\omega)>0$ 的频段内，即实轴上区间$(-\infty,-1)$，则

$$R_{正}=N_+-N_-$$

其中：N_+ 为正穿越次数；

N_- 为负穿越次数；

$R_{正}$ 为正频段包围$(-1,j0)$点的圈数：

$R_{正}>0$：反时针包围$(-1,j0)$点；

$R_{正}<0$：顺时针包围$(-1,j0)$点；

$R_{正}=0$：不包围$(-1,j0)$点。

(3) 代入奈氏判据的结论中，有

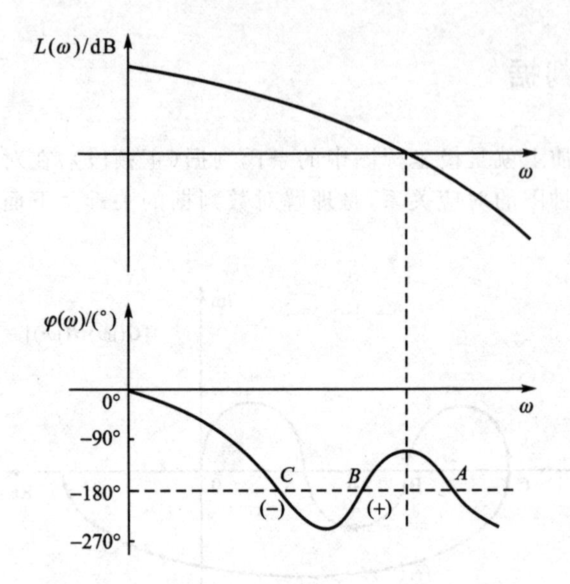

图 5-47 某系统的对数幅频和相频特性曲线图

$$Z = P - 2R_{正}$$

若 $Z=0$，则系统稳定。

注意：若 $G(s)H(s)$ 包含积分环节，则应在 $\varphi(\omega)$ 曲线上，ω 很小处（$\omega \to 0$），补画一条相角从 $\angle G(j0^+)H(j0^+) + \gamma \cdot 90°$ 到 $\angle G(j0^+)H(j0^+)$ 的虚线，对于最小相位系统就是 0°到 $-\gamma \cdot 90°$ 的虚线。

［例 5-17］ 单位负反馈闭环系统，开环传递函数如下所示，判断闭环系统的稳定性。

$$G(s)H(s) = \frac{K}{s^2(Ts+1)}$$

解：(1) 从开环传递函数可知 $P=0$。

(2) 作系统的开环对数频率特性曲线如图 5-48 所示。

(3) 稳定性判别。$G(s)H(s)$ 有两个积分环节，$\gamma=2$，故在对数相频特性曲线 $\omega=0^+$ 处，补画了 0°到 $-180°$ 的虚线，作为相频特性曲线的一部分。从图 5-48 可见，$N_+=0$，$N_-=1$，则

$$R_{正} = N_+ - N_- = -1$$
$$Z = P - 2R_{正} = 2$$

所以系统不稳定。

例题解答完毕。

［例 5-18］ 单位负反馈闭环系统，开环传递函数如下所示，判断闭环系统的稳定性。

$$G(s)H(s) = \frac{K(T_2 s+1)}{s(T_1 s-1)} (T_1 > T_2)$$

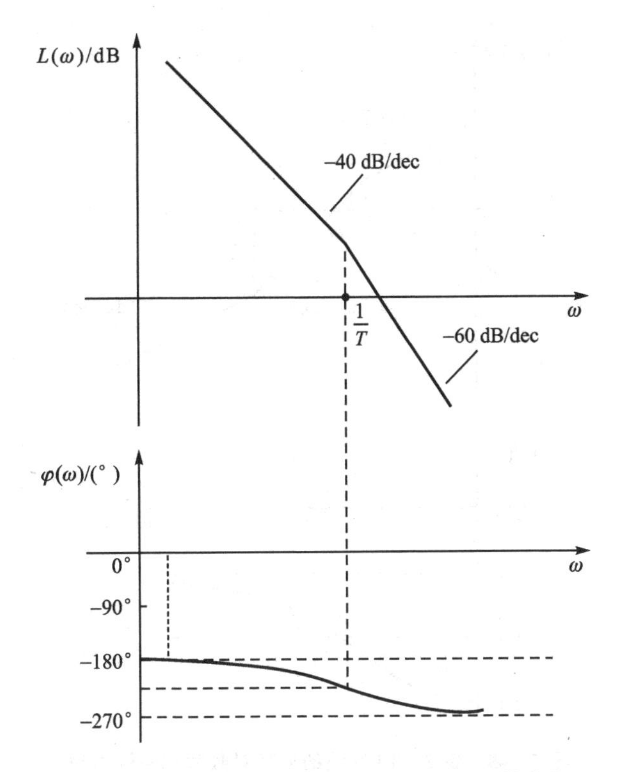

图 5-48　例 5-17 系统的开环对数频率特性曲线

解:(1)从开环传递函数可知 $P=1$。

(2) 作系统的开环对数频率特性曲线如图 5-49 所示。

$$\varphi(\omega)=-90^\circ+\tan^{-1}\omega T_2-(180^\circ-\tan^{-1}\omega T_1)=-270^\circ+\tan^{-1}\omega T_2+\tan^{-1}\omega T_1$$

(3) 稳定性判别。$G(s)H(s)$有一个积分环节,$\gamma=1$,故在对数相频特性曲线 $\omega=0^+$ 处,补画了-180°到-270°的虚线,可见:

当 $\omega_g<\omega_c$ 时,即 $A(\omega_g)>1, K>\dfrac{1}{T_2}, N_+=1, N_-=\dfrac{1}{2}$,则

$$R_{正}=N_+-N_-=\frac{1}{2}$$

$$Z=P-2R_{正}=0$$

所以闭环系统稳定。

当 $\omega_g>\omega_c$ 时,即 $A(\omega_g)<1, K<\dfrac{1}{T_2}, N_+=0, N_-=\dfrac{1}{2}$,则

$$R_{正}=N_+-N_-=-\frac{1}{2}$$

$$Z=P-2R_{正}=2$$

所以闭环系统不稳定。

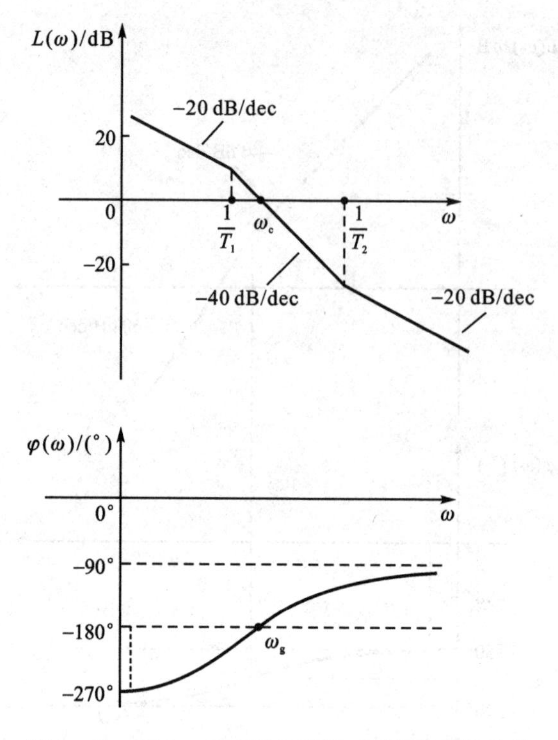

图 5-49 例 5-18 系统的开环对数频率特性曲线

例题解答完毕。

5.5 稳定裕度

5.5.1 定义和求法

所谓稳定裕度，即表征一个稳定的系统，距离临界稳定点（-1，j0）点的大小，也即稳定程度的大小。

由于临界点（-1，j0）点是复数：幅值$=1$，相角$=-\pi$，因此稳定裕度要用两个指标来描述。（注意下面的定义是对最小相位系统而言的。）

1. 幅值裕度 h

定义：在开环幅相曲线上，相角为$-\pi$时（相角穿越频率为 ω_g），所对应的幅值 $A(\omega_g)$的倒数。

$$h=\frac{1}{A(\omega_g)}=\frac{1}{|G(j\omega_g)H(j\omega_g)|}$$

在对数坐标图上：对上式两边取对数，并乘以 20：

$$h\,(\mathrm{dB}) = 20\ \lg h = -20\ \lg A\,(\omega_g) = -L\,(\omega_g)$$

对于最小相位系统，若是稳定的，则

$$A\,(\omega_g) < 1$$

$$h > 1$$

$$h\,(\mathrm{dB}) > 0$$

2. 相角裕度 γ

定义：在开环幅相曲线上，幅值为 1 时（对应的幅值穿越频率为 ω_c），所对应的相角 $\varphi(\omega_c)$ 与 180°之和。

$$\gamma = 180^\circ + \varphi(\omega_c)$$

对于最小相位系统，若是稳定的，则

$$\gamma > 0^\circ$$

图 5－50 为稳定裕度极坐标图；图 5－51 为稳定裕度对数幅频和相频特性曲线图。

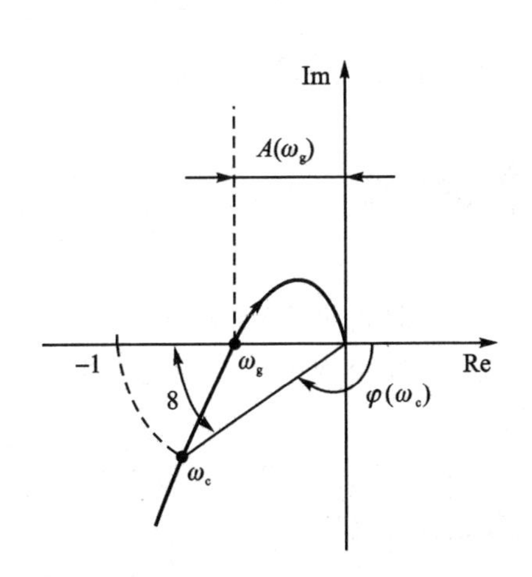

图 5－50　稳定裕度极坐标图

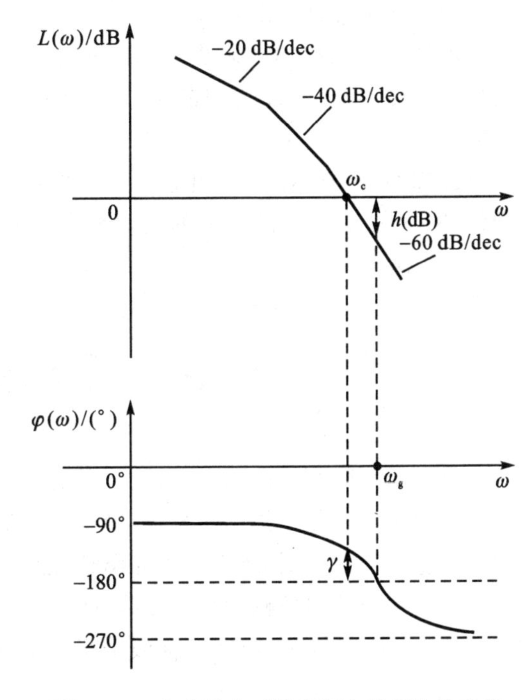

图 5－51　稳定裕度对数幅频和相频特性曲线

5.5.2 h、γ 的物理意义

(1) 幅值裕度 h 的物理意义：h 表示了一个稳定的系统，要达到临界稳定，允许开环传递系数增大的倍数。

当开环传递系数变化时，幅值成比例地变化：

$$k_{临}=\frac{k}{A(\omega_g)}=h\cdot k$$

(2) 相角裕度 γ 的物理意义：γ 表示了一个稳定的系统，要达到临界稳定，允许增加的负相角。这从 γ 的定义本身即可看出。

(3) 对最小相位系统来说，若稳定，则 $\gamma>0$，且 $h>1$ 或 $h(\text{dB})>0$。

但当比较稳定裕度大小时，必须同时考虑 h 和 γ，不能以一个指标为准。

例如，如图 5－52 所示的两个系统，幅值裕度相同，但是 B 系统的 γ 更小。

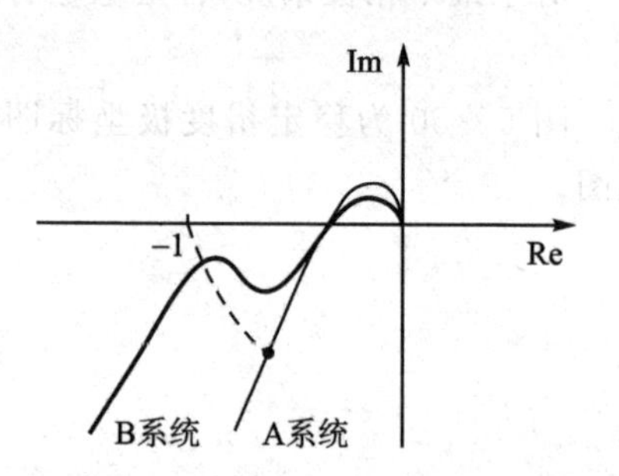

图 5－52　比较稳定裕度的大小

(4) h、γ 一般是在开环对数坐标图上，结合解析法可准确求出：

已知 $G(s)H(s)\Rightarrow$ 画出 $L(\omega)$ 曲线 $\Rightarrow$ 找到使得 $L(\omega)=0$ 时的 $\omega_c\Rightarrow$ 带入 $\varphi(\omega_c)\Rightarrow\gamma=180°+\varphi(\omega_c)$。

已知 $G(s)H(s)\Rightarrow$ 画出 $\varphi(\omega)$ 曲线 $\Rightarrow$ 找到使得 $\varphi(\omega_g)=-180°$ 时的 $\omega_g\Rightarrow$ 带入 $L(\omega_g)\Rightarrow h(\text{dB})=-L(\omega_g)$。

5.6　闭环频率特性

所谓闭环频率特性是指，由闭环传递函数 $\phi(s)\big|_{s=j\omega}$，且仍可用频率特性曲线表示。但由于闭环曲线作图很复杂，因此，现在工程上已经很少使用了。但几个重要的特征量却经常用到，故下面只介绍这几个特征量。

一般系统的闭环幅频特性曲线 $M(\omega)=|\phi(j\omega)|$，直角坐标，如图 5－53 所示。

(1) 谐振峰值 M_r：$M(\omega)$ 曲线上最大值 M_m 与零频幅值之比：

$$M_r=\frac{M_m}{M_0}$$

(2) 谐振频率 ω_r：对应于 M_m 的频率。

(3) 带宽频率 ω_b：$M(\omega)$ 下降到零频幅值的 0.707 倍时的频率。

(4) 频带宽度：$0\leqslant\omega\leqslant\omega_b$。

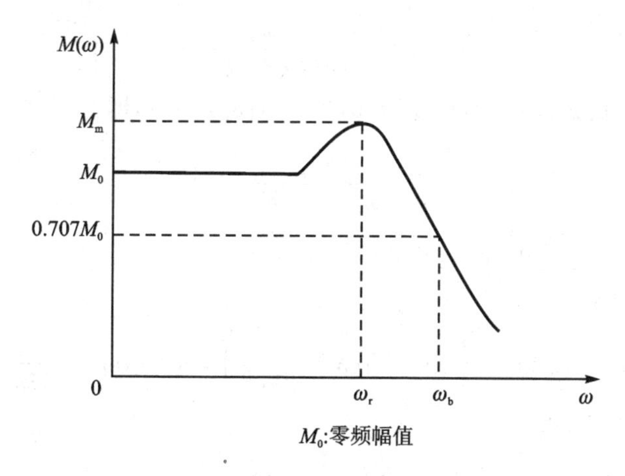

图 5－53　闭环幅频特性曲线

5.7　性能指标的频域分析

前面主要讨论了如何利用开环频率特性,判断闭环系统的稳定性。本节讨论如何根据频率特性分析计算系统的稳态性能和动态响应品质。

5.7.1　用开环频率特性分析

1. 稳态误差 e_{ss}

由第 3 章我们知道,e_{ss} 取决于开环传递函数的无差型号 γ 和系数 k。而 γ 和 k 又取决于 $L(\omega)$的起始段(低频段):

$$L(\omega)=20\ \lg k-20\gamma \lg\omega$$

所以 e_{ss} 取决于 $L(\omega)$的起始段:其斜率决定了无差型号 γ,起始段的位置(一个特殊点)决定了 k。γ 和 k 确定后,就可由已知的 $r(t)$,求出 e_{ss}。

2. 动态品质

研究发现,动态品质与相角裕度 γ 和幅值穿越频率 ω_c 有关。

故又将 γ 和 ω_c 称为开环频域指标,它们与第 3 章中的时域指标的关系如下:

(1) 二阶系统

开环传递函数为:

$$G(s)=\frac{\omega_n^2}{s(s+2\xi\omega_n)}$$

$$G(j\omega)=\frac{\omega_n^2}{j\omega(j\omega+2\xi\omega_n)}$$

① ω_c：由 ω_c 的定义可知，$L(\omega)=0$，即 $|G(j\omega_c)|=1$，即

$$\frac{\omega_n^2}{\omega_c\sqrt{\omega_c^2+4\xi^2\omega_n^2}}=1$$

解得：$\omega_c=\omega_n\sqrt{\sqrt{4\xi^4+1}-2\xi^2}$

② 相角裕度 γ：

$$\gamma=180°+\varphi(\omega_c)=180°+\left(-90°-\tan^{-1}\frac{\omega_c}{2\xi\omega_n}\right)=90°-\tan^{-1}\frac{\omega_c}{2\xi\omega_n}=\tan^{-1}\frac{2\xi\omega_n}{\omega_c}$$

将 ω_c 代入上式，得：

$$\gamma=\tan^{-1}\frac{2\xi}{\sqrt{\sqrt{4\xi^4+1}-2\xi^2}}$$

由此可见：

相角裕度 γ 只与 ξ 有关：$\gamma\uparrow\Rightarrow\xi\uparrow\Rightarrow\sigma\%\downarrow$，反映了超调量的大小。

当 ξ 一定时，ω_c 与 ω_n 成正比，$\omega_c\uparrow\Rightarrow\omega_n\uparrow\Rightarrow t_s\downarrow$，反映了响应速度。

(2) 高阶系统

没有精确公式，可用下列近似公式估算：

$$\sigma\%=0.16+0.4\left(\frac{1}{\sin\gamma}-1\right)$$

$$t_s=\frac{\pi}{\omega_c}\left[2+1.5\left(\frac{1}{\sin\gamma}-1\right)+2.5\left(\frac{1}{\sin\gamma}-1\right)^2\right]$$

小结：系统的三大性能指标与开环频率特性的关系如下：

① $L(\omega)$的低频段决定了系统的稳态误差：低频段斜率决定了无差型号 γ，位置(高度)决定了 k。故低频段斜率越负，位置越高，γ 和 k 越大，稳态误差越小。

② $L(\omega)$的中频段(ω_c 附近)决定了系统的稳定性和动态品质($\sigma\%$和 t_s)：

$$\gamma\uparrow\Rightarrow\sigma\%\downarrow$$

$$\omega_c\uparrow\Rightarrow t_s\downarrow$$

此处的 γ 为相角裕度。

③ $L(\omega)$的高频段(最右边的一段)，反映了系统抗干扰能力的大小。

设单位反馈系统：

$$\phi(s)=\frac{G(s)}{1+G(s)}$$

$$\phi(j\omega)=\frac{G(j\omega)}{1+G(j\omega)}$$

在高频段：一般 $20\lg|G(j\omega)|\ll 0$，即 $|G(j\omega)|\ll 1$。

所以，$|\phi(j\omega)|\approx|G(j\omega)|$，即闭环幅频约等于开环幅频。

故要使系统的抗干扰能力强，应使 $L(\omega)$ 的高频段斜率越负，位置越低，越好。

注意：实际工程的干扰信号一般是高频信号，所以 $L(\omega)$ 的高频段位置越低，则对高频噪声信号的抑制效果越好。

5.7.2　用闭环频率特性分析动态响应品质

研究表明：动态品质与 M_r、$\omega_r(\omega_b)$ 有关，故又将 M_r、$\omega_r(\omega_b)$ 称为闭环频域指标。

1. 二阶系统

前面讨论典型环节——振荡环节时已讲了：

$$M_r=\frac{1}{2\xi\sqrt{1-\xi^2}}$$

$$\omega_r=\omega_n\sqrt{1-2\xi^2}$$

$$\therefore \omega_r\uparrow\Rightarrow\xi\downarrow\Rightarrow\sigma\%\uparrow$$

$$\therefore \omega_r\uparrow(\xi\text{一定时})\Rightarrow\omega_n\uparrow\Rightarrow t_s\downarrow$$

根据定义又可推出 ω_b（带宽频率）：

$$\omega_b=\omega_n\sqrt{1-2\xi^2+\sqrt{(1-2\xi^2)^2+1}}$$

2. 高阶系统

没有精确公式，可用下列近似公式估算：

(1) 首先建立开环频域指标（ω_c 和相角裕度 γ）与闭环频域指标（M_r 和 ω_b）的关系：

$$M_r\approx\frac{1}{\sin\gamma}$$

$$\omega_b\approx 1.6\omega_c$$

(2) 将其带入前面的高阶估算公式：

$$\sigma\%=0.16+0.4(M_r-1)$$

$$t_s=\frac{\pi}{\omega_c}\left[2+1.5(M_r-1)+2.5(M_r-1)^2\right]$$

5.8　本章小结

本章讨论了三大问题。

1. 频率特性的基本概念

(1) 定义。

(2) 求法：$G(\mathrm{j}\omega)=G(s)\big|_{s=\mathrm{j}\omega}$。

(3) 特性的物理意义：用物理意义，计算 $r(t)=\sin \omega t$ 的稳态输出或稳态误差。这里说一下稳态误差。对于一个一般的线性定常系统来说，设输入 $r(t)=\sin \omega t$，其结构图如图 5-54 所示。

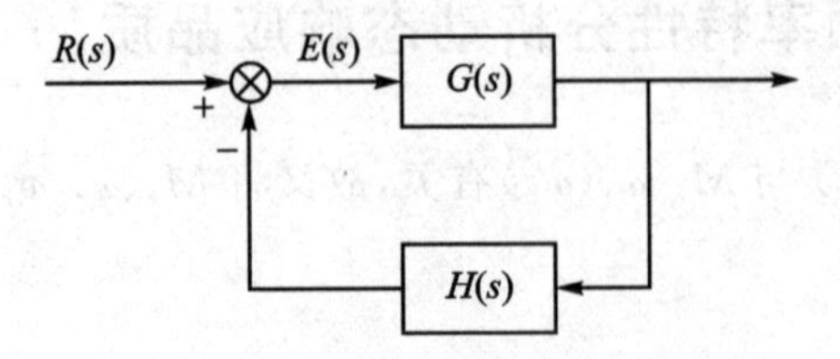

图 5-54　一般线性定常系统结构图

$$\phi_{\mathrm{e}}(s)=\frac{E(s)}{R(s)}=\frac{1}{1+G(s)H(s)}$$

$$\phi_{\mathrm{e}}(\mathrm{j}\omega)=\frac{1}{1+G(\mathrm{j}\omega)H(\mathrm{j}\omega)}$$

$$\therefore \mathrm{e}_{\mathrm{ss}}=A\cdot|\phi_{\mathrm{e}}(\mathrm{j}\omega)|\sin(\omega t+\angle\phi_{\mathrm{e}}(\mathrm{j}\omega))$$

2. 两种重要的频率特性曲线的绘制

(1) 开环极坐标图：粗略绘制，确定三类特殊点。

(2) 开环对数坐标图：

① $L(\omega)$曲线：一次性画法，画出渐近线，若有振荡环节，修正，在该环节 ω_{n} 处，准确值为 $-20\ \lg(2\xi)$；

② $\varphi(\omega)$曲线：迭加法，确定变化范围，近似绘出；

③ 对最小相位系统，已知 $L(\omega)$曲线，反写开环传递函数。

3. 利用开环频率特性分析三大性能指标

(1) 稳定性：

① 奈氏判据：全频段，1/2 频段，含有积分环节的情况；

② 对数判据。

(2) 稳定裕度 h、γ 的定义与计算：

① 要求掌握最小相位系统的 h、γ 的定义与计算；

② 判断稳定性时，可用 $\gamma>0°$来判；

③ 判稳定裕度时，要同时考虑 h、γ。

(3) 稳态误差计算。

(4) 动态品质估算：掌握定性关系，不要求记准确的公式。

[例 5-19]　单位负反馈闭环系统，结构图如图 5-55 所示，当输入 $r(t)=2\sin t$

时，测得输出 $c(t)=4\sin(t-45°)$，确定系统的参数 ω_n 和 ξ。

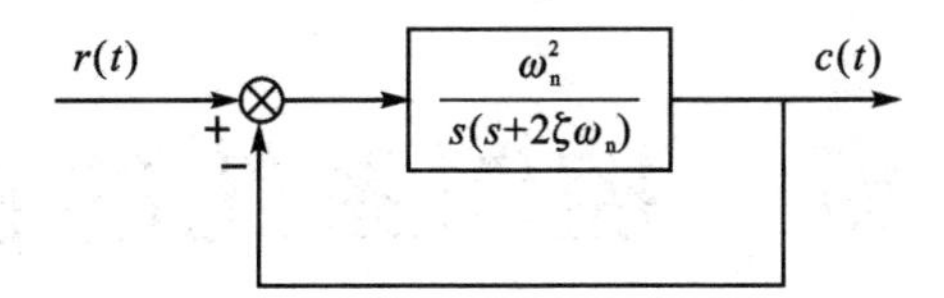

图 5-55　例 5-19 中单位负反馈闭环系统结构图

解：系统闭环传递函数为：

$$\phi(s)=\frac{\omega_n^2}{s^2+2\xi\omega_n s+\omega_n^2}$$

系统的幅频特性为：

$$|\phi(j\omega)|=\frac{\omega_n^2}{\sqrt{(\omega_n^2-\omega^2)^2+4\xi^2\omega_n^2\omega^2}}$$

相频特性为：

$$\varphi(\omega)=-\tan^{-1}\frac{2\xi\omega_n\omega}{\omega_n^2-\omega^2}$$

已知 $r(t)=2\sin t$，$\therefore \omega=1$，则

$$c(t)=4\sin(t-45°)=2A(1)\sin[t+\varphi(1)]$$

所以有以下两式：

$$A(1)=\frac{\omega_n^2}{\sqrt{(\omega_n^2-\omega^2)^2+4\xi^2\omega_n^2\omega^2}}\bigg|_{\omega=1}=\frac{\omega_n^2}{\sqrt{(\omega_n^2-1)^2+4\xi^2\omega_n^2}}=2$$

$$\varphi(1)=-\tan^{-1}\frac{2\xi\omega_n\omega}{\omega_n^2-\omega^2}\bigg|_{\omega=1}=-\tan^{-1}\frac{2\xi\omega_n}{\omega_n^2-1}=-45°$$

整理得：

$$\omega_n=1.244$$
$$\xi=0.22$$

例题解答完毕。

这个例题实际上就是由实验结果来做系统参数估计的一个例子。

第 6 章　控制系统的校正

【提要】 本章主要讨论进一步改善系统性能的方法，即系统的校正，主要讨论以下三个问题：

(1) 校正的基本概念；

(2) 两种常用校正装置；

(3) 校正装置的设计方法：

① 频率法；

② 根轨迹法；

③ 复合校正。

6.1　校正的基本概念

6.1.1　问题的提出

控制系统是根据它所要完成的具体任务而设计的，任务不同，对系统的性能要求也不同。对性能要求，除必须稳定这个必要条件外，有两个方面，即稳态和动态性能指标。

1. 性能指标

(1) 稳态性能指标：可以是稳态误差 e_{ss}，或无差型号 γ，或稳态误差系数 k_p、k_v、k_a。

(2) 动态性能指标：

① 时域指标：t_p、t_s、$\sigma\%$。

② 开环频域指标：ω_c、γ、h(dB)。

③ 闭环频域指标：M_r、ω_r、ω_b(带宽频率)。

一般来说，系统的性能指标不要超过实际需要而过高。但常遇到的情况是：设计出来的系统其性能指标不能满足要求，怎么办？

2. 改善系统性能指标的方法

(1) 改变系统参数：例如改变(增大)开环传递系数 K，可减小 e_{ss}，但是稳定性和动态品质变坏，如图 6-1 所示的最小相位系统。

(2) 改变系统结构：当改变参数达不到要求时，就只有从改变结构入手了，这种方法就叫系统的校正。

校正定义：利用增加辅助装置来改善系统性能的方法，称为系统的校正(设计)。

校正装置：所增加的辅助装置，称为校正装置。

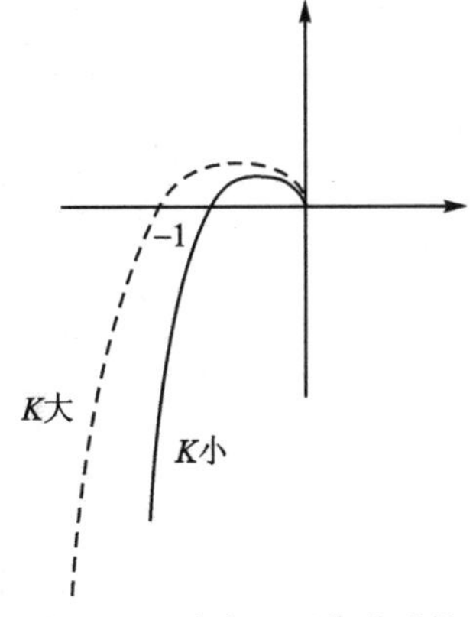

图 6-1　改变开环传递系数 K 改善系统性能指标

6.1.2　校正方式

按校正装置的接入方式，常用的有三种。

1. 串联校正

校正装置 $G_c(s)$ 串在前向通道中，一般接在相加点之后，如图 6-2 所示。

2. 反馈校正

校正装置 $G_c(s)$ 接在了系统的局部反馈通道之中，如图 6-3 所示。

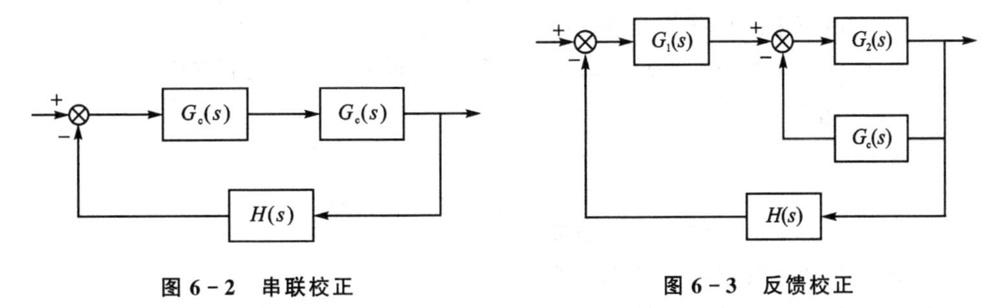

图 6-2　串联校正　　**图 6-3　反馈校正**

3. 复合校正

(1) 按给定输入的复合校正 $G_r(s)$：要求输出完全跟随输入，理论上 $C(s)=R(s)$，即误差为零，如图 6-4 所示。

(2) 按扰动输入的复合校正 $G_n(s)$：要求输出不受 $N(t)$ 的影响，即 $C_n(s)=0$，如图 6-5 所示。

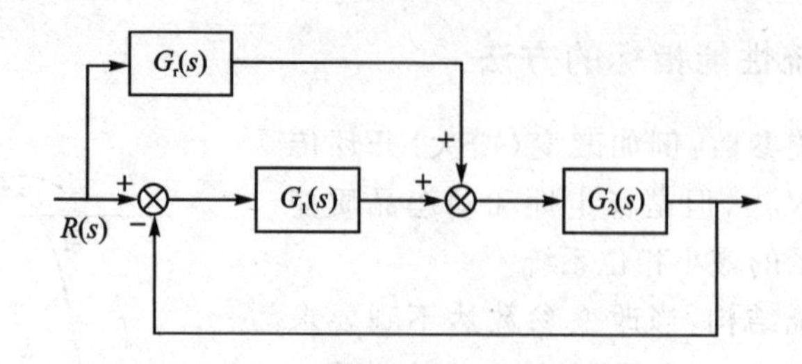

图 6-4 按给定输入的复合校正

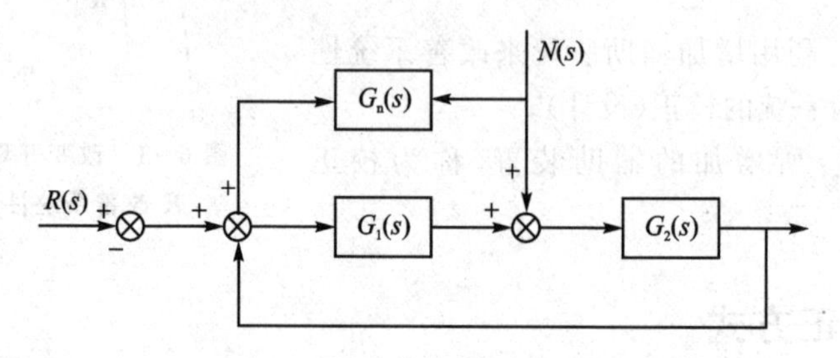

图 6-5 按扰动输入的复合校正

6.1.3 设计方法

设计方法有两种(频域法)。

1. 试探法

步骤一:首先由经验选取校正装置的基本形式;
步骤二:由要求的性能指标确定校正装置参数;
步骤三:检验是否满足要求,如果不满足要求,返回步骤二或者步骤一。

2. 综合法

这是一种数学的方法,可一次性求出校正装置,但比较复杂。
步骤一:由要求的性能指标绘制希望的开环频率特性;
步骤二:与原系统的开环频率特性比较;
步骤三:得出校正装置的特性。

6.2 常用校正装置

校正装置可由不同的物理元件组成:电的、机械的、液压的。我们着重讨论电的。它又分成两类:

① 无源校正装置，常用 RC 网络；

② 有源校正装置，常用运放，又称为调节器或者放大器。

下面只讨论两种常用的无源校正装置：每种的电路形式、传递函数和 Bode 图。

6.2.1　无源超前网络

1. 电路形式

超前网络电路图如图 6-6 所示。

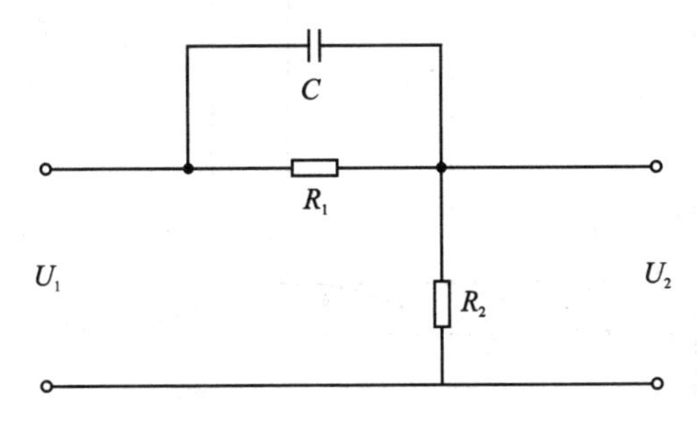

图 6-6　超前网络电路图

2. 传递函数

利用复数阻抗法可得

$$G_c(s)=\frac{U_2(s)}{U_1(s)}=\frac{Z_2}{Z_1+Z_2}=\frac{R_2}{\dfrac{R_1\cdot\dfrac{1}{Cs}}{R_1+\dfrac{1}{Cs}}+R_2}=\frac{R_2}{R_1+R_2}\cdot\frac{1+R_1Cs}{1+\dfrac{R_1R_2}{R_1+R_2}Cs}$$

$$a=\frac{R_1+R_2}{R_2}>1\text{（衰减系数）}$$

$$T=\frac{R_1R_2}{R_1+R_2}C$$

$$\therefore G_c(s)=\frac{1}{a}\cdot\frac{1+aTs}{1+Ts}(a>1)$$

它由于本身有一个衰减 a 倍，这将增大 e_{ss}，故必须补偿。可加一个放大器或将原系统的开环增益提高 a 倍。补偿后的超前网络为：

$$aG_c(s)=\frac{1+aTs}{1+Ts}(a>1)$$

3. Bode 图

如图 6－7 所示，为超前网络的对数频率特性曲线。

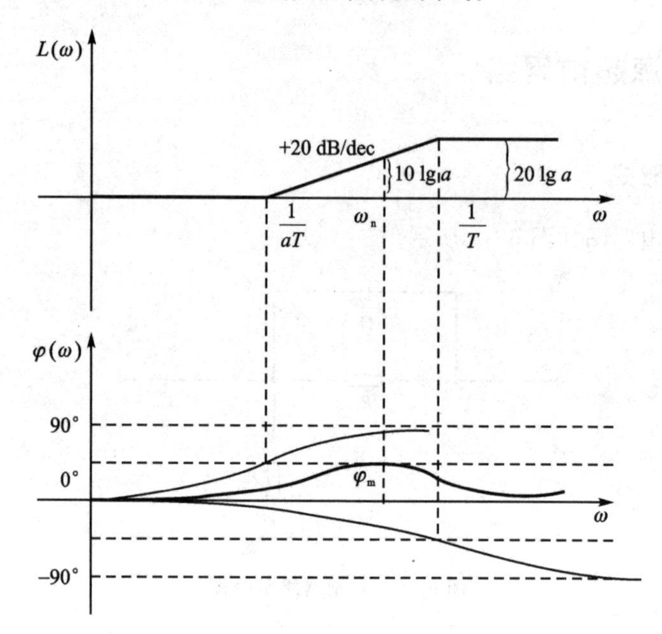

图 6－7　超前网络的对数频率特性曲线

当 $\omega \to \infty$ 时：

$$|aG_c(\mathrm{j}\omega)| = \left|\frac{1+aT\mathrm{j}\omega}{1+T\mathrm{j}\omega}\right| = \frac{\sqrt{1+(aT\omega)^2}}{\sqrt{1+(T\omega)^2}} \approx \frac{aT\omega}{T\omega} = a$$

$$\therefore L(\omega)_{|\omega \to \infty} = 20\ \lg a$$

特点：

(1) 相角总是正的，即超前的，且有一个最大超前相角 φ_m。

$$\because \varphi(\omega) = \tan^{-1} aT\omega - \tan^{-1} T\omega$$

$$\therefore \frac{\mathrm{d}\varphi(\omega)}{\mathrm{d}t} = 0$$

解得：

$$\omega_m = \frac{1}{\sqrt{a} \cdot T} = \frac{1}{\sqrt{aT} \cdot \sqrt{T}}$$

$$\lg\omega_m = \lg\frac{1}{\sqrt{aT}} + \lg\frac{1}{\sqrt{T}} = \frac{1}{2}\left(\lg\frac{1}{aT} + \lg\frac{1}{T}\right)$$

所以 ω_m 在两个转折频率$\left(\frac{1}{aT},\frac{1}{T}\right)$的几何中点上。

将 $\omega = \omega_m$ 代入 $\varphi(\omega)$，得：

$$\varphi_{\mathrm{m}} = \sin^{-1}\frac{a-1}{a+1}$$

$$a = \frac{1+\sin\varphi_{\mathrm{m}}}{1-\sin\varphi_{\mathrm{m}}}$$

(2) 结论：

① 最大超前角只与 a 有关，$a\uparrow\Rightarrow\varphi_{\mathrm{m}}\uparrow$，但是微分作用也越强，使系统抗干扰能力下降，故 a 不能太大，一般来说 $a<20$。

② 在 $\omega=\omega_{\mathrm{m}}$ 处，有

$$L(\omega_{\mathrm{m}}) = 20\ \lg|aG_{\mathrm{c}}(\mathrm{j}\omega_{\mathrm{m}})| = 20\ \lg\frac{\sqrt{1+\left(aT\cdot\frac{1}{\sqrt{a}\cdot T}\right)^2}}{\sqrt{1+\left(T\cdot\frac{1}{\sqrt{a}\cdot T}\right)^2}} = 20\ \lg\sqrt{a} = 10\ \lg a$$

6.2.2　无源滞后网络

1. 电路形式

无源滞后网络电路图如图 6－8 所示。

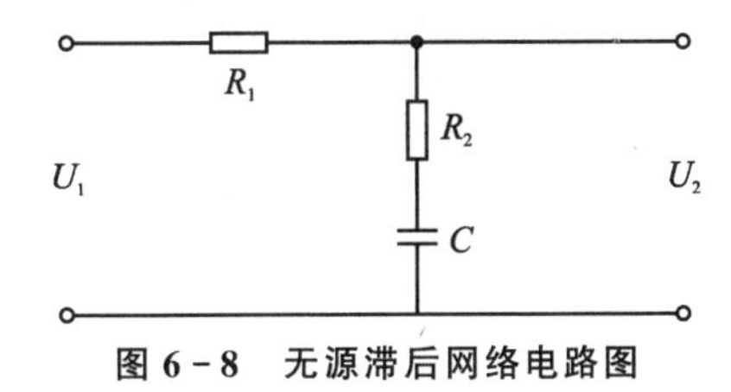

图 6－8　无源滞后网络电路图

2. 传递函数

利用复数阻抗法可得

$$G_{\mathrm{c}}(s) = \frac{1+bTs}{1+Ts}\ (b<1)$$

$$b = \frac{R_2}{R_1+R_2} < 1$$

$$T = (R_1+R_2)C$$

无需补偿。

3. Bode 图

如图 6－9 所示，为无源滞后网络的对数频率特性曲线。

特点：

(1) 相角总是负的，即滞后的，且在 ω_{m} 处有一个最大滞后相角 φ_{m}。

$$\varphi_{\mathrm{m}} = \sin^{-1}\frac{b-1}{b+1}$$

$$\omega_{\mathrm{m}} = \frac{1}{\sqrt{b}\cdot T}$$

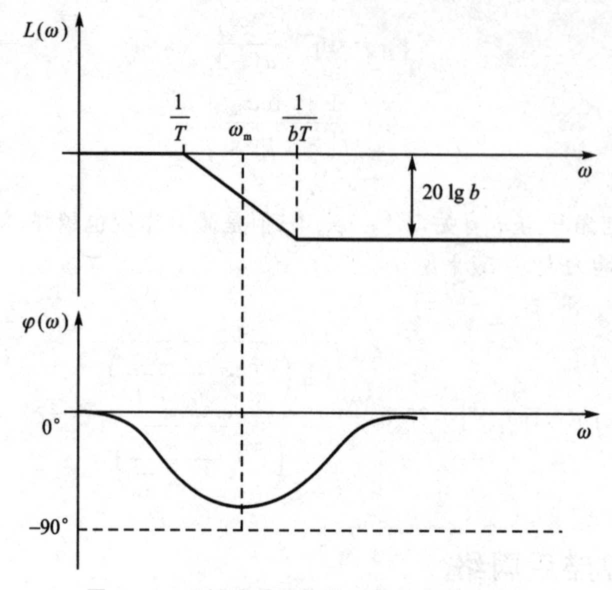

图 6－9　无源滞后网络的对数频率特性曲线

所以 ω_m 在两个转折频率$\left(\frac{1}{bT},\frac{1}{T}\right)$的几何中点上。

(2) 当 $\omega \to \infty$时：

$$L(\omega)\big|_{\omega\to\infty}=20\lg b$$

$$\because b<1,\therefore L(\omega)\big|_{\omega\to\infty}<0$$

6.3　频率法串联校正

性能指标通常指开环频域指标：e_{ss}、ω_c、γ、h(dB)。

若已知时域指标：t_s、$\sigma\%$，则可用公式换算成 ω_c、γ。

6.3.1　串联超前校正设计(试探法)

1. 基本原理

利用超前网络在中频段产生正相角，补偿校正前原系统过大的滞后相角，增大 γ，改善系统的动态性能指标。

2. 一般步骤

(1) 由要求的 e_{ss}，确定开环增益 K。

(2) 根据确定的 K，画出校正前系统的 $L(\omega)$ 曲线。

(3) 有两种情况：

① 若对 ω_c' 有要求：已知 ω_c' 和 γ'。

首先选择最大超前相角的 $\omega_m=\omega_c'(\omega_c'>\omega_m)$，然后求原系统在 ω_c' 处的对数幅值

$$L(\omega_c')<0$$

再令 $-L(\omega_c')=10\lg a$，求出 a 值。

又由 $\omega_m=\dfrac{1}{\sqrt{a}\cdot T}$，算出 $T=\dfrac{1}{\sqrt{a}\cdot\omega_m}$。

如图 6-10 所示，原系统(及校正之前的系统)$G(s)$ 的对数幅频特性曲线和对数

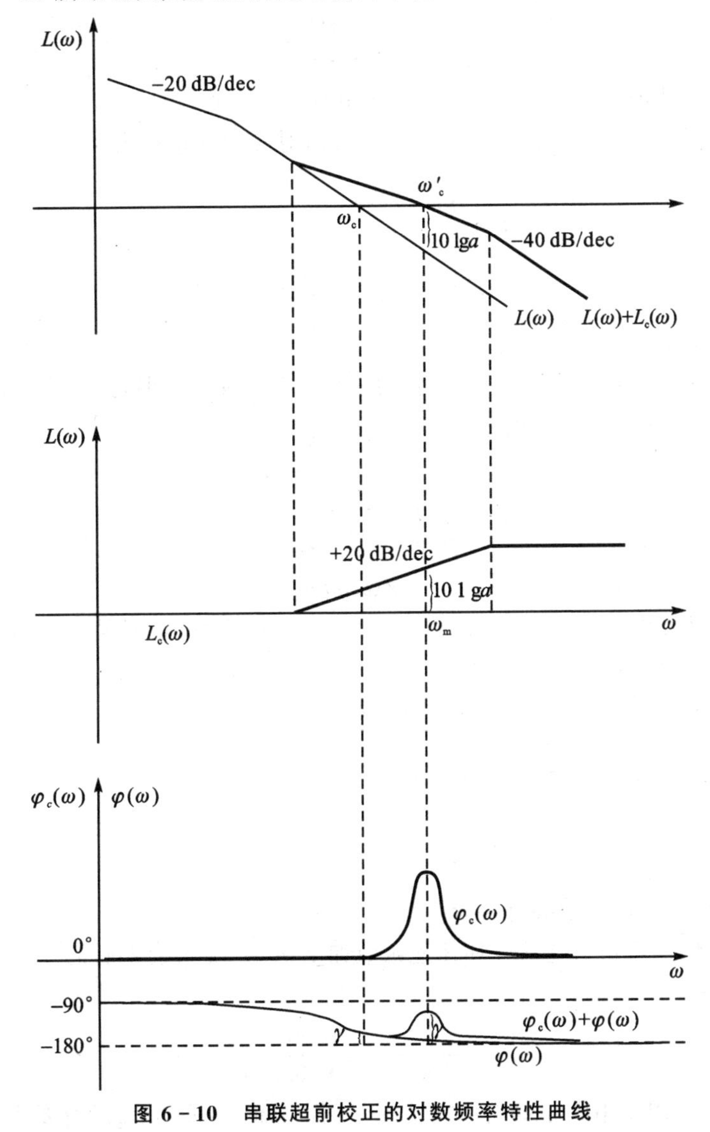

图 6-10　串联超前校正的对数频率特性曲线

相频特性曲线分别为 $L(\omega)$ 和 $\varphi(\omega)$，超前校正装置 $G_c(s)$ 的对数幅频特性曲线和对数相频特性曲线分别为 $L_c(\omega)$ 和 $\varphi_c(\omega)$。因为这是串联校正，根据迭加定理，所以校正之后的总系统的对数幅频特性曲线和对数相频特性曲线分别为 $L(\omega)+L_c(\omega)$ 和 $\varphi(\omega)+\varphi_c(\omega)$。因为根据控制的需求，现在对 ω_c' 有要求，于是在设计的时候就令超前校正装置最大相角 φ_m 所处的频率 $\omega_m=\omega_c'$，此时可以补偿最大的相角裕度 γ'，即将原系统 $\varphi(\omega)$ 的相角裕度 γ 补偿为校正之后的相角裕度 γ'。

② 若已知 γ'，而对 ω_c' 没有要求。

首先确定 $\varphi_m=\gamma'-\gamma+\Delta,\Delta=5°\sim10°$。

再由 φ_m 算出 a：

$$a=\frac{1+\sin\varphi_m}{1-\sin\varphi_m}$$

再由 a 算出校正网络的 $L_c(\omega_m)=10\lg a$。

再在原系统曲线上算出 $L(\omega)=-10\lg a$；对应的频率作为 ω_c'。

最后由 $\omega_m=\omega_c'=\dfrac{1}{\sqrt{a}\cdot T}$，算出 T，得

$$aG_c(s)=\frac{1+aTs}{1+Ts}(a>1)$$

(4) 检验校正后的 γ'。

由于计算过程是从要求的 ω_c' 出发的，故 ω_c' 不用校验。但是 γ' 要校验。

首先由已知的 a 值，算出

$$\varphi_m=\sin^{-1}\frac{a-1}{a+1}$$

再在原系统的 $\varphi(\omega)$ 曲线上，算出 $\gamma(\omega_c')$，得

$$\gamma'=\gamma(\omega'_c)+\varphi_m$$

若不满足要求，要增大 ω_c'（情况①）或者增大补偿角 Δ（情况②），重复以上的设计步骤，直到满足要求为止。

(5) 计算超前网络的元件值：R_1、R_2、C。

先由 $a=\dfrac{R_1+R_2}{R_2}$，选定 R_1，计算 R_2。

又由 $T=\dfrac{R_1R_2}{R_1+R_2}C$，算出 C。

注意：R_1、R_2、C 的值要标称化。

[例 6-1] 已知系统的开环传递函数如下所示，要求校正后的 $\gamma'\geqslant45°$，设计超前校正装置 $G_c(s)$。

$$G(s)=\frac{1000}{s(0.1s+1)(0.001s+1)}$$

解：本题适用于串联超前网络的情况②（若已知 γ'，而对 ω_c' 没有要求）。

画出原系统 $G(s)$ 的对数幅频特性曲线，如图 6－11 所示。

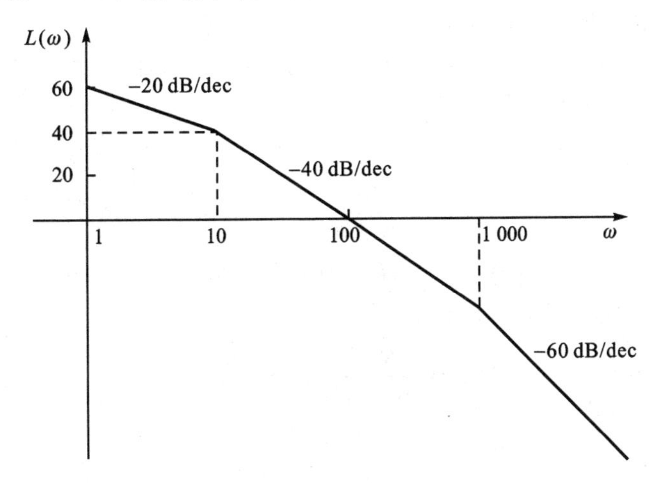

图 6－11　例 6－1 中原系统的对数幅频特性曲线

（1）计算原系统的 ω_c、γ：

$$L(\omega)_{|\text{起始段}\omega=10}=20\ \lg1000-20\ \lg10=40\ \text{dB}$$

还因为第二段的斜率是 -40 dB/dec，所以 $\omega_c=100$，则

$$\gamma=180°+(-90°-\tan^{-1}0.1\times100-\tan^{-1}0.001\times100)=90°-84.29°-5.71°=0°$$

（2）因为 $\gamma'\geqslant45°$，$\gamma=0°$，取 $\Delta=5°$，则

$$\varphi_m=\gamma'-\gamma+\Delta=50°$$

$$a=\frac{1+\sin\varphi_m}{1-\sin\varphi_m}=7.5$$

$$L_c(\omega_m)=10\ \lg a=8.75$$

再算在原 $L(\omega)$ 曲线上，$L(\omega)=-8.75$ 对应的频率，作为 ω'_c。

因为 $L(\omega)=-8.75$ 在 -40 dB/dec 的线段上，且 $\omega_c=100$，则

$$L(\omega)=-8.75=0-40(\lg\omega'_c-\lg100)$$

所以

$$\omega'_c=165.5$$

$$\because\omega_m=\omega'_c=\frac{1}{\sqrt{a}T}$$

$$\therefore T=\frac{1}{\omega'_c\sqrt{a}}=\frac{1}{165.5\times\sqrt{7.5}}=0.00222$$

$$\therefore aT=7.5\times0.00222=0.0167$$

$$\therefore aG_c(s)=\frac{1+aTs}{1+Ts}=\frac{1+0.0167s}{1+0.00222s}$$

（3）检验。由校正之后的串联系统可知，

$\gamma' = 180° + (\tan^{-1}0.167\omega'_c - 90° - \tan^{-1}0.00222\omega'_c - \tan^{-1}0.1\omega'_c - \tan^{-1}0.001\omega'_c)$

将 $\omega'_c = 165.5$ 代入上式，可得：

$$\gamma' = 90° + 69.94° - 20.06° - 86.52° - 9.34° = 44.02° \approx 45°$$

基本满足设计要求。

(4) 计算 R_1、R_2、C：

$$\because a = \frac{R_1 + R_2}{R_2} = 7.5$$

$$\therefore R_1 = 6.5R_2$$

取 $R_2 = 10\ \text{k}\Omega$，则 $R_1 = 65\ \text{k}\Omega$。

$$\because T = \frac{R_1 R_2}{R_1 + R_2}C = 0.00222$$

$$\therefore C = 0.26\ \mu\text{F}$$

例题解答完毕。

3. 几点说明

(1) 作用：串联超前校正可增大 $\gamma\uparrow \Rightarrow \sigma\%\downarrow$，$\omega_c\uparrow \Rightarrow t_s\downarrow$，即必须补偿 a 倍的衰减，全面改善动态品质。

(2) 下列情况，不能采用串联超前校正：

① 校正前系统不稳定，原因是：为达到要求的 γ'，超前网络 φ_m 很大，此时，a 很大，20 lg$a$ 很大，造成系统的带宽过大，抗高频干扰的能力很差。

② 校正前系统在截止频率 ω_c 附近相角减小很快，原因是，随着 ω'_c 的增加，负相角增加过快，使超前网络提供的正相角，对相角裕度的增加作用不大。

6.3.2 串联滞后校正设计

1. 基本原理

利用滞后网络对高频幅值的衰减作用，使截止频率 ω_c 左移(减小)，而保证原系统在中频相角 $\varphi(\omega)$ 基本不变，从而增大 γ'。

2. 一般步骤

(1) 由 e_{ss} 的要求，确定开环放大倍数 K。

(2) 根据确定的 K，画出校正前原系统的 $L(\omega)$ 曲线，并算出校正前的 γ。

(3) 根据要求的 γ'，确定校正后系统的 ω'_c：

首先为补偿滞后网络在 ω'_c 处的负相角，一般增加一个 5°～10°的补偿角；即：$\gamma' + (5°～10°)$，可取为 6°；

然后令 $\gamma(\omega_c') = \gamma' + (5° \sim 10°)$，在原系统 $\varphi(\omega)$ 曲线上找到相角裕度为 $\gamma' + (5° \sim 10°)$ 的频率作为 ω_c'。

这样就可以求出 ω_c'。

(4) 计算滞后网络的参数 b、T：

首先算出原系统在 ω_c' 处的对数幅值 $L(\omega_c')$。

然后令 $20\lg b + L(\omega_c') = 0$，算出 b。

然后令

$$\frac{1}{bT} = 0.1\omega_c'$$

使高的转折频率 $\frac{1}{bT}$ 远离 ω_c'，保证滞后的负相角的影响尽可能小，从而可以算出 T，得

$$G_c(s) = \frac{1 + bTs}{1 + Ts} (b < 1)$$

(5) 检验校正后的 γ' 是否达到要求。

(6) 计算 RC 滞后网络的元件值，若不满足要求，则补偿角太小，需要增大，继续重复上述步骤，一直到满足要求为止。

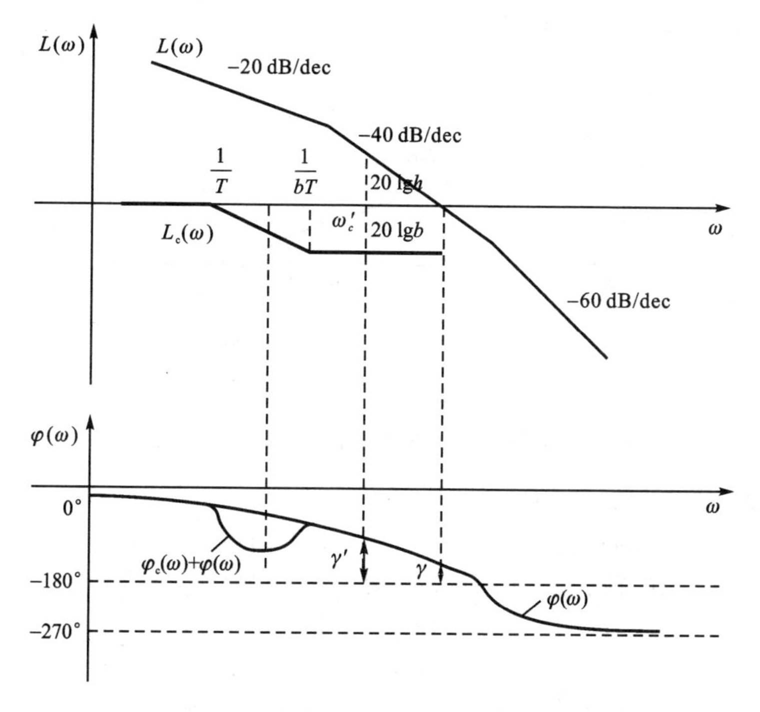

图 6-12　串联滞后校正的对数频率特性曲线

如图 6-12 所示，原系统(及校正之前的系统)$G(s)$的对数幅频特性曲线和对数

相频特性曲线分别为 $L(\omega)$ 和 $\varphi(\omega)$，超前滞后装置 $G_c(s)$ 的对数幅频特性曲线和对数相频特性曲线分别为 $L_c(\omega)$ 和 $\varphi_c(\omega)$。因为这是串联校正，根据迭加定理，所以校正之后的总系统的对数幅频特性曲线和对数相频特性曲线分别为 $L(\omega)+L_c(\omega)$ 和 $\varphi(\omega)+\varphi_c(\omega)$。

在图 6－12 中，因为校正装置的转折频率 $\dfrac{1}{bT}=0.1\omega'_c$，也就是说转折频率小于相角穿越频率 10 倍，因此，我们可以认为串联滞后校正环节对于原系统幅值频率特性曲线的影响，就是在其中频段和高频段全部减去 20 lg$b$，因此 $\omega'_c<\omega_c$。又因为串联滞后校正环节的最大校正相角 φ_m 出现在低频段，所以它对于原系统中频段和高频段几乎没有影响，因此 γ' 主要是因为相角穿越频率 ω'_c 向左移引起的。

［例 6－2］ 已知系统的开环传递函数如下所示，要求校正后的 $\gamma'\geqslant 45°$，设计滞后校正装置 $G_c(s)$。

$$G(s)=\frac{2500}{s(s+25)}$$

解：把原系统 $G(s)$ 化成标准形式：

$$G(s)=\frac{2500}{s(s+25)}=\frac{100}{s(0.04s+1)}$$

画出 $G(s)$ 的幅频特性曲线如图 6－13 所示。

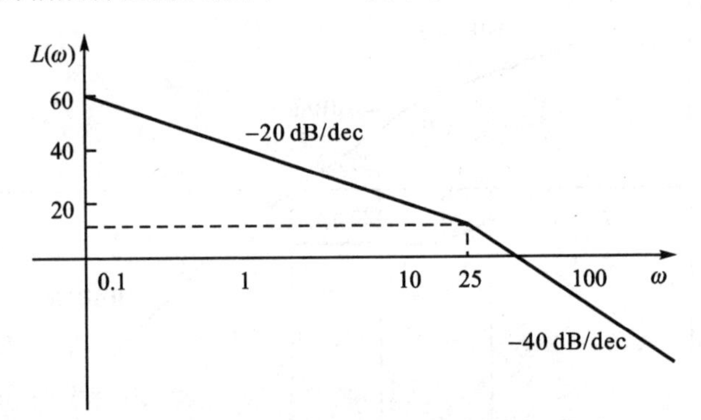

图 6－13　例 6－2 中原系统的对数幅频特性曲线

(1) 计算原系统的 ω_c、γ：

$$L(\omega)_{|\text{起始段}\omega=25}=20\lg 100-20\lg 25=12.04\ \text{dB}$$

还因为第二段的斜率是 -40 dB/dec，则

$$12.04-40(\lg\omega_c-\lg 25)=0$$

$$\omega_c=50$$

$$\gamma=180°+(-90°-\tan^{-1}0.04\times 50)=26.6°$$

(2) 令 $\gamma'=45°+6°=51°$，在原 $\varphi(\omega)$ 曲线上，找到与 51°相角裕度对应的频率，作为 ω'_c：

$$\gamma' = \gamma(\omega_c') = 180° - 90° - \tan^{-1} 0.04 \times \omega_c' = 51°$$

$$\tan^{-1} 0.04 \times \omega_c' = 39°$$

$$0.04 \times \omega_c' = 0.81$$

$$\omega_c' = 20.25 \approx 20$$

（3）求滞后网络参数 b、T：

$$L(\omega_c')_{|起始段\omega=20} = 20\ \lg 100 - 20\ \lg 20 = 13.98\ \text{dB}$$

$$20\ \lg b = 13.98\ \text{dB}$$

$$b = 0.2$$

$$\frac{1}{bT} = 0.1\omega_c' = 2$$

$$\therefore T = \frac{1}{2b} = \frac{1}{0.4} = 2.5$$

$$\therefore G_c(s) = \frac{1 + bTs}{1 + Ts} = \frac{1 + 0.5s}{1 + 2.5s}$$

（4）检验 γ'：

加入串联滞后校正装置之后的总系统为：

$$G'(s) = G(s)G_c(s) = \frac{100(1 + 0.5s)}{s(1 + 2.5s)(1 + 0.04s)}$$

而 $\omega_c' = 20$，则

$$\begin{aligned}\gamma' &= 180° + \varphi'(\omega_c') \\ &= 180° + (\tan^{-1} 0.5 \times 20 - 90° - \tan^{-1} 2.5 \times 20 - \tan^{-1} 0.04 \times 20) \\ &= 90° + 84.29° - 88.85° - 38.66° = 46.78° > 45°\end{aligned}$$

满足要求。

例题解答完毕。

3. 几点说明

（1）作用：

① 稳态性能不变，改善动态品质：$\gamma\uparrow \Rightarrow \sigma\%\downarrow$，$\omega_c\downarrow \Rightarrow t_s\uparrow$，因此是局部改善动态性能，它是靠牺牲响应速度，而减小的超调量；

② 动态品质不变，改善稳态性能：γ 不变，ω_c 不变，$e_{ss}\downarrow(K\uparrow)$。也就是中频段和高频段保持不变，这就是 γ 不变，ω_c 不变的含义。稳态误差下降，即系统的方法倍数需要增加，这就是 $e_{ss}\downarrow(K\uparrow)$ 的含义，也就是说系统低频段要发生改变。

此时的实现应该是：串联滞后校正＋串联放大器。原理是：放大器的放大倍数为 $\frac{1}{b}(b<1)$ 或放大器的增益为 $-20\ \lg b$，这样 e_{ss} 可减小 $\frac{1}{b}$ 倍。

图 6-14 中黑色曲线是校正前的系统幅频特性曲线（中频段和低频段的斜率是 -20 dB/dec，高频段是 -40 dB/dec，ω_c 是幅值为 0 的点的频率），红色曲线是原系统

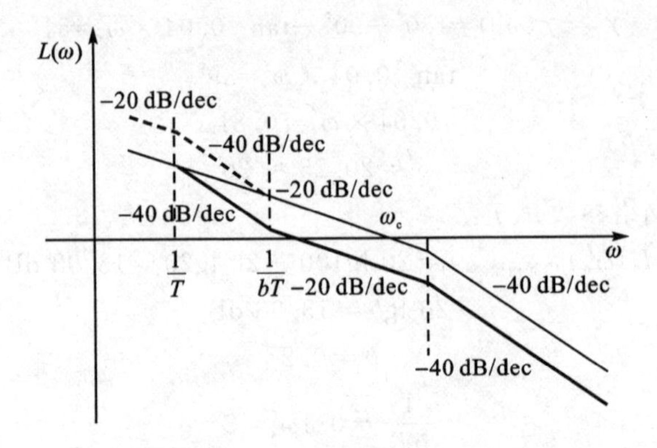

图 6-14　加上串联滞后校正＋串联放大器后系统的对数幅频特性曲线

＋串联滞后校正的系统幅频特性曲线，蓝色曲线是原系统＋串联滞后校正＋串联放大器后系统的对数幅频特性曲线。由蓝色曲线和黑色曲线的对比可以看出，这两条曲线在中频段和高频段是重合的，因此 γ 不变，ω_c 不变，但是低频段发生了改变，导致稳态误差下降 $e_{ss}\downarrow(K\uparrow)$。

［**例 6-3**］　已知系统的开环传递函数如下所示，要求 γ 不变，ω_c 不变，而校正之后的系统的开环传递系数 $K'=20$，求串联校正装置的传递函数。

$$G(s)=\frac{2}{s(s+1)(0.1s+1)}$$

解：串联滞后校正＋放大器，即校正装置为：

$$G_c(s)=K_c\cdot\frac{1+bTs}{1+Ts}(b<1)$$

因为原系统的开环传递系数 $K=2$，而校正之后的系统的开环传递系数 $K'=20$。

$$K_c=10$$

原系统的对数幅频特性曲线如图 6-15 所示。

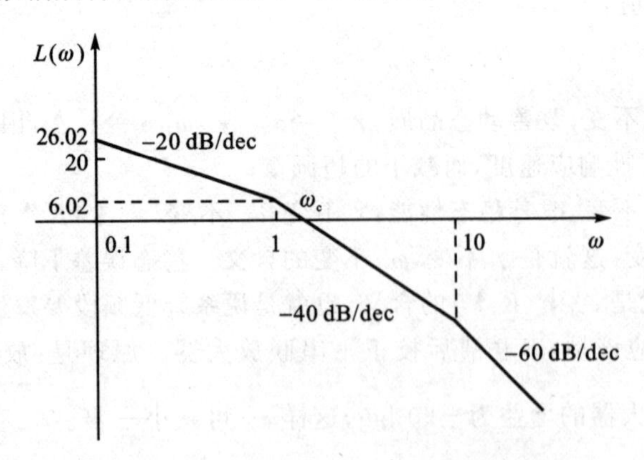

图 6-15　例 6-3 中原系统的对数幅频特性曲线

由图 6-15 可知，当 $\omega=1$ 时，其纵坐标为：

$$20\ \lg 2-20\ \lg 1=6.02\ \text{dB}$$

$$\because 6.02-40(\lg\omega_c-\lg 1)=0$$

$$\because \lg\omega_c=\frac{6.02}{40}=0.15$$

$$\because \omega_c=1.41$$

要保证 γ 不变，ω_c 不变，即 Bode 图中频段、高频段不变，则

$$20\ \lg b=-20\ \lg 10=-20$$

$$\therefore \lg b=-1$$

$$\therefore b=0.1$$

令

$$\frac{1}{bT}=0.1\omega_c=0.141$$

$$\therefore T=\frac{1}{0.141b}=\frac{1}{0.141\times 0.1}=70.92$$

$$\therefore G_c(s)=10\cdot\frac{1+7.092s}{1+70.92s}$$

例题解答完毕。

(2) 下列情况，不能采用串联滞后校正：

① 若算出的时间常数(T)很大，以致很难实现，这时就不宜使用串联滞后校正。

② 若系统的 $\varphi(\omega)$ 曲线在 $-180°$ 曲线下方，即在原 $\varphi(\omega)$ 曲线上找不到与要求的 γ' 对应的频率，不能采用串联滞后校正。例如：

$$G(s)=\frac{K}{s^2(s+25)}$$

其相频特性曲线如图 6-16 所示。

其实，在这种情况下，可以采用串联滞后—超前校正，即把串联滞后网络＋超前网络同时使用。

关于串联滞后网络＋超前网络，电路如图 6-17 所示。

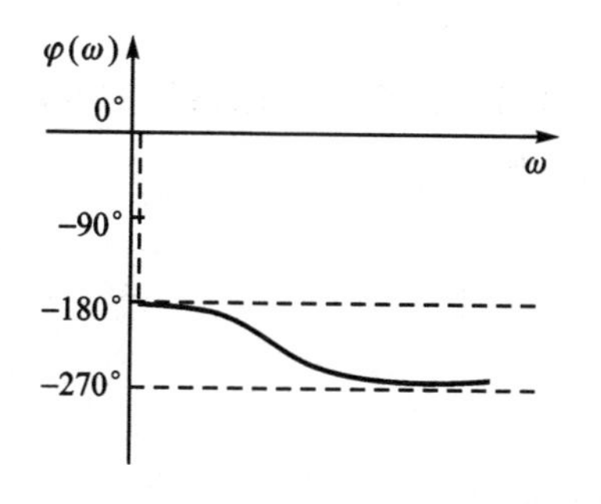

图 6-16　不可用于串联滞后校正的系统

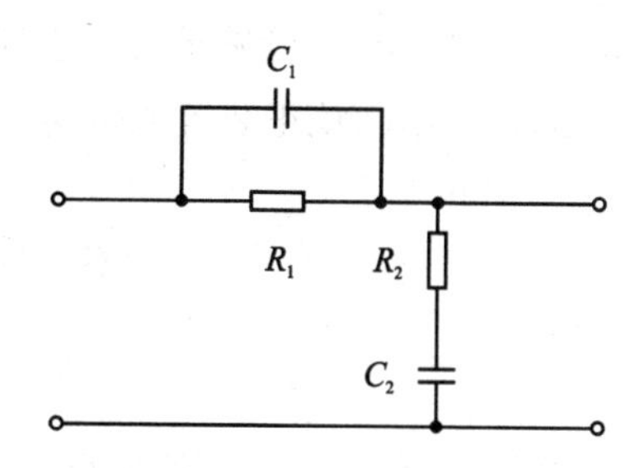

图 6-17　串联滞后网络＋超前网络电路图

串联滞后网络+超前网络，传递函数如下式所示：

$$G(s)=\frac{(1+T_{a}s)}{(1+aT_{a}s)}\cdot\frac{(1+T_{b}s)}{\left(1+\frac{T_{b}}{a}s\right)}$$

式中，$a>1, T_{a}>T_{b}$，而且前半部分是滞后网络，后半部分是超前网络。

串联滞后网络+超前网络，Bode 图如图 6-18 所示。

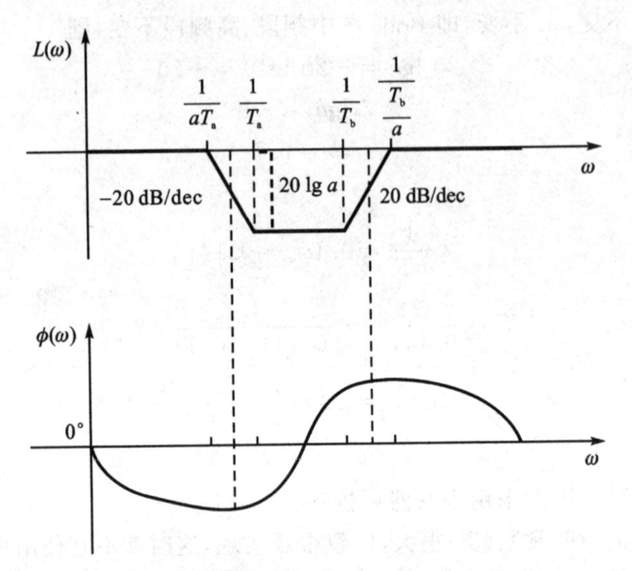

图 6-18 串联滞后网络+超前网络 Bode 图

6.3.3 频率法综合法串联校正设计

这是一种数学方法，可以一次性设计出串联校正装置。由于是根据开环 $L(\omega)$ 曲线进行设计的，因此只适用于最小相位系统。

1. 基本原理

如图 6-19 所示，设满足要求指标的开环传递函数为 $G(s)$，原系统的开环传递函数为 $G_{0}(s)$，串联校正装置的传递函数为 $G_{c}(s)$，则有

$$G(s)=G_{0}(s)G_{c}(s)$$

$$G_{c}(s)=\frac{G(s)}{G_{0}(s)}$$

$$L_{c}(\omega)=L(\omega)-L_{0}(\omega)$$

上式表明，如果作出了希望的 $L(\omega)$ 及原系统的 $L_{0}(\omega)$，两者相减，即是校正装

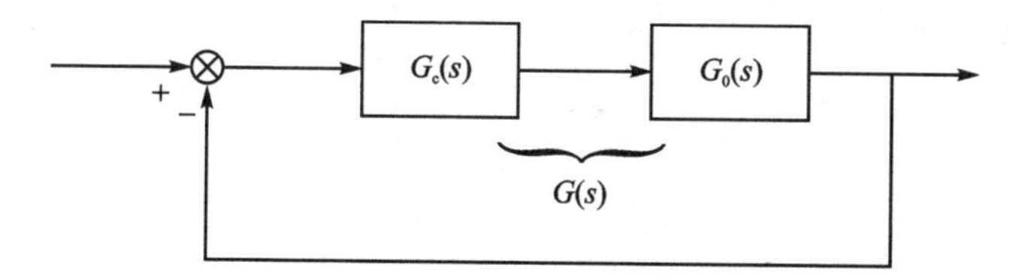

图 6-19　频率法综合法串联校正设计的系统

置的 $L_c(\omega)$。由此可见,这种方法的关键是绘制希望的 $L(\omega)$曲线。

2. 一般步骤

性能指标为:e_{ss},ω_c,$M_r(\gamma)$。

(1) 首先根据 e_{ss} 的要求,确定开环传递系数 K,从而确定原系统的 $G_0(s)$,画出 $L_0(\omega)$曲线。

(2) 根据要求的性能指标,绘制希望的 $L(\omega)$曲线,如图 6-20 所示。

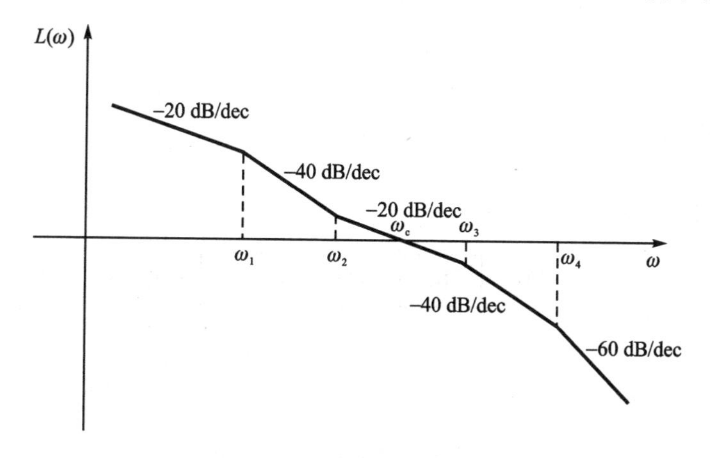

图 6-20　绘制希望的 $L(\omega)$曲线

① 低频段(起始段):若在(1)步骤中已经满足了 e_{ss} 的要求,则 $L(\omega)$曲线低频段与 $L_0(\omega)$曲线的低频段相同;否则,根据 γ、K 的要求绘制 $L(\omega)$曲线的低频段。

② 中频段(ω_c 所在的区段):

这是一组近似公式,首先将 γ 转换成 M_r:

$$M_r \approx \frac{1}{\sin\gamma}$$

再由 M_r 确定中频宽度:

$$M_r = \frac{H+1}{H-1}$$

$$H = \frac{\omega_3}{\omega_2}$$

再确定 ω_2 和 ω_3：

$$\omega_3 \geqslant \omega_c \cdot \frac{2H}{H+1}$$

$$\omega_2 \leqslant \omega_c \cdot \frac{2}{H+1}$$

最后确定中频段的斜率为：-20 dB/dec。

③ 高频段：为使求得的校正装置简单，高频段尽量与原系统 $L_0(\omega)$ 曲线的高频段一致。

④ 各频段之间的连接：低频段与中频段，中频段与高频段之间的连接，原则上是保证各相邻频段之间的斜率相差不大，使校正装置尽量简单，通常斜率为 -40 dB/dec。

6.4 频率法反馈校正

6.4.1 基本原理

设反馈校正如图 6-21 所示。

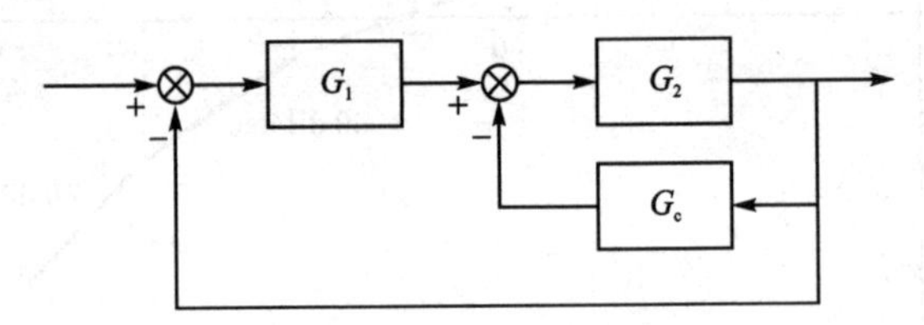

图 6-21　局部负反馈结构图

$G_c(s)$ 构成局部负反馈，采用的方法是综合法，因此要求系统是最小相位系统。

由图 6-21 可知：校正前的开环传递函数为：$G_0(s)=G_1(s)G_2(s)$。

内回环开环传递函数为：$G_2(s)G_c(s)$。

内回环闭环传递函数为：

$$\frac{G_2(s)}{1+G_2(s)G_c(s)}$$

校正后的开环传递函数为：

$$G(s)=\frac{G_1(s)G_2(s)}{1+G_2(s)G_c(s)}$$

(1) 当 $|G_2(s)G_c(s)| \gg 1$ 时（或者 $L_{内开}(\omega)>0$）：

$$G(s) \approx \frac{G_1(s)G_2(s)}{G_2(s)G_c(s)} = \frac{校正前开环传递函数}{内回环开环传递函数}$$

$$L(\omega) \approx L_0(\omega) - L_{内开}(\omega)$$

(2) 当 $|G_2(s)G_c(s)| \ll 1$ 时(或者 $L_{内开}(\omega) < 0$)：

$$G(s) \approx G_1(s)G_2(s)$$

$$L(\omega) \approx L_0(\omega)$$

即校正后的对数幅频特性曲线等于校正前的对数幅频特性曲线。

因此,若能由要求的性能指标画出校正后的 $L(\omega)$ 曲线,就可用校正前的 $L_0(\omega)$ 曲线减去校正后的 $L(\omega)$ 曲线,即可得到 $L_{内开}(\omega)$ 曲线,即：

$$L_0(\omega) - L(\omega) = L_{内开}(\omega)$$

$$L_{内开}(\omega) > 0$$

然后根据 $L_{内开}(\omega) > 0$ 段的曲线,反写出 $G_2(s)G_c(s)$,进一步可求出 $G_c(s)$。

6.4.2　一般设计步骤

(1) 首先画出校正前系统的 $L_0(\omega)$ 曲线：一般可由要求的 e_{ss},确定 K,画出 $L_0(\omega)$；

(2) 根据要求的性能指标,画出希望的 $L(\omega)$ 曲线,这就是校正后的曲线；

(3) 将 $L_0(\omega)$ 曲线减去 $L(\omega)$ 曲线,则在 $L_{内开}(\omega) > 0$ 频段内相减的结果,就是 $L_{内开}(\omega)$ 曲线,并由此反写出 $G_2(s)G_c(s)$；

(4) 由 $G_2(s)G_c(s)$ 求出 $G_c(s)$；

(5) 检验内回环闭环系统的稳定性：必须是稳定的,以保证校正后的系统是最小相位系统。若不稳定,要减少 $G_c(s)$ 包围的环节,从而使内回环稳定。

最后,介绍反馈校正系统的优点和缺点：

(1) 优点：

① 可以改善系统的动态响应品质；

② 可以降低被反馈校正所包围的前向通道中元件的参数灵敏度,使这些元件随外部环境变化造成其参数变化对系统的影响大大降低；

③ 可以削弱系统中的非线性因素对系统的影响。

(2) 缺点：

① 要求输出量是可以测量的；

② 反馈校正中的元件精度要高。

6.5　复合校正

在原反馈控制系统的基础上,加入按输入的前馈控制,这种校正方式称为复合校正,也即复合控制。

其中反馈控制是主要控制方式，稳定性和动态性能指标都由反馈控制保证，而前馈控制的作用，主要是用来补偿输入造成的误差。

按输入信号的分类，复合控制分为两种：按扰动补偿和按控制输入的复合校正。

6.5.1 按扰动补偿的复合校正

1. 基本原理

结构图如图 6－22 所示。

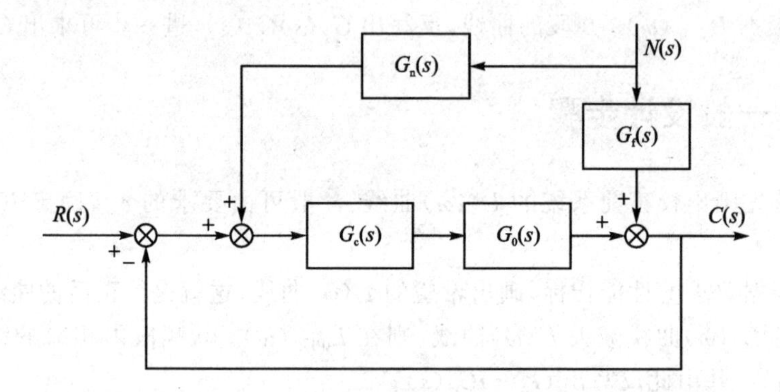

图 6－22 按扰动补偿的复合校正结构图

作用：完全消除 $N(s)$对 $C(s)$的影响，即 $C_n(s)=0$，称为完全补偿。

$$C_n(s)=\phi_n(s)N(s)=\frac{G_f(s)+G_n(s)G_c(s)G_0(s)}{1+G_0(s)G_c(s)}\cdot N(s)$$

当 $G_f(s)+G_n(s)G_c(s)G_0(s)=0$ 时，$C_n(s)=0$，则

$$\therefore G_n(s)=-\frac{G_f(s)}{G_c(s)G_0(s)}$$

2. 几点说明

(1) 按扰动控制的前馈控制，不改变反馈系统的动态性能，而仅仅补偿了扰动对输出的影响。

(2) 要求扰动 $N(t)$必须是可测量得到的，只有这样才能实现顺馈控制。

(3) 要求顺馈控制器 $G_n(s)$是物理上可实现的。在完全补偿时，一般可能分子阶次大于分母阶次，无法实现。因此，通常采用近似补偿，或稳态补偿。

(4) 要求顺馈控制装置的元件参数具有较高的精度和稳定性，因为顺馈控制是开环控制，本身参数的变化会给输出量造成新的误差。

6.5.2　按控制输入的复合校正

1. 基本原理

结构图如图 6－23 所示。

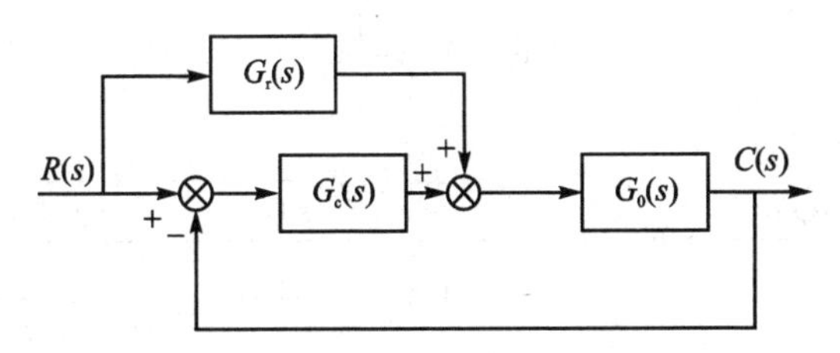

图 6－23　按控制输入的复合校正结构图

作用：$C(s)=R(s)$，输出完全复现输入，误差为零，称为完全补偿。

$$C(s)=\frac{G_r(s)G_0(s)+G_c(s)G_0(s)}{1+G_0(s)G_c(s)}\cdot R(s)$$

令 $G_r(s)G_0(s)=1$，则 $C(s)=R(s)$，所以

$$G_r(s)=\frac{1}{G_0(s)}$$

2. 近似补偿(稳态补偿)

上面完全补偿的条件是：

$$G_r(s)=\frac{1}{G_0(s)}$$

因为 $G_0(s)$ 可能分母阶次大于分子阶次，故 $G_r(s)$ 很难实现，通常采用近似补偿。

为了简单说明近似补偿的原理，设一般系统的结构图如图 6－24 所示。

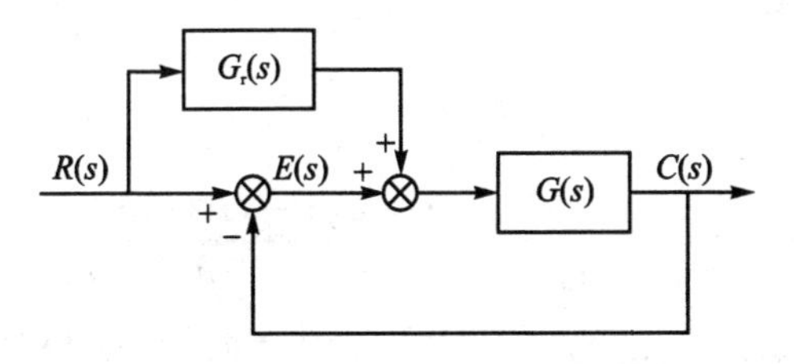

图 6－24　一般系统的结构图

$$G(s)=\frac{k_v}{s(a_n s^{n-1}+\cdots+a_2 s+a_1)}$$

即没有顺馈控制时，系统是Ⅰ型系统。

原闭环特征方程为：$a_n s^n+\cdots+a_1 s+k_v=0$。

(1) 将系统补偿为Ⅱ型系统：即系统在 $r(t)=t$ 时，$e_{ss}=0$，这就是我们求 $G_r(s)$ 的最终目的。

$$R(s)=\frac{1}{s^2}$$

$$\because E(s)=\frac{1-G_r(s)G(s)}{1+G(s)}\cdot R(s)=\frac{1-G_r(s)\dfrac{k_v}{s(a_n s^{n-1}+\cdots+a_2 s+a_1)}}{1+\dfrac{k_v}{s(a_n s^{n-1}+\cdots+a_2 s+a_1)}}\cdot R(s)$$

$$=\frac{s(a_n s^{n-1}+\cdots+a_2 s+a_1)-G_r(s)k_v}{s(a_n s^{n-1}+\cdots+a_2 s+a_1)+k_v}\cdot R(s)$$

$$=\frac{a_n s^n+\cdots+a_1 s-G_r(s)k_v}{s(a_n s^{n-1}+\cdots+a_2 s+a_1)+k_v}\cdot\frac{1}{s^2}$$

$$\therefore e_{ss}=\lim_{s\to 0}sE(s)=\lim_{s\to 0}s\cdot\frac{a_n s^n+\cdots+a_1 s-G_r(s)k_v}{s(a_n s^{n-1}+\cdots+a_2 s+a_1)+k_v}\cdot\frac{1}{s^2}$$

显然，由上式可知，若使 $e_{ss}=0$，则

$$G_r(s)=\frac{a_1}{k_v}s=\lambda_1 s$$

此时，$e_{ss}=0$。

这样就将系统补偿成了Ⅱ型系统，而整个复合控制系统的闭环特征方程与原来系统一样。故采用按给定输入的复合控制，提高了系统的无差型号，且又保持了原系统的稳定性不变。

(2) 将系统补偿为Ⅲ型系统：即系统在 $r(t)=\frac{1}{2}t^2$ 时，$e_{ss}=0$。

类似前面的推导方法：

$$R(s)=\frac{1}{s^3}$$

$$\because E(s)=\frac{a_n s^n+\cdots+a_1 s-G_r(s)k_v}{s(a_n s^{n-1}+\cdots+a_2 s+a_1)+k_v}\cdot\frac{1}{s^3}$$

$$\therefore e_{ss}=\lim_{s\to 0}sE(s)=\lim_{s\to 0}s\cdot\frac{a_n s^n+\cdots+a_1 s-G_r(s)k_v}{s(a_n s^{n-1}+\cdots+a_2 s+a_1)+k_v}\cdot\frac{1}{s^3}$$

显然，由上式可知，若使 $e_{ss}=0$，则

$$G_r(s)=\frac{a_2}{k_v}s^2+\frac{a_1}{k_v}s=\lambda_2 s^2+\lambda_1 s$$

此时，$e_{ss}=0$。

这样就将系统补偿成了Ⅲ型系统。

6.6　本章小结

本章主要掌握以下 4 个问题：

1. 两种常用的校正装置

无源 RC 超前网络和滞后网络：

电路，传递函数，$L_c(\omega)$，φ_m，ω_m，20 lg$a$ 和 10 lg$a$。

2. 频率法串联校正设计

(1) 分析法超前校正设计：基本原理，设计步骤，作用和使用范围；

(2) 分析法滞后校正设计：基本原理，设计步骤，作用和使用范围；

(3) 综合法设计串联校正。

3. 反馈校正设计

基本原理：若已知希望的 $L(\omega)$ 曲线和原系统，会反求反馈校正的传递函数 $G_c(s)$。

4. 两种复合校正

(1) 按扰动输入的复合校正：作用，完全补偿和近似补偿(或称稳定补偿)；

(2) 按给定输入的复合校正：作用，完全补偿和近似补偿(或称稳定补偿)。

第7章　非线性系统

【提要】 本章主要介绍非线性系统的基本规律及基本分析方法：

(1) 基本规律：

① 非线性系统中的特殊现象；

② 典型非线性特性。

(2) 基本分析方法：

① 描述函数法；

② 相平面法。

7.1　典型非线性特性及特殊运动规律

前面6章介绍的都是线性系统，也就是说组成系统的每个元件都是线性元件，但严格来讲，任何一个实际元件，都或多或少带有非线性特性。因此，实际系统严格说来都是非线性系统。而所谓线性系统仅是实际系统忽略了非线性因素之后的理想模型。当非线性因素不能忽略时，就需要进一步研究非线性系统的分析和设计方法。

7.1.1　典型非线性特性

在实际中，非线性特性是多种多样的，下面介绍几种常用的典型非线性特性。

1. 饱和特性

输入较小时，输出与输入成比例，输入较大时，输出不变。

静特性曲线如图7-1所示。

数学表达式：

$$y=\begin{cases}M & x>a \\ kx & |x|\leqslant a \\ -M & x<-a\end{cases}$$

实例：放大器饱和。

2. 死区特性(又称不灵敏特性)

输入较小时,输出为零,输入较大时,输出与输入成比例。

静特性曲线如图 7－2 所示。

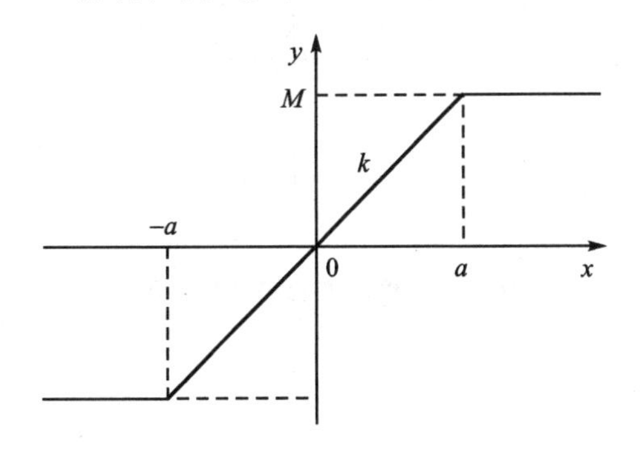

图 7－1　饱和特性的静特性曲线

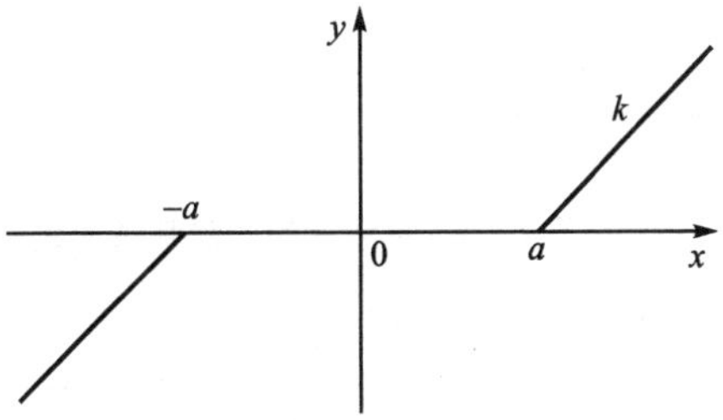

图 7－2　死区特性的静特性曲线

数学表达式:

$$y=\begin{cases}0 & |x|\leqslant a\\ k(x-a\,\mathrm{sign}x) & |x|>a\end{cases}$$

$$y=\begin{cases}0 & |x|\leqslant a\\ k(x-a) & x>a\\ k(x+a) & x<-a\end{cases}$$

其中:sign 是取符号的意思,

$$\mathrm{sign}x=\begin{cases}1 & x>0\\ -1 & x<0\end{cases}$$

实例:测速机输出电压与输入转速之间的关系,由于碳刷后降的缘故,是个死区特性,如传动装置中的静摩擦等,各种电路的阈值电压。

3. 滞环(回环)特性

一个输入值,对应两个输出值。

静特性曲线如图 7－3 所示。

数学表达式:

$$y=\begin{cases}k(x-a\,\mathrm{sign}x) & \dot{y}\neq 0\\ b\,\mathrm{sign}x & \dot{y}=0\end{cases}$$

实例:机械传动间隙,铁磁元件的磁滞。

4. 继电器特性

常见的有以下 4 种继电器特性:

(1) 理想继电器特性,如图 7-4 所示。

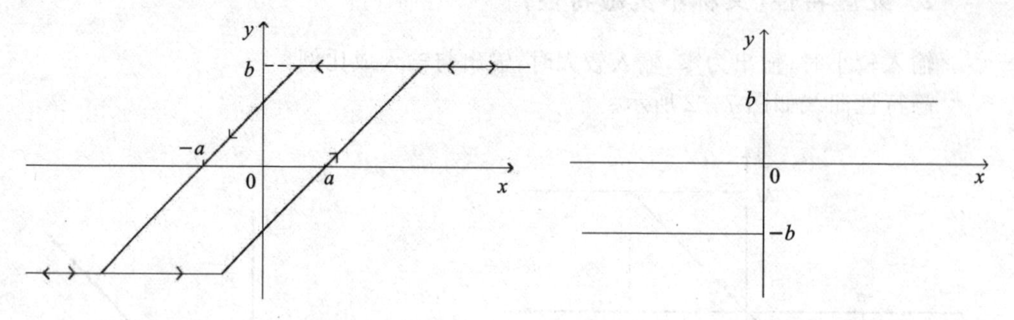

图 7-3 滞环特性的静特性曲线　　图 7-4 理想继电器特性的静特性曲线

$$y=\begin{cases} b & x \geqslant 0 \\ -b & x<0 \end{cases}$$

(2) 死区继电器特性,如图 7-5 所示。

$$y=\begin{cases} 0 & |x| \leqslant a \\ b\,\mathrm{sign}x & |x|>a \end{cases}$$

(3) 滞环继电器特性,如图 7-6 所示。

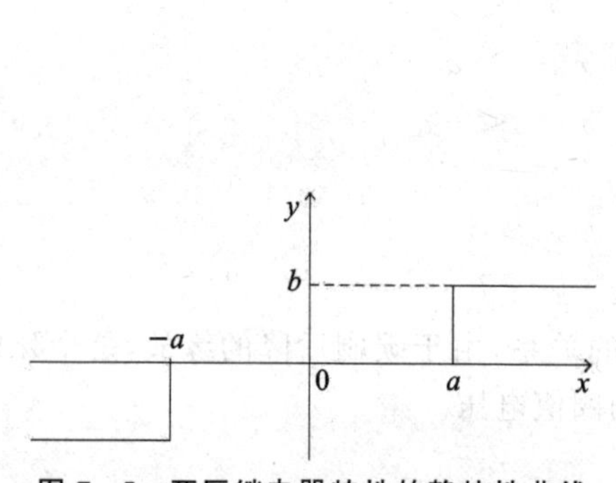

图 7-5 死区继电器特性的静特性曲线

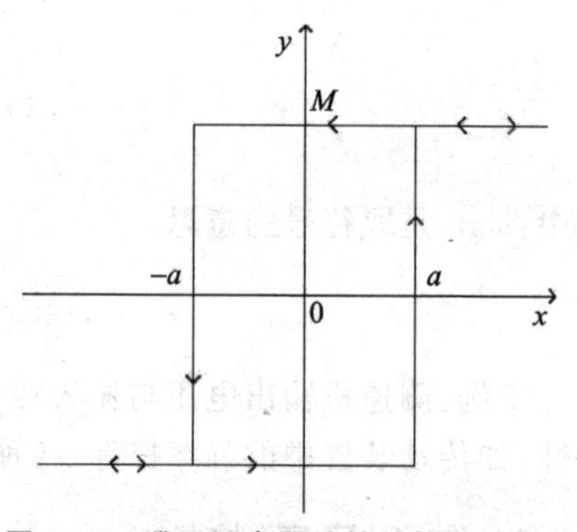

图 7-6 滞环继电器特性的静特性曲线

(4) 滞环加死区继电器特性,如图 7-7 所示。

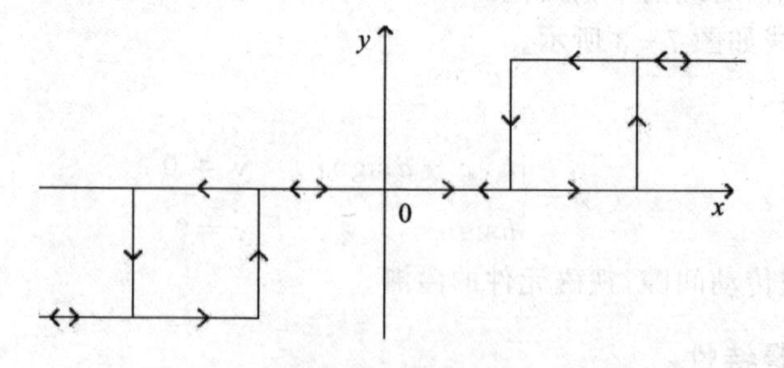

图 7-7 滞环加死区继电器特性的静特性曲线

7.1.2　特殊运动规律

各种非线性特性对系统的影响是不同的，通常要对具体问题做具体分析，下面简要介绍一下非线性系统的特殊运动规律。

线性系统与非线性系统的本质区别在于：

① 数学模型不同：一个是线性微分方程，一个是非线性方程，如：$\ddot{y}+(\dot{y})^2+2y=0$。

② 迭加原理：一个适用，一个不适用。

由于上述本质区别，故非线性系统中会出现线性系统所没有的一些特殊运动规律，如表7-1所列。

表7-1　非线性系统区别于线性系统的特殊运动规律

线性系统(定常)	非线性系统
稳定性：只取决于闭环特征根的分布(内部结构)，与初始条件和外部输入无关。可用“系统稳定”或“系统不稳定”表示	不仅与内部结构有关，且与初始条件和外部输入有关。不能笼统地用“系统稳定”或“系统不稳定”表示
动态响应：暂态分量的形态只与闭环极点有关，而与初始条件无关	暂态分量的形态既与闭环极点有关，又与初始条件有关
等幅振荡运动：只发生在 $\zeta=0$(临界稳定) $x(t)=A\sin(\omega t+\varphi)$ ω：取决于结构 A,φ 与初始条件有关，具有不稳定性	可能产生一种幅值和频率都很稳定的等幅振荡(不一定是正弦形式)，即稳定的自振荡
正弦稳态响应：输出是同频率的正弦量，幅值和相角发生变化，用频率特性表示	① 非线性畸变：各种整流电路。 ② 分频振荡：输出是正弦，但频率低一个整数倍 ③ 倍频振荡：输出是正弦，但频率高一个整数倍

7.1.3　非线性系统的分析方法

到目前为止，尚无统一方法，通常采用以下分析方法：

(1) 对非线性不严重的情况，采用建立在小偏差理论上的一次近似方法，近似成线性系统。

(2) 对非线性严重的情况,采用非线性分析方法:

① 描述函数法:近似线性化方法,且只限于分析稳定性问题;

② 相平面法:精确方法,但只限于一阶、二阶系统。

(3) 利用模拟计算机、数字计算机对具体问题进行仿真计算。

7.2 描述函数

7.2.1 基本思想

我们知道,线性系统对正弦信号稳态时的传递能力为:正弦同频、变幅、移相。这种传递能力可用频率特性来描述,并由此而产生了频率法。

对非线性系统,它对正弦信号的传递能力可概括为:周期、非正弦。数学上可用傅氏级数来表示。

(1) 由于绝大多数非线性元件的静特性是斜对称的,即 $y(x)=-y(-x)$,故其输出的傅氏级数中不含有直流分量。

(2) 一般系统的线性部分都具有低通特性,故输出的高次谐波分量,衰减很大。因此,我们就有理由将输出近似地看作只含有基波分量。也就是说,在正弦输入下,非线性的输出基本上是同频率的正弦量。这种传递能力类似于线性系统,故可用频率特性来描述。而系统就可用频率法来分析。我们把这种近似后的频率特性称为描述函数。

由于上述基本思想,描述函数法的应用条件是:

(1) 非线性部分的静特性曲线是斜对称的,以保证输出直流分量为零。

(2) 线性部分应具有低通滤波特性。

描述函数法实质上是一种近似的线性化方法。

7.2.2 描述函数的定义

设有一非线性系统的结构图如图 7-8 所示。

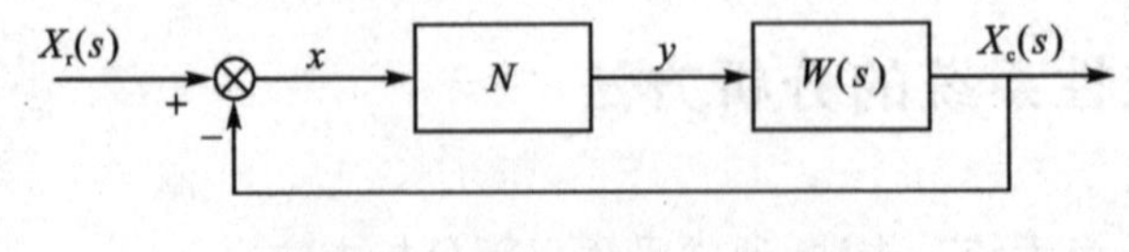

图 7-8 某非线性系统结构图

设图中非线性元件的输入信号为：

$$x(t)=A\sin\omega t$$

则图中非线性元件的稳态输出为周期性函数，展开成傅氏级数为：

$$y=A_0+\sum_{n=1}^{\infty}(A_n\cos n\omega t+B_n\sin n\omega t)$$

由于斜对称特性，所以 $A_0=0$，所以上式可化简为：

$$y=\sum_{n=1}^{\infty}(A_n\cos n\omega t+B_n\sin n\omega t)$$

略去高次谐波，只留下基波分量，所以上式可以化简为：

$$y=A_1\cos\omega t+B_1\sin\omega t=Y_1\sin(\omega t+\varphi_1)$$

其中：

$$A_1=\frac{1}{\pi}\int_0^{2\pi}y(t)\cos\omega t\,\mathrm{d}(\omega t)$$

$$B_1=\frac{1}{\pi}\int_0^{2\pi}y(t)\sin\omega t\,\mathrm{d}(\omega t)$$

$$Y_1=\sqrt{A_1^{\ 2}+B_1^{\ 2}}$$

$$\varphi_1=\tan^{-1}\frac{A_1}{B_1}$$

如果用 $N(A)$来表示，即：

$$N(A)=\frac{Y_1}{A}\mathrm{e}^{\mathrm{j}\varphi_1}=\frac{\sqrt{A_1^{\ 2}+B_1^{\ 2}}}{A}\mathrm{e}^{\mathrm{j}\tan^{-1}\frac{A_1}{B_1}}$$

上式中第一部分是输出与输入信号的幅值比，第二部分是输出与输入信号的相角差。

这个函数 $N(A)$被称为非线性元件的描述函数。

定义：当非线性元件的输入为正弦函数时，其输出的一次谐波分量（基波分量）与输入正弦量的复数比，称为该元件的描述函数。

说明：$N(A)$类似于线性系统的频率特性，它是一个复变量。

(1) $N(A)$的幅值比表征了非线性元件对基波的变幅能力，其相角表征了非线性元件对基波的相移能力。

(2) 对静态非线性元件，由于元件本身没有储能元件，故它的输出与输入正弦量的频率无关。仅是输入幅值的函数。因此，一般用 $N(A)$表示。

引入描述函数之后，非线性系统的结构可表示为图 7－9 所示。

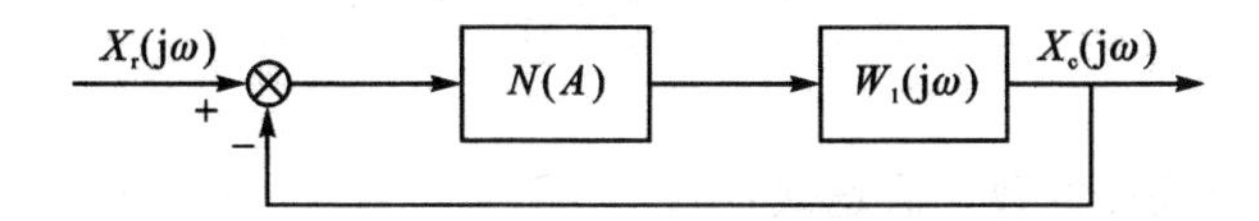

图 7－9　带 $N(A)$的某非线性系统结构图

7.2.3 描述函数的求法

从 $N(A)$的定义出发，一般步骤如下：

(1) 画出正弦输入下的输出波形；

(2) 写出输出波形的数学表达式；

(3) 利用傅氏级数求出基波分量；

(4) 带入 $N(A)$的公式。

[例 7-1] 求饱和特性的描述函数。

解：(1) 画出输出波形，如图 7-10 所示。

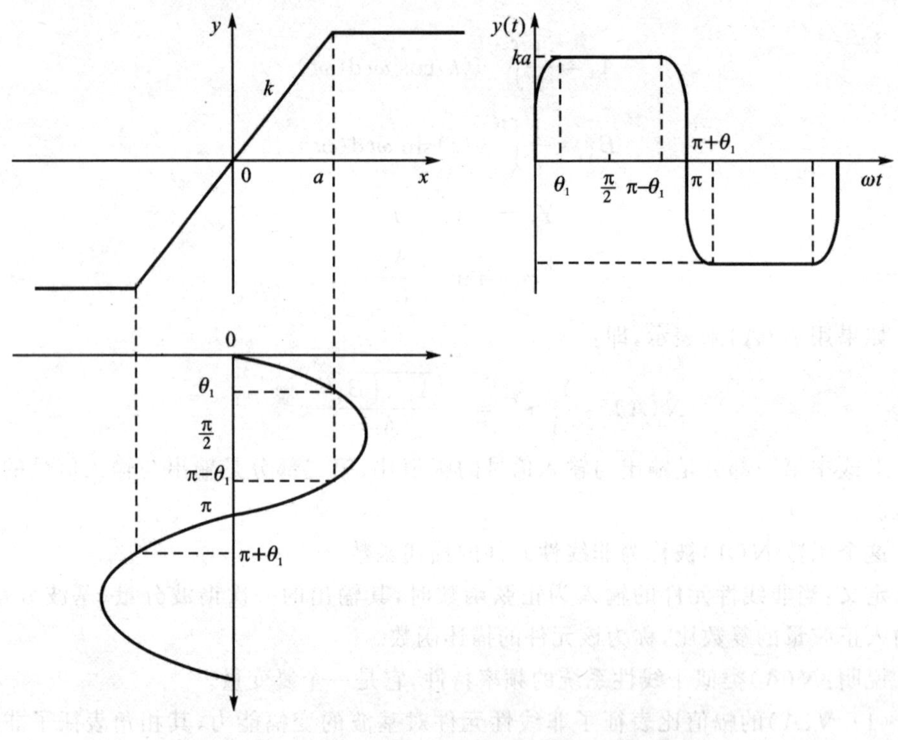

图 7-10 例 7-1 中饱和特性的输入和输出波形

在图 7-10 中，当 $x=a$ 时，由于输入信号是正弦量，则

$$x = A\sin\theta_1 = a$$

$$\theta_1 = \sin^{-1}\frac{a}{A}$$

此时 $y=ka$。

(2) 写出输出波形的数学表达式：

这里只写出 1/4 个周期($0\sim\pi/2$)即可：

$$y(t)=\begin{cases} kA\sin\omega t & 0\leqslant\omega t\leqslant\theta_1 \\ ka & \theta_1\leqslant\omega t\leqslant\dfrac{\pi}{2}\end{cases}$$

(3) 求基波分量：

因为输出函数是奇函数，故在傅氏级数中，$A_1=0$，只求 B_1 即可。

$$B_1=\frac{4}{\pi}\left(\int_0^{\theta_1}kA\sin^2\omega td(\omega t)+\int_{\theta_1}^{\frac{\pi}{2}}ka\sin\omega td(\omega t)\right)=\frac{2kA}{\pi}\left(\theta_1+\frac{a}{A}\cos\theta_1\right)$$

$$=\frac{2kA}{\pi}\left[\sin^{-1}\frac{a}{A}+\frac{a}{A}\sqrt{1-\left(\frac{a}{A}\right)^2}\right]\quad A\geqslant a$$

$$\therefore N(A)=\frac{2kA}{\pi}\left(\theta_1+\frac{a}{A}\cos\theta_1\right)\quad A\geqslant a$$

结论：由于其输出波形是单值对称奇函数，故基波分量中只含有 B_1，所以在本例题中 $N(A)$ 是一个实数，而不是复数。

例题解答完毕。

常用的非线性特性描述函数如表 7-2 所列。

表 7-2 常用的非线性特性描述函数

非线性特性	$N(A)$	$-\dfrac{1}{N(A)}$
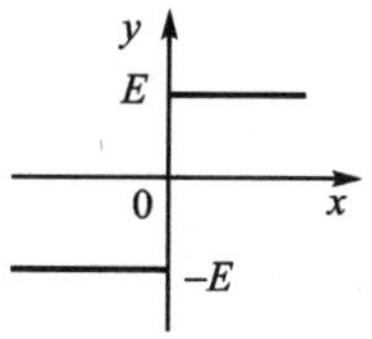 y; E; 0; x; −E	$\dfrac{4E}{\pi A}$	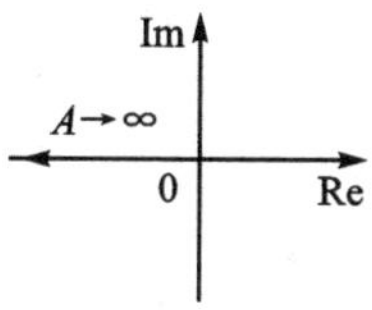 Im; $A\to\infty$; 0; Re
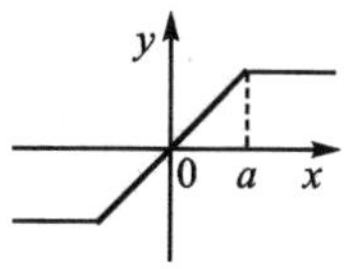 y; 0; a; x	$\begin{cases}\dfrac{2k}{\pi}\left[\sin^{-1}\dfrac{a}{A}+\dfrac{a}{A}\sqrt{1-\left(\dfrac{a}{A}\right)^2}\right] & A\geqslant a \\ k & A<a\end{cases}$	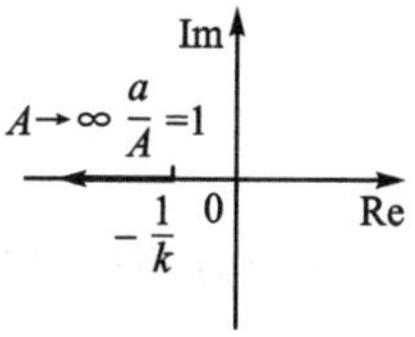 Im; $A\to\infty$; $\dfrac{a}{A}=1$; $-\dfrac{1}{k}$; 0; Re
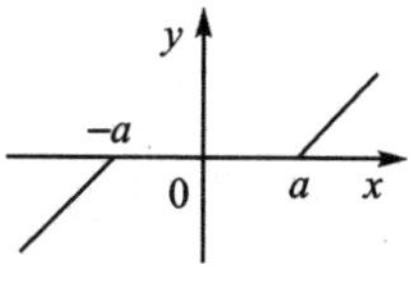 y; −a; 0; a; x	$\begin{cases}\dfrac{2k}{\pi}\left[\dfrac{\pi}{2}-\sin^{-1}\dfrac{a}{A}+\dfrac{a}{A}\sqrt{1-\left(\dfrac{a}{A}\right)^2}\right] & A\geqslant a \\ 0 & A<a\end{cases}$	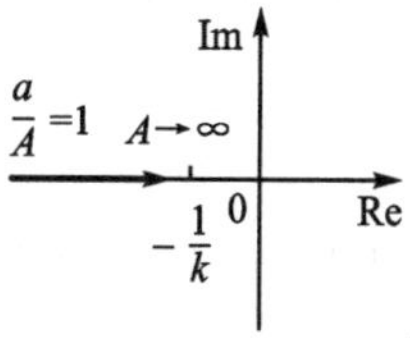 Im; $\dfrac{a}{A}=1$; $A\to\infty$; $-\dfrac{1}{k}$; 0; Re

续表 7-2

非线性特性	$N(A)$	$-\dfrac{1}{N(A)}$
y, E, $-a$, a, 0, x	$\begin{cases}\dfrac{4E}{\pi A}\sqrt{1-\left(\dfrac{a}{A}\right)^2}-\mathrm{j}\dfrac{4Ea}{\pi A^2} & A\geqslant a \\ 0 & A<a\end{cases}$	Im, 0, Re, $A\to\infty$, $-\mathrm{j}\dfrac{\pi a}{4E}\ (\dfrac{a}{A}=1)$

7.2.4 组合非线性元件 N(A)的求法

以上求得了几个典型非线性特性的 $N(A)$，利用这些典型元件的 $N(A)$，可以导出一些复杂非线性元件的 $N(A)$。

1. 并　联

如图 7-11 所示，若有 n 个非线性元件并联，输入为 $x=A\sin\omega t$。

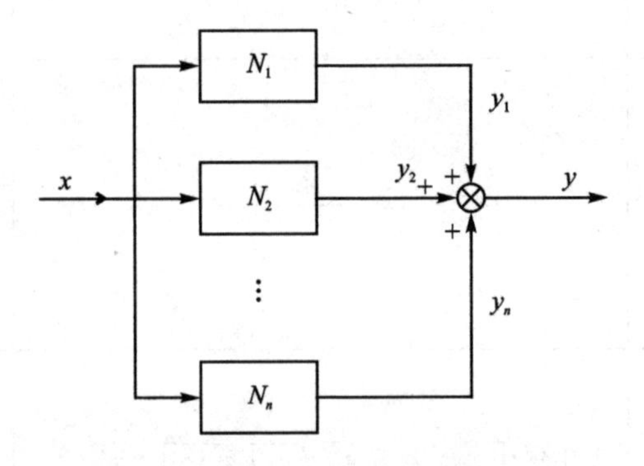

图 7-11　并联的非线性系统结构图

所以总的输出为：

$$y(t)=y_1(t)+y_2(t)+\cdots+y_n(t)$$

由 $N(A)$的定义式可知：

$$N(A)=\frac{\sqrt{A_1^{\ 2}+B_1^{\ 2}}}{A}\mathrm{e}^{\mathrm{j}\tan^{-1}\frac{A_1}{B_1}}=\frac{B_1+\mathrm{j}A_1}{A}$$

其中：

$$A_1=\frac{1}{\pi}\int_0^{2\pi}y(t)\cos\omega t\,\mathrm{d}(\omega t)$$

$$B_1=\frac{1}{\pi}\int_0^{2\pi}y(t)\sin\omega t\,\mathrm{d}(\omega t)$$

那么

$$\begin{aligned}N(A)&=\frac{1}{\pi A}\int_0^{2\pi}\{y(t)\sin\omega t+jy(t)\cos\omega t\}\,\mathrm{d}(\omega t)\\&=\frac{1}{\pi A}\int_0^{2\pi}\{y_1(t)\sin\omega t+\mathrm{j}y_1(t)\cos\omega t\}\,\mathrm{d}(\omega t)+\cdots\\&\quad+\frac{1}{\pi A}\int_0^{2\pi}\{y_n(t)\sin\omega t+\mathrm{j}y_n(t)\cos\omega t\}\,\mathrm{d}(\omega t)=N_1(A)+\cdots+N_n(A)\end{aligned}$$

可见，若干个非线性静特性曲线之和的描述函数，等于各非线性特性描述函数之和。

[例 7-2]　求死区加饱和非线性元件的 $N(A)$。

解：图 7-12 为其静特性曲线。

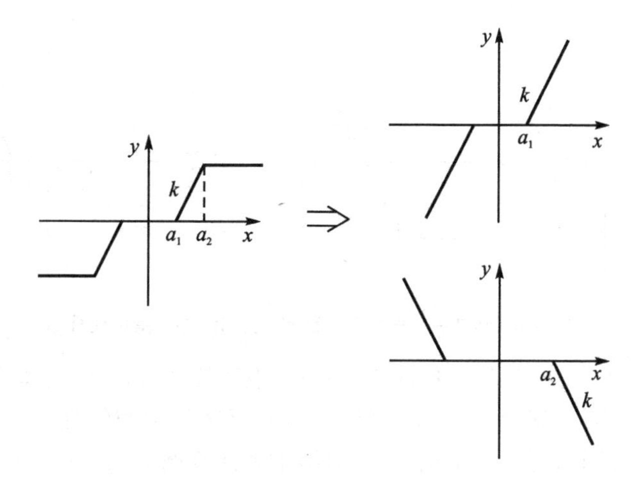

图 7-12　例 7-2 中并联的死区加饱和非线性元件静特性曲线

$$\begin{aligned}N(A)=&\frac{2k}{\pi}\left[\frac{\pi}{2}-\sin^{-1}\frac{a_1}{A}+\frac{a_1}{A}\sqrt{1-\left(\frac{a_1}{A}\right)^2}\right]-\\&\frac{2k}{\pi}\left[\frac{\pi}{2}-\sin^{-1}\frac{a_2}{A}+\frac{a_2}{A}\sqrt{1-\left(\frac{a_2}{A}\right)^2}\right]\\=&\frac{2k}{\pi}\left[\sin^{-1}\frac{a_2}{A}-\sin^{-1}\frac{a_1}{A}+\frac{a_1}{A}\sqrt{1-\left(\frac{a_1}{A}\right)^2}-\frac{a_2}{A}\sqrt{1-\left(\frac{a_2}{A}\right)^2}\right]\\&(A\geqslant a_1)\end{aligned}$$

例题解答完毕。

2. 串　联

一般的，串联后，有

$$N(A) \neq N_1(A) \cdot N_2(A) \cdots$$

解题步骤：

(1) 首先等效为一个总的非线性元件；

(2) 求这个总的非线性元件的 $N(A)$。

[例 7-3]　求两个非线性特性串联后(见图 7-13)的总的描述函数 $N(A)$。

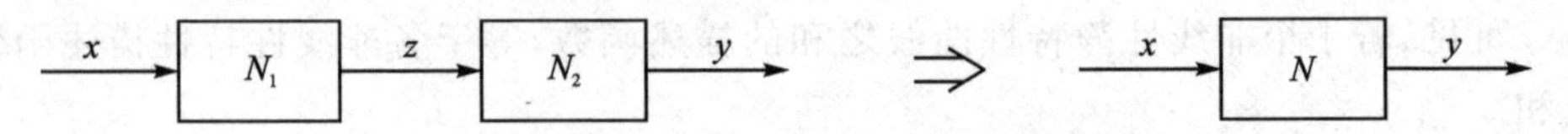

图 7-13　例 7-3 中两个非线性元件串联

解：图 7-14 为其静特性曲线。

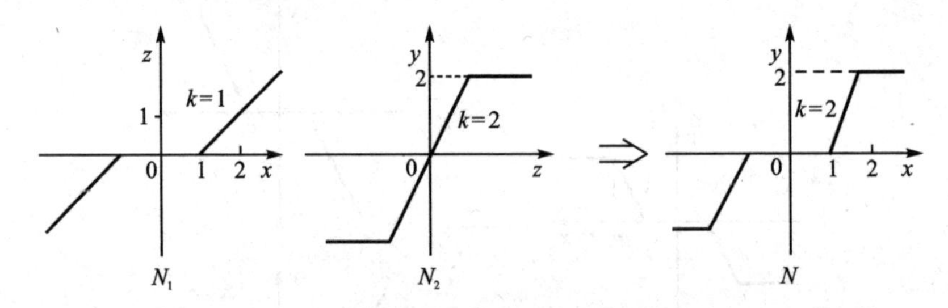

图 7-14　例 7-3 中两个非线性元件串联的静特性曲线

由图 7-14 可以知道，死区特性 $N_1(A)$ 和饱和特性 $N_2(A)$ 的串联，得到死区加饱和特性 $N(A)$，而根据例 7-1 中的结果，得到死区加饱和特性 $N(A)$ 等于两个饱和特性的并联。因此，可以利用例 7-1 的结论来计算例 7-2 中的 $N(A)$。

$$N(A) = \frac{4}{\pi}\left[\frac{\pi}{2} - \sin^{-1}\frac{1}{A} + \frac{1}{A}\sqrt{1-\left(\frac{1}{A}\right)^2}\right] - \frac{4}{\pi}\left[\frac{\pi}{2} - \sin^{-1}\frac{2}{A} + \frac{2}{A}\sqrt{1-\left(\frac{2}{A}\right)^2}\right]$$

$$= \frac{4}{\pi}\left[\sin^{-1}\frac{2}{A} - \sin^{-1}\frac{1}{A} - \frac{1}{A}\sqrt{1-\left(\frac{1}{A}\right)^2} + \frac{2}{A}\sqrt{1-\left(\frac{2}{A}\right)^2}\right] \quad (A \geqslant 1)$$

例题解答完毕。

[例 7-4]　求图 7-15 中非线性元件的描述函数 $N(A)$。

解：如图 7-15 所示，一个非线性元件可以化为非线性元件与线性元件的并联，所以总的描述函数 $N(A)$ 如下式所示：

$$N(A) = k + \frac{4M}{\pi A}$$

例题解答完毕。

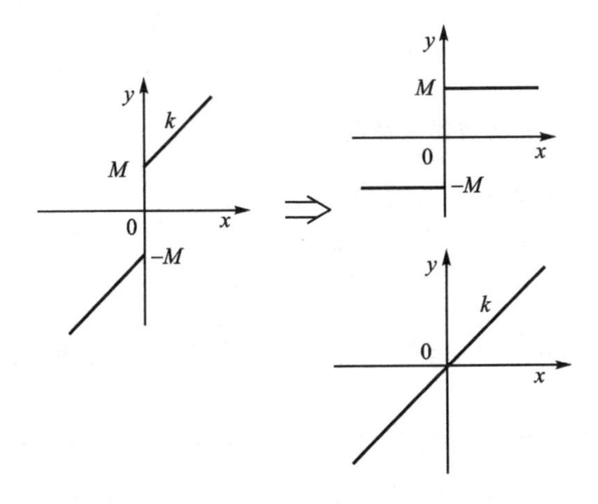

图 7－15　例 7－4 中非线性元件

7.3　用描述函数分析系统的稳定性

本节讨论如何应用描述函数法分析非线性系统的稳定性，并推导非线性系统自振荡的产生条件，求取自振荡的幅值和频率。

7.3.1　稳定性分析

1. 基本思路

由前面关于描述函数的基本思想可知，描述函数实质上就是非线性系统中的非线性元件近似成线性元件，其特性可用描述函数来表征。这样非线性系统就转变成了线性系统，如图 7－16 所示。

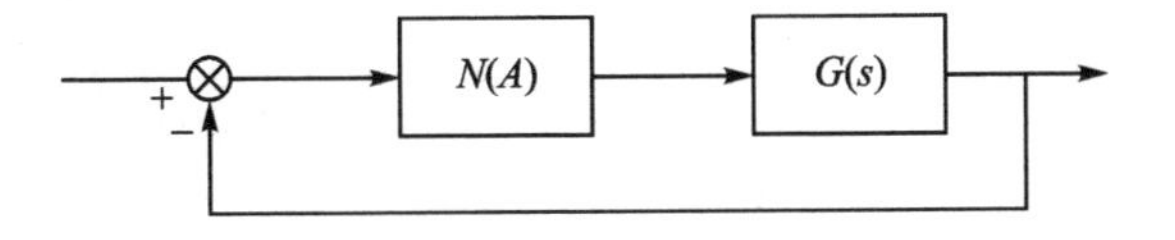

图 7－16　非线性系统转变成线性系统结构图

闭环频率特性为：

$$\phi(\mathrm{j}\omega)=\frac{N(A)G(\mathrm{j}\omega)}{1+N(A)G(\mathrm{j}\omega)}$$

闭环特征方程为：

$$1+N(A)G(\mathrm{j}\omega)=0$$

$$G(\mathrm{j}\omega)=-\frac{1}{N(A)}$$

其中，$-\frac{1}{N(A)}$被称为负倒描述函数曲线。

回顾线性系统，其闭环特征方程为：

$$1+G(\mathrm{j}\omega)=0$$
$$G(\mathrm{j}\omega)=-1$$

因此，$-\frac{1}{N(A)}$和线性系统的$(-1,\mathrm{j}0)$点对应，是系统稳定的边界。区别在于线性系统的稳定边界是一个点$(-1,\mathrm{j}0)$，而非线性系统的稳定边界是一条$-\frac{1}{N(A)}$曲线。这样，线性系统的奈氏判据就可推广到非线性系统中，从而判断非线性系统的稳定性。

2. 奈氏判据(非线性系统)

为方便起见，假设线性部分$G(s)$是最小相位系统。

(1) 如图7-17所示，在$G(\mathrm{j}\omega)$平面上，若$G(\mathrm{j}\omega)$曲线不包围$-\frac{1}{N(A)}$曲线，则非线性系统是稳定的。

(2) 如图7-18所示，在$G(\mathrm{j}\omega)$平面上，若$G(\mathrm{j}\omega)$曲线包围$-\frac{1}{N(A)}$曲线，则非线性系统是不稳定的。

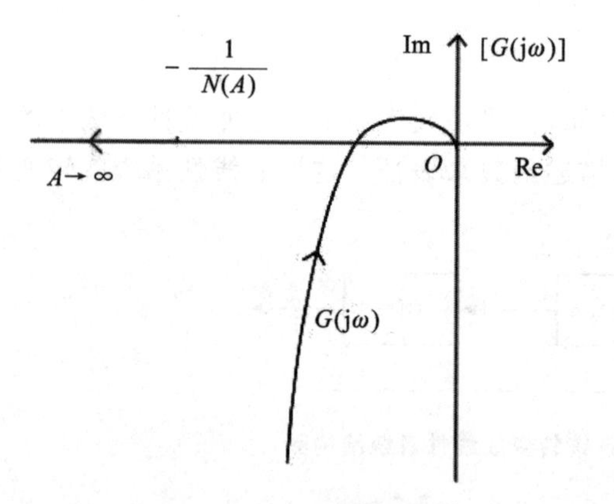

图7-17　$G(\mathrm{j}\omega)$曲线不包围$-\frac{1}{N(A)}$曲线

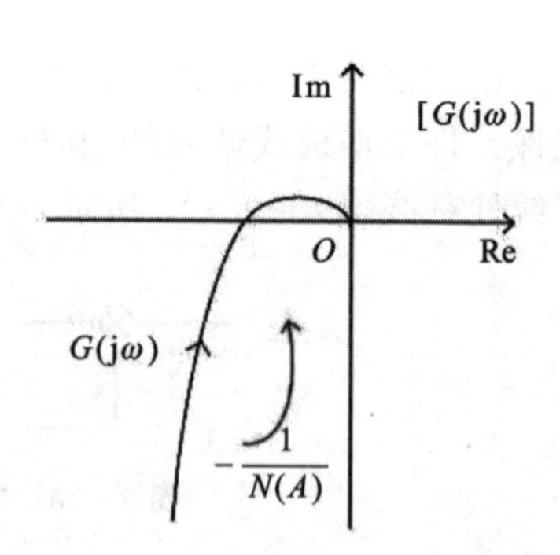

图7-18　$G(\mathrm{j}\omega)$曲线包围$-\frac{1}{N(A)}$曲线

(3) 如图7-19所示，当$G(\mathrm{j}\omega)$曲线与$-\frac{1}{N(A)}$曲线两线相交时，则系统将产生自振荡(系统是不稳定的)。这种自振荡有两种情况：

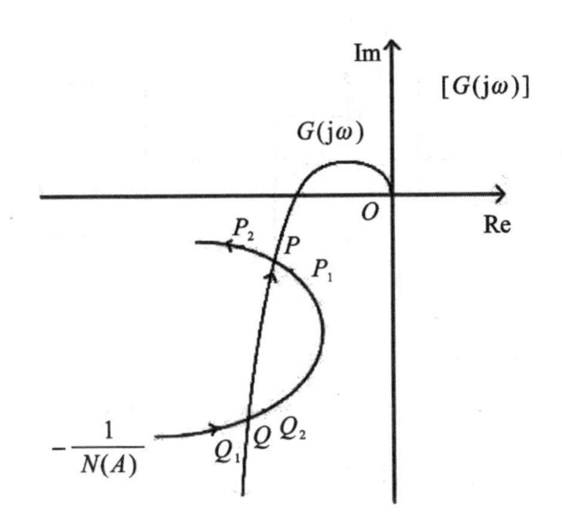

图 7－19　$G(j\omega)$曲线与$-\dfrac{1}{N(A)}$曲线相交

① 稳定的自振荡：即若受到干扰作用后，振荡收敛于该点，则这个自振荡是稳定的，它是可测量得到的。

② 不稳定的自振荡：即若受到干扰作用后，振荡是发散的，则这个自振荡是不稳定的，它实际上不存在的，也即是测量不到的。

例如，在图 7－19 中：

P 点：

扰动⇒使 $A\uparrow$，到 P_2⇒系统稳定，$A\downarrow$⇒P 点。

扰动⇒使 $A\downarrow$，到 P_1⇒系统不稳定，$A\uparrow$⇒P 点。

所以 P 点是稳定的自振荡。

Q 点：

扰动⇒使 $A\uparrow$，到 Q_2⇒系统不稳定，$A\uparrow$⇒P 点。

扰动⇒使 $A\downarrow$，到 Q_1⇒系统稳定，$A\downarrow$⇒离开 Q 点。

所以 Q 点是不稳定的自振荡。

7.3.2　自振荡的分析与计算

1. 自振荡的稳定性

如上所述。

2. 自振荡的幅值与频率计算

举例说明自振荡的幅值与频率计算。

[例 7－5]　理想继电器特性的非线性系统如图 7－20 所示，确定其自振荡的幅值与频率。

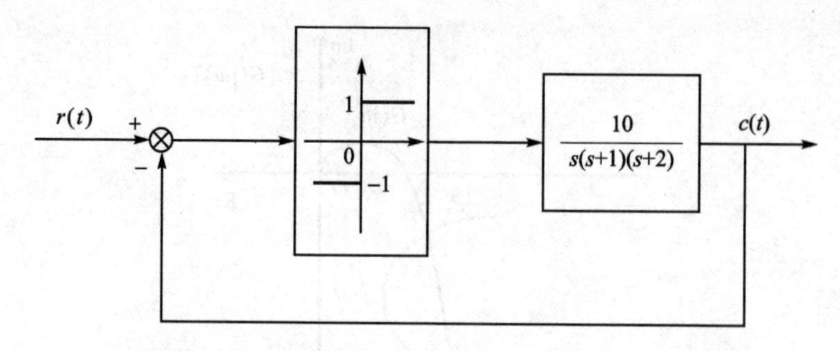

图 7-20　例 7-5 中理想继电器特性的非线性系统结构图

解:理想继电器特性的描述函数为:

$$N(A)=\frac{4}{\pi A}$$

$$-\frac{1}{N(A)}=-\frac{\pi A}{4}$$

当 $A=0$ 时,$-\frac{1}{N(A)}=0$;当 $A=\infty$ 时,$-\frac{1}{N(A)}=\infty$。因此,$-\frac{1}{N(A)}$曲线就是整个负实轴。又由线性部分的传递函数 $G(s)$可得:

$$G(j\omega)=\frac{10}{j\omega(1+j\omega)(2+j\omega)}=-\frac{30}{\omega^4+5\omega^2+4}-j\frac{10(2-\omega^2)}{\omega(\omega^4+5\omega^2+4)}$$

由上式可以画出 $G(j\omega)$曲线,如图 7-21 所示。

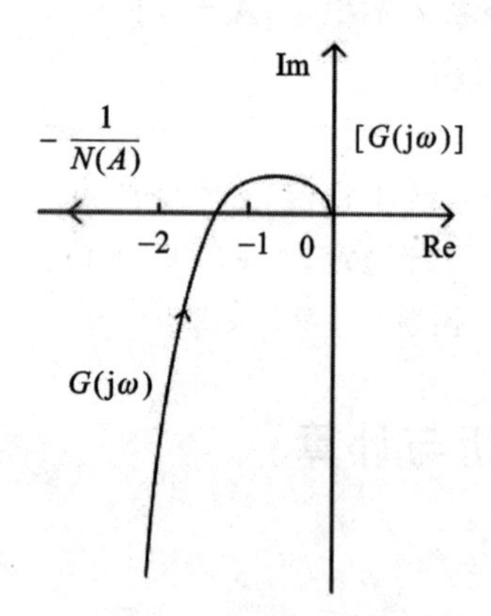

图 7-21　例 7-5 中理想继电器特性的非线性系统 $G(j\omega)$与$-\frac{1}{N(A)}$曲线

由图 7-21 可知,$G(j\omega)$曲线与$-\frac{1}{N(A)}$曲线有一个交点,且对应于该点的自振荡是稳定的。

求 $G(j\omega)$曲线与$-\frac{1}{N(A)}$曲线的交点,令 $G(j\omega)$的虚部为 0,可得:

$$2-\omega^2=0$$

$$\omega=\sqrt{2}\,(\text{rad/s})$$

将上式代入 $G(\mathrm{j}\omega)$的实部，可得：

$$\mathrm{Re}[G(\mathrm{j}\omega)]\big|_{\omega=\sqrt{2}}=-1.66$$

所以，

$$-\frac{1}{N(A)}=-\frac{\pi A}{4}=-1.66$$

$$A=2.1$$

所以求得自振荡的幅值 $A=2.1$，而振荡频率 $\omega=\sqrt{2}\,(\text{rad/s})$。

例题解答完毕。

［例7-6］ 死区继电器特性的非线性系统如图7-22所示，确定其自振荡的幅值与频率，并讨论为了消除自振荡，继电器特性参数应如何调整。

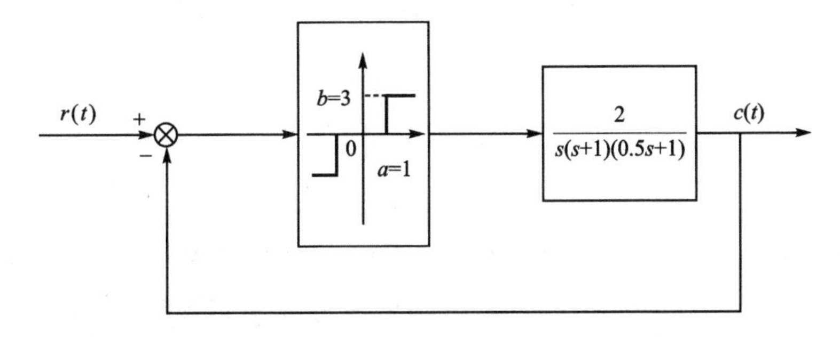

图7-22　例7-6中死区继电器特性的非线性系统结构图

解：死区继电器特性的负倒描述函数为：

$$-\frac{1}{N(A)}=-\frac{\pi A}{12\sqrt{1-\left(\frac{1}{A}\right)^2}}\quad(A\geqslant 1)$$

当 $A=1$ 时，$-\frac{1}{N(A)}=-\infty$；当 $A=\infty$时，$-\frac{1}{N(A)}=-\infty$。其极值发生在 $A=\sqrt{2}$处，此时$-\frac{1}{N(A)}=-\frac{\pi}{6}$，$-\frac{1}{N(A)}$曲线是负实轴$-\frac{\pi}{6}$至$-\infty$这一段。为清楚起见，在图上用两条直线来表示，如图7-23所示。

由线性部分的传递函数可得：

$$G(\mathrm{j}\omega)=\frac{2}{\mathrm{j}\omega(1+\mathrm{j}\omega)(1+\mathrm{j}0.5\omega)}$$

$$=-\frac{3}{0.25\omega^4+1.25\omega^2+1}-\mathrm{j}\frac{2(1-0.5\omega^2)}{\omega(0.25\omega^4+1.25\omega^2+1)}$$

令 $G(\mathrm{j}\omega)$的虚部为0，可得：

$$1-0.5\omega^2=0$$

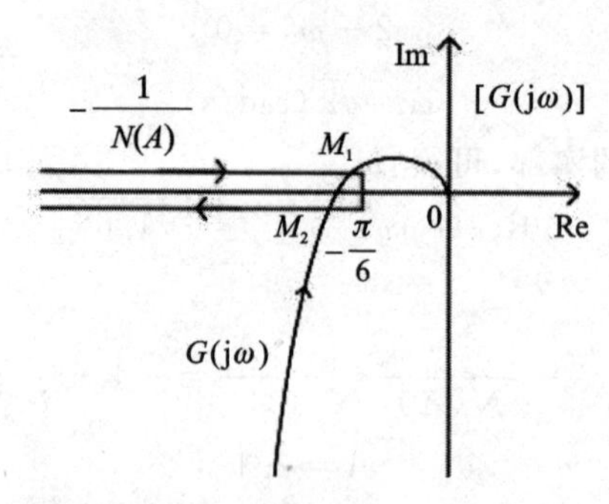

图 7-23　例 7-6 中死区继电器特性的非线性系统 $G(j\omega)$ 与 $-\frac{1}{N(A)}$ 曲线

$$\omega=\sqrt{2}\,(\mathrm{rad/s})$$

将上式代入 $G(j\omega)$ 的实部，可得：

$$R_e[G(j\omega)]\big|_{\omega=\sqrt{2}}=-0.66$$

所以，

$$-\frac{1}{N(A)}=-\frac{\pi A}{12\sqrt{1-\left(\frac{1}{A}\right)^2}}=-0.66$$

$$A_1=1.11;A_2=2.3$$

不难看出，$A_1=1.11$ 对应图中的 M_1 点，为不稳定的自振荡，没有自振荡的幅值和频率；$A_2=2.3$ 对应图中的 M_2 点，为稳定的自振荡，自振荡的幅值为 2.3，频率为 $\omega=\sqrt{2}\,(\mathrm{rad/s})$。

为了使系统不产生自振荡，可通过调整继电器特性的死区参数来实现，此时应使 $-\frac{1}{N(A)}$ 的极值小于 $G(j\omega)$ 曲线与负实轴的交点坐标，即

$$-\frac{\pi}{2\beta}<-0.66$$

$$\beta=\frac{b}{a}$$

由此可得：

$$\beta<2.36$$

若取 $\beta=2$，即调整死区继电器特性参数 $a=1.5$，则 $-\frac{1}{N(A)}$ 的极值为 $-\frac{\pi}{4}=-0.785$。显然，这是两条曲线不相交，从而保证系统不产生自振荡。同样道理，也可以在不改变继电器特性参数的情况下，通过减小 $G(j\omega)$ 的传递系数，使 $G(j\omega)$ 曲线与负实轴的交点右移，使系统减小或者消除自振荡。

例题解答完毕。

7.4　相平面法基础

7.4.1　相平面法的基本概念

相平面法是求解二阶常微分方程的图解法，是由庞加莱(Poincare)首先提出的。设一个二阶系统：

$$\ddot{x}=f(x,\dot{x})$$

该方程的解 $x(t)$ 可用 $x\sim t$ 的关系曲线表示，但若令 $\dot{x}=y$，则上式有可改写成：

$$\frac{\mathrm{d}x}{\mathrm{d}t}=y$$

$$\frac{\mathrm{d}y}{\mathrm{d}t}=\ddot{x}=f(x,\dot{x})=f(x,y)$$

以上两式相除，得

$$\frac{\mathrm{d}y}{\mathrm{d}x}=\frac{f(x,y)}{y}$$

这是一个关于 x 和 y 的一阶微分方程，其解为：

$$y=\phi(x)$$

上式表明方程的解可用 x 和 $y(\dot{x})$ 之间的关系表示，这种不直接用时间变量，而是用状态变量表示运动的方法，称为相平面法。

(1) 相平面：由 x 和 $\dot{x}$ 构成的直角坐标平面，称为相平面。

(2) 相轨迹：系统运动过程中，由状态 x 和 $\dot{x}$ 所确定的点所移动的轨迹，称为相轨迹。

(3) 相平面图：从不同初始条件所出发的，由相轨迹所形成的图形，称为相平面图，如图 7－24 所示。

(4) 相平面法：利用相平面图分析系统性能的方法称为相平面法。

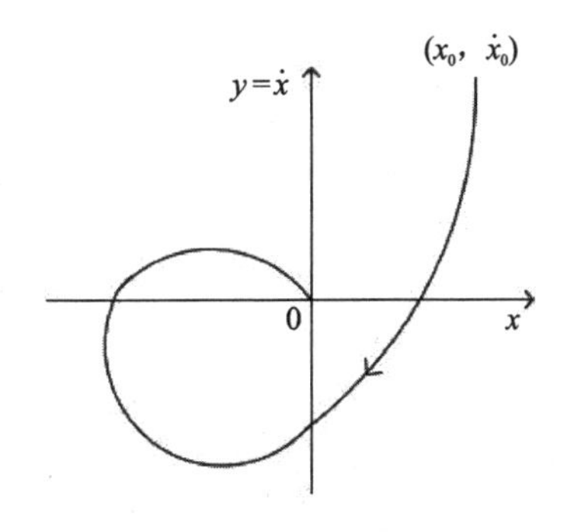

图 7－24　相平面图

7.4.2 线性二阶系统的相轨迹

为了进一步说明相平面法的概念，先来研究线性二阶系统的自由运动。自由运动即输入信号 $r(t)=0$，由初始条件引起的运动，也就是系统齐次微分方程的解。

$$\because \phi(s)=\frac{C(s)}{R(s)}=\frac{\omega_n^2}{s^2+2\xi\omega_n+\omega_n^2}$$

$$\ddot{C}+2\xi\omega_n\dot{C}+\omega_n^2C=\omega_n^2r$$

当 $r(t)=0$ 时，即自由运动微分方程为：

$$\ddot{C}+2\xi\omega_n\dot{C}+\omega_n^2C=0$$

把 C 用 x 来表示，可得：

$$\ddot{x}+2\xi\omega_n\dot{x}+\omega_n^2x=0$$

$$\ddot{x}=-2\xi\omega_n\dot{x}-\omega_n^2x$$

令 $\dot{x}=y$，可得：

$$\frac{dy}{dx}=\frac{-2\xi\omega_n y-\omega_n^2x}{y}$$

(1) 无阻尼情况：$\xi=0$，则：

$$\frac{dy}{dx}=\frac{-\omega_n^2x}{y}$$

$$y\,dy=-\omega_n^2x\,dx$$

对上式等号两边进行积分，得相轨迹方程为：

$$\frac{x^2}{A^2}+\frac{y^2}{(\omega_nA)^2}=1$$

其中，A 是由初始条件 x_0 和 $\dot{x}_0$ 决定的积分常数，这是一个椭圆方程，如图 7－25 所示。

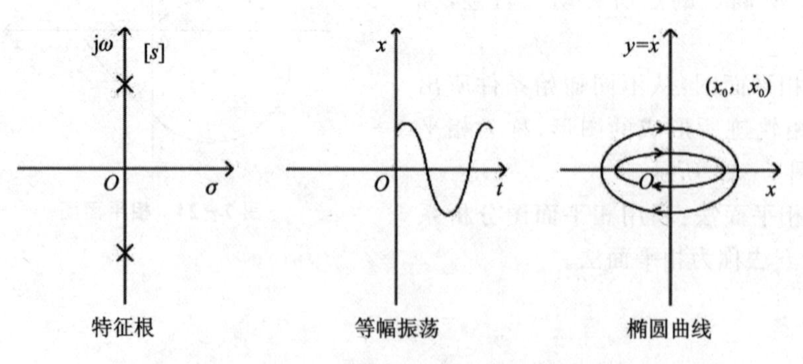

图 7－25 线性二阶系统无阻尼情况下的相平面图

这种相平面图为一族椭圆曲线，称为中心点，即奇点。

(2) 欠阻尼情况：$0<\xi<1$，按照上面的方法，可画出此时的相平面图如图7-26所示。

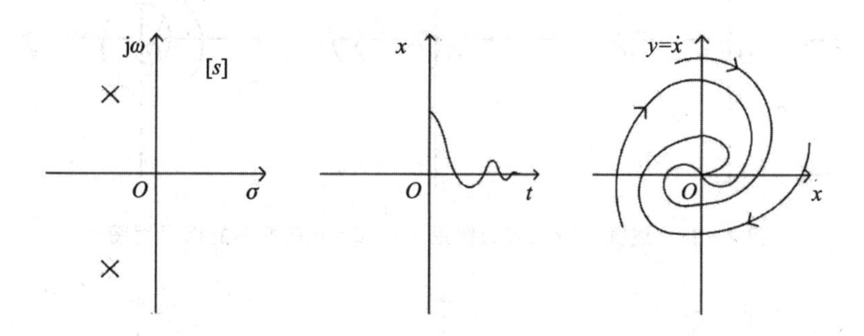

图7-26　线性二阶系统欠阻尼情况下的相平面图

这时的相平面图是一族对数螺旋线，奇点称为稳定焦点。

(3) 过阻尼情况：$\xi>1$，按照上面的方法，可画出此时的相平面图如图7-27所示。

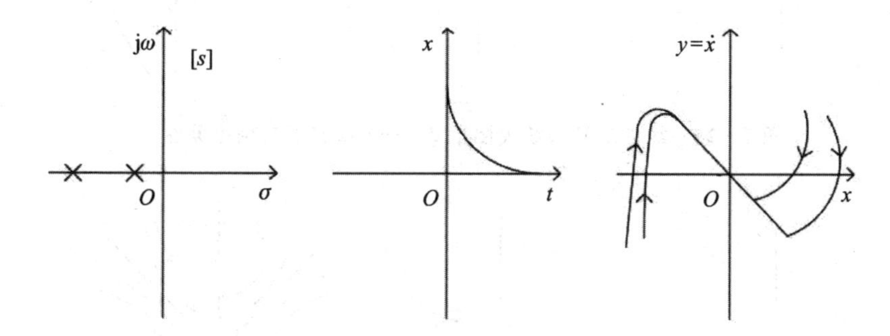

图7-27　线性二阶系统过阻尼情况下的相平面图

这时的相平面图奇点称为稳定节点。

(4) 负阻尼情况：$-1<\xi<0$，按照上面的方法，可画出此时的相平面图如图7-28所示。

这时的相平面图奇点是不稳定焦点。

(5) 负阻尼情况：$\xi<-1$，按照上面的方法，可画出此时的相平面图如图7-29所示。

这时的相平面图奇点是不稳定节点。

(6) 两个异号实根(正反馈)情况：按照上面的方法，可画出此时的相平面图如图7-30所示：

这时的相平面图的奇点是鞍点。

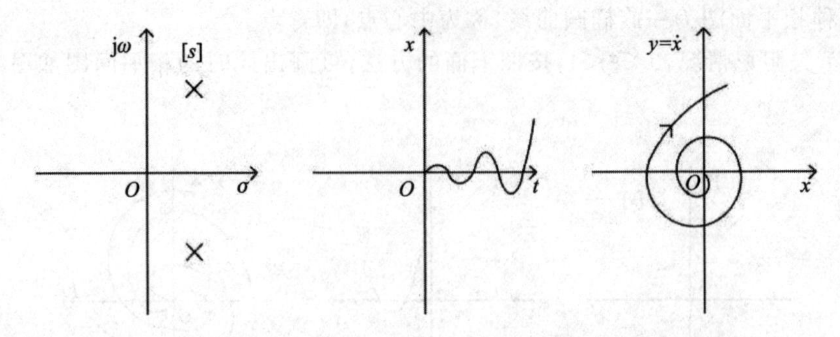

图 7-28　线性二阶系统欠阻尼 $-1<\xi<0$ 情况下的相平面图

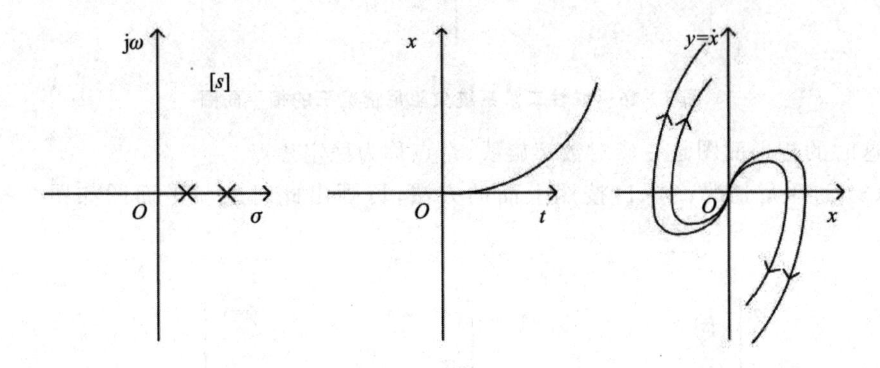

图 7-29　线性二阶系统欠阻尼 $\xi<-1$ 情况下的相平面图

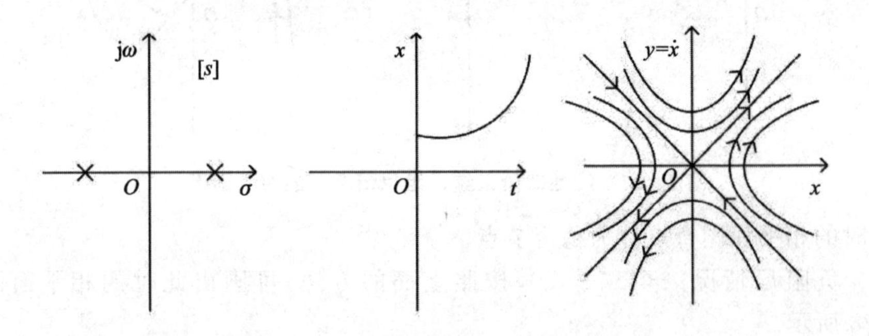

图 7-30　两个异号实根(正反馈)情况下的相平面图

7.4.3　相平面的性质

1. 解的唯一性

对方程：$\ddot{x}=f(x,\dot{x})$，若 $f(x,\dot{x})$ 是解析函数(处处可导)，则除平衡点外，解是唯一的。

对应相轨迹的特征是：除平衡点外，过相平面上的一点，只有一条相轨迹。也即，除平衡点外，从不同初始条件出发的相轨迹互不相交。

2. 平衡点处的相轨迹

(1) 满足：

$$\frac{\mathrm{d}x}{\mathrm{d}t}=\frac{\mathrm{d}y}{\mathrm{d}t}=0$$

的点，称为平衡点，又叫奇点。

(2) 因为在奇点处的斜率为不定值：

$$\frac{\mathrm{d}y}{\mathrm{d}x}=\frac{\frac{\mathrm{d}y}{\mathrm{d}t}}{\frac{\mathrm{d}x}{\mathrm{d}t}}=\frac{0}{0}$$

故奇点处斜率值有无穷多个，即有无穷多条相轨迹通过该点，又根据奇点附近的相轨迹形状，给奇点定义了不同名称，如线性二阶系统中的 6 种点。对线性系统，一般只有一个奇点，而一个非线性系统，可能有多个奇点。

3. 相轨迹的走向

t 增大时，相轨迹的点移动的方向，称为相轨迹的走向。

规律：

① 上半平面：$\dot{x}>0$，且 x 随 t 的增大而增大，走向是自左向右；

② 下半平面：$\dot{x}<0$，且 x 随 t 的减小而减小，走向是自右向左。

7.4.4　相轨迹的绘制方法

有两种：解析法、实验法。

1. 解析法

(1) 列写系统的微分方程：

$$\ddot{x}=f(\dot{x},x)$$

$$\frac{\mathrm{d}\dot{x}}{\mathrm{d}x}=\frac{f(x,\dot{x})}{\dot{x}}$$

(2) 由微分方程求相轨迹方程：

$$x_2=\phi(x_1)$$

(3) 由相轨迹方程画相轨迹曲线。

[例 7－7]　图 7－31 所示系统，当输入信号为 0 时，绘制由初始条件产生的相轨

迹曲线。

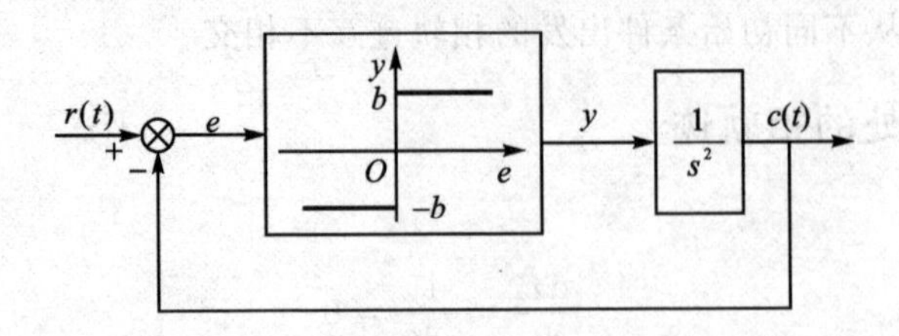

图 7-31　例 7-7 理想继电器特性的非线性系统结构图

解:(1)列写系统的微分方程:

线性部分:

$$\because \frac{c(s)}{y(s)}=\frac{1}{s^2}$$

$$\therefore \ddot{c}(t)=y(t)$$

非线性元件:

$$y(t)=\begin{cases}b & e(t)>0\\ -b & e(t)<0\end{cases}$$

$$\therefore \ddot{c}(t)=\begin{cases}b & e(t)>0\\ -b & e(t)<0\end{cases}$$

$$e(t)=r(t)-c(t)=-c(t)$$

所以,系统的微分方程为:

$$\ddot{c}(t)=\begin{cases}b & c(t)<0\\ -b & c(t)>0\end{cases}$$

(2) 求相轨迹方程:

① 在 $c(t)<0$ 的区域内:

$$\ddot{c}(t)=b$$

$$\therefore \frac{\mathrm{d}\dot{c}}{\mathrm{d}c}=\frac{b}{\dot{c}}$$

$$\dot{c}\,\mathrm{d}\dot{c}=b\,\mathrm{d}c$$

上式等号两边积分:

$$\frac{1}{2}\dot{c}^2=bc+\frac{1}{2}A$$

其中,A 为积分常数。

所以,相轨迹方程为:

$$\dot{c}^2=2bc+A$$

设初始条件为:$c(0)=c_0$,$\dot{c}(0)=\dot{c}_0$,代入上式得:

$$A=\dot{c}_0^2-2bc_0$$

最终的相轨迹方程为：

$$\dot{c}^2 = 2bc + \dot{c}_0^2 - 2bc_0$$

② 在 $c(t)>0$ 的区域内，同理可得：

$$\dot{c}^2 = -2bc + \dot{c}_0^2 + 2bc_0$$

(3) 画出相轨迹：每个区域为一组抛物线，如图 7-32 所示。

例题解答完毕。

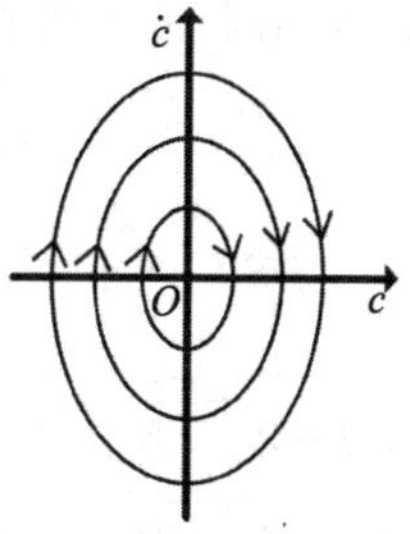

图 7-32　例 7-7 理想继电器特性的非线性系统的相轨迹图

2. 实验法

一个实际系统，若能把 $\dot{c}$ 和 c 直接测量出来，并分别送入示波器的水平(x 轴)和垂直(y 轴)通道的输入端，便可在示波器上显示出相轨迹曲线，或通过 $x-y$ 记录仪记录下来。

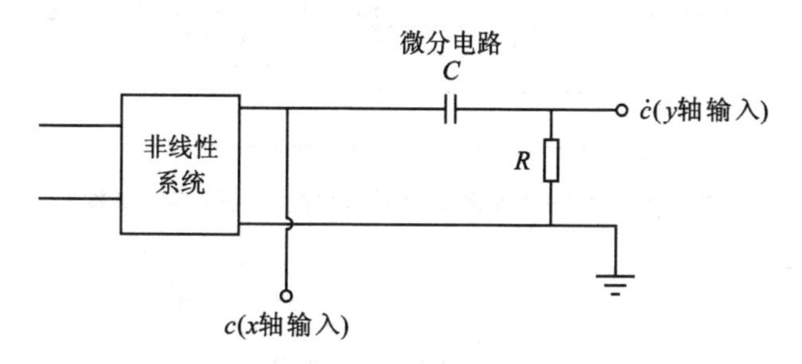

图 7-33　非线性系统绘制相轨迹图的实验法

图 7-33 中的微分电路的传递函数为：

$$\frac{Ts}{1+Ts}$$

式中，$T=RC$，为时间常数。可取：$R=1\ \mathrm{M\Omega}$，$C=220\ \mathrm{PF}$，$T=22\ \mathrm{ms}$。

因为 T 很小，所以图 7-33 中的微分电路的传递函数的分母为 1，于是微分电路的传递函数近似为 Ts。所以微分电路的输出近似视为 $\dot{c}$。

7.5　用相平面法分析非线性系统

7.5.1　一般步骤

(1) 首先写出系统线性部分的微分方程，为方便起见，若是输入为 0，在初始条件作用下，通常取 c-$\dot{c}$ 平面；若是讨论输入作用下的，通常取误差 e-$\dot{e}$ 平面；

(2) 根据非线性特性分段线性的情况，将相平面分成若干线性区域；

(3) 分别写出各线性区域的相轨迹方程(c-$\dot{c}$ 或者 e-$\dot{e}$)；

(4) 画出在已知初始条件或输入信号作用下的相轨迹曲线，并分析系统的运动过程。

7.5.2 举 例

[例 7-8] 死区继电器非线性元件控制的电动机负反馈闭环控制系统，其结构图如图 7-34 所示。当输入信号 θ_0 为阶跃函数，初始条件为 0 时，画出相轨迹曲线，并分析非线性系统的稳定性与稳态误差的大小。

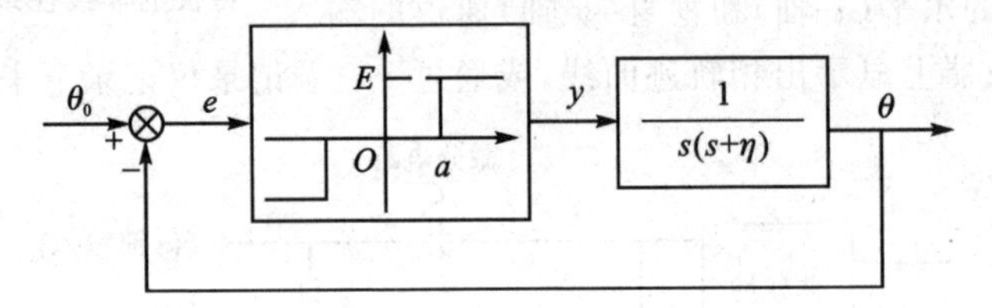

图 7-34 例 7-8 死区继电器特性的非线性系统结构图

解:(1) 写微分方程(e-$\dot{e}$)：

$$\because \frac{\theta(s)}{y(s)}=\frac{1}{s(s+\eta)}$$

$$\ddot{\theta}+\eta\dot{\theta}=y$$

又因为 $e=\theta_0-\theta$，且 θ_0 为阶跃函数，所以有：

$$\dot{\theta}_0=\ddot{\theta}_0=0$$

代入可得：

$$\ddot{e}+\eta\dot{e}=-y$$

(2) 划分线性区域：

$$\because y=\begin{cases}0 & |e|<0\\ E & e\geqslant a\\ -E & e\leqslant -a\end{cases}$$

这样，就把 e-$\dot{e}$ 平面分成 3 个区域，如图 7-35 所示，其中 L_1、L_2 是两条开关线。

(3) 求各区域的相轨迹方程：

① Ⅰ区，$y=0$。

在这个区域内，微分方程为：

$$\ddot{e}+\eta\dot{e}=0$$

$$\frac{\mathrm{d}\dot{e}}{\mathrm{d}t}=-\eta\dot{e}$$

等式两边除以 $\dot{e}$，可得：

$$\frac{\frac{d\dot{e}}{dt}}{\frac{de}{dt}}=-\eta$$

$$d\dot{e}=-\eta de$$

求解这个一阶微分方程，解得相轨迹方程为：

$$\dot{e}-\dot{e}_0=-\eta(e-e_0)$$

这是一组斜率为 $-\eta$ 的平行线，如图 7-36 所示。

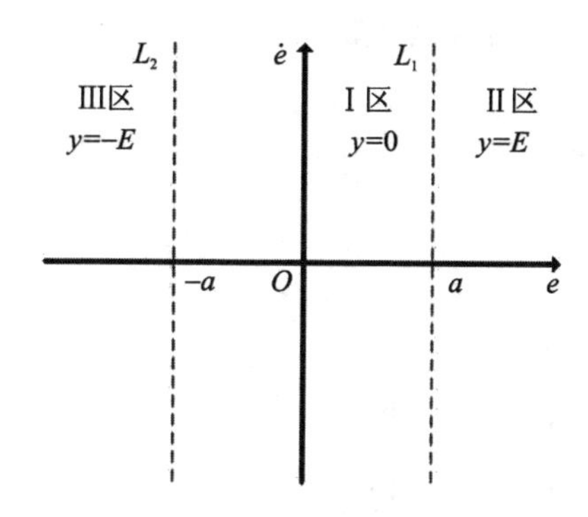

图 7-35　例 7-8 的 e-$\dot{e}$ 平面分成 3 个区域

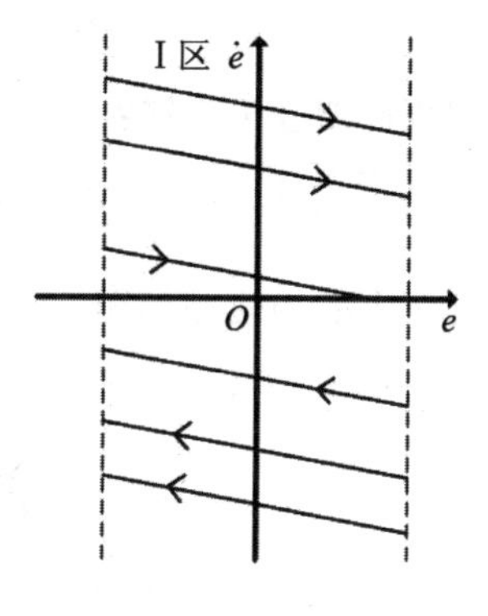

图 7-36　例 7-8 的Ⅰ区中的相轨迹图

② Ⅱ区，$y=E$。

在这个区域内，微分方程为：

$$\ddot{e}+\eta\dot{e}=-E$$

其通解为：

$$e=e_0+\frac{1}{\eta}(\dot{e}_0-\dot{e})+\frac{E}{\eta^2}\ln\frac{\eta\dot{e}+E}{\eta\dot{e}_0+E}$$

相轨迹渐进于直线：

$$\dot{e}=-\frac{E}{\eta}$$

Ⅱ区内的相轨迹如图 7-37 所示。

③ Ⅲ区，$y=-E$。

在这个区域内，微分方程为：

$$\ddot{e}+\eta\dot{e}=E$$

其通解为：

$$e=e_0+\frac{1}{\eta}(\dot{e}_0-\dot{e})-\frac{E}{\eta^2}\ln\frac{\eta\dot{e}-E}{\eta\dot{e}_0-E}$$

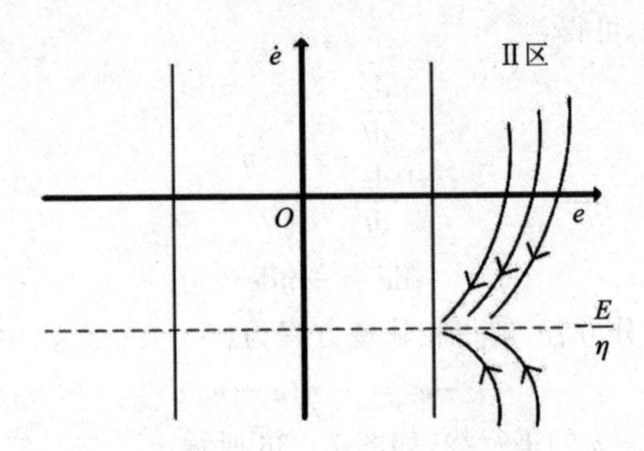

图 7－37　例 7－8 的Ⅱ区中的相轨迹图

相轨迹渐进于直线：

$$\dot{e}=\frac{E}{\eta}$$

Ⅲ区内的相轨迹如图 7－38 所示。

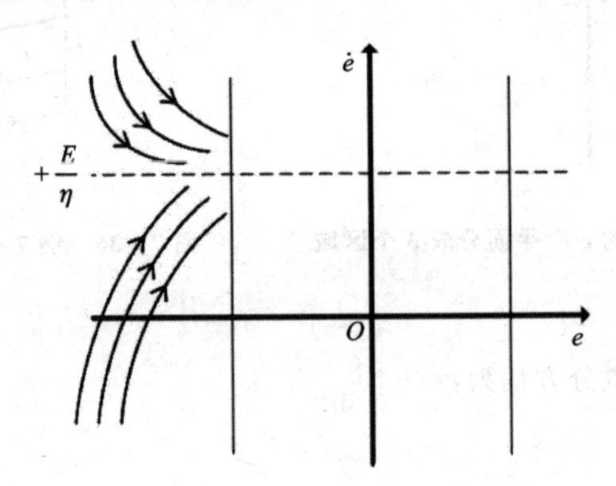

图 7－38　例 7－8 的Ⅲ区中的相轨迹图

(4) 画出输入信号 θ_0 为阶跃函数,初始条件为 0 时,系统的相轨迹。

确定 e-$\dot{e}$ 平面运动的起点($t>0$ 的瞬间)：

$$\because e(0)=\theta_0(0)-\theta(0)$$

$$\therefore \dot{e}(0)=\dot{\theta}_0(0)-\dot{\theta}(0)$$

由于初始条件为 0(静止状态)：$\theta(0)=\dot{\theta}(0)=0$,则：

$$e(0)=\theta_0(0)$$

$$\dot{e}(0)=\dot{\theta}_0(0)$$

又因为输入信号 θ_0 为阶跃函数,设 $\theta_0=M>a$,则：

$$e(0)=M$$

$$\dot{e}(0)=0$$

相轨迹的起点在 e-$\dot{e}$ 平面的$(M,0)$点,在Ⅱ区。由此可画出阶跃响应的相轨迹曲线如图 7-39 所示。

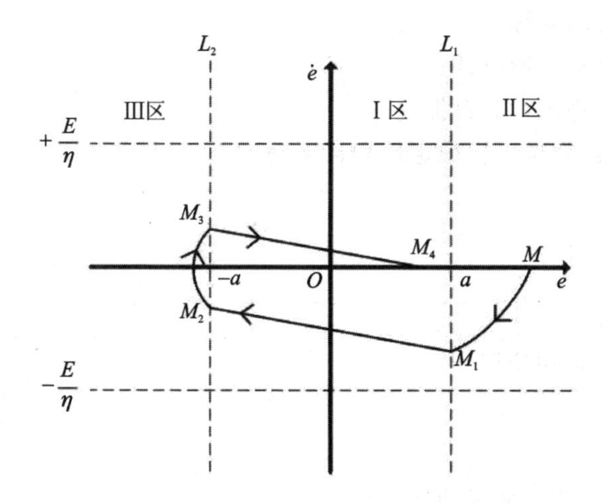

图 7-39　例 7-8 的在 e-$\dot{e}$ 平面的根轨迹图

直到和 $-aa$ 线段相交，停止运动（当点在 $-aa$ 线上时，$e\neq0$，$\dot{e}=0$，且在Ⅰ区内，满足微分方程 $\ddot{e}+\eta\dot{e}=0$，不再运动）。稳态误差为 M_4。

7.6　本章小结

本章介绍了两个问题。

1. 非线性系统的基本规律

主要是典型非线性特征：饱和、死区、滞环、继电器特性的静特性曲线与数学表达式。

2. 基本分析方法：描述函数法

（1）描述函数的定义：非线性元件，其稳态输出的基波分量与输入正弦量的复数比：

$$N(A)=\frac{\sqrt{B_1^{\ 2}+C_1^{\ 2}}}{A}\angle\tan^{-1}\frac{C_1}{B_1}$$

（2）描述函数的求法：

① 从定义出发；

② 复杂非线性系统：若 $y=f(x)=\sum f_i(x)$，则 $N(A)=\sum N_i(A)$。

掌握 4 种基本元件的描述函数及负倒曲线。

(3) 应用范围：

① 非线性特性斜对称；

② 线性部分具有低通特性；

③ 只限于分析稳定性和自振荡。

(4) 应用描述函数法分析稳定性和自振荡。

核心：$-\dfrac{1}{N(A)}$。

应用：

① 稳定性判别；

② 自振荡的判别和计算。

3. 相平面法

(1) 相平面法的基本概念和性质；

(2) 相轨迹的定义；

(3) 绘制相轨迹的方法；

(4) 利用相平面法分析非线性系统。

第8章　采样系统理论(离散系统理论)

【**提要**】 本章主要讨论关于采样系统的基本理论：

(1) 采样系统的基本概念：

① 采样过程即采样定理；

② 信号恢复保持器；

③ 数学工具—Z 变换。

(2) 采样系统的数学模型：

① 差分方程；

② 脉冲传递函数。

(3) 系统分析(只讨论时域法)：

① 动态响应求取；

② 稳定性分析；

③ 稳态误差计算。

(4) 系统的校正：

只介绍最少拍系统。

8.1　离散系统基本概念

以上各章讨论内容都是连续函数，其中重点是线性定常系统的分析和设计方法。所谓连续系统，即系统中各元件的输入和输出信号都是时间 t 的连续函数。

目前，随着计算机技术的迅速发展，采样系统得到了广泛的应用。采样系统又称为离散控制系统。

8.1.1　几个定义

(1) 采样系统(离散系统)：系统中只要有一处信号是脉冲序列或数码时，则称为采样系统。

(2) 采样：把连续(系统)信号变成脉冲序列或数码的过程，叫采样。

(3) 采样开关：用来完成采样过程的装置叫采样开关，或采样器；

(4) 保持器:从采样信号中复现出连续信号的装置,称为保持器。

(5) 采样系统分类:

① 脉冲控制系统:系统中的采样信号是脉冲序列。

特点:信号时间上是离散的,幅值上是连续的。

② 数字控制系统:系统中的采样信号是数码,如计算机控制系统。

特点:信号时间上和幅值上都是离散的。

8.1.2 离散系统的结构

1. 采样系统

采样系统的方框图如图 8-1 所示。

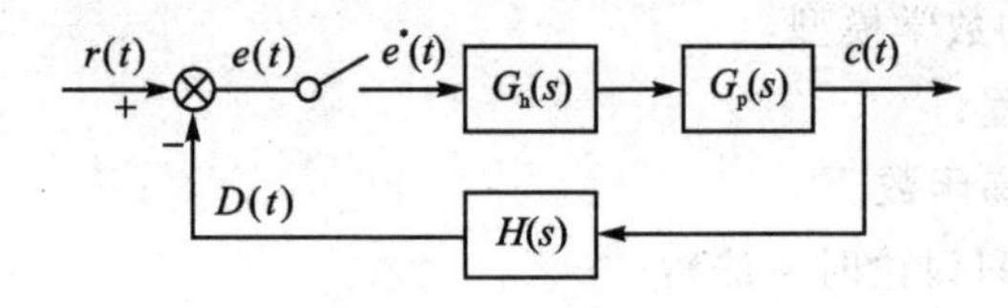

图 8-1 采样系统方框图

2. 数字控制系统

数字控制系统方框图如图 8-2 所示。

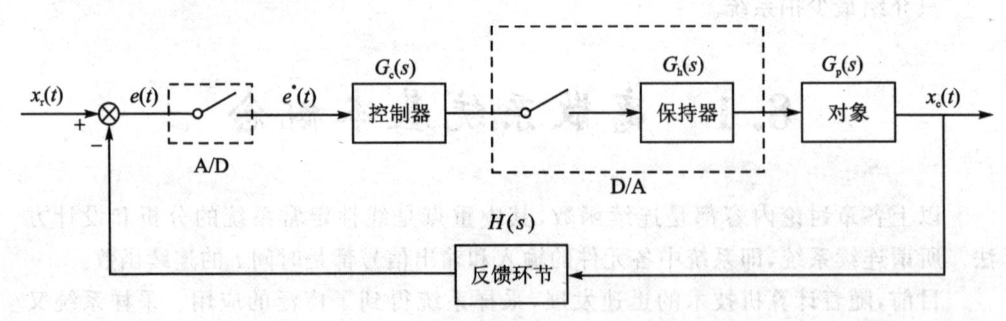

图 8-2 数字控制系统方框图

对于数字控制系统,由于 A/D 转换器的精度很高,其量化误差可以忽略不计,故可看作理想的等周期采样开关。而 D/A 的作用是把数字量形式的控制信号转换成模拟量,即连续信号,故可看作一个保持器。计算机的运算是一个数字控制器。所以,由计算机构成的数字控制系统在数学上可等效为一个典型的采样系统,故本章介绍的方法对数字控制系统也是适用的。

8.2　信号的采样与复现

8.2.1　采样过程的数学描述

1. $f^*(t)$表达式

我们从物理意义上加以推导:假设采样是等周期同步采样,则采样过程,实际上就是一个采样开关,等周期闭合的过程。设周期是 T(又称采样周期),每次闭合时间为 τ,这样就将连续信号 $f(t)$变成了一个脉冲序列 $f^*(t)$,前提是 $\tau \ll T$。采样开关图如图 8－3 所示。$f^*(t)$采样开关图如图 8－4 所示。

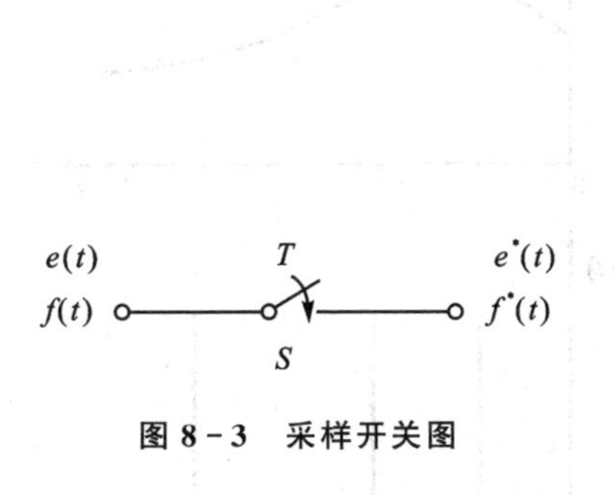

图 8－3　采样开关图

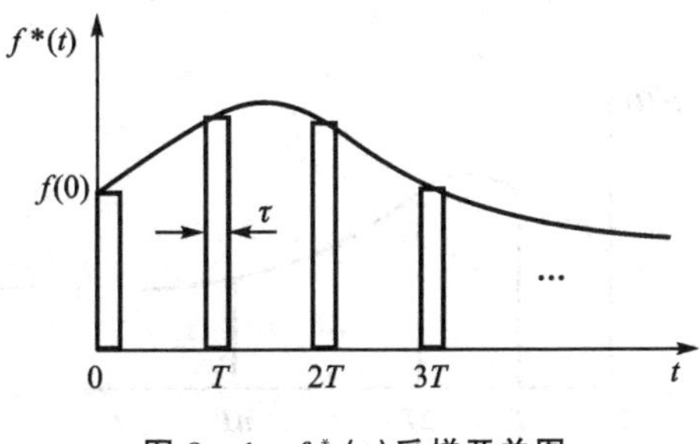

图 8－4　$f^*(t)$采样开关图

因为闭合时间很短,故在时间 τ 内,可认为 $f(t)$基本不变,这样就可用高为 $f(nT)$,宽为 τ 的矩形脉冲序列来表示:

$$\begin{aligned} & f(0)[1(t)-1(t-\tau)]+f(T)[1(t-T)-1(t-T-\tau)]+\cdots \\ & \quad +f(nT)[1(t-nT)-1(t-nT-\tau)]+\cdots \\ & =\sum_{n=0}^{\infty} f(nT)[1(t-nT)-1(t-nT-\tau)] \end{aligned}$$

在这个序列中,由于上述脉冲很窄,这就可用单位脉冲函数来表示每个脉冲,则:

$$1(t-nT)-1(t-nT-\tau)=\tau\delta(t-nT)$$

所以:

$$\begin{aligned} & f(0)[1(t)-1(t-\tau)]+f(T)[1(t-T)-1(t-T-\tau)]+\cdots \\ & \quad +f(nT)[1(t-nT)-1(t-nT-\tau)]+\cdots \\ & =\sum_{n=0}^{\infty} f(nT)[1(t-nT)-1(t-nT-\tau)]=\tau\sum_{n=0}^{\infty} f(nT)\delta(t-nT) \end{aligned}$$

由于 τ 是常数,为方便起见,将其归算到后面系统中去。所以 $f^*(t)$可表示为:

$$f^*(t)=\sum_{n=0}^{\infty}f(nT)\delta(t-nT)$$

或者：

$$e^*(t)=\sum_{n=0}^{\infty}e(nT)\delta(t-nT)$$

由于 $f^*(t)$只有在脉冲出现的时刻上才有意义，故上式又可写成：

$$f^*(t)=f(t)\sum_{n=0}^{\infty}\delta(t-nT)=\sum_{n=0}^{\infty}f(t)\delta(t-nT)$$

又因为 $t<0$ 时，实际系统的 $f(t)=0$，所以上式可写成：

$$f^*(t)=f(t)\sum_{n=-\infty}^{\infty}\delta(t-nT)=\sum_{n=-\infty}^{\infty}f(t)\delta(t-nT)$$

图 8-5 为 $f^*(t)$数学描述图。

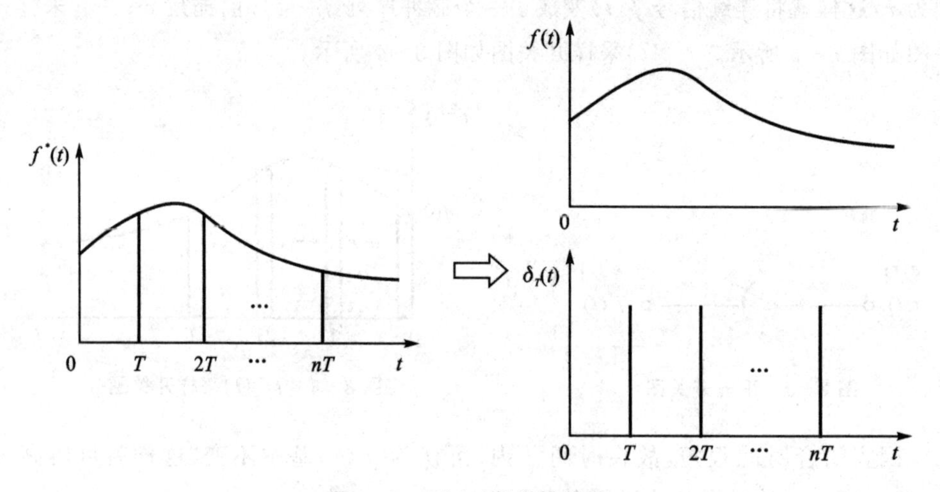

图 8-5　$f^*(t)$数学描述图

结论：采样器相当于一个脉冲调制器，$f(t)$是调制信号，单位脉冲序列是载波，通过采样器，将 $f(t)$转换成一串调幅脉冲。

2. $f^*(t)$的拉式变换

(1) 第一形式：

$$\because f^*(t)=\sum_{n=0}^{\infty}f(nT)\delta(t-nT)$$

$$\therefore f^*(s)=L[f^*(t)]=\sum_{n=0}^{\infty}f(nT)L[\delta(t-nT)]$$

利用 $\delta(t)$拉式变换的延迟定理，得：

$$f^*(s)=\sum_{n=0}^{\infty}f(nT)\mathrm{e}^{-nTs}$$

(2) 第二形式：

$$\because f^*(t)=f(t)\sum_{n=-\infty}^{\infty}\delta(t-nT)$$

而 $\delta_T(t)=\sum\limits_{n=-\infty}^{\infty}\delta(t-nT)$ 是周期函数,故可展开成傅氏级数,用复指数的形式可写成：

$$\delta_T(t)=\sum_{n=-\infty}^{\infty}C_n e^{jn\omega_s t}$$

式中,采样角频率为：

$$\omega_s=\frac{2\pi}{T}$$

傅氏系数为：

$$C_n=\frac{1}{T}\int_{-\frac{\pi}{2}}^{\frac{\pi}{2}}\delta_T(t)e^{-jn\omega_s t}\,dt$$

因为 $\delta(t)$在 $t\neq 0$ 时均为 0,所以：

$$C_n=\frac{1}{T}\int_{0^-}^{0^+}\delta(t)\,dt=$$

所以：

$$f^*(t)=\frac{1}{T}\sum_{n=-\infty}^{\infty}f(t)e^{jn\omega_s t}$$

对上式等号两边取拉式变换,得：

$$f^*(s)=\frac{1}{T}\sum_{n=-\infty}^{\infty}L\left[f(t)e^{jn\omega_s t}\right]$$

又因为拉式变换的位移定理,得：

$$F(s\pm a)=L\left[f(t)e^{\mp at}\right]$$

所以可得：

$$f^*(s)=\frac{1}{T}\sum_{n=-\infty}^{\infty}L\left[f(t)e^{jn\omega_s t}\right]=\frac{1}{T}\sum_{n=-\infty}^{\infty}F(s-jn\omega_s)$$

第二形式的意义在于:它把 $f^*(s)$与 $F(s)$联系起来了,可以通过 $F(s)$来求 $f^*(s)$。

8.2.2　采样定理

前面已经解决了采样信号的数学描述,下一步就是要从 $f^*(t)$中把原信号复现出来的问题。首先,能不能从 $f^*(t)$中复现出原信号呢？应满足什么条件才能复现呢？这就是要解决的第二个问题。采样定理就回答了这个问题。下面从频谱的观点分析一下：

$$\because f^*(s)=\frac{1}{T}\sum_{n=-\infty}^{\infty}F(s-\mathrm{j}n\omega_s)$$

用 $s=\mathrm{j}\omega$ 代入上式，得 $f^*(t)$ 的傅氏变换，即 $f^*(t)$ 的频谱函数为：

$$F^*(\mathrm{j}\omega)=\frac{1}{T}\sum_{n=-\infty}^{\infty}F(\mathrm{j}\omega-\mathrm{j}n\omega_s)$$

式中：$F(\mathrm{j}\omega)$ 是原函数 $f(t)$ 的频谱函数，设 $F(\mathrm{j}\omega)$ 的频谱（频谱函数的模称为振幅频谱，简称频谱）为一孤立的频谱，其最高频率为 $\omega_{\max}$，如图 8－6 所示。

$F^*(\mathrm{j}\omega)$ 为无穷多个频谱分量之和：

$n=0$ 时，就是原函数的频谱，只是幅值小了 $\frac{1}{T}$，称为主频率；

$n=1$ 时，则为原函数的频谱右移 ω_s。

称为高频频谱分量，如图 8－7 所示。

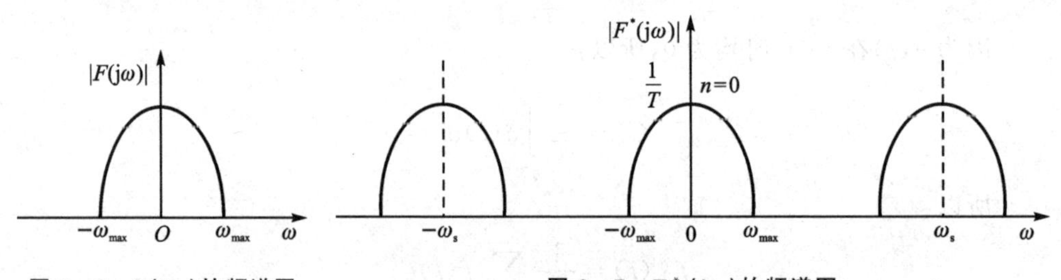

图 8－6　$F(\mathrm{j}\omega)$ 的频谱图　　　图 8－7　$F^*(\mathrm{j}\omega)$ 的频谱图

显然，若 $F^*(\mathrm{j}\omega)$ 各分量互不搭接，则可用理想低通滤波器，把全部高频频谱分量滤掉，只留下主频谱分量，则原信号可毫不畸变地复现出来，此时应使：

$$\omega_s\geqslant 2\omega_{\max}$$

这就是 Shannon 定理：为从采样信号 $f^*(t)$ 中复现出来原连续信号 $f(t)$，必须 $\omega_s\geqslant 2\omega_{\max}$（采样角频率大于等于 2 倍的原信号所含最高频率）。

8.3　信号的复现（信号的保持）

8.3.1　信号复现的基本原理

由 Shannon 定理可知，若 $\omega_s\geqslant 2\omega_{\max}$，则可用理想低通滤波器把全部高频分量滤掉，把原信号 $f(t)$ 复现出来。这种滤波器应是什么样的呢？

可以想像得到,若令滤波器的频率特性为:

$$|G_h(j\omega)|=\begin{cases}1 & |\omega|\leqslant\omega_{max}\\0 & |\omega|>\omega_{max}\end{cases}$$

如图 8-8 所示,即具有锐截止的频率特性。

实际上这种滤波器是做不出来的。通常用特性相近的低通滤波器来实现,这种装置叫保持器。最常用的是零阶保持器。

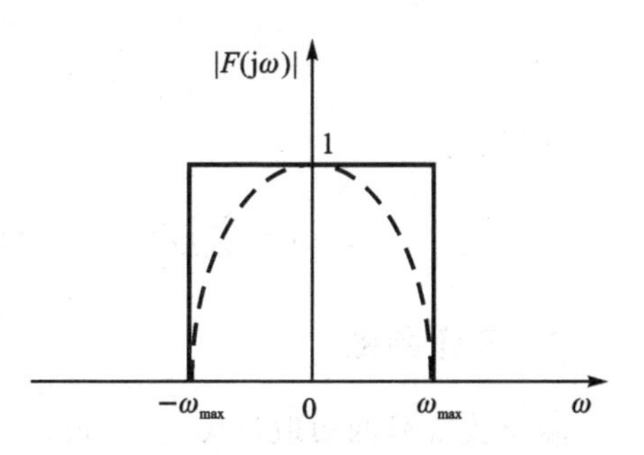

图 8-8　锐截止滤波器的频率特性图

8.3.2　零阶保持器

保持器的任务实际上就是解决各采样点之间的插值问题,零阶保持器的插值规律是:

$$e(nT+\Delta t)=e(nT)\quad nT\leqslant\Delta t\leqslant(n+1)T$$

1. 工作原理

把 nT 时刻的采样值,恒定不变地保持到下一个采样时刻,如图 8-10 所示。

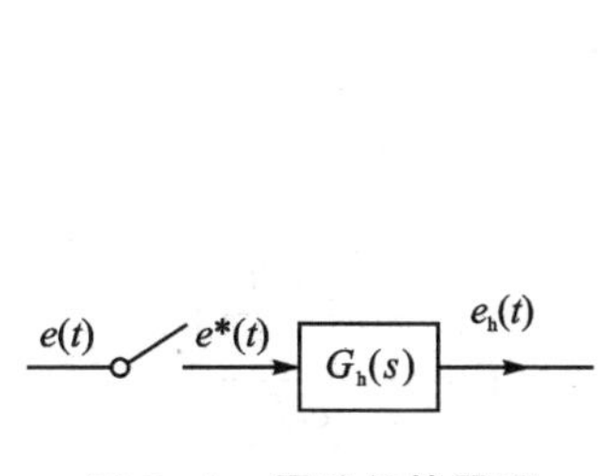

图 8-9　零阶保持器图

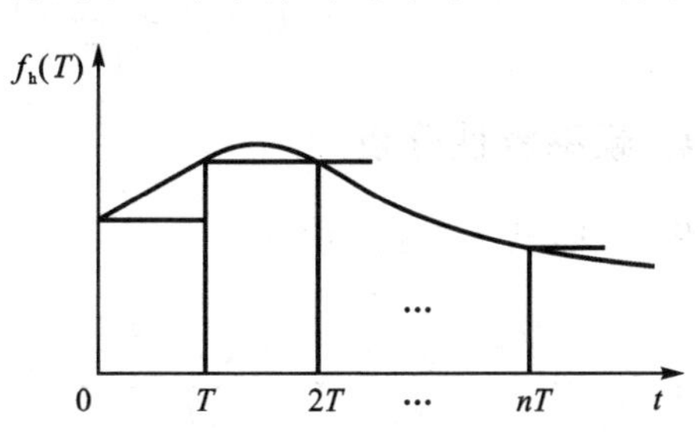

图 8-10　零阶保持器工作原理图

恢复出的信号是阶梯信号,若 T 很小,则 $f_h(t)\to f(t)$,以中点来看,但在时间上延迟$\dfrac{T}{2}$。

2. 输出表达式

因为

$$L[1(t)]=\frac{1}{s}$$

根据拉式变换的延迟定理,得:

$$L\left[1(t-nT)\right]=\frac{1}{s}\mathrm{e}^{-nTs}$$

所以，

$$f_{\mathrm{h}}(t)=\sum_{n=0}^{\infty}f(nT)\left[1(t-nT)-1(t-nT-T)\right]$$

3. 传递函数

将上式等号两边取拉氏变换，可得：

$$F_{\mathrm{h}}(s)=\sum_{n=0}^{\infty}f(nT)\left[\frac{1}{s}\mathrm{e}^{-nTs}-\frac{1}{s}\mathrm{e}^{-(n+1)Ts}\right]=\left\{\sum_{n=0}^{\infty}f(nT)\mathrm{e}^{-nTs}\right\}\frac{1-\mathrm{e}^{-Ts}}{s}$$

其结构图如图 8－11 所示。

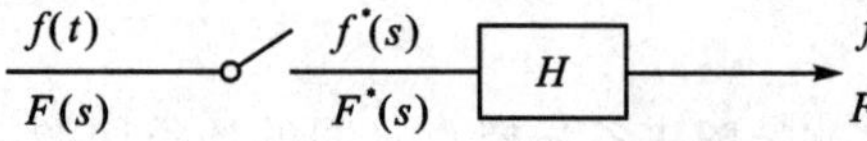

图 8－11　零阶保持器结构图

$$\because F^{*}(s)=\sum_{n=0}^{\infty}f(nT)\mathrm{e}^{-nTs}$$

所以，保持器的传递函数为：

$$G_{\mathrm{h}}(s)=\frac{F_{\mathrm{h}}(s)}{F(s)}=\frac{1-\mathrm{e}^{-Ts}}{s}$$

4. 频率特性分析

将 $s=\mathrm{j}\omega$ 代入上式，可得：

$$G_{\mathrm{h}}(\mathrm{j}\omega)=\frac{1-\mathrm{e}^{-T\mathrm{j}\omega}}{\mathrm{j}\omega}=\frac{T\cdot\mathrm{e}^{-\mathrm{j}\frac{T\omega}{2}}}{\frac{\omega T}{2}}\cdot\frac{\mathrm{e}^{\mathrm{j}\frac{T\omega}{2}}-\mathrm{e}^{-\mathrm{j}\frac{T\omega}{2}}}{2\mathrm{j}}=T\cdot\frac{\sin\left(\frac{\omega T}{2}\right)}{\frac{\omega T}{2}}\cdot\mathrm{e}^{-\mathrm{j}\frac{T\omega}{2}}$$

上式中利用工程数学中的尤拉公式，得

$$\sin\omega t=\frac{\mathrm{e}^{\mathrm{j}\omega t}-\mathrm{e}^{-\mathrm{j}\omega t}}{2\mathrm{j}}$$

零阶保持器的幅相频特性曲线如图 8－12 所示。

可见：

(1) 从幅值上看，接近于理想滤波器，但有差别，高频分量仍可通过一部分；

(2) 从相频上看，还会产生负相移，因此，不利于稳定性，但与一阶或者高阶保持器相比，零阶保持器的负相移是最小的。因此，实际中一阶保持器很少应用，图 8－13 是一个实际的零阶保持器线路。

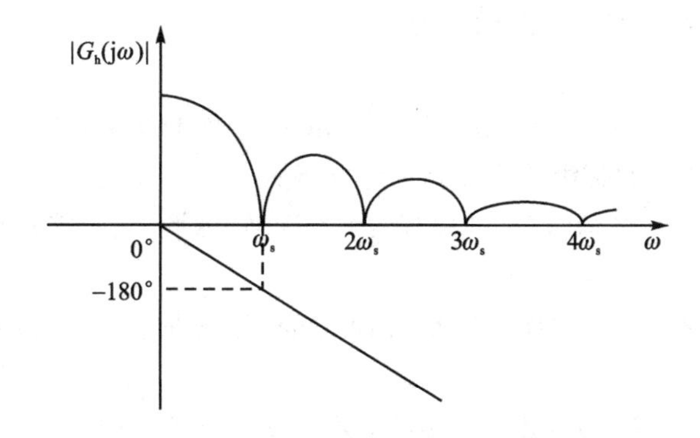

图 8－12　零阶保持器的幅相频特性曲线

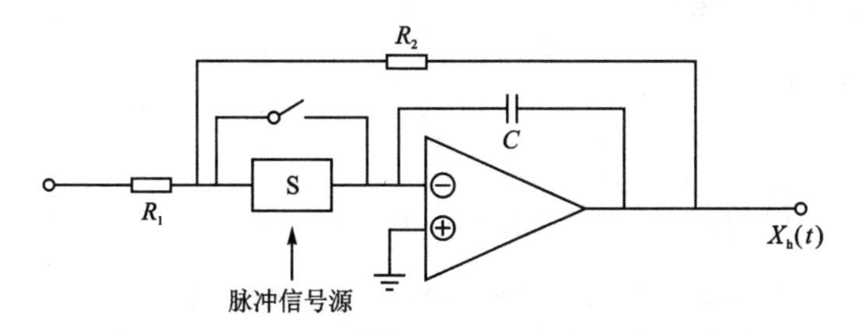

图 8－13　零阶保持器的线路图

8.4　Z 变换

Z 变换是采样系统分析的数学工具。

8.4.1　Z 变换的定义和求法

1. Z 变换的定义

由采样信号 $f^*(t)$ 的拉氏变换，可得：

$$\because f^*(t)=\sum_{n=0}^{\infty}f(nT)\delta(t-nT)$$

$$\therefore F^*(s)=\sum_{n=0}^{\infty}f(nT)\mathrm{e}^{-nTs}$$

若令 $Z=\mathrm{e}^{Ts}$，则上式可写成：

$$\sum_{n=0}^{\infty}f(nT)Z^{-n}=F(Z)$$

$F(Z)$称为采样信号$f^*(t)$的Z变换。

说明：

(1) Z变换仅仅是在拉氏变换的基础上取$Z=e^{Ts}$的变量置换，通过它，可以将s的超越函数变换成Z的幂级数或者有理分式函数。

(2) $F(Z)$是对采样信号(脉冲序列)的Z变换，因此，它只能反映采样时刻的信号变化规律。

(3) 由于$F(Z)$定义是对采样信号而言的，故习惯上也称为对$f(t)$的Z变换，即：

$$F(Z)=Z[f^*(t)]=Z[f(t)]=Z[F(s)]$$

2. Z 变换的求法

(1) 级数求和法

由定义式：

$$F(Z)=\sum_{n=0}^{\infty}f(nT)Z^{-n}=f(0)Z^0+f(T)Z^{-1}+\cdots+f(nT)Z^{-n}+\cdots$$

上式是一个无穷级数，利用上式即可求出$f^*(t)$的Z变换。

[例 8-1] 求单位阶跃函数$1(t)$的Z变换。

解：利用级数求和法，可得：

$$Z[1(t)]=1+z^{-1}+z^{-2}+\cdots+z^{-n}+\cdots$$

当$|z|>1$时，该级数收敛，则：

$$Z[1(t)]=\frac{z}{z-1}$$

例题解答完毕。

[例 8-2] 求函数$e^{-\alpha t}$的Z变换。

解：利用级数求和法，

$$\because f(nT)=e^{-\alpha nT}$$

$$\therefore Z[e^{-\alpha t}]=1+e^{-\alpha T}z^{-1}+e^{-2\alpha T}z^{-2}+\cdots=1+(e^{\alpha T}z)^{-1}+(e^{\alpha T}z)^{-2}+\cdots=\frac{e^{\alpha T}z}{e^{\alpha T}z-1}$$

$$=\frac{z}{z-e^{\alpha T}}$$

例题解答完毕。

[例 8-3] 求函数$\sin\omega t$的Z变换。

解：利用级数求和法与三角函数的尤拉公式，可得：

$$Z[\sin\omega t]=Z\left[\frac{e^{j\omega t}-e^{-j\omega t}}{2j}\right]=\frac{1}{2j}Z[e^{j\omega t}-e^{-j\omega t}]$$

将例 8-2 的结果代入上式，可得：

$$Z[\sin \omega t]=\frac{1}{2j}\left[\frac{z}{z-e^{j\omega T}}-\frac{z}{z-e^{-j\omega T}}\right]=\frac{z\sin \omega t}{z^2-2z\cos \omega T+1}$$

例题解答完毕。

(2) 部分分式法

设一个函数的拉氏变换为 s 的有理分式为

$$F(s)=\frac{M(s)}{N(s)}$$

其中 $M(s)$、$N(s)$是 s 的有理多项式。

将上式部分分式展开,可得:

$$F(s)=\frac{A_1}{s+p_1}+\cdots+\frac{A_n}{s+p_n}=\sum_{i=1}^{n}\frac{A_i}{s+p_i}$$

对上式进行拉氏反变换,可得:

$$f(t)=\sum_{i=1}^{n}A_i e^{-p_i t}$$

将例 8-2 的结果代入上式,并对上式取 Z 变换,可得:

$$F(z)=\sum_{i=1}^{n}\frac{A_i z}{z-e^{-p_i T}}$$

[例 8-4]　求下式的 Z 变换。

$$F(s)=\frac{a}{s(s+a)}$$

解:利用部分分式法,得:

$$F(s)=\frac{a}{s(s+a)}=\frac{1}{s}-\frac{1}{s+a}$$

对上式进行拉氏反变换,可得:

$$f(t)=1-e^{-at}$$

$$\therefore F(z)=\frac{z}{z-1}-\frac{z}{z-e^{-aT}}=\frac{z(1-e^{-aT})}{z^2-(1+e^{-aT})z+e^{-aT}}$$

例题解答完毕。

8.4.2 Z 变换的基本性质

下面介绍 6 个主要和常用的 Z 变换的基本性质。

1. 线性性质

若 $f_1(t)\Rightarrow F_1(z)$, $f_2(t)\Rightarrow F_2(z)$,则:

$$Z[af_1(t)+bf_2(t)]=aF_1(z)+bF_2(z)$$

含义：函数线性组合的 Z 变换，等于各函数 Z 变换的线性组合。应用该定理，可求出某些复杂函数的 Z 变换。

2. 延迟定理

若 $t<0$ 时，$f(t)=0$，且 $Z[f(t)]=F(z)$，则：

$$Z[f(t-nT)]=z^{-n}F(z)$$

显然，z^{-n} 在时域中表示延迟了 n 个采样周期。

[例 8-5] 求下式的 Z 变换。

$$e(t)=1(t-nT)$$

解：利用延迟定理，得：

$$E(z)=Z[1(t-nT)]=z^{-n}\cdot Z[1(t)]=z^{-n}\cdot\frac{z}{z-1}=\frac{1}{z^{n-1}(z-1)}$$

例题解答完毕。

3. 超前定理

若 $Z[f(t)]=F(z)$，则：

$$Z[f(t+nT)]=z^{n}F(z)-z^{n}\sum_{m=0}^{n-1}f(mT)z^{-m}$$

若 $m=0,1,\cdots,n-1$ 时，$f(mT)=0$，则：

$$Z[f(t+nT)]=z^{n}F(z)$$

[例 8-6] 求下式的 Z 变换。

$$e(t)=1(t+T)$$

解：利用超前定理，得：

$$E(z)=Z[1(t+T)]=z\cdot Z[1(t)]-z\cdot 1(0)=z\cdot\frac{z}{z-1}-z=\frac{z}{z-1}$$

例题解答完毕。

4. 复位移定理

若 $Z[f(t)]=F(z)$，则：

$$Z[e^{\mp at}f(t)]=F(e^{\pm at}z)$$

[例 8-7] 求下式的 Z 变换。

$$f(t)=e^{-at}\sin\omega t$$

解：利用复位移定理，得：

$$Z[\sin\omega t]=\frac{z\sin\omega t}{z^{2}-2z\cos\omega T+1}$$

$$F(z)=Z[e^{-at}\sin\omega t]=\frac{e^{at}\cdot z\sin\omega t}{(e^{at}z)^{2}-2e^{at}z\cos\omega T+1}=\frac{e^{-at}\cdot z\sin\omega t}{z^{2}-2e^{-at}z\cos\omega T+e^{-2at}}$$

例题解答完毕。

5. 初值定理

若 $Z[f(t)]=F(z)$,则:

$$f(0)=\lim_{z\to\infty}F(z)$$

[例 8-8]　求下式的初值。

$$f(t)=\mathrm{e}^{-\alpha t}$$

解:利用初值定理,得:

$$F(z)=\frac{z}{z-\mathrm{e}^{-\alpha T}}$$

$$f(0)=\lim_{z\to\infty}F(z)=\lim_{z\to\infty}\frac{z}{z-\mathrm{e}^{-\alpha T}}=\lim_{z\to\infty}\frac{1}{1-\mathrm{e}^{-\alpha T}\cdot\dfrac{1}{z}}=1$$

事实上,当 $t=0$ 时,$\mathrm{e}^{-\alpha t}=\mathrm{e}^{-\alpha\cdot 0}=1$。
例题解答完毕。

6. 终值定理

若 $Z[f(t)]=F(z)$,且 $f(t)$的终值是存在的,则:

$$f(\infty)=\lim_{t\to\infty}f(t)=\lim_{n\to\infty}f(nT)=\lim_{z\to 1}(z-1)F(z)$$

证明:由 Z 变化定义式可知:

$$Z[f(t+T)-f(t)]=\sum_{n=0}^{\infty}\{f[(n+1)T]-f(nT)\}z^{-n}$$

上式等号左边由超前定理可知:

$$ZF(z)-zf(0)-F(z)=\sum_{n=0}^{\infty}\{f[(n+1)T]-f(nT)\}z^{-n}$$

上式等号两边取极限($z\to 1$):

$$\lim_{z\to 1}(z-1)F(z)-f(0)=\sum_{n=0}^{\infty}\{f[(n+1)T]-f(nT)\}=-f(0)+f(\infty)$$

$$f(\infty)=\lim_{z\to 1}(z-1)F(z)$$

终值定理很重要,在计算稳态误差时,主要是用终值定理。

[例 8-9]　设 Z 变换函数如下式所示,用终值定理确定其终值。

$$E(z)=\frac{0.792z^2}{(z^2-0.416z+0.208)(z-1)}$$

解:利用终值定理,得

$$\begin{aligned}\mathrm{e}(\infty)&=\lim_{z\to 1}(z-1)E(z)\\&=\lim_{z\to 1}(z-1)\frac{0.792z^2}{(z^2-0.416z+0.208)(z-1)}=\lim_{z\to 1}\frac{0.792z^2}{z^2-0.416z+0.208}=1\end{aligned}$$

例题解答完毕。

8.4.3 常用函数的 Z 变换

表 8-1 为常用函数 Z 变换表。

表 8-1 常用函数 Z 变换表

序 号	$F(s)$	$f(t)$或$f(k)$	$F(z)$
1	1	$\delta(t)$	1
2	e^{-kTs}	$\delta(t-kT)$	z^{-k}
3	$\frac{1}{s}$	$1(t)$	$\frac{z}{z-1}$
4	$\frac{1}{s^2}$	t	$\frac{Tz}{(z-1)^2}$
5	$\frac{2}{s^3}$	t^2	$\frac{T^2z(z+1)}{(z-1)^3}$
6	$\frac{1}{1-e^{-Ts}}$	$\sum_{k=0}^{\infty}\delta(t-kT)$	$\frac{z}{z-1}$
7	$\frac{1}{s+a}$	e^{-at}	$\frac{z}{z-e^{-aT}}$
8	$\frac{1}{(s+a)^2}$	$t \cdot e^{-at}$	$\frac{Tze^{-aT}}{(z-e^{-aT})^2}$
9	$\frac{a}{s(s+a)}$	$1-e^{-at}$	$\frac{(1-e^{-aT})z}{(z-1)(z-e^{-aT})}$
10	$\frac{\omega}{s^2+\omega^2}$	$\sin \omega t$	$\frac{z \cdot \sin \omega T}{z^2-2z\cos \omega T+1}$
11	$\frac{s}{s^2+\omega^2}$	$\cos \omega t$	$\frac{z(z-\cos \omega T)}{z^2-2z\cos \omega T+1}$
12		a^k	$\frac{z}{z-a}$

8.4.4 Z 反变换

1. Z 反变换的定义

由 $F(z)$反求采样信号 $f^*(t)$或采样值函数 $f(nT)$，称为 Z 反变换，记为：

$$Z^{-1}[F(z)]=f^{*}(t)$$

注意:Z 反变换只能求出 $f^{*}(t)$,而不能求出其连续函数 $f(t)$。

2. Z 反变换的求法

(1) 长除法(幂级数法)

若 $F(z)$是 z 的有理分式,则:

$F(z)$有理分式⇒长除法展开成 z^{-1} 幂级数⇒逐项 Z 反变换成 $f^{*}(t)$

其结果是开式形式的。

[**例 8-10**]　求下式的 Z 反变换。

$$F(z)=\frac{1}{1-0.5z^{-1}}$$

解:利用长除法,得:

$$F(z)=\frac{z}{z-0.5}$$

图 8-14 为长除法求 Z 反变换。

$$\begin{array}{r}
1+0.5z^{-1}+0.25z^{-2}+0.125z^{-3}+\cdots \\
(z-0.5)\overline{)\,z\qquad\qquad\qquad\qquad\qquad\qquad} \\
\underline{-(z-0.5)} \\
0.5 \\
\underline{-(0.5-0.25z^{-1})} \\
0.25z^{-1} \\
\underline{-(0.25z^{-1}-0.125z^{-2})} \\
0.125z^{-2}
\end{array}$$

图 8-14　长除法求 Z 反变换

$$\therefore F(z)=1+0.5z^{-1}+0.25z^{-2}+0.125z^{-3}+\cdots$$

$$\therefore f^{*}(t)=\delta(t)+0.5\delta(t-T)+0.25\delta(t-2T)+\cdots$$

在实际工程中,常常只需要算出前面有限的几项就够了。

例题解答完毕。

(2) 部分分式法(和拉氏反变换的部分分式展开类似)

但是一般来说,所有分式形式的 $F(z)$,在分子上都有一个因子 z,因此,一般先把 $F(z)$除以 z,然后将$\dfrac{F(z)}{z}$展开成部分分式,然后每项再乘以 z,即得 $F(z)$的部分分式展开,最后逐项取 Z 反变换。

该法得到的是闭式形式。

[**例 8-11**]　求下式的 Z 反变换。

$$F(z)=\frac{0.5z}{(z-1)(z-0.5)}$$

解:利用部分分式法,得:

$$\frac{F(z)}{z}=\frac{0.5}{(z-1)(z-0.5)}=\frac{1}{z-1}-\frac{1}{z-0.5}$$

$$\therefore F(z)=\frac{z}{z-1}-\frac{z}{z-0.5}$$

$$\because Z\left[\mathrm{e}^{-\alpha t}\right]=\frac{z}{z-\mathrm{e}^{-\alpha T}}$$

$$\therefore \mathrm{e}^{-\alpha T}=0.5$$

对上式等号两边取对数,可得:

$$-\alpha T=-0.693$$

$$\therefore \alpha=\frac{0.693}{T}$$

$$\therefore Z^{-1}\left[\frac{z}{z-0.5}\right]=\mathrm{e}^{-\frac{0.693}{T}t}$$

根据 Z 变换的定义,可得:

$$f^{*}(t)=\sum_{n=0}^{\infty}\delta(t-nT)\cdot(1-\mathrm{e}^{-\frac{0.693}{T}t})=\sum_{n=0}^{\infty}(1-\mathrm{e}^{-0.693n})\cdot\delta(t-nT)$$

例题解答完毕。

8.5 两种数学模型

8.5.1 差分方程及其解法

差分与微分类似,差分方程与微分方程地位相同,它是采样系统的一种数学模型。

1. 差　分

采样系统中,信号是脉冲序列,它的变化规律,不能用对时间的导数来描述,而取决于前后脉冲序列数。

所谓差分:即相邻采样时刻的差值。

定义:一阶前向差分,可表示为:

$$\Delta f(kT)=f\left[(k+1)T\right]-f(kT)$$

或者

$$\Delta f(k)=f(k+1)-f(k)$$

一阶前向差分如图 8-15 所示。

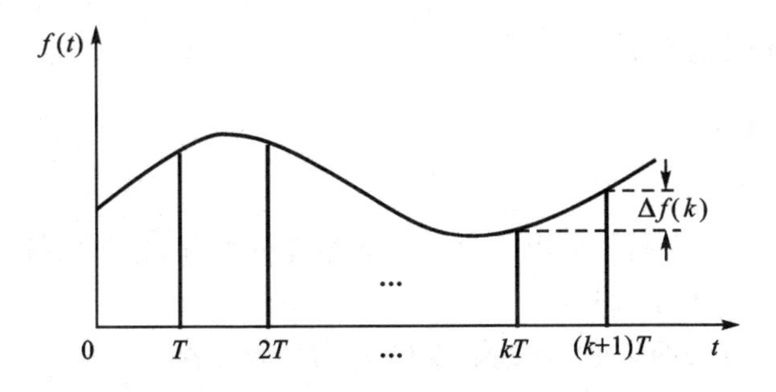

图 8-15　一阶前向差分图

二阶前向差分：

$$\begin{aligned}\Delta^2 f(kT) &= \Delta\{f[(k+1)T]-f(kT)\}=\Delta f[(k+1)T]-\Delta f(kT)\\ &= f[(k+2)T]-f[(k+1)T]-\{f[(k+1)T]-f(kT)\}\\ &= f[(k+2)T]-2f[(k+1)T]+f(kT)\end{aligned}$$

或者：

$$\Delta^2 f(k)=f(k+2)-2f(k+1)+f(k)$$

n 阶前向差分：

$$\Delta^n f(k)=\Delta^{n-1}f(k+1)-\Delta^{n-1}f(k)$$

同理可得：

一阶后向差分：

$$\nabla f(k)=f(k)-f(k-1)$$

二阶后向差分：

$$\nabla^2 f(k)=f(k)-2f(k-1)+f(k-2)$$

2. 差分方程

在连续系统中，描述输入和输出这两个信号之间动态关系的方程是微分方程。在采样系统中，描述输入和输出这两个脉冲序列间的动态关系，只能用各序列之间的差值的规律反映。因此，差分方程是用来描述采样系统输入和输出间脉冲序列的规律的方程。

n 阶线性定常系统差分方程：输入为 $r^*(t)$，输出为 $c^*(t)$，有如下两种形式：

(1) n 阶前向差分方程

$$\begin{aligned}&c(k+n)+a_1c(k+n-1)+\cdots+a_{n-1}c(k+1)+a_nc(k)\\ &=b_0r(k+m)+b_1r(k+m-1)+\cdots+b_{m-1}r(k+1)+b_mr(k)\end{aligned}$$

(2) n 阶后向差分方程

$$\begin{aligned}&c(k)+a_1c(k-1)+\cdots+a_{n-1}c(k-n+1)+a_nc(k-n)\\ &=b_0r(k)+b_1r(k-1)+\cdots+b_{m-1}r(k-m+1)+b_mr(k-m)\end{aligned}$$

3. 差分方程的解法

常用的有两种：

(1) Z 变换法

对线性定常差分方程一般用 Z 变换法来解差分方程，这与用拉氏变换法求解微分方程是一样的，一般步骤是：

① 将差分方程的两边取 Z 变换，变成 Z 的代数方程；

② 求出输出量的 Z 变换 $X_c(z)$，解代数方程；

③ 对 $X_c(z)$ 求 Z 的反变换，得 $X_c^*(t)=Z^{-1}[X_c(z)]$。

[例 8-12] 求下式差分方程的解，初始条件为 $f(0)=f(1)=0$，输入为单位斜坡函数 $r(k)=k, k=0,1,2,\cdots$

$$f(k+2)+2f(k+1)+f(k)=r(k)$$

解：对上式等号两边取 Z 变换，由 Z 变换超前定理和初始条件，可得：

$$z^2F(z)+2zF(z)+F(z)=\frac{Tz}{(z-1)^2}$$

设 $T=1$，则上式为：

$$z^2F(z)+2zF(z)+F(z)=\frac{z}{(z-1)^2}$$

$$\therefore F(z)=\frac{z}{(z^2+2z+1)(z-1)^2}=\frac{z}{z^4+2z^2+1}$$

利用长除法，上式可化成：

$$F(z)=z^{-3}+2z^{-5}+3z^{-7}+4z^{-9}+\cdots$$

$$\therefore f^*(t)=\delta(t-3T)+2\delta(t-5T)+3\delta(t-7T)+4\delta(t-9T)+\cdots$$

例题解答完毕。

(2) 迭代法

若已知差分方程和初始条件，从初始值出发，利用差分方程递推。

① 对于后向差分方程，可由方程，写出下列递推公式；

$$\begin{aligned}c(k)=&-a_1c(k-1)-\cdots-a_{n-1}c(k-n+1)\\&-a_nc(k-n)+b_0r(k)+b_1r(k-1)+\cdots\\&+b_{m-1}r(k-m+1)+b_mr(k-m)\end{aligned}$$

② 对于前向差分方程，可由方程，写出下列递推公式；

$$\begin{aligned}c(k+n)=&-a_1c(k+n-1)-\cdots-a_{n-1}c(k+1)-a_nc(k)+b_0r(k+m)\\&+b_1r(k+m-1)+\cdots+b_{m-1}r(k+1)+b_mr(k)\end{aligned}$$

8.5.2　脉冲传递函数

1. 脉冲传递函数的定义

脉冲传递函数是采样系统的第二种数学模型,也是主要的模型。它的定义与传递函数相似。

设系统的输入信号为 $X_r(t)$,采样信号为 $X_r^*(t)$,Z 变换 $X_r(z)$;输出信号为 $X_c(t)$,采样信号为 $X_c^*(t)$,Z 变换 $X_c(z)$。

定义:零初始条件下,系统输出的 Z 变换与输入的 Z 变换之比,称为脉冲传递函数,记为:

$$G(z)=\frac{X_c(z)}{X_r(z)}$$

图 8-16 为脉冲传递函数定义图。

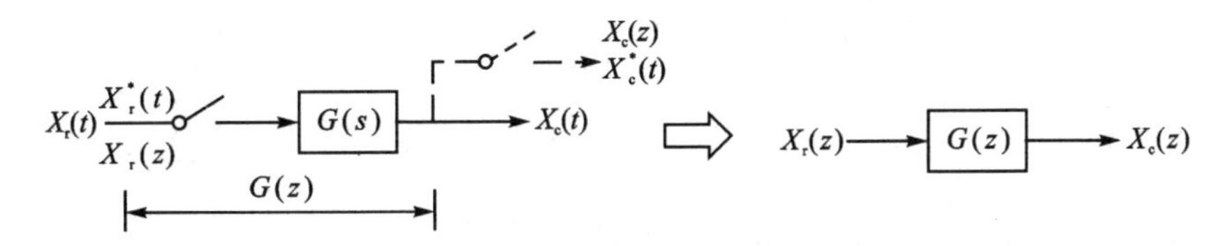

图 8-16　脉冲传递函数定义图

注意:输出端没有采样器的时候,可在输出端虚设一个与输入采样开关周期同步的采样开关,此时 $G(z)$ 只能反映输出在各采样时刻的规律。

2. 脉冲传递函数的求法

$$G(z)=Z[g(t)]$$

其中 $g(t)$ 是环节或系统的单位脉冲响应函数。

$$\begin{aligned}X_r^*(t)&=\sum_{n=0}^{\infty}X_r(nT)\delta(t-nT)\\&=X_r(0)\delta(t)+X_r(T)\delta(t-T)+\cdots+X_r(nT)\delta(t-nT)+\cdots\end{aligned}$$

所以,对于 $G(s)$ 来说,输入是一个脉冲序列。对于第 nT 时刻的输入脉冲,其输出分量为单位脉冲响应函数 $X_r(nT)g(t-nT)$。

利用迭加原理,则对应于 $X_r^*(t)$ 这个脉冲序列,总输出为:

$$X_c(t)=X_r(0)g(t)+X_r(T)g(t-T)+\cdots+X_r(nT)g(t-nT)+\cdots$$

所以,在 $t=mT$ 时,有

$$X_c(mT)=X_r(0)g(mT)+X_r(T)g(mT-T)+\cdots+X_r(nT)g(mT-nT)+\cdots$$

将上式等号两边乘以 e^{-mTs}，并求和，可得：

$$\sum_{m=0}^{\infty} X_c(mT)e^{-mTs}$$

$$=\sum_{m=0}^{\infty} X_r(0)g(mT)e^{-mTs}+\sum_{m=0}^{\infty} X_r(T)g(mT-T)e^{-mTs}+\cdots$$

$$+\sum_{m=0}^{\infty} X_r(nT)g(mT-nT)e^{-mTs}+\cdots$$

注意：

(1) $X_r(0),X_r(T),\cdots,X_r(nT)$ 与 m 无关，所以可提到 $\sum$ 之外；

(2) 当 $t<0$ 时，$g(t)=0$，则上式中的第二项展开：

$$\begin{aligned}\sum_{m=0}^{\infty} g(mT-T)e^{-mTs} &= g(-T)e^{-0Ts}+g(0T)e^{-Ts}+g(T)e^{-2Ts}+\cdots\\ &= 0+g(0)e^{-Ts}+g(T)e^{-2Ts}+\cdots=e^{-Ts}[g(0)+g(T)e^{-Ts}+\cdots]\\ &= e^{-Ts}\sum_{m=0}^{\infty} g(mT)e^{-mTs}\end{aligned}$$

$$\therefore \sum_{m=0}^{\infty} X_c(mT)e^{-mTs}=[X_r(0)+X_r(T)e^{-Ts}+X_r(2T)e^{-2Ts}+\cdots]\sum_{m=0}^{\infty} g(mT)e^{-mTs}$$

$$\therefore \sum_{m=0}^{\infty} X_c(mT)e^{-mTs}=\sum_{n=0}^{\infty} X_r(nT)e^{-nTs}\sum_{m=0}^{\infty} g(mT)e^{-mTs}$$

令 $z=e^{sT}$，根据 Z 变换的定义，可得：

$$X_c(z)=X_r(z)g(z)$$

$$\therefore \frac{X_c(z)}{X_r(z)}=g(z)=G(z)=Z[g(t)]$$

$$\because g(t)=L^{-1}[G(s)]$$

$$\therefore G(z)=Z[G(s)]$$

求解脉冲传递函数 $G(z)$ 的步骤为：

(1) 先将 $G(s)$ 部分分式展开；

(2) 利用 Z 变换，逐项 Z 变换，最后得 $G(z)$。

[例 8-13] 已知系统的传递函数如下所示，求系统的脉冲传递函数 $G(z)$。

$$G(s)=\frac{10}{s(s+10)}$$

解：利用部分分式法，得：

$$\because G(s)=\frac{10}{s(s+10)}=\frac{1}{s}-\frac{1}{s+10}$$

$$\therefore G(z)=\frac{z}{z-1}-\frac{z}{z-e^{-10T}}=\frac{(1-e^{-10T})z}{(z-1)(z-e^{-10T})}$$

例题解答完毕。

3. 环节串联的脉冲传递函数

有 4 种不同情况的环节串联。

(1) 环节之间有采样器

环节之间有采样器的结构图如图 8－17 所示。

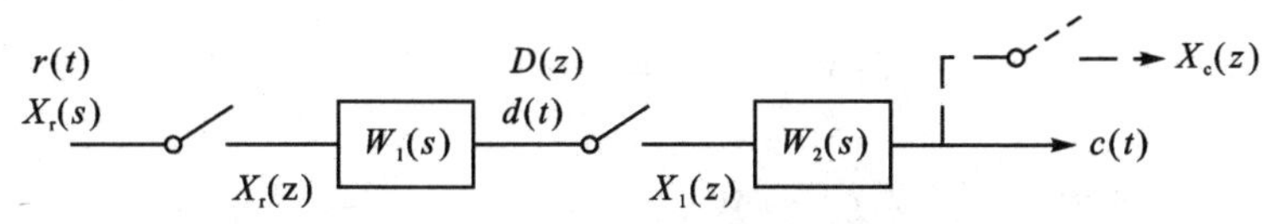

图 8－17　环节之间有采样器的系统结构图

$$W_1(z)=\frac{X_1(z)}{X_r(z)}=\frac{D(z)}{R(z)}$$

$$W_2(z)=\frac{X_c(z)}{X_1(z)}=\frac{C(z)}{D(z)}$$

$$\therefore W(z)=\frac{X_c(z)}{X_r(z)}=\frac{X_c(z)}{X_1(z)}\cdot\frac{X_1(z)}{X_r(z)}=W_1(z)\cdot W_2(z)$$

结论:若串联环节之间有采样器,则总的脉冲传递函数等于各串联环节脉冲传递函数的乘积。

(2) 环节之间无采样器

环节之间无采样器的结构图如图 8－18 所示。

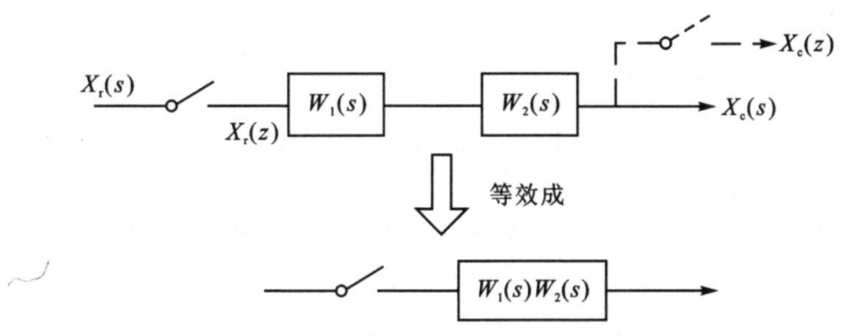

图 8－18　环节之间无采样器的系统结构图

$$\therefore W(z)=Z\left[W_1(s)W_2(s)\right]=W_1W_2(z)$$

结论:若串联环节之间无采样器,则总的脉冲传递函数等于各串联环节传递函数乘积的 Z 变换。

注意:在一般情况下,$W_1(z)W_2(z)\neq W_1W_2(z)$。

[例 8－14]　已知系统的结构图如图 8－19 所示,求系统的脉冲传递函数。

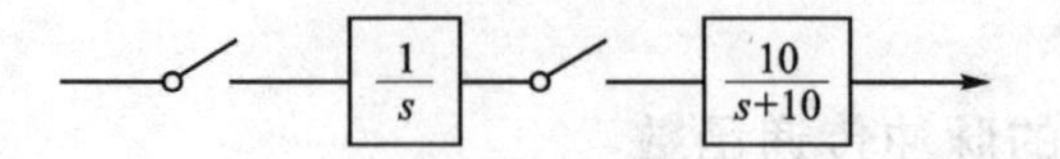

图 8-19 例 8-14 环节之间有采样器的系统结构图

解：

$$\because W_1(z)=Z\left[\frac{1}{s}\right]=\frac{z}{z-1}$$

$$\because W_2(z)=Z\left[\frac{10}{s+10}\right]=\frac{10z}{z-\mathrm{e}^{-10T}}$$

$$\therefore W(z)=W_1(z)\cdot W_2(z)=\frac{10z^2}{(z-1)(z-\mathrm{e}^{-10T})}$$

而如果把图 8-19 中的系统变成环节之间无采样器的系统，如图 8-20 所示。

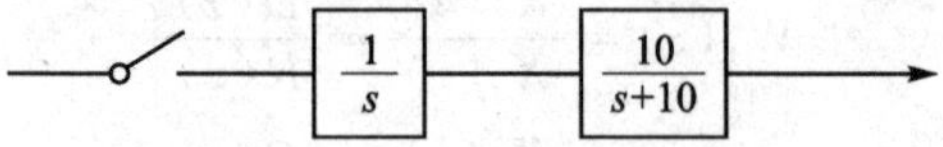

图 8-20 例 8-14 环节之间无采样器的系统结构图

由例 8-13 的结果可得：

$$W(z)=Z\left[W_1(s)W_2(s)\right]=Z\left[\frac{10}{s(s+10)}\right]=\frac{(1-\mathrm{e}^{-10T})z}{(z-1)(z-\mathrm{e}^{-10T})}$$

所以由本例题可验证 $W_1(z)W_2(z)\neq W_1W_2(z)$。

例题解答完毕。

(3) 一种特殊的情况：具有零阶保持器的开环脉冲传递函数的求法

举例说明其求法。

［**例 8-15**］ 已知系统的结构图如图 8-21 所示，求系统的脉冲传递函数。

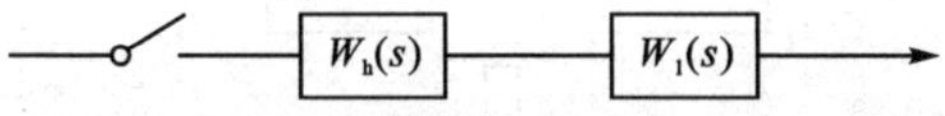

图 8-21 例 8-15 中具有零阶保持器的开环脉冲传递函数的结构图

图 8-21 中：

$$W_1(s)=\frac{10}{s(s+10)}$$

$$W_{\mathrm{h}}(s)=\frac{1-\mathrm{e}^{-Ts}}{s}$$

解：

$$W(s)=\frac{1-\mathrm{e}^{-Ts}}{s}\cdot\frac{10}{s(s+10)}$$

因为 $W(s)$ 不再是 s 的有理函数，所以不能直接用前述的部分分式展开法来求

$W(z)$,可以这样处理:

$$W(s)=\frac{10}{s^2(s+10)}-\frac{10}{s^2(s+10)}\mathrm{e}^{-Ts}$$

由上式中的第一项,可得:

$$\frac{10}{s^2(s+10)}=\frac{c_1}{s}+\frac{c_2}{s^2}+\frac{c_3}{s+10}$$

$$c_2=\frac{10}{s^2(s+10)}\cdot s^2\Big|_{s=0}=1$$

$$c_1=\left\{\frac{\mathrm{d}}{\mathrm{d}s}\left[\frac{10}{s^2(s+10)}\cdot s^2\right]\right\}\Big|_{s=0}=-0.1$$

$$c_3=0.1$$

第二项:考虑到拉氏变换的延迟定理和 Z 变换的延迟定理和实位移定理,得:

$$L[f(t-\tau)]=F(s)\mathrm{e}^{-Ts}$$

$$Z[f(t-\tau)]=z^{-1}F(z)$$

$$\therefore Z[F(s)\mathrm{e}^{-Ts}]=z^{-1}F(z)$$

$$\therefore W(z)=Z\left[\frac{10}{s^2(s+10)}\right]-z^{-1}\cdot Z\left[\frac{10}{s^2(s+10)}\right]=(1-z^{-1})\cdot Z\left[\frac{10}{s^2(s+10)}\right]$$

$$=\frac{(T-0.1+0.1\mathrm{e}^{-10T})z+(0.1-T\mathrm{e}^{-10T}-0.1\mathrm{e}^{-10T})}{(z-1)(z-\mathrm{e}^{-10T})}$$

例题解答完毕。

(4) 输入与第一个环节之间无采样器

其结构图如图 8-22 所示。

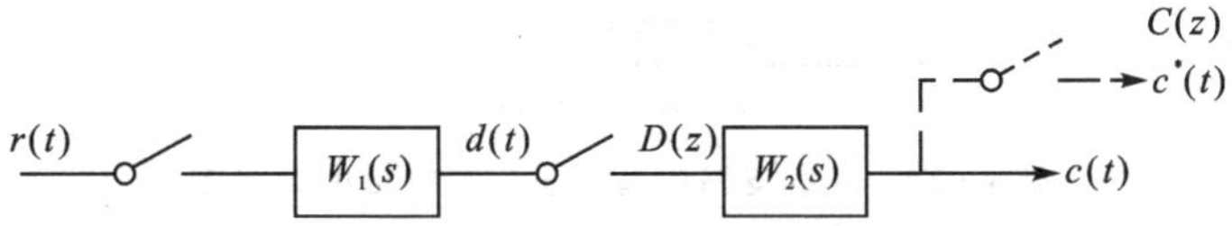

图 8-22　输入与第一个环节之间无采样器的结构图

$$\because C(s)=W_2(s)W_1(s)R(s)$$

所以,采样信号的拉氏变换为:

$$C^*(s)=W_2^*(s)W_1R^*(s)$$

$$\therefore C(z)=W_2(z)W_1R(z)$$

在这种情况下,是 $W_1R(z)$,写不出单独的 $R(z)$。

所以,写不出 $W(z)=\dfrac{C(z)}{R(z)}$。

4. 环节并联的脉冲传递函数

有两种不同情况的环节并联。

(1) 各并联环节之间均有采样器

各并联环节之间均有采样器的结构图如图 8-23 所示。

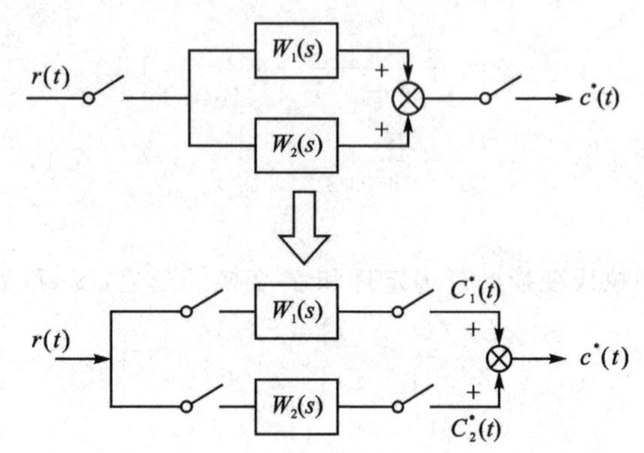

图 8-23 各并联环节之间均有采样器的结构图

$$\therefore W(z)=W_1(z)+W_2(z)$$

(2) 并联支路中有的没有采样器

并联支路中有的没有采样器的结构图如图 8-24 所示。

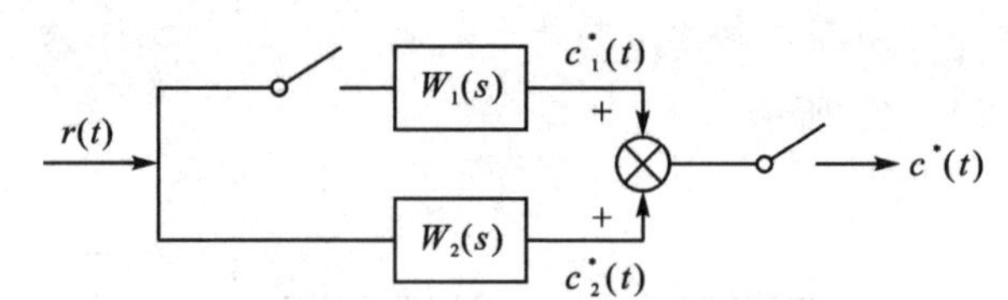

图 8-24 并联支路中有的没有采样器的结构图

$$\because C(s)=[W_1(s)+W_2(s)]R(s)=W_1(s)R(s)+W_2(s)R(s)$$

$$\therefore C(z)=W_1(z)R(z)+W_2R(z)$$

所以,写不出 $W(z)$。

5. 闭环系统的脉冲传递函数(只讨论给定输入 $r(t)$ 的情况)

(1) 典型闭环系统的脉冲传递函数

由于采样器在闭环系统中可以有不同的配置,故闭环采样系统没有唯一的结构形式。下面讨论一种典型结构,如图 8-25 所示。

$$\because E(z)=X_r(z)-B(z)$$

$$B(z)=W_1H(z)E(z)$$

$$\therefore E(z)=X_r(z)-W_1H(z)E(z)$$

$$\therefore E(z)=\frac{X_r(z)}{1+W_1H(z)}$$

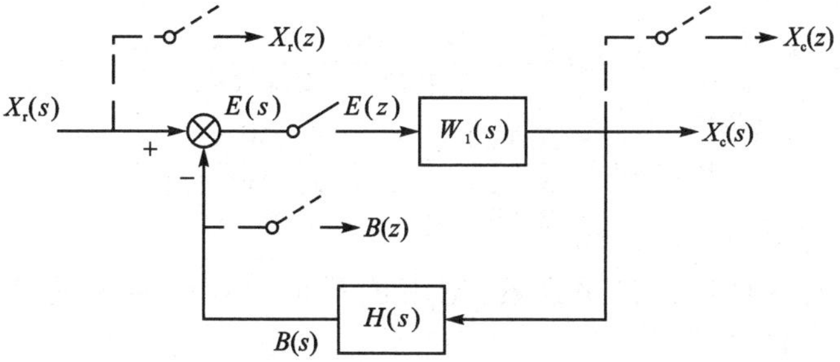

图 8-25　带采样器的典型闭环系统的结构图

所以,误差脉冲传递函数为:

$$\phi_e(z)=\frac{E(z)}{X_r(z)}=\frac{1}{1+W_1H(z)}$$

$$\because X_c(z)=W_1(z)E(z)=\frac{W_1(z)X_r(z)}{1+W_1H(z)}$$

所以,闭环脉冲传递函数为:

$$\phi(z)=\frac{X_c(z)}{X_r(z)}=\frac{W_1(z)}{1+W_1H(z)}$$

注意:在一般情况下有

$$\phi(z)\neq Z[\phi(s)]$$

(2) 求闭环脉冲传递函数的一般方法

① 根据结构图,不考虑采样器,写出闭环传递函数 $\phi(s)$;

② 根据 $\phi(s)$,写出 $X_c(s)$;

③ 根据 $X_c(s)$,写出 $X_c(z)$,此时要把分子、分母中的每个乘积项看作环节的串联,根据输入信号与环节,环节与环节之间有无采样器,按环节串联时的脉冲传递函数的求法逐项写出;

④ 如可能的话,可由 $X_c(z)$写出 $\phi(z)$。若输入信号没有经过采样,则只能写出输出的 Z 变换 $X_c(z)$,而不能定义脉冲传递函数。

[例 8-16]　已知系统的结构图如图 8-26 所示,求系统的闭环脉冲传递函数。

解:

$$X_c(s)=\frac{D(s)W_1(s)X_r(s)}{1+D(s)W_1(s)H(s)}$$

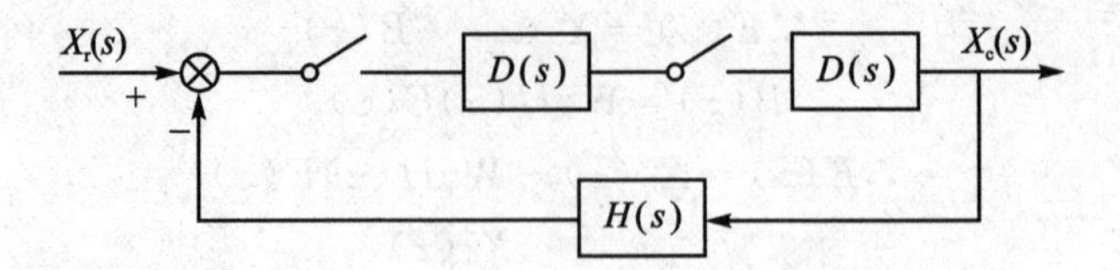

图 8-26　例 8-16 中闭环系统脉冲传递函数的结构图

$$\therefore X_c(z)=\frac{D(z)W_1(z)X_r(z)}{1+D(z)W_1H(z)}$$

$$\therefore \phi(z)=\frac{X_c(z)}{X_r(z)}=\frac{D(z)W_1(z)}{1+D(z)W_1H(z)}$$

例题解答完毕。

注意：输入信号不经过采样器，则不能写出闭环脉冲传递函数，只能写出 $X_c(z)$，如例 8-17 所示。

［**例 8-17**］　已知系统的结构图如图 8-27 所示，求系统的闭环脉冲传递函数。

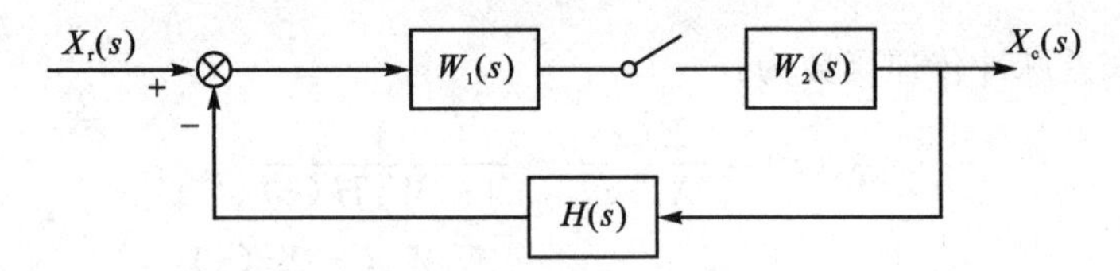

图 8-27　例 8-17 中闭环系统脉冲传递函数的结构图

解：

$$X_c(s)=\frac{X_r(s)W_1(s)W_2(s)}{1+W_1(s)W_2(s)H(s)}$$

$$\therefore X_c(z)=\frac{X_rW_1(z)W_2(z)}{1+W_1W_2H(z)}$$

例题解答完毕。

［**例 8-18**］　已知系统的结构图如图 8-28 所示，求扰动 $N(t)$ 闭环脉冲传递函数。

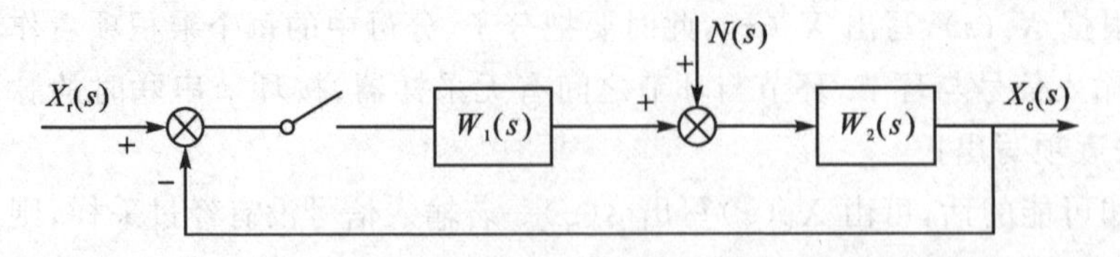

图 8-28　例 8-18 中闭环系统脉冲传递函数的结构图

解：

$$X_c(s)=\frac{N(s)W_2(s)}{1+W_1(s)W_2(s)}$$

$$\therefore X_c(z)=\frac{NW_2(z)}{1+W_1W_2(z)}$$

写不出$\dfrac{X_c(z)}{N(z)}$。

例题解答完毕。

[例 8 - 19]　已知系统的结构图如图 8 - 29 所示,输入信号为单位阶跃函数,求系统的闭环脉冲传递函数。

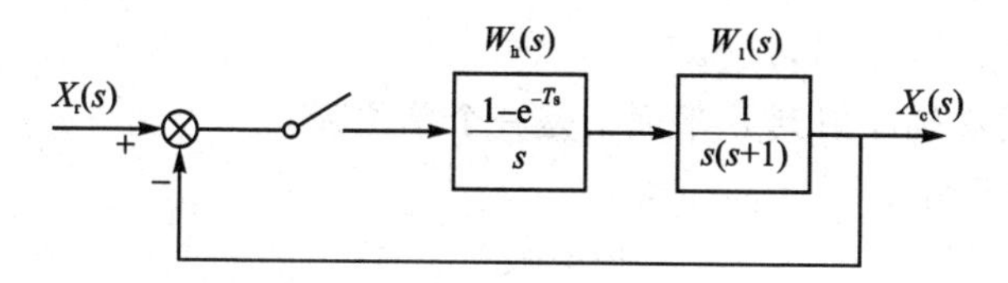

图 8 - 29　例 8 - 19 中闭环系统脉冲传递函数的结构图

解:

$$X_c(s)=\frac{W_h(s)W_1(s)X_r(s)}{1+W_h(s)W_1(s)}$$

$$\therefore X_c(z)=\frac{W_hW_1(z)X_r(z)}{1+W_hW_1(z)}$$

$$\phi(z)=\frac{W_hW_1(z)}{1+W_hW_1(z)}$$

下面求开环脉冲传递函数:

$$\phi_k(z)=Z\left[W_h(s)W_1(s)\right]=(1-z^{-1})Z\left[\frac{1}{s^2}-\frac{1}{s}+\frac{1}{s+1}\right]$$

$$=\frac{(T-1+e^{-T})z+(1-Te^{-T}-e^{-T})}{z^2-(1+e^{-T})z+e^{-T}}$$

将 $\phi_k(z)$代入 $X_c(z)$、$\phi(z)$即可。

例题解答完毕。

8.6　采样系统时域分析

8.6.1　稳定性分析

在线性连续系统中,稳定性判别是在 S 平面中进行的,充要条件是系统的闭环特征根均在 S 的左开半平面。由于采样系统中采用了 Z 变换,且 Z 变换仅是一种变量代换:$z=e^{Ts}$。因此,只要搞清楚 S 平面与 Z 平面的对应关系,就可将连续系统的充要条件推广到采样系统中来。

1. S 平面与 Z 平面的关系

$$\because z = e^{Ts}$$

设 $s=\sigma+j\omega$ 为 S 平面上的任一点，则

$$z = e^{(\sigma+j\omega)T} = |z|e^{j\theta} = e^{\sigma T}\cdot e^{j\omega T}$$

(1) S 平面的虚轴：$s=j\omega\,(\omega:-\infty\sim+\infty)\,(\sigma=0)$。

此时：$z=e^{j\omega T}$，$|z|=1$，$\theta=\omega T$。

故 S 平面的虚轴映射到 Z 平面上是一个单位圆。

(2) S 左半平面：$s=\sigma+j\omega$，$\sigma<0$。

$$|z|=e^{\sigma T}<1$$

故 S 左半平面映射到 Z 平面是在单位圆内。

(3) S 右半平面：$s=\sigma+j\omega$，$\sigma>0$。

$$|z|=e^{\sigma T}>1$$

故 S 右半平面映射到 Z 平面是在单位圆外。

图 8-30 为 S 平面的虚轴、左半平面和右半平面；图 8-31 为 Z 平面的单位圆、单位圆内和单位圆外。

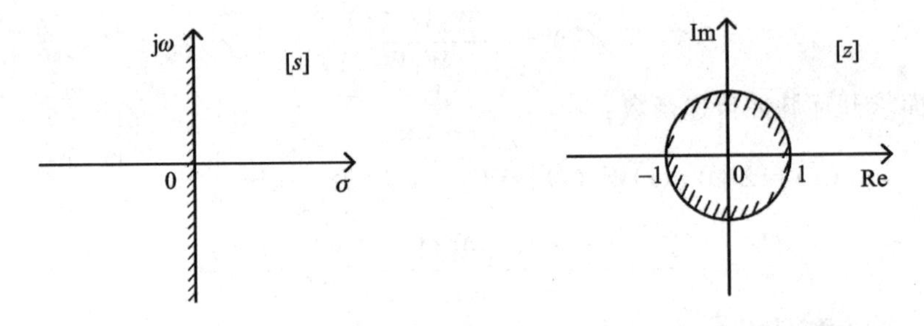

图 8-30　S 平面的虚轴、左半平面和右半平面　图 8-31　Z 平面的单位圆、单位圆内和单位圆外

2. 采样系统稳定的充要条件

搞清了 S 平面与 Z 平面的对应关系，则可把连续系统的充要条件，转成采样系统稳定的充要条件：采样系统的闭环特征根(闭环极点)均在 Z 平面的单位圆内。

根据上述采样系统稳定的充要条件，给出判断采样系统稳定性的步骤如下：

(1) 首先写出 $\phi(z)$；

(2) 再写出闭环 Z 特征方程：$D(z)=0$；

(3) 求闭环 Z 特征根，即

$$|z_i|<1, i=1,2,\cdots,n$$

[**例 8-20**]　已知系统的结构图如图 8-32 所示，其中采样周期 $T=0.07$ s，分析闭环采样系统的稳定性。

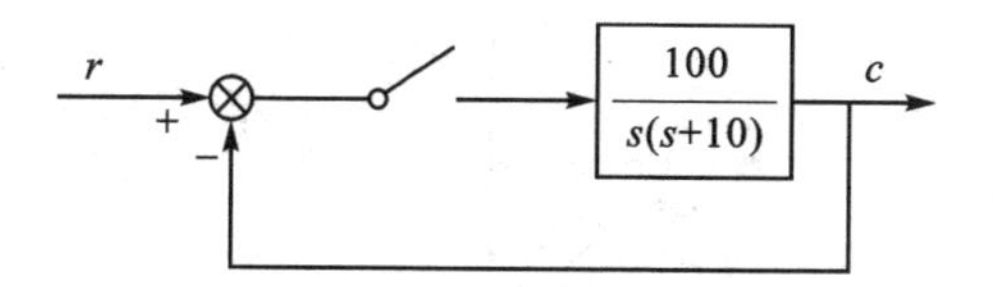

图 8-32　例 8-20 中闭环采样系统的结构图

解：根据图 8-32，可以求出系统的开环脉冲传递函数为：

$$G(z)=\frac{10z(1-e^{-10T})}{(z-1)(z-e^{-10T})}$$

所以，系统的闭环特征方程为：

$$1+G(z)=1+\frac{10z(1-e^{-10T})}{(z-1)(z-e^{-10T})}=0$$

$$\because e^{-10\times 0.007}=0.5$$

所以，系统的闭环特征方程为：

$$z^2+3.5z+0.5=0$$

解出特征方程的根为：

$$z_1=-0.15;z_1=-3.35$$

因为有闭环特征根在单位圆外，所以该系统是不稳定的。

注意：当去掉本例题中的采样器的时候，连续的二阶系统总是稳定的，但是引入了采样器之后，离散的二阶系统却有可能变得不稳定，这说明采样器的引入一般会降低系统的稳定性。如果提高采样频率，或者降低开环增益，离散系统的稳定性将得到改善。

例题解答完毕。

判断高阶系统的稳定性，利用上述充要条件，就要求高次方程的根，这是很困难的。劳斯判据能否直接应用到采样系统中来呢？不行，这是因为劳斯判据是用来判断代数方程的根是否均在根平面的左半部分的。现在要判的是是否均在根平面的单位圆内。故需要寻找一个新的坐标变换，将其变换成一个新平面的左半部分。

3. 劳斯判据

① 下面介绍 W 变换。

令：

$$z=\frac{W+1}{W-1}\ \text{或者}\ z=\frac{1+W}{1-W}$$

则：

$$W=\frac{z+1}{z-1}\ \text{或者}\ W=\frac{z-1}{z+1}$$

由于 Z,W 复变量互为线性变换,故 W 变换又称为双线性变换。

设在 W 平面的左半平面内,任取一矢量 $\boldsymbol{W}$,则由图 8-33 可知:

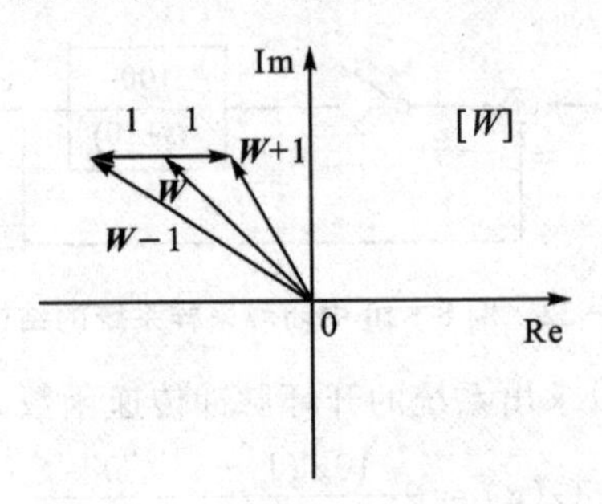

图 8-33　复坐标平面的 W 变换图

$$\because |W+1| < |W-1|$$

$$\therefore \left|\frac{W+1}{W-1}\right| < 1$$

即:$|z|<1$。

这说明:W 左半平面对应于 Z 平面单位圆内。同理,W 右半平面对应于 Z 平面单位圆外,W 虚轴对应于 Z 平面单位圆,如图 8-34 所示。

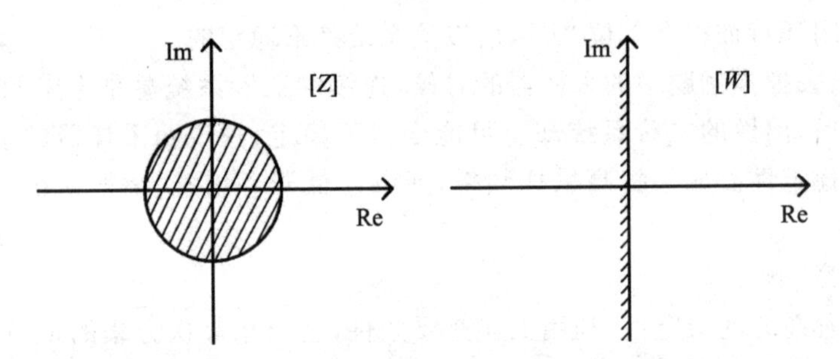

图 8-34　复坐标平面的 Z 和 W 变换图

这样,通过 Z、W 线性变换,劳斯判据就可用于采样系统,具体步骤如下:

(1) 求出采样系统的闭环 Z 特征方程,$D(z)=0$;

(2) W 变换,取

$$z=\frac{W+1}{W-1}$$

变 $D(z)=0$ 为闭环 W 特征方程:$D(W)=0$;

(3) 应用劳斯判据判断系统的稳定性,结论与连续系统一样。

[**例 8-21**]　已知采样系统的闭环特征方程如下所示,用 W 平面的劳斯判据判别闭环采样系统的稳定性。

$$3z^3+3z^2+2z+1=0$$

解:应用 W 变换,以 $z=\dfrac{1+W}{1-W}$ 代入闭环系统特征方程,可得:

$$3\left(\frac{1+W}{1-W}\right)^3+3\left(\frac{1+W}{1-W}\right)^2+2\left(\frac{1+W}{1-W}\right)+1=0$$

化简上式,可得:

$$W^3+7W^2+7W+9=0$$

列写劳斯表,如图 8-35 所示。

W^3	1	7
W^2	7	9
W^1	$\dfrac{40}{7}$	
W^0	9	

图 8-35　例 8-21 中列写的劳斯表

由于劳斯表中第一类元素全为正,所以系统稳定。

例题解答完毕。

[例 8-22]　已知二阶采样系统的结构图如图 8-36 所示,分析放大系数 K 和采样周期 T 对闭环采样系统稳定性的影响。

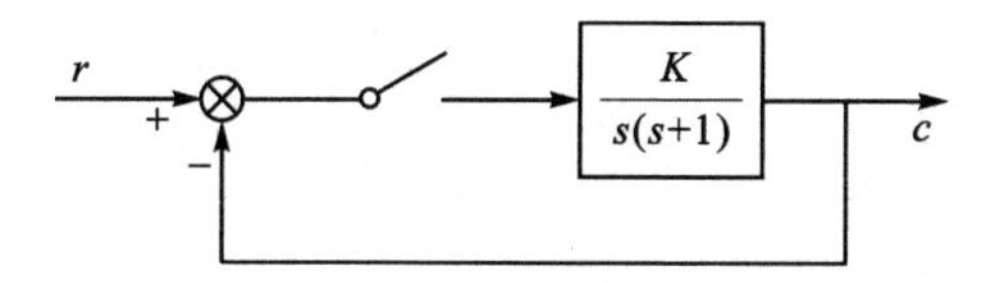

图 8-36　例 8-22 二阶采样系统结构图

解:根据图 8-36 所示的开环传递函数 $G(s)$,可以求出相应的开环脉冲传递函数:

$$G(z)=\frac{Kz(1-e^{-T})}{(z-1)(z-e^{-T})}$$

闭环特征方程为:

$$1+G(z)=1+\frac{Kz(1-e^{-T})}{(z-1)(z-e^{-T})}=0$$

化简上式,可得:

$$z^2+[K(1-e^{-T})-(1-e^{-T})]z+e^{-T}=0$$

令 $z=\dfrac{1+W}{1-W}$,进行 W 变换,可得:

$$\left(\frac{1+W}{1-W}\right)^2+[K(1-e^{-T})-(1-e^{-T})]\frac{1+W}{1-W}+e^{-T}=0$$

化简上式，整理可得：

$$[2(1+e^{-T})-K(1-e^{-T})]w^2+2(1-e^{-T})w+K(1-e^{-T})=0$$

列写劳斯表，如图 8-37 所示。

W^2	$2(1+e^{-T})-K(1-e^{-T})$ $K(1-e^{-T})$
W^1	$2(1-e^{-T})$
W^0	$K(1-e^{-T})$

图 8-37　例 8-22 中列写的劳斯表

由图 8-37 可得，系统稳定的充要条件为：

$$\begin{cases}2(1+e^{-T})-K(1-e^{-T})>0\\K(1-e^{-T})>0\\K>0\end{cases}$$

求解上式，可得：

$$0<K<\frac{2(1+e^{-T})}{1-e^{-T}}$$

采样周期 T 和临界放大系数的关系曲线如图 8-38 所示，图中阴影区表示稳定的 K 和 T 的取值区域。当 $T=1$ 时，系统稳定所允许的最大 K 值为 4.32。随着采样周期的增大，系统稳定的临界 k 值越小。由此可见，T 和 K 对系统的稳定性都有影响。

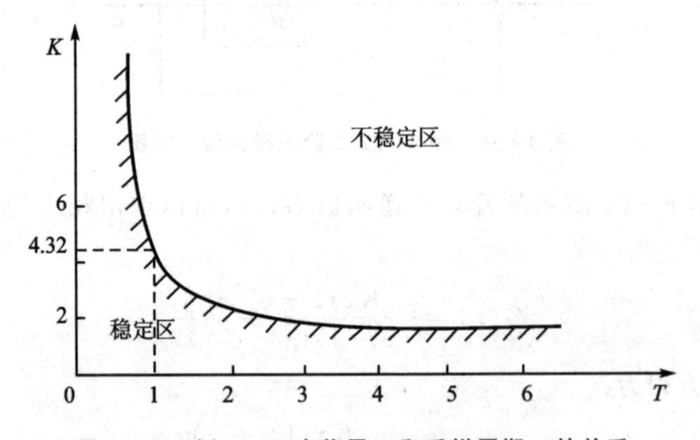

图 8-38　例 8-22 中临界 k 和采样周期 T 的关系

例题解答完毕。

8.6.2　采样系统的单位阶跃响应及动态性能指标的求取

求取采样系统的时域解，可以利用 Z 反变换长除法，这一点比连续系统方便得多。

1. 定量计算

动态响应品质的定义条件仍是:零初始条件,单位阶跃输入;常用性能指标是:t_p 和 $\sigma\%$。

一般步骤为:

(1) 先求输出 $X_c(z)$:

$$X_c(z)=\phi(z)R(z)=\phi(z)\cdot\frac{z}{z-1}$$

(2) 利用长除法求 $X_c^*(t)$;

(3) 由 $X_c^*(t)$求 t_p 和 $\sigma\%$:

t_p 对应于输出最大值时的采样时刻,则

$$\sigma\%=\frac{X_c(t_p)-X_c(\infty)}{X_c(\infty)}\times 100\%$$

$$X_c(\infty)=\lim_{z\to 1}(z-1)X_c(z)$$

[例 8-23] 已知单位负反馈二阶采样系统的结构图如图 8-39 所示,当 $K=1,T=1s,R(t)=1(t)$时,求输出响应及动态性能指标。

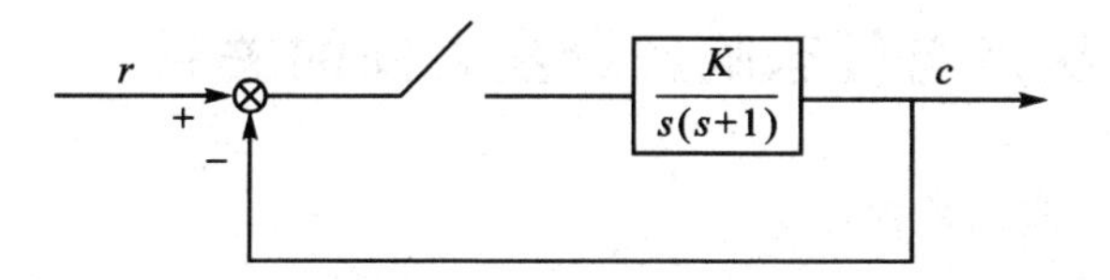

图 8-39　例 8-23 二阶采样系统结构图

解:根据图 8-39,可得开环脉冲传递函数为:

$$W_k(z)=Z\left[\frac{1}{s(s+1)}\right]=\frac{(1-e^{-T})z}{(z-1)(z-e^{-T})}$$

$$\therefore C(z)=\frac{W_k(z)}{1+W_k(z)}R(z)$$

合并整理以上两式,可得:

$$C(z)=\frac{z^2(1-0.368)}{(z-1)(z^2-2\times 0.368z+0.368)}=\frac{0.632z^2}{z^3-1.736z^2+1.104z-0.368}$$

对上式采用长除法,并取 Z 反变换,可得:

$$C^*(t)=0.632\delta(t-T)+1.097\delta(t-2T)+1.205(t-3T)+1.12\delta(t-4T)+\cdots$$

这就是系统的单位阶跃响应,图形如图 8-40 所示。

由图 8-40 可知:

$$t_p=3T=3\times 1=3\ (\mathrm{s})$$

$$C(t_p)=1.205$$

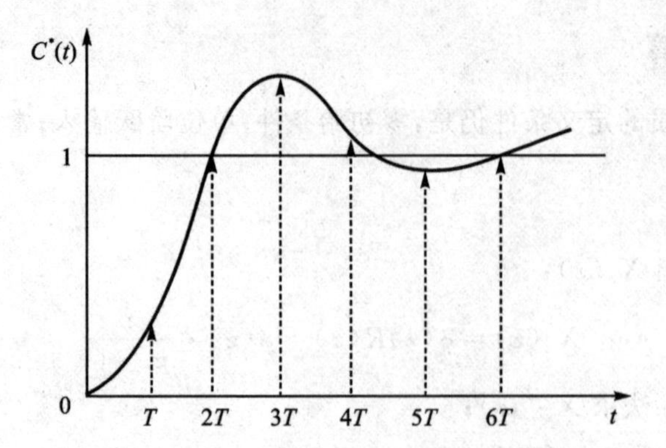

图 8-40　例 8-23 系统的单位阶跃响应图

$$C(\infty)=\lim_{z\to 1}(z-1)C(z)=\lim_{z\to 1}(z-1)\cdot\frac{z^2(1-0.368)}{(z-1)(z^2-2\times 0.368z+0.368)}=1$$

$$\sigma\%=\frac{1.205-1}{1}\times 100\%=20.5\%$$

例题解答完毕。

8.6.3　闭环极点与暂态响应分量之间的关系

设闭环脉冲传递函数为：

$$W_B(z)=\frac{b_0z^m+\cdots+b_m}{a_0z^n+\cdots+a_n}=\frac{b_0}{a_0}\cdot\frac{\prod_{j=1}^{m}(z-p_j)}{\prod_{i=1}^{n}(z-z_i)}$$

设上式中：

(1) $n>m$，p_j 为零点，z_i 是极点；

(2) 为方便起见，极点互不相同；

(3) 系统是稳定的，$|z_i|<1$；

(4) 零初始条件，输入 $X_r(t)=1(t)$。

那么，输出信号的 Z 变换为：

$$X_c(z)=W_B(z)X_r(z)=\frac{b_0}{a_0}\cdot\frac{\prod_{j=1}^{m}(z-p_j)}{\prod_{i=1}^{n}(z-z_i)}\cdot\frac{z}{z-1}$$

对上式进行部分分式展开，可得：

$$\frac{X_c(z)}{z}=\frac{A_0}{z-1}+\frac{A_1}{z-z_1}+\cdots+\frac{A_n}{z-z_n}$$

$$\therefore X_c(z)=\frac{A_0 z}{z-1}+\frac{A_1 z}{z-z_1}+\cdots+\frac{A_n z}{z-z_n}=\frac{A_0 z}{z-1}+\sum_{i=1}^{n}\frac{A_i z}{z-z_i}$$

1. 设 z_i 均为实数极点

利用表 8-1 进行 Z 反变换,可得:

$$\frac{z}{z-1}\Rightarrow 1(t)$$

$$\frac{z}{z-z_i}\Rightarrow z_i^{\ k}$$

所以,可得:

$$X_c(k)=A_0+\sum_{i=1}^{n}A_i z_i^{\ k}$$

故当$|z_i|<1$ 时,$z_i^{\ k}$ 将随着 k 的增加而减小,即随时间是衰减的。

这里有两种可能:

(1) $z_i>0$,输出序列 $X_c(k)$是单调衰减的脉冲序列,且 z_i 越小,衰减越快;

(2) $z_i>0$,输出序列 $X_c(k)$是正负交替衰减的脉冲序列,具有振荡衰减特性,周期为 $2T$,频率高。

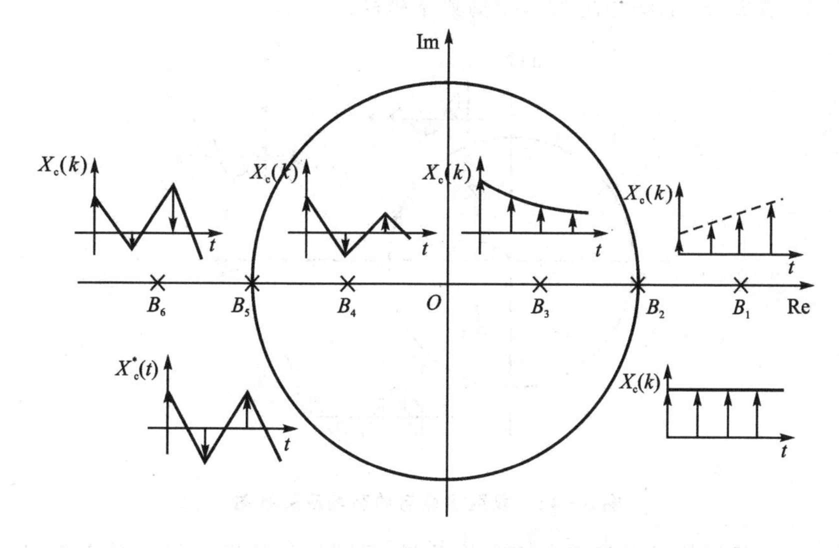

图 8-41　实数极点与动态响应关系图

图 8-41 是实数极点与动态响应关系图,不同的实数极点位置对应不同的动态响应特性。B_1 代表闭环极点的位置在单位圆外的正实轴上,此时,输出脉冲序列的幅值随着时间的增加是单调递增的;B_2 代表闭环极点的位置在单位圆上的正实轴上,此时,输出脉冲序列的幅值随着时间的增加是不变的;B_3 代表闭环极点的位置在单位圆内的正实轴上,此时,输出脉冲序列的幅值随着时间的增加是单调递减的。

B_6 代表闭环极点的位置在单位圆外的负实轴上，此时，输出脉冲序列的幅值随着时间的增加是交替递增的；B_5 代表闭环极点的位置在单位圆上的负实轴上，此时，输出脉冲序列的幅值随着时间的增加是交替变化的，但是幅值的大小不变；B_4 代表闭环极点的位置在单位圆内的负实轴上，此时，输出脉冲序列的幅值随着时间的增加是交替递减的。

2. 设 z_i、z_i 是一对共轭复根

这对共轭复根极点对应的暂态分量为：

$$X_{C_i}{}^*(t)=Z^{-1}\left[\frac{A_i z}{z-z_i}+\frac{A_{i+1}z}{z-z_{i+1}}\right]$$

其中，系数 A_i、A_{i+1} 也是一对共轭复数。

对应的采样值，可化简为：

$$X_{C_i}(kt)=2|A_i||z_i|^k\cos(k\theta_i+\theta_{A_i})$$

其中：θ_i 是复数极点的相角；θ_{A_i} 是这对极点的共轭复数系数的相角。

所以，若 $|z_i|<1$，则是衰减振荡性质：

(1) $|z_i|$ 越小（越靠近原点），衰减越快；

(2) θ_k 越大（z_i 的幅角越大），振荡频率越高。

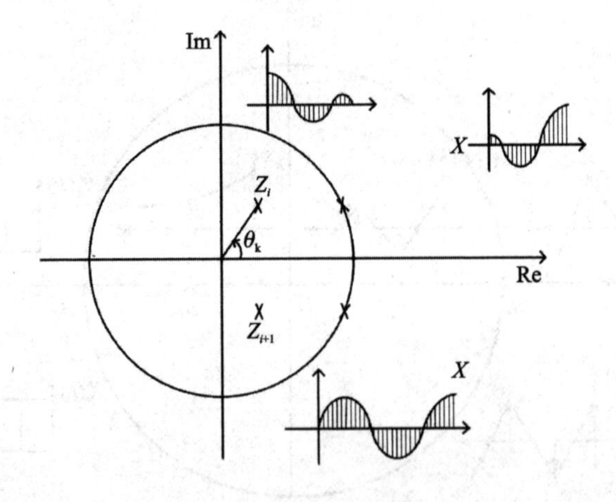

图 8-42　复数极点与动态响应关系图

图 8-42 是复数极点与动态响应关系图，不同的复数极点位置对应不同的动态响应特性。图中画出了右半平面单位圆内的一对共轭复根，其所对应的动态响应是幅值逐渐衰减的周期性曲线；右半平面单位圆上的一对共轭复根，其所对应的动态响应是幅值不变的周期性曲线；右半平面单位圆外的一对共轭复根，其所对应的动态响应是幅值逐渐增大的周期性曲线；左半平面的分析过程与右半平面的情况类似。可以参考图 8-39 中的实数极点的分析过程。

结论：

(1) 若是实数极点，希望($|z_i|<1$，稳定)z_i 在单位圆内的正实轴上，(单调衰减的)，且越靠近原点越好(衰减快)；

(2) 若是共轭复数极点，希望这对极点应在单位圆内的右半平面内(稳定)，靠近原点(衰减快)，且靠近正实轴，θ_k 小，振荡频率低。

8.7　采样系统的稳态误差

和连续系统类似，采样系统的稳态误差分析是用建立在 Z 终值定理之上的稳态误差系数法。

8.7.1　基本方法(Z 变换终值定理)

设系统的结构图如图 8－43 所示。

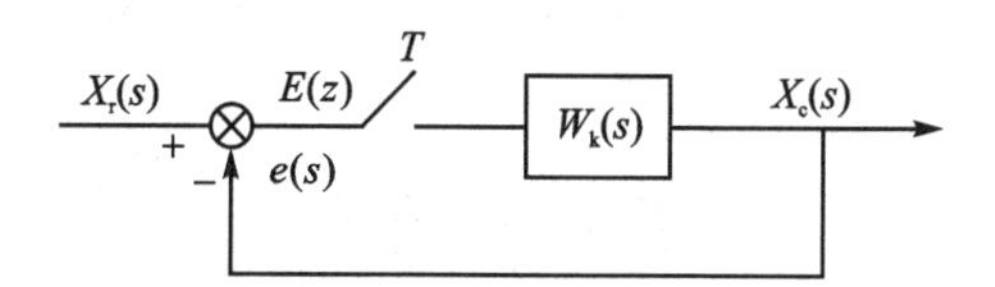

图 8－43　采样系统结构图

$$\because E(z)=X_r(z)-X_c(z)=X_r(z)-E(z)W_k(z)$$

$$\therefore E(z)=\frac{1}{1+W_k(z)}X_r(z)$$

由 Z 变换终值定理，可得：

$$\therefore e(\infty)=\lim_{t\to\infty}e^*(t)=\lim_{z\to 1}(z-1)\frac{1}{1+W_k(z)}X_r(z)$$

说明：

(1) $e^*(\infty)$与系统结构有关，也与输入信号有关。

(2) Z 平面上的极点 $z=1$，$\because z=e^{Ts}$，相对于 S 平面上的极点 $s=0$，因此，连续系统中，按开环传递函数的积分数($s=0$ 极点数)把系统分成 0，Ⅰ，Ⅱ，Ⅲ，…型系统。相应地，在采样系统中，按开环脉冲传递函数中的 $z=1$ 的极点数，把系统分成 0，Ⅰ，Ⅱ，Ⅲ，…型系统。

(3) $e(\infty)$还与采样周期 T 有关。

[例 8－24]　已知离散系统结构图如图 8－44 所示，$T=0.1$ s，$R(t)=1(t)$或者 t 时，求离散系统相应的稳态误差。

解：根据图 8－44，可得开环脉冲传递函数为：

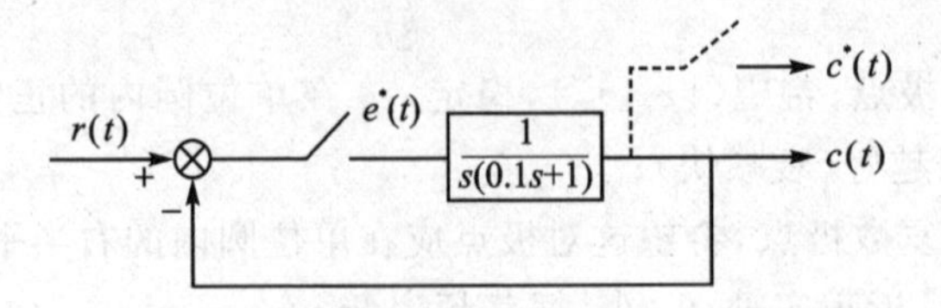

图 8-44　例 8-24 中二阶采样系统结构图

$$W_k(z)=Z\left[\frac{1}{s(0.1s+1)}\right]=\frac{(1-e^{-1})z}{(z-1)(z-e^{-1})}$$

误差脉冲传递函数为：

$$\phi_e(z)=\frac{1}{1+W_k(z)}=\frac{(z-1)(z-0.368)}{z^2-0.736z+0.368}$$

闭环极点为：

$$z_1=0.368+j0.482$$
$$z_2=0.368-j0.482$$

一对共轭复数极点位于 Z 平面单位圆内，故可采用终值定理求稳态误差。

$$e(\infty)=\lim_{z\to 1}(z-1)E(z)=\lim_{z\to 1}(z-1)\phi_e(z)R(z)$$

当 $r(t)=1(t)$ 时，

$$R(z)=\frac{z}{z-1}$$

$$\therefore e(\infty)=\lim_{z\to 1}(z-1)E(z)=\lim_{z\to 1}\frac{(z-1)(z-0.368)}{z^2-0.736z+0.368}=0$$

当 $r(t)=t$ 时，

$$R(z)=\frac{Tz}{(z-1)^2}$$

$$\therefore e(\infty)=\lim_{z\to 1}(z-1)E(z)=\lim_{z\to 1}\frac{T(z-0.368)}{z^2-0.736z+0.368}=T=0.1$$

例题解答完毕。

8.7.2　典型输入信号下的稳态误差

1. 单位阶跃输入

$$X_r(t)=1(t)$$

$$X_r(z)=\frac{z}{z-1}$$

$$\therefore e^*(\infty)=\lim_{z\to 1}(z-1)\cdot\frac{1}{1+W_k(z)}\cdot\frac{z}{z-1}=\frac{1}{1+\lim\limits_{z\to 1}W_k(z)}=\frac{1}{1+K_p}$$

$$K_p = \lim_{z \to 1} W_k(z)$$

式中，K_p 为稳态位置误差系数：

0 型系统：K_p 为有限值，$e^*(\infty) = \dfrac{1}{1+K_p}$；

Ⅰ型及以上系统：$K_p = \infty$，$e^*(\infty) = 0$，无差系统。

2. 单位斜坡输入

$$X_r(t) = t$$

$$X_r(z) = \frac{Tz}{(z-1)^2}$$

$$\therefore e^*(\infty) = \lim_{z \to 1}(z-1) \cdot \frac{1}{1+W_k(z)} \cdot \frac{Tz}{(z-1)^2} = \lim_{z \to 1} \frac{T}{(z-1)W_k(z)} = \frac{T}{K_v}$$

$$K_v = \lim_{z \to 1}(z-1)W_k(z)$$

式中，K_v 为稳态速度误差系数：

0 型系统：$K_v = 0$，$e^*(\infty) = \infty$；

Ⅰ型系统：K_v 为有限值，$e^*(\infty) = \dfrac{T}{K_v}$；

Ⅱ型及以上系统：$K_v = \infty$，$e^*(\infty) = 0$，无差系统。

3. 单位抛物线输入

$$X_r(t) = \frac{1}{2}t^2$$

$$X_r(z) = \frac{T^2 z(z+1)}{2(z-1)^3}$$

$$\therefore e^*(\infty) = \lim_{z \to 1}(z-1) \cdot \frac{1}{1+W_k(z)} \cdot \frac{T^2 z(z+1)}{2(z-1)^3} = \lim_{z \to 1} \frac{T^2}{(z-1)^2 W_k(z)} = \frac{T^2}{K_a}$$

$$K_a = \lim_{z \to 1}(z-1)^2 W_k(z)$$

式中，K_a 为稳态加速度误差系数：

0 型系统：$K_a = 0$，$e^*(\infty) = \infty$；

Ⅰ型系统：$K_a = 0$，$e^*(\infty) = \infty$；

Ⅱ型系统：K_a 为有限值，$e^*(\infty) = \dfrac{T^2}{K_a}$；

Ⅲ型及以上系统：$K_a = \infty$，$e^*(\infty) = 0$，无差系统。

说明：可见稳态误差与采样周期有关，缩短采样周期，可以降低稳态误差，故在选定采样周期 T 时，不可过低。

8.8 采样系统的校正：最少拍系统设计

在采样系统中有一类系统，它可以在有限个采样周期内（节拍）结束过渡过程，且稳态误差可为零，这样的系统称为最少拍系统。这类系统在连续系统中是没有的。由于稳态和动态性能都很好，设计又简单，故在计算机控制系统中经常用到。

8.8.1 最少拍系统设计的基本原理

在实际工程中，自然的最少拍系统几乎没有，通常是通过校正装置（控制器）校正成最少拍系统，如图 8－45 所示。

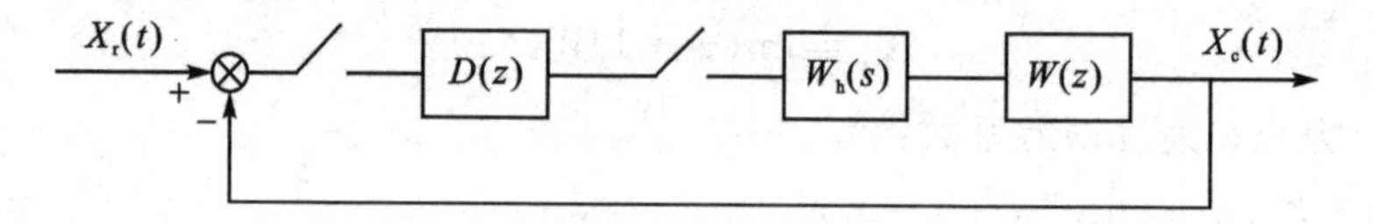

图 8－45 最少拍系统结构图

一般最少拍系统设计采用数字控制器 $D(z)$，设计的任务就是设计出满足控制系统要求的 $D(z)$。

由图 8－45 的结构图，可得闭环系统的脉冲传递函数为：

$$\phi(z)=\frac{D(z)W_{\mathrm{h}}W(z)}{1+D(z)W_{\mathrm{h}}W(z)}$$

误差的脉冲传递函数为：

$$\phi_{\mathrm{e}}(z)=\frac{1}{1+D(z)W_{\mathrm{h}}W(z)}=1-\phi(z)$$

将以上两式结合起来，整理得：

$$D(z)=\frac{\phi(z)}{\phi_{e}(z)W_{h}W(z)}$$

由上式可知，若已知原系统连续部分的脉冲传递函数 $W_{\mathrm{h}}W(z)$，又根据要求的性能指标 $\phi(z)$也确定了，就可以求出需要设计的校正装置 $D(z)$。

8.8.2 无稳态误差最少拍系统设计

由于稳态误差与输入有关，下面分别讨论三种典型信号下的 $D(z)$的确定。

1. 单位阶跃输入

$$X_r(z)=\frac{z}{z-1}$$

$$E(z)=\phi_e(z)X_r(z)=[1-\phi(z)]\,X_r(z)=[1-\phi(z)]\,\frac{z}{z-1}$$

为使稳态误差为零,且过渡过程最短,选取:

$$\phi(z)=\frac{1}{z}=z^{-1}$$

$$E(z)=\left(1-\frac{1}{z}\right)\cdot\frac{z}{z-1}=1$$

此时,输出为:

$$X_c(z)=\phi(z)\cdot X_r(z)=\frac{1}{z}\cdot\frac{z}{z-1}=\frac{1}{z-1}=z^{-1}+z^{-2}+\cdots$$

$$X_c{}^*(t)=\delta(t-T)+\delta(t-2T)+\cdots$$

$X_c{}^*(t)$的曲线如图 8 - 46 所示。

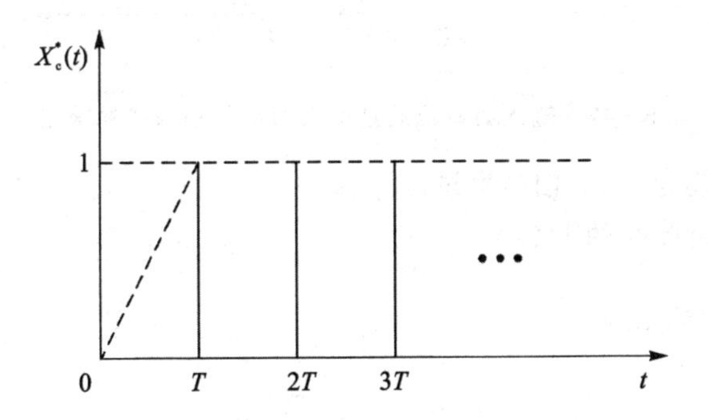

图 8 - 46　输入为单位阶跃函数时最少拍系统的输出

此时,稳态误差为零,过渡过程在一个采样周期结束。

$$\therefore D(z)=\frac{\phi(z)}{\phi_e(z)W_hW(z)}=\frac{\frac{1}{z}}{\left(1-\frac{1}{z}\right)W_hW(z)}=\frac{1}{(z-1)W_hW(z)}$$

2. 单位斜坡输入

$$X_r(z)=\frac{Tz}{(z-1)^2}$$

同理,为使稳态误差为零,且过渡过程最短,选取:

$$\phi(z)=\frac{2z-1}{z^2}=2z^{-1}-z^{-2}$$

此时，输出为：

$$X_c(z)=\phi(z)\cdot X_r(z)=\frac{2z-1}{z^2}\cdot\frac{Tz}{(z-1)^2}$$

$$=\frac{T(2z-1)}{z(z-1)^2}=2Tz^{-2}+3Tz^{-3}+4Tz^{-4}\cdots$$

$$X_c^*(t)=2T\delta(t-2T)+3T\delta(t-3T)+4T\delta(t-4T)+\cdots$$

$X_c^*(t)$的曲线如图 8-47 所示。

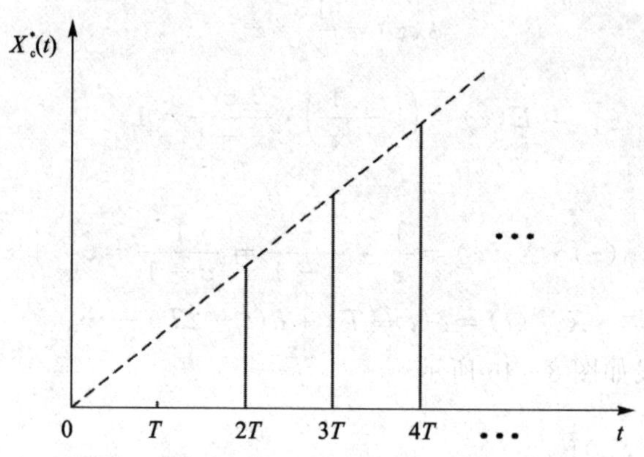

图 8-47　输入为单位斜坡函数时最少拍系统的输出

此时，稳态误差为零，二拍结束过渡过程。

同理，可以求出此时的 $D(z)$。

3. 单位抛物线输入

$$X_r(z)=\frac{T^2z(z+1)}{2(z-1)^3}$$

同理，为使稳态误差为零，且过渡过程最短，选取：

$$\phi(z)=3z^{-1}-3z^{-2}+z^{-3}$$

$$\phi_e(z)=1-\phi(z)=\left(\frac{z-1}{z}\right)^3$$

此时，输出为：

$$X_c(z)=\phi(z)\cdot X_r(z)=(3z^{-1}-3z^{-2}+z^{-3})\cdot\frac{T^2z(z+1)}{2(z-1)^3}$$

$$=\frac{T^2}{2}(3z^{-2}+9z^{-3}+16z^{-4}\cdots)$$

$X_c^*(t)$的曲线如图 8-48 所示。

此时，稳态误差为零，三拍进入稳态，结束过渡过程。

同理，可以求出此时的 $D(z)$。

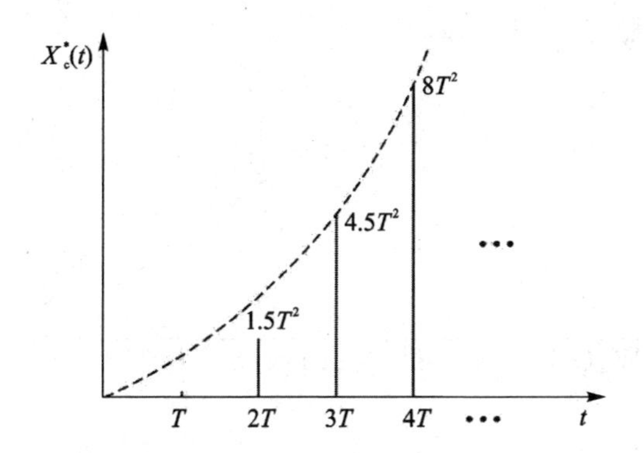

图 8-48　输入为单位抛物线函数时最少拍系统的输出

小结：

(1) 无稳态误差最少拍系统，是一种标准传递函数校正方法，如表 8-2 所列。

表 8-2　无稳态误差最少拍系统

$X_r(t)$	$\phi(z)$	$\phi_e(z)=1-\phi(z)$	最少拍数(调节时间)
阶跃函数	z^{-1}	$\dfrac{z-1}{z}$	1
斜坡函数	$2z^{-1}-z^{-2}$	$\left(\dfrac{z-1}{z}\right)^2$	2
抛物线函数	$3z^{-1}-3z^{-2}+z^{-3}$	$\left(\dfrac{z-1}{z}\right)^3$	3

(2) 此系统的缺点：对输入信号的适应性差；实际连续输出存在纹波。

(3) 关于 $D(z)$ 的实现：可用 RC 网络实现，也可用数字计算机程序运算来实现。

[例 8-25]　已知单位负反馈二阶采样系统的结构图如图 8-49 所示，当 $T=0.1$ s 时，将该系统设计成对单位阶跃输入而言的无稳态误差最小拍系统。

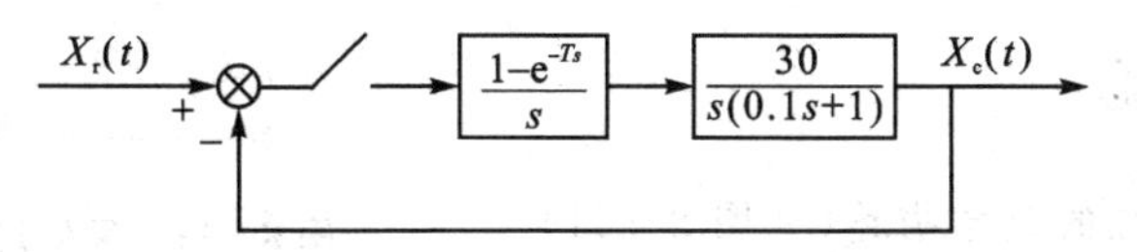

图 8-49　例 8-25 二阶采样系统结构图

解：(1)原系统分析：

$$\because W_k(z)=\frac{1.104(z+0.718)}{(z-1)(z-0.368)}$$

令 $z=\dfrac{1+W}{1-W}$，可得闭环 W 特征方程为：

$$1.218W^2-0.16W+9.48=0$$

所以，原系统不稳定。

(2) 求 $D(z)$：

$$\because \phi(z)=\frac{1}{z}$$

$$\phi_e(z)=1-\phi(z)=\frac{z-1}{z}$$

$$D(z)=\frac{1}{z-1}\cdot\frac{1}{W_k(z)}=\frac{1}{z-1}\cdot\frac{(z-1)(z-0.368)}{1.104(z+0.718)}=0.906\ \frac{z-0.368}{z+0.718}$$

(3) 求 $X_c^*(t)$：

$$X_c(z)=\phi(z)X_r(z)=\frac{1}{z}\cdot\frac{z}{z-1}=\frac{1}{z-1}=z^{-1}+z^{-2}+\cdots$$

$$X_c^*(t)=\delta(t-T)+\delta(t-2T)+\cdots$$

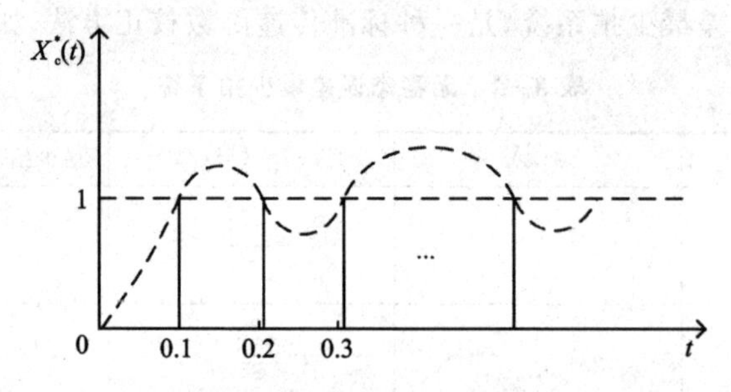

图 8-50　例 8-25 中系统的输出脉冲图

可见，系统稳态误差(采样时刻)为零，1 拍(0.1 s)结束过渡过程。

例题解答完毕。

8.9　本章小结

1. 基本概念

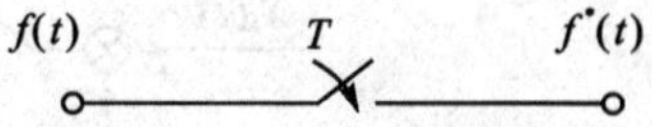

$f(t)$　T　$f^*(t)$

图 8-51　采样过程数学描述图

(1) 采样过程的数学描述(见图 8-51)

① 表达式：

$$f^*(t)=\sum_{n=0}^{\infty}f(nT)\delta(t-nT)$$

$$f^*(t)=f(t)\sum_{n=-\infty}^{\infty}\delta(t-nT)$$

② 拉氏变换

$$F^*(s)=\sum_{n=0}^{\infty}f(nT)\mathrm{e}^{-nTs}$$

$$F^*(s)=\frac{1}{T}\sum_{n=-\infty}^{\infty}F(s-\mathrm{j}n\omega_s)$$

③ 采样定理：

$$\omega_s \geqslant 2\omega_{max}$$

(2) 信号恢复

零阶保持器，如图 8-52 所示。

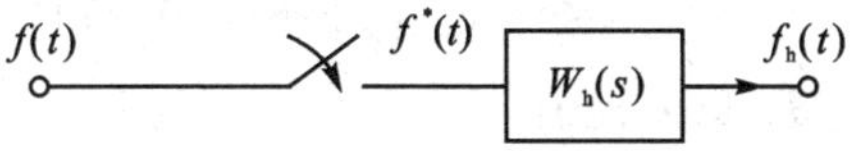

① 输出 $f_h(t)$的波形，表达式；

② 传递函数为：

图 8-52　零阶保持器

$$W_h(s)=\frac{1-\mathrm{e}^{-Ts}}{s}$$

(3) Z 变换

① 定　义；

② Z 变换的求法：幂级数法、部分分式法、常用函数的 Z 变换；

③ 基本定理：延迟、超前、终值定理；

④ Z 反变换：幂级数法(长除法)、部分分式法。

2. 数学模型

(1) 差分方程

① 一般形式；

② 解法：Z 变换法，迭代法；

③ 建立方法。

(2) 脉冲传递函数

① 定义：

$$W(z)=\frac{X_c(z)}{X_r(z)}$$

② 求法：

(a) 基本方法：

$$W(z)=Z[g(t)]=Z[W(s)]$$

(b) 由结构图求脉冲传递函数。

③ 两种模型的转换：

(a) 由差分方程求脉冲传递函数；

(b) 由脉冲传递函数求差分方程。

3. 系统分析

(1) 稳定性

求出 Z 特征方程：

① 求特征根：判断 $|z_i|<1$；

② W 变换 $z=\dfrac{1+W}{1-W}$，求出 W 特征方程，利用劳斯判据分析。

(2) 稳态误差

① 基本公式：

$$e^*(\infty)=\lim_{z\to 1}(z-1)E(z)$$

② 误差系数，无差型号为：

$$K_p, K_v, K_a$$

0，Ⅰ，Ⅱ，Ⅲ，…型系统。

(3) 动态响应分析

① 动态响应计算：

$$\phi(z)\Rightarrow X_c(z)\Rightarrow X_c^*(t)\Rightarrow t_p, \sigma\%$$

② 闭环极点与瞬态分量的关系。

4. 系统校正

最少拍无稳态误差系统校正。由标准的 $\phi_e(z)$，可推出 $D(z)$。

第 9 章　状态空间分析法

前面 8 章详细介绍了经典控制理论，第 9 章则是现代控制理论的内容。

9.1　状态空间法

【提要】 本节主要讨论现代控制理论中系统分析的基本方法——状态空间法。

1. 数学模型

(1) 状态空间表达式及建立方法；
(2) 状态空间表达式之间的关系：线性变换；
(3) 状态空间表达式与微分方程和传递函数之间的关系。

2. 求解问题

(1) 状态解；
(2) 输出解。

9.1.1　概　述

简要介绍一下现代控制理论的基本情况。

1. 控制理论的三大发展阶段

(1) 经典控制理论(classical control theory)

经典控制理论从 1784 年英国瓦特发明蒸汽机开始，至今已有 200 多年了。
研究对象：SISO(single input and single output system)系统。
研究方法：建立在传递函数基础上的根轨迹法和频率法。
理论形成：20 世纪 40～50 年代。
标志性成果：1942 年 Harris 引入了传递函数的概念，1932 年 Nyquist 稳定判据，1948 年 Evans 的根轨迹法。

1947 年维纳的《控制论》。

1954 年钱学森的《工程控制论》。

(2) 现代控制理论阶段(modern control theory)

研究对象:SISO 系统,MIMO 系统,非线性系统,时变系统等。

研究方法:状态空间法(state space),时域法。

理论形成:20 世纪 60～70 年代。

标志性成果:

① 1960 年美国 Kalman 滤波理论。

② 1956 年苏联 Pontryagin 极大值理论。

③ 1957 年美国 Bellman 动态规划。

④ 1892 年沙皇俄国李雅普诺夫的稳定性理论和运动稳定性的一般问题。

(3) 大系统和人工智能理论

从 20 世纪 70 年代以后发展起来的,至今还没有完善成熟。

大系统理论:结构复杂,信息众多的大型系统、如国民经济,人口控制等。

人工智能理论:通过传感器感知测量,利用计算机做出判断决策,进而实现人的智能,如机器人控制等。

2. 经典控制理论与现代控制理论的比较

(1) 基本观点不同

经典控制理论:着重于系统的外部特征,不关心系统内部变量的变化,称为黑箱问题(black box)。

现代控制理论:既关心系统的外部特性,又研究系统的内部特性。

(2) 研究方法不同

经典控制理论:频域法。

现代控制理论:时域法。

(3) 数学工具不同

经典控制理论:线性定常微分方程(拉氏变换、傅里叶变换)。

现代控制理论:状态方程(矩阵理论)。

(4) 应用范围不同

经典控制理论:单输入/单输出线性定常系统的分析、综合。

现代控制理论:单输入/单输出系统、多输入/多输出系统、非线性系统、时变系统的分析、综合、最优控制等。

3. 现代控制理论的内容

基础部分:线性系统理论(本章前三节)。

各理论分支：

① 最优控制：寻求一个控制规律，使系统的性能指标最优。

② 自适应控制：当系统参数发生变化时，仍能保证系统的最优。

③ 系统辨识与模式识别：解决复杂系统的数学模型建立问题。

9.1.2　状态空间表达式

在现代控制理论当中，由于引入了状态变量，从而形成了一整套不同于经典控制理论的理论，它的数学模型就是状态空间表达式。

1. 状态及状态空间

(1) 状　态

能够完全描述系统时域行为的一个最小变量组，称为系统的状态。而上述这个最小变量组中的每个变量称为系统的状态变量。

注意：

① 完全描述：即若给定 $t=t_0$ 时刻这组变量的值（初始状态），又已知 $t\geqslant t_0$ 时系统的输入 $U(t)$，则系统在 $t\geqslant t_0$ 时任何瞬时的行为就完全且唯一地被确定。

[例 9－1]　*RLC* 网络如图 9－1 所示，试选择系统的状态变量。

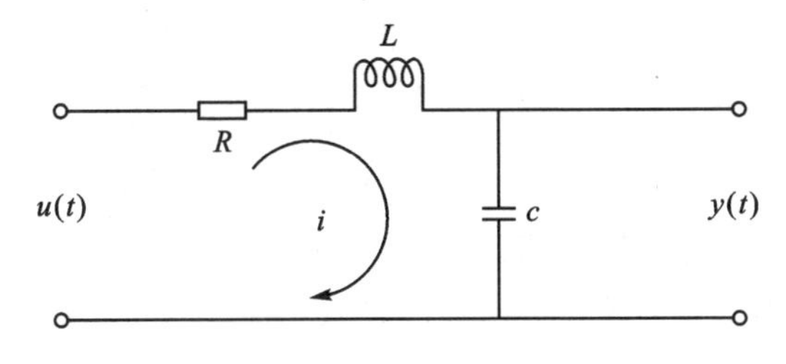

图 9－1　*RLC* 网络图

解： 本例题中，若要得到输出 $y(t)$，根据电路基础知识可知，只要知道了电感 L 上的初始电流 i_0，和电容上的初始电压 U_{C_0}，以及输入电压 $U(t)$，则输出 $y(t)$ 就可确定。故可选输出 i 和 U_C 为本系统的状态变量。

例题解答完毕。

② 最小变量组：即这组变量应是线性独立的。

[例 9－2]　*RC* 网络如图 9－2 所示，试选择系统的状态变量。

解： 在 $t=t_0$ 时，若已知 $U_{C_1}(t_0)$，$U_{C_2}(t_0)$，$U_{C_3}(T_0)$ 和 $U(t)$，则根据电路的可希霍夫定律，可求得输出 $y(t)$，$t\geqslant t_0$，故可选 $U_{C_1}(t)$，$U_{C_2}(t)$，$U_{C_3}(t)$ 作为状态变量。但是，

$$\because U_{C_1}(t)+U_{C_2}(t)+U_{C_3}(t)=0$$

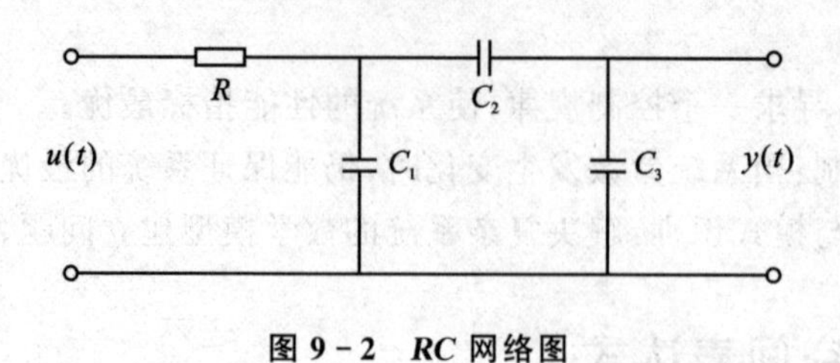

图 9-2 RC 网络图

显然,它们是线性相关的,故只有两个状态变量是线性独立的,因此系统最小变量组的个数应是 2。

例题解答完毕。

一般的,状态变量的个数等于系统含有独立储能元件的个数,同时等于系统的阶数。对于 n 阶系统,有 n 个状态变量:$X_1(t), X_2(t), \cdots, X_n(t)$。

③ 状态变量具有非唯一性。

(2) 状态空间

由系统的 n 个状态变量:$X_1(t), X_2(t), \cdots, X_n(t)$为坐标轴,构成的 n 维欧氏空间,称为 n 维状态空间。

引入状态空间概念之后,即可把这 n 个状态变量用矢量的形式来表示,称为状态矢量(state vector)。

$$\boldsymbol{X}(t)=\begin{bmatrix} X_1(t) \\ X_2(t) \\ \vdots \\ X_n(t) \end{bmatrix}$$

又可表示为 $\boldsymbol{X}(t) \in R^n$,$\boldsymbol{X}(t)$属于 n 维状态空间。引入了状态矢量的概念后,则状态矢量的端点就表示了系统在某时刻的状态。

(3) 状态轨线

系统状态矢量的端点在状态空间中所移动的路径,称为系统的状态轨线。

例如:二阶系统,应是二维状态空间,初始状态是 X_{10} 和 X_{20},在输入 $U(t)$的作用下,系统的状态开始变化,如图 9-3 所示。

因此,状态轨线表示了系统状态随时间变化的规律。

2. 状态空间表达式

状态空间表达式是现代控制理论的数学模型。

(1) 建立方法

现以下例具体说明建立的方法。

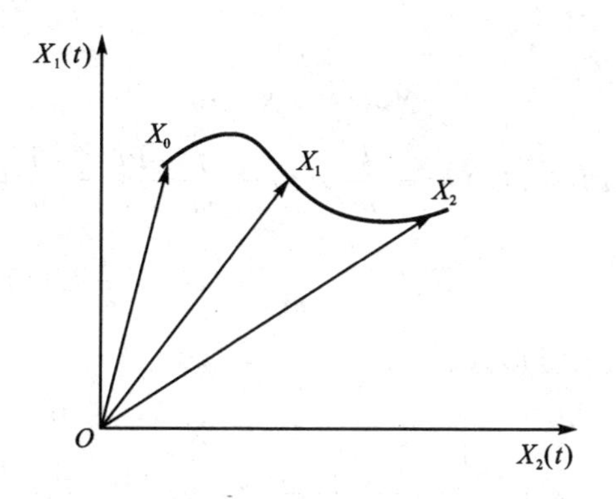

图 9－3　二维系统状态轨线

［例 9－3］　试建立如图 9－4 所示机械位移系统的状态空间表达式。$U(t)$为外加的主动力，$y(t)$是小车的位移。

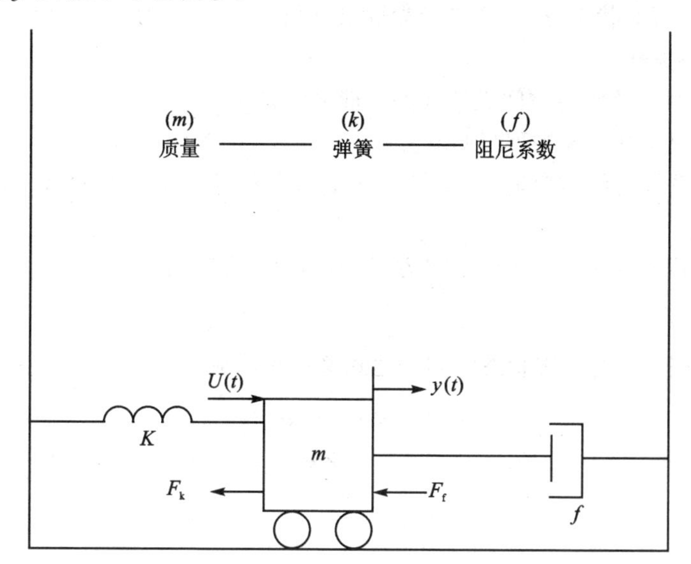

图 9－4　机械位移系统图

解：由牛顿第二定律可以知道：

$$\sum F = ma$$

列写基本方程：

$$U(t) - f\,\frac{\mathrm{d}y}{\mathrm{d}t} - ky = m\,\frac{\mathrm{d}^2 y}{\mathrm{d}t^2}$$

$$m\,\frac{\mathrm{d}^2 y}{\mathrm{d}t^2} + f\,\frac{\mathrm{d}y}{\mathrm{d}t} + ky = U(t)$$

选择状态变量：因为系统是二阶的，故选两个状态变量，取

$$X_1(t) = y(t),\ X_2(t) = \dot{y}(t)$$

故可得：

$$\dot{X}_1(t)=X_2(t)$$

$$\dot{X}_2(t)=\ddot{y}(t)=-\frac{k}{m}y(t)-\frac{f}{m}\frac{\mathrm{d}y}{\mathrm{d}x}+\frac{1}{m}U(t)$$

$$=-\frac{k}{m}X_1(t)-\frac{f}{m}X_2(t)+\frac{1}{m}U(t)$$

为方便起见，写成矢量形式：

$$\begin{cases}\begin{bmatrix}\dot{X}_1\\\dot{X}_2\end{bmatrix}=\begin{bmatrix}0 & 1\\-\frac{k}{m} & -\frac{f}{m}\end{bmatrix}\begin{bmatrix}X_1\\X_2\end{bmatrix}+\begin{bmatrix}0\\\frac{1}{m}\end{bmatrix}\boldsymbol{U}\\ \boldsymbol{y}=\begin{bmatrix}1 & 0\end{bmatrix}\begin{bmatrix}X_1\\X_2\end{bmatrix}\end{cases}$$

上式第一行为状态方程，第二行为输出方程。

例题解答完毕。

结论：列写系统状态空间表达式的一般方法是：

① 首先根据基本规则列写基本方程；

② 选择系统的状态变量，确定状态变量的个数等于系统的阶数 n，选择状态变量（非唯一）；

③ 列写系统的状态方程和输出方程，即得状态空间表达式。

(2) 一般形式

[例 9-3] 中的系统状态空间表达式又可表示成：

$$\begin{cases}\dot{\boldsymbol{X}}=\boldsymbol{AX}+\boldsymbol{BU}\\ \boldsymbol{Y}=\boldsymbol{CX}\end{cases}$$

其中：

$$\boldsymbol{A}=\begin{bmatrix}0 & 1\\-\frac{k}{m} & -\frac{f}{m}\end{bmatrix},\boldsymbol{B}=\begin{bmatrix}0\\\frac{1}{m}\end{bmatrix},\boldsymbol{C}=\begin{bmatrix}1 & 0\end{bmatrix}$$

① 对于一般的 n 阶线性定常系统（n 阶，r 个输入，m 个输出）：

$$\begin{cases}\dot{\boldsymbol{X}}(t)=\boldsymbol{AX}(t)+\boldsymbol{BU}(t)\\ \boldsymbol{Y}(t)=\boldsymbol{CX}(t)+\boldsymbol{DU}(t)\end{cases}$$

其中：$\boldsymbol{X}(t)$为状态变量，$\boldsymbol{U}(t)$为 r 维控制（输入）矢量，$\boldsymbol{Y}(t)$为 m 维输出矢量；

$$\boldsymbol{U}(t)=\begin{bmatrix}U_1\\U_2\\\vdots\\U_r\end{bmatrix},\boldsymbol{Y}(t)=\begin{bmatrix}Y_1\\Y_2\\\vdots\\Y_m\end{bmatrix}$$

$\boldsymbol{A}$ 为系统的系统(系数)矩阵，$n \times n$ 阶常数矩阵；

$\boldsymbol{B}$ 为系统的控制(输入)矩阵，$n \times r$ 阶常数矩阵；

$\boldsymbol{C}$ 为系统的输出矩阵，$m \times n$ 阶常数矩阵；

$\boldsymbol{D}$ 为系统的直联矩阵，$m \times r$ 阶常数矩阵。

② 一般线性时变系统：

$$\begin{cases}\dot{\boldsymbol{X}}(t)=\boldsymbol{A}(t)\boldsymbol{X}(t)+\boldsymbol{B}(t)\boldsymbol{U}(t)\\ \boldsymbol{Y}(t)=\boldsymbol{C}(t)\boldsymbol{X}(t)+\boldsymbol{D}(t)\boldsymbol{U}(t)\end{cases}$$

区别在于上述系数矩阵均是时间 t 的函数。

③ 非线性定常系统：

$$\begin{cases}\dot{\boldsymbol{X}}(t)=\boldsymbol{f}\left[\boldsymbol{X}(t),\boldsymbol{U}(t)\right]\\ \boldsymbol{Y}(t)=\boldsymbol{g}\left[\boldsymbol{X}(t),\boldsymbol{U}(t)\right]\end{cases}$$

④ 非线性时变系统：

$$\begin{cases}\dot{\boldsymbol{X}}(t)=\boldsymbol{f}\left[\boldsymbol{X}(t),\boldsymbol{U}(t),t\right]\\ \boldsymbol{Y}(t)=\boldsymbol{g}\left[\boldsymbol{X}(t),\boldsymbol{U}(t),t\right]\end{cases}$$

⑤ 线性系统状态空间表达式的简便形式：由以上可知，对任意阶次的线性系统，其状态空间表达式的基本形式是一样的，区别在于 4 个矩阵不同，故可用四联矩阵表示：

$\sum=(\boldsymbol{A},\boldsymbol{B},\boldsymbol{C},\boldsymbol{D})$ ：线性定常系统；

$\sum=\left[\boldsymbol{A}(t),\boldsymbol{B}(t),\boldsymbol{C}(t),\boldsymbol{D}(t)\right]$ ：线性时变系统。

3. 线性系统的结构图

在现代控制理论当中，由于引入了状态变量，从而形成了一整套不同于经典控制理论的理论，它的数学模型就是状态空间表达式。

根据线性系统的状态空间表达式的一般形式：

$$\begin{cases}\dot{\boldsymbol{X}}(t)=\boldsymbol{A}\boldsymbol{X}(t)+\boldsymbol{B}\boldsymbol{U}(t)\\ \boldsymbol{Y}(t)=\boldsymbol{C}\boldsymbol{X}(t)+\boldsymbol{D}\boldsymbol{U}(t)\end{cases}$$

线性系统又可用如图 9-5 所示的结构图来表示。

根据具体系统的情况，还可画出更详细的结构图，下面举例加以说明。

[例 9-4]　如图 9-6 所示，试建立电枢控制的直流电动机的状态空间表达式，并画出其结构图。

解：首先，由电枢控制的直流电动机的基本规律列写原始方程。

输入信号为电枢电压 U；输出信号为电机轴上的角位移 θ。

电路方程：

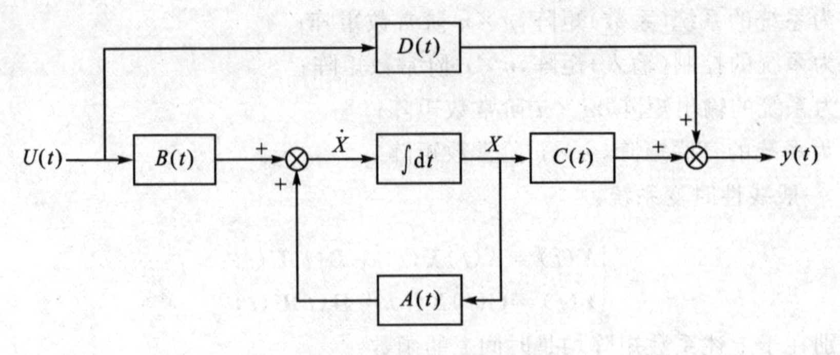

图 9-5　线性系统结构图

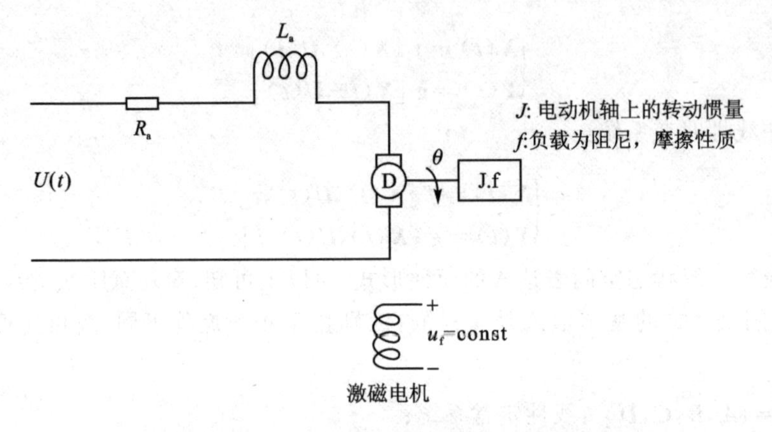

图 9-6　例 9-4 中电枢控制的直流电动机图

$$U=R_a i_a+L_a\frac{\mathrm{d}i_a}{\mathrm{d}t}+C_e\frac{\mathrm{d}\theta}{\mathrm{d}t}$$

运动方程：

$$\sum M=J\alpha$$

$$J\frac{\mathrm{d}^2\theta}{\mathrm{d}t^2}+f\frac{\mathrm{d}\theta}{\mathrm{d}t}=C_m i_a$$

选择状态变量：$X_1(t)=i_a, X_2(t)=\theta, X_3(t)=\dot{\theta}$。

故可得：

$$\dot{X}_1(t)=\dot{i}_a=-\frac{R_a}{L_a}i_a-\frac{C_e}{L_a}\frac{\mathrm{d}\theta}{\mathrm{d}t}+\frac{1}{L_a}U=-\frac{R_a}{L_a}X_1(t)-\frac{C_e}{L_a}X_3(t)+\frac{1}{L_a}U$$

$$\dot{X}_2(t)=\dot{\theta}=X_3(t)$$

$$\dot{X}_3(t)=\ddot{\theta}=\frac{C_m}{J}i_a-\frac{f}{J}\frac{\mathrm{d}\theta}{\mathrm{d}t}=\frac{C_m}{J}X_1(t)-\frac{f}{J}X_3(t)$$

故得状态方程：

$$
\begin{cases}
\dot{\boldsymbol{X}} = \begin{bmatrix} -\dfrac{R_a}{L_a} & 0 & -\dfrac{C_e}{L_a} \\ 0 & 0 & 1 \\ \dfrac{C_m}{J} & 0 & -\dfrac{f}{J} \end{bmatrix} \begin{bmatrix} X_1 \\ X_2 \\ X_3 \end{bmatrix} + \begin{bmatrix} \dfrac{1}{L_a} \\ 0 \\ 0 \end{bmatrix} \boldsymbol{U} \\
\boldsymbol{y} = \boldsymbol{\theta} = [0 \quad 1 \quad 0] \begin{bmatrix} X_1 \\ X_2 \\ X_3 \end{bmatrix}
\end{cases}
$$

最后根据上述状态方程和输出方程可画出结构图，如图 9－7 所示。

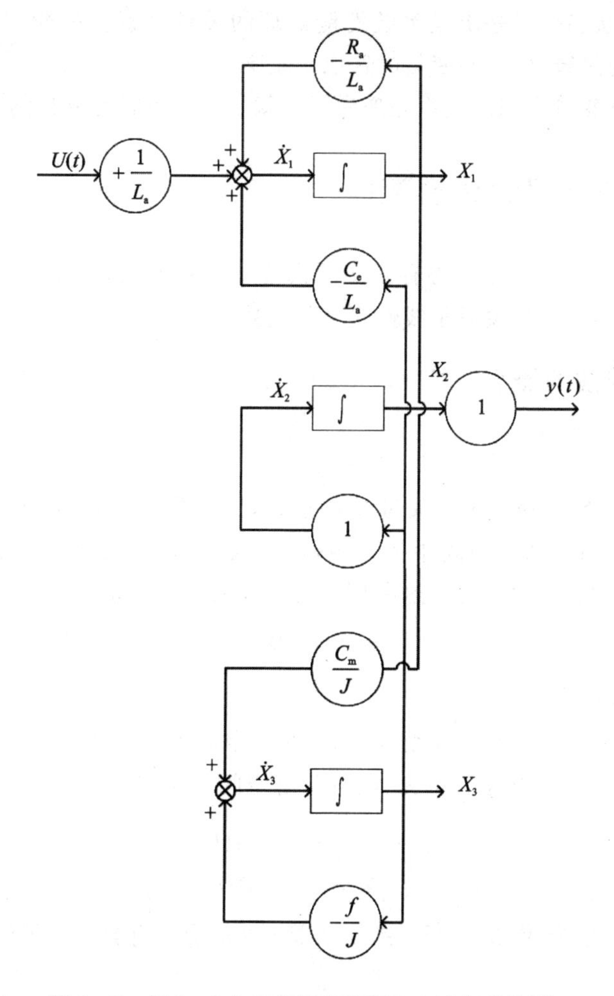

图 9－7　例 9－4 中电枢控制的直流电动机结构图

例题解答完毕。

由以上的例题可以看出：系统的结构图中只有加法器、积分器和比例器，完全可用模拟计算机来模拟,因此这种结构图又称为计算机模拟图。

小结:状态空间表达式是现代控制理论中系统的数学模型,它以状态变量为基本出发点,把输入到输出的控制过程分成了两个阶段:

$$\text{输入} \Rightarrow \text{状态} \Rightarrow \text{输出}$$

$$U(t) \Rightarrow X(t) \Rightarrow Y(t)$$

其中输入到状态是通过动态过程或者微分方程组来实现的,状态到输出是通过状态变换过程或者代数方程组来实现的。$U(t)$到$X(t)$是通过状态方程$\dot{X}(t)=AX(t)+BU(t)$来实现的,$X(t)$到$Y(t)$是通过输出方程$Y(t)=CX(t)+DU(t)$来实现的。

由此可见,状态变量是决定系统性能好坏的关键因素。一般的说,状态变量的个数等于系统的阶数,但状态变量的选取不是唯一的。

不同的状态变量之间的关系是怎样的?就是下一节状态方程的线性变换。

9.1.3 状态方程的线性变换

如前所述,一个n阶系统必有n个状态变量。然而,这n个状态变量的选择却不是唯一的,它们之间的关系是线性变换的关系。

1. 状态变换的概念

(1) 定　义

将状态矢量$\boldsymbol{X}$变换成装填矢量$\widetilde{\boldsymbol{X}}$的过程,称为系统的状态变换。

由于状态变量是状态空间中的一组基底,因此,状态变换的实质就是状态空间基底的变换。由线性代数可知,这种变换是线性变换的关系:

$$\boldsymbol{X}=\boldsymbol{P}\widetilde{\boldsymbol{X}}$$

(2) 基本关系式

下面,我们进一步分析状态变换时,其状态空间表达式之间的对应关系。

设一个n阶系统,状态矢量为$\boldsymbol{X}$,其状态空间表达式为:

$$\begin{cases}\dot{\boldsymbol{X}}=\boldsymbol{AX}+\boldsymbol{BU}\\ \boldsymbol{Y}=\boldsymbol{CX}+\boldsymbol{DU}\end{cases}$$

现取状态矢量为$\widetilde{\boldsymbol{X}}$,$\boldsymbol{X}=\widetilde{\boldsymbol{PX}}$,其中$\boldsymbol{P}$是$n\times n$阶非奇异阵,即$\boldsymbol{P}^{-1}$存在,代入上述表达式,可得:

$$\begin{cases}\boldsymbol{P}\dot{\widetilde{\boldsymbol{X}}}=\boldsymbol{AP}\widetilde{\boldsymbol{X}}+\boldsymbol{BU}\\ \boldsymbol{Y}=\boldsymbol{CP}\widetilde{\boldsymbol{X}}+\boldsymbol{DU}\end{cases}$$

将状态方程的等号两边同时乘以 $\boldsymbol{P}^{-1}$，可得：

$$\begin{cases}\dot{\widetilde{\boldsymbol{X}}}=\boldsymbol{P}^{-1}\boldsymbol{A}\boldsymbol{P}\widetilde{\boldsymbol{X}}+\boldsymbol{P}^{-1}\boldsymbol{B}\boldsymbol{U}=\widetilde{\boldsymbol{A}}\widetilde{\boldsymbol{X}}+\widetilde{\boldsymbol{B}}\boldsymbol{U}\\ \boldsymbol{Y}=\boldsymbol{C}\boldsymbol{P}\widetilde{\boldsymbol{X}}+\boldsymbol{D}\boldsymbol{U}=\widetilde{\boldsymbol{C}}\widetilde{\boldsymbol{X}}+\widetilde{\boldsymbol{D}}\boldsymbol{U}\end{cases}$$

其中，

$$\begin{cases}\widetilde{\boldsymbol{A}}=\boldsymbol{P}^{-1}\boldsymbol{A}\boldsymbol{P}\\ \widetilde{\boldsymbol{B}}=\boldsymbol{P}^{-1}\boldsymbol{B}\\ \widetilde{\boldsymbol{C}}=\boldsymbol{C}\boldsymbol{P}\\ \widetilde{\boldsymbol{D}}=\boldsymbol{D}\end{cases}$$

可见，满足上述条件的交换阵 $\boldsymbol{P}$ 有无穷多个。故状态变量不是唯一的。

[例 9－5]　试建立如图 9－8 所示的 RLC 网络的状态空间表达式。

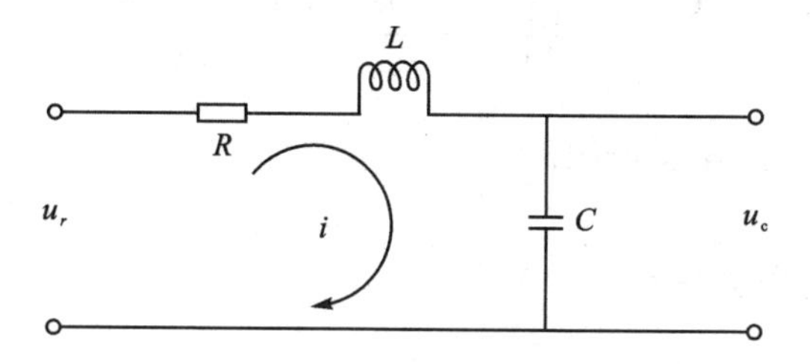

图 9－8　例 9－5 中 *RLC* 网络图

解：根据电路，得基本方程：

$$\begin{cases}L\dfrac{\mathrm{d}i}{\mathrm{d}t}+Ri+U_C=U_r\\ C\dfrac{\mathrm{d}U_C}{\mathrm{d}t}=i\end{cases}$$

可化简为：

$$\begin{cases}\dot{i}=-\dfrac{R}{L}i-\dfrac{1}{L}U_C+\dfrac{1}{L}U_r\\ \dot{U}_C=\dfrac{1}{C}i\end{cases}$$

(1) 取 $X_1=i$，$X_2=U_C$，则有：

$$\begin{cases}\dot{X}_1=-\dfrac{R}{L}X_1-\dfrac{1}{L}X_2+\dfrac{1}{L}U_r\\ \dot{X}_2=\dfrac{1}{C}X_1\end{cases}$$

写成矩阵的形式为：

$$\begin{cases}\dot{\boldsymbol{X}}=\begin{bmatrix}-\dfrac{R}{L} & -\dfrac{1}{L}\\ \dfrac{1}{C} & 0\end{bmatrix}\boldsymbol{X}+\begin{bmatrix}\dfrac{1}{L}\\ 0\end{bmatrix}\boldsymbol{U}_{\mathrm{r}}\\ \boldsymbol{Y}=\begin{bmatrix}0 & 1\end{bmatrix}\boldsymbol{X}\end{cases}$$

(2) 取 $\widetilde{X}_1=U_C$,$\widetilde{X}_2=\dot{U}_C$,则有:

$$\begin{cases}\dot{\widetilde{X}}_1=\widetilde{X}_2\\ \dot{\widetilde{X}}_2=\ddot{U}_C=-\dfrac{R}{L}\dot{U}_C-\dfrac{1}{LC}U_C+\dfrac{1}{LC}U_{\mathrm{r}}\end{cases}$$

写成矩阵形式:

$$\begin{cases}\dot{\widetilde{\boldsymbol{X}}}=\begin{bmatrix}0 & 1\\ -\dfrac{1}{LC} & -\dfrac{R}{L}\end{bmatrix}\widetilde{\boldsymbol{X}}+\begin{bmatrix}0\\ \dfrac{1}{LC}\end{bmatrix}\boldsymbol{U}_{\mathrm{r}}\\ \boldsymbol{Y}=\begin{bmatrix}1 & 0\end{bmatrix}\begin{bmatrix}U_C\\ \dot{U}_C\end{bmatrix}\end{cases}$$

(3) X 与 $\widetilde{X}$ 的变换关系:

设

$$\boldsymbol{P}=\begin{bmatrix}p_{11} & p_{12}\\ p_{21} & p_{22}\end{bmatrix}$$

由 $\boldsymbol{X}=\boldsymbol{P}\widetilde{\boldsymbol{X}}$,可得:

$$\begin{bmatrix}X_1\\ X_2\end{bmatrix}=\begin{bmatrix}p_{11} & p_{12}\\ p_{21} & p_{22}\end{bmatrix}\begin{bmatrix}\widetilde{X}_1\\ \widetilde{X}_2\end{bmatrix}$$

即

$$\begin{cases}X_1=p_{11}\widetilde{X}_1+p_{12}\widetilde{X}_2\\ X_2=p_{21}\widetilde{X}_1+p_{22}\widetilde{X}_2\end{cases}$$

可转化为

$$\begin{cases}i=p_{11}U_C+p_{12}\dot{U}_C\Rightarrow C\dot{U}_C=p_{11}U_C+p_{12}\dot{U}_C\\ U_{\mathrm{C}}=p_{21}U_C+p_{22}\dot{U}_C\end{cases}$$

求解上式,可得 $p_{11}=0$,$p_{12}=C$,$p_{21}=1$,$p_{22}=0$,则

$$\boldsymbol{P}=\begin{bmatrix}0 & C\\ 1 & 0\end{bmatrix}$$

可以验证两状态空间表达式之间的变换关系。

例题解答完毕。

2. 状态变换的基本性质

(1) 系统的特征值(即特征方程的根)

定义:系统系数矩阵 $\boldsymbol{A}$ 的特征值,称为系统的特征值。即 A 的特征方程的根:

$$|\boldsymbol{\lambda I}-\boldsymbol{A}|=0$$

(2) 基本性质

定理:状态变换不改变系统的特征值。

证明:要证明特征值不变,也即证明变换前后的系统特征多项式相等,即:$|\boldsymbol{\lambda I}-\boldsymbol{A}|=|\boldsymbol{\lambda I}-\widetilde{\boldsymbol{A}}|$。

$$\because |\boldsymbol{\lambda I}-\widetilde{\boldsymbol{A}}|=|\boldsymbol{\lambda P}^{-1}\boldsymbol{P}-\boldsymbol{P}^{-1}\boldsymbol{AP}|=|\boldsymbol{P}^{-1}(\boldsymbol{\lambda I}-\boldsymbol{A})\boldsymbol{P}|=|\boldsymbol{P}^{-1}|\cdot|\boldsymbol{\lambda I}-\boldsymbol{A}|\cdot|\boldsymbol{P}|$$
$$=|\boldsymbol{P}^{-1}\boldsymbol{P}|\cdot|\boldsymbol{\lambda I}-\boldsymbol{A}|=|\boldsymbol{\lambda I}-\boldsymbol{A}|$$

定理证明完毕。

由于线性定常系统,系统的特征值决定了系统的基本特性,因此,线性变换不改变系统的基本特性。

3. 一类重要的线性变换(化 A 阵为对角形或约当标准形)

设系统的特征值为 $\lambda_1,\lambda_2,\cdots,\lambda_n$。

(1) $\lambda_1,\lambda_2,\cdots,\lambda_n$ 互不相同

定理:线性定常系统,若其特征值互不相同,则必存在一非奇异矩阵 $\boldsymbol{P}$,通过线性变换,可使 $\boldsymbol{A}$ 阵化为对角形。

证明:略去。

求取 $\boldsymbol{P}$ 阵的方法如下:

① 求 $\boldsymbol{A}$ 阵的特征值:

$$|\boldsymbol{\lambda I}-\boldsymbol{A}|=0\Rightarrow\lambda_1,\lambda_2,\cdots,\lambda_n$$

② 求 $\boldsymbol{A}$ 的特征矢量:

特征矢量的定义:方程组$(\lambda_i\boldsymbol{I}-\boldsymbol{A})\boldsymbol{P}_i=0$ 的非零解 $\boldsymbol{P}_i$ 称为矩阵$\boldsymbol{A}$ 对应于特征值 λ_i 的一个特征矢量。

特征矢量的求法:令$(\lambda_i\boldsymbol{I}-\boldsymbol{A})\boldsymbol{P}_i=0$,即

$$\boldsymbol{AP}_i=\lambda_i\boldsymbol{P}_i$$

解上述方程组,即得 $\boldsymbol{P}_i$。

③ 由各特征矢量,构成 P 矩阵:

$$\boldsymbol{P}=[\boldsymbol{P}_1\quad\boldsymbol{P}_2\quad\cdots\quad\boldsymbol{P}_n]$$

[例 9-6] 设系统的状态方程如下所示,求将 $\boldsymbol{A}$ 阵变换为对角形后的状态方程。

$$\dot{\boldsymbol{X}} = \begin{bmatrix} 1 & 2 \\ 2 & -2 \end{bmatrix} \boldsymbol{X} + \begin{bmatrix} 1 \\ 2 \end{bmatrix} \boldsymbol{U}$$

解:(1)求 $\boldsymbol{A}$ 阵的特征值:

$$\because |\lambda \boldsymbol{I} - \boldsymbol{A}| = 0$$

$$\left| \begin{bmatrix} \lambda & 0 \\ 0 & \lambda \end{bmatrix} - \begin{bmatrix} 1 & 2 \\ 2 & -2 \end{bmatrix} \right| = \begin{vmatrix} \lambda - 1 & -2 \\ -2 & \lambda + 2 \end{vmatrix} = 0$$

$$(\lambda - 1)(\lambda + 2) - 4 = 0$$

$$\lambda^2 + \lambda - 6 = 0$$

$$\therefore \lambda_1 = 2, \lambda_2 = -3$$

(2) 求 $\boldsymbol{A}$ 的特征矢量:

求 $\lambda_1 = 2$ 的特征矢量 $\boldsymbol{P}_1$,设

$$\boldsymbol{P}_1 = \begin{bmatrix} p_{11} \\ p_{21} \end{bmatrix}$$

$$\because \boldsymbol{A}\boldsymbol{P}_1 = \lambda_1 \boldsymbol{P}_1$$

$$\begin{bmatrix} 1 & 2 \\ 2 & -2 \end{bmatrix} \cdot \begin{bmatrix} p_{11} \\ p_{21} \end{bmatrix} = \begin{bmatrix} 2p_{11} \\ 2p_{21} \end{bmatrix}$$

$$\begin{cases} p_{11} + 2p_{21} = 2p_{11} \\ 2p_{11} - 2p_{21} = 2p_{21} \end{cases}$$

求解上式,可得:$p_{11} = 2p_{21}$。

取 $p_{21} = 1$,则 $p_{11} = 2$,

$$\therefore \boldsymbol{P}_1 = \begin{bmatrix} 2 \\ 1 \end{bmatrix}$$

求 $\lambda_2 = -3$ 的特征矢量 $\boldsymbol{P}_2$,设

$$\boldsymbol{P}_2 = \begin{bmatrix} p_{12} \\ p_{22} \end{bmatrix}$$

$$\because \boldsymbol{A}\boldsymbol{P}_1 = \lambda_1 \boldsymbol{P}_1$$

$$\begin{bmatrix} 1 & 2 \\ 2 & -2 \end{bmatrix} \cdot \begin{bmatrix} p_{12} \\ p_{22} \end{bmatrix} = \begin{bmatrix} -3p_{12} \\ -3p_{22} \end{bmatrix}$$

$$\begin{cases} p_{12} + 2p_{22} = -3p_{12} \\ 2p_{12} - 2p_{22} = -3p_{22} \end{cases}$$

求解上式,可得:$p_{22} = -2p_{12}$。

取 $p_{12} = 1$,则 $p_{22} = -2$,

$$\therefore \boldsymbol{P}_2 = \begin{bmatrix} 1 \\ -2 \end{bmatrix}$$

（3）变换：

$$\therefore \boldsymbol{P}=[\boldsymbol{P}_1 \quad \boldsymbol{P}_2]=\begin{bmatrix}2 & 1\\1 & -2\end{bmatrix}$$

$$\boldsymbol{P}^{-1}=\frac{1}{\begin{vmatrix}2 & 1\\1 & -2\end{vmatrix}}\begin{bmatrix}-2 & -1\\-1 & 2\end{bmatrix}=\frac{1}{-5}\begin{bmatrix}-2 & -1\\-1 & 2\end{bmatrix}=\begin{bmatrix}\frac{2}{5} & \frac{1}{5}\\\frac{1}{5} & -\frac{2}{5}\end{bmatrix}$$

$$\widetilde{\boldsymbol{A}}=\boldsymbol{P}^{-1}\boldsymbol{A}\boldsymbol{P}=\begin{bmatrix}2 & 0\\0 & -3\end{bmatrix}$$

$$\widetilde{\boldsymbol{B}}=\boldsymbol{P}^{-1}\boldsymbol{B}=\begin{bmatrix}\frac{4}{5}\\-\frac{3}{5}\end{bmatrix}$$

例题解答完毕。

定理：线性定常系统，若 $\boldsymbol{A}$ 矩阵具有以下的形式：

$$\boldsymbol{A}=\begin{bmatrix}0 & 1 & \cdots & 0\\\vdots & \ddots & \ddots & \vdots\\0 & \cdots & 0 & 1\\-a_n & -a_{n-1} & \cdots & -a_1\end{bmatrix}$$

其中 $a_1,\cdots,a_n$ 为 $\boldsymbol{A}$ 阵特征多项式的系数：

$$|\lambda\boldsymbol{I}-\boldsymbol{A}|=\lambda^n+a_1\lambda^{n-1}+\cdots+a_{n-1}\lambda+a_n$$

且 $\boldsymbol{A}$ 阵的特征值互不相同，则使 $\boldsymbol{A}$ 阵化为对角形的变换阵为：

$$\boldsymbol{P}=\begin{bmatrix}1 & 1 & \cdots & 1\\\lambda_1 & \lambda_2 & \cdots & \lambda_n\\\lambda_1^2 & \lambda_2^2 & \cdots & \lambda_n^2\\\vdots & \vdots & \ddots & \vdots\\\lambda_1^{n-1} & \lambda_2^{n-1} & \cdots & \lambda_n^{n-1}\end{bmatrix}$$

$\boldsymbol{P}$ 阵称为范德蒙矩阵，$\boldsymbol{A}$ 阵称为友矩阵。

（2）$\boldsymbol{A}$ 阵有相重的特征值

若 $\boldsymbol{A}$ 阵有相重的特征值，又可分为两种情况来讨论：

① $\boldsymbol{A}$ 阵有相重的特征值，但 $\boldsymbol{A}$ 仍有 n 个独立的特征向量，此时仍可把 $\boldsymbol{A}$ 化为对角形，方法同前面互异特征根相同。

［例 9－7］　设系统状态方程中的 $\boldsymbol{A}$ 阵如下所示，求将 $\boldsymbol{A}$ 阵变换为对角形。

$$\boldsymbol{A}=\begin{bmatrix}1 & 0 & -1\\0 & 1 & 0\\0 & 0 & 2\end{bmatrix}$$

解:(1)求 $\boldsymbol{A}$ 阵的特征值:

$$\because |\lambda \boldsymbol{I} - \boldsymbol{A}| = 0$$

$$\therefore \lambda_1 = \lambda_2 = 1, \lambda_3 = 2$$

(2) 求 $\boldsymbol{A}$ 的特征矢量:

由 $(\lambda_i \boldsymbol{I} - \boldsymbol{A})\boldsymbol{P}_i = 0$ 寻找非奇异变换阵 $\boldsymbol{P}$,则:

$$(\lambda_1 \boldsymbol{I} - \boldsymbol{A})\boldsymbol{P}_1 = \begin{bmatrix} 0 & 0 & 1 \\ 0 & 0 & 0 \\ 0 & 0 & -1 \end{bmatrix} \begin{bmatrix} p_{11} \\ p_{21} \\ p_{31} \end{bmatrix} = 0$$

可等效为方程组:

$$\begin{cases} 0p_{11} + 0p_{21} + p_{31} = 0 \Rightarrow p_{31} = 0 \\ 0p_{11} + 0p_{21} + 0p_{31} = 0 \\ 0p_{11} + 0p_{21} - p_{31} = 0 \end{cases}$$

可取 $p_{11} = 1, p_{21} = 0$ 或者 $p_{11} = 0, p_{21} = 1$。

最终可得:

$$\boldsymbol{P}_1 = \begin{bmatrix} 1 \\ 0 \\ 0 \end{bmatrix}, \boldsymbol{P}_2 = \begin{bmatrix} 0 \\ 1 \\ 0 \end{bmatrix}$$

再由 $(\lambda_3 \boldsymbol{I} - \boldsymbol{A})\boldsymbol{P}_3 = 0$,可得:

$$\boldsymbol{P}_3 = \begin{bmatrix} -1 \\ 0 \\ 1 \end{bmatrix}$$

显然,$\boldsymbol{P}_1, \boldsymbol{P}_2, \boldsymbol{P}_3$ 线性独立,则:

$$\boldsymbol{P} = [\boldsymbol{P}_1 \quad \boldsymbol{P}_2 \quad \boldsymbol{P}_3] = \begin{bmatrix} 1 & 0 & -1 \\ 0 & 1 & 0 \\ 0 & 0 & 1 \end{bmatrix}$$

所以 $\boldsymbol{P}$ 阵是可逆矩阵:

$$\widetilde{\boldsymbol{A}} = \boldsymbol{P}^{-1}\boldsymbol{A}\boldsymbol{P} = \begin{bmatrix} 1 & 0 & 0 \\ 0 & 1 & 0 \\ 0 & 0 & 2 \end{bmatrix}$$

例题解答完毕。

② $\boldsymbol{A}$ 阵有重特征值,但 $\boldsymbol{A}$ 的独立特征向量的个数小于系统的阶数(小于 n),此时 $\boldsymbol{A}$ 矩阵不能化为对角形,但一定可以化成如下的约当标准形:

$$\boldsymbol{J} = \boldsymbol{Q}^{-1}\boldsymbol{A}\boldsymbol{Q} = \begin{bmatrix} J_1 & \cdots & 0 \\ \vdots & \ddots & \vdots \\ 0 & \cdots & J_L \end{bmatrix}$$

其中 $J_1, J_2, \cdots, J_L$ 为 L 个互不相同的特征值对应的约当块。

一个特征值对应一个特征矢量。

约当块的个数等于互不相同的特征值的个数。

$$\boldsymbol{J}_i = \begin{bmatrix} J_{i1} & \cdots & 0 \\ \vdots & \ddots & \vdots \\ 0 & \cdots & J_{i\sigma} \end{bmatrix}$$

其中，$J_{i1}, J_{i2}, \cdots, J_{i\sigma}(i=1,2,\cdots,L)$ 为对应于第 i 个约当块中的 σ 个约当子块。

一个约当块中的约当子块的个数等于该相重特征值对应的独立特征矢量的个数：

$$\boldsymbol{J}_{ij} = \begin{bmatrix} \lambda_i & 1 & \cdots & 0 \\ \vdots & \ddots & \ddots & \vdots \\ 0 & \cdots & \lambda_i & 1 \\ 0 & 0 & \cdots & \lambda_i \end{bmatrix}$$

$\boldsymbol{J}_{ij}((j=1,2,\cdots,\sigma))$ 为第 i 个约当块中第 j 个子块的基本形式。

由此可见，化为约当标准形的问题比较复杂。

9.1.4　微分方程变换为状态空间表达式

对于一个单输入/单输出系统，描述其运动规律的数学模型有三种常用形式：传递函数、微分方程和状态空间表达式。

这三种模型之间应该是能相互转换的，我们已经熟悉了前两种形式的互换，本节讨论微分方程变换为状态空间表达式。

设单输入/单输出系统的微分方程如下所示：

$$y^{(n)} + a_1 y^{(n-1)} + \cdots + a_{n-1}\dot{y} + a_n y = b_0 U^{(n)} + b_1 U^{(n-1)} + \cdots + b_{n-1}\dot{U} + b_n U$$

状态空间表达式为：

$$\begin{cases} \dot{\boldsymbol{X}} = \boldsymbol{AX} + \boldsymbol{BU} \\ \boldsymbol{Y} = \boldsymbol{CX} + \boldsymbol{DU} \end{cases}$$

1. 单输入/单输出系统的微分方程的输入函数中不包含导数项

设 n 阶线性定常单输入/单输出系统的微分方程如下所示：

$$y^{(n)} + a_1 y^{(n-1)} + \cdots + a_{n-1}\dot{y} + a_n y = bU$$

因为 n 阶系统要设 n 个状态变量，并且若已知初始条件 $y(0), \dot{y}(0), \cdots, y^{(n-1)}(0)$ 以及输入 U，就能唯一确定状态。故按照状态变量的定义，可直接按已知初始条件选状态变量，如下所示：

$$\begin{cases} x_1 = y \\ x_2 = \dot{y} \\ \vdots \\ x_{n-1} = y^{(n-2)} \\ x_n = y^{(n-1)} \end{cases}$$

$$\Rightarrow \begin{cases} \dot{x}_1 = x_2 \\ \dot{x}_2 = x_3 \\ \vdots \\ \dot{x}_{n-1} = x_n \\ \dot{x}_n = y^{(n)} = -a_n y - a_{n-1}\dot{y} - \cdots - a_1 y^{(n-1)} + bU \\ \quad = -a_n x_1 - a_{n-1}x_2 - \cdots - a_1 x_n + bU \end{cases}$$

上式可以写成矩阵的形式，如下所示：

$$\dot{\boldsymbol{X}} = \begin{bmatrix} 0 & 1 & \cdots & 0 \\ \vdots & \ddots & \ddots & \vdots \\ 0 & \cdots & 0 & 1 \\ -a_n & -a_{n-1} & \cdots & -a_1 \end{bmatrix} \begin{bmatrix} x_1 \\ x_2 \\ \vdots \\ x_n \end{bmatrix} + \begin{bmatrix} 0 \\ \vdots \\ 0 \\ b \end{bmatrix} \boldsymbol{U}$$

$$\boldsymbol{Y} = [1 \quad 0 \quad \cdots \quad 0]\boldsymbol{X}$$

上式又被称为能控标准形。

[例 9-8] 设线性定常单输入/单输出系统的微分方程如下所示，求系统的状态空间表达式。

$$\dddot{y} + 6\ddot{y} + 11\dot{y} + 6y = 6u$$

解：由微分方程可以列写系统的状态空间表达式：

$$\boldsymbol{A} = \begin{bmatrix} 0 & 1 & 0 \\ 0 & 0 & 1 \\ -6 & -11 & -6 \end{bmatrix}, \boldsymbol{B} = \begin{bmatrix} 0 \\ 0 \\ 6 \end{bmatrix}, \boldsymbol{C} = [1 \quad 0 \quad 0], \boldsymbol{D} = 0$$

例题解答完毕。

2. 单输入/单输出系统的微分方程的输入函数中包含导数项

设 n 阶线性定常单输入/单输出系统的微分方程如下所示：

$$y^{(n)} + a_1 y^{(n-1)} + \cdots + a_{n-1}\dot{y} + a_n y = b_0 U^{(n)} + b_1 U^{(n-1)} + \cdots + b_{n-1}\dot{U} + b_n U$$

若按前面方法选取状态变量：

$$\begin{cases} x_1 = y \\ x_2 = \dot{y} = \dot{x}_1 \\ \vdots \\ x_n = y^{(n-1)} = \dot{x}_{n-1} \end{cases}$$

$$\Rightarrow \begin{cases} \dot{x}_1 = x_2 \\ \dot{x}_2 = x_3 \\ \vdots \\ \dot{x}_{n-1} = x_n \\ \dot{x}_n = y^{(n)} = -a_n x_1 - a_{n-1} x_2 - \cdots - a_1 x_n + b_0 U^{(n)} + b_1 U^{(n-1)} + \cdots + b_{n-1}\dot{U} + b_n U \end{cases}$$

上式中最后一个状态方程中含有 U 的导数项，若 $U=1(t)$，则 $\dot{U}=\delta(t)$，$\ddot{U}$，…，$U^{(n-1)}$ 将是高阶脉冲函数，从而不能唯一确定系统的状态。换句话说，系统的状态解不是唯一的。因此在这种情况下，不能用这种方法选取状态变量。此时选取状态变量的原则应是使状态方程中不包含有 U 的各阶导数项。方法很多，本书只介绍其中一种。

首先引入中间变量 Z，令

$$U = z^{(n)} + a_1 z^{(n-1)} + \cdots + a_{n-1}\dot{z} + a_n z$$

代入原微分方程，可得：

$$b_n U = \cdots + a_n b_n z$$

$$b_{n-1}\dot{U} = b_{n-1}\left[z^{(n+1)} + a_1 z^{(n)} + \cdots + a_{n-1}\ddot{z} + a_n \dot{z}\right] = \cdots + a_n b_{n-1}\dot{z}$$

$$\vdots$$

$$b_0 U^{(n)} = b_0\left[z^{(2n)} + a_1 z^{(2n-1)} + \cdots + a_{n-1} z^{(n+1)} + a_n z^{(n)}\right] = \cdots + a_n b_0 z^{(n)}$$

$$\therefore y^{(n)} + a_1 y^{(n-1)} + \cdots + a_n y = \cdots + a_n\left[b_0 z^{(n)} + \cdots + b_{n-1}\dot{z} + b_n z\right]$$

$$\therefore y = b_0 z^{(n)} + \cdots + b_{n-1}\dot{z} + b_n z$$

上式这个方程在形式上与单输入/单输出系统的微分方程的输入函数中不包含导数项时的情况相同，因此可按微分方程的输入函数中不包含导数项的情况选取状态变量：

$$\begin{cases} x_1 = z \\ x_2 = \dot{z} \\ \vdots \\ x_{n-1} = z^{(n-2)} \\ x_n = z^{(n-1)} \end{cases}$$

$$\Rightarrow\begin{cases}\dot{x}_1=x_2\\ \dot{x}_2=x_3\\ \vdots\\ \dot{x}_{n-1}=x_n\\ \dot{x}_n=z^{(n)}=-a_nz-a_{n-1}\dot{z}-\cdots-a_1z^{(n-1)}+U=-a_nx_1-a_{n-1}x_2-\cdots-a_1x_n+U\end{cases}$$

上式可以写成矩阵的形式，如下所示：

$$\dot{\boldsymbol{X}}=\begin{bmatrix}0 & 1 & \cdots & 0\\ \vdots & \ddots & \ddots & \vdots\\ 0 & \cdots & 0 & 1\\ -a_n & -a_{n-1} & \cdots & -a_1\end{bmatrix}\begin{bmatrix}x_1\\ x_2\\ \vdots\\ x_n\end{bmatrix}+\begin{bmatrix}0\\ \vdots\\ 0\\ 1\end{bmatrix}\boldsymbol{U}$$

由上式可见，n 阶线性定常单输入/单输出系统的微分方程的输入函数中包含导数项的情况下与不包含导数项的情况下，在状态方程的形式上是相同的，但是输出方程却截然不同。

$$\begin{aligned}y&=b_0z^{(n)}+b_1z^{(n-1)}+\cdots+b_{n-1}\dot{z}+b_nz\\ &=b_0(-a_nx_1-a_{n-1}x_2-\cdots-a_1x_n+U)+b_1x_n+b_2x_{n-1}+\cdots+b_{n-1}x_2\\ &\quad+b_nx_1=(b_n-a_nb_0)x_1+(b_{n-1}-a_{n-1}b_0)x_2+\cdots+(b_1-a_1b_0)x_n+b_0U\\ &=\begin{bmatrix}b_n-a_nb_0 & b_{n-1}-a_{n-1}b_0 & \cdots & b_1-a_1b_0\end{bmatrix}\begin{bmatrix}x_1\\ x_2\\ \vdots\\ x_n\end{bmatrix}+b_0U=\boldsymbol{CX}+\boldsymbol{DU}\end{aligned}$$

这也是能控标准形，特别是当 $b_0=0$ 时，则有：

$$\boldsymbol{y}=\begin{bmatrix}b_n & b_{n-1} & \cdots & b_1\end{bmatrix}\boldsymbol{X}$$

［例 9－9］ 设线性定常单输入/单输出系统的微分方程如下所示，求系统的状态空间表达式。

$$\dddot{y}+4\ddot{y}+2\dot{y}+y=4\ddot{u}+2\dot{u}+3u$$

解：整理微分方程可得：

$$\dddot{y}+4\ddot{y}+2\dot{y}+y=0\dddot{u}+4\ddot{u}+2\dot{u}+3u$$

$$\therefore b_0=0$$

由上式可以列写系统的状态空间表达式：

$$\boldsymbol{A}=\begin{bmatrix}0 & 1 & 0\\ 0 & 0 & 1\\ -1 & -2 & -4\end{bmatrix},\boldsymbol{B}=\begin{bmatrix}0\\ 0\\ 1\end{bmatrix},\boldsymbol{C}=\begin{bmatrix}3 & 1 & 1\end{bmatrix},\boldsymbol{D}=0$$

例题解答完毕。

9.1.5　传递函数求状态空间表达式

我们知道，传递函数是经典控制理论中数学模型的主要形式，传递函数可由实验的方法来确定。然而，若一个系统要想用现代控制理论进行分析设计，遇到的第一个问题就是如何由已知的传递函数求状态空间表达式，这个问题又称为“实现”问题。

根据前面介绍的微分方程与状态空间表达式之间的变换关系，若已知传递函数，可首先把传递函数变换成微分方程，然后再由微分方程与状态空间表达式之间的变换关系，求出状态空间表达式。本节主要介绍如何由传递函数直接构造状态空间表达式的方法，这种方法称为部分分式法。下面根据传递函数极点的两种不同情况分别加以讨论。

1. 传递函数极点互不相同时

设系统的传递函数的一般形式为：

$$\bar{G}(s)=\frac{\bar{b}_0 s^n+\bar{b}_1 s^{n-1}+\cdots+\bar{b}_{n-1}s+\bar{b}_n}{\bar{a}_0 s^n+\bar{a}_1 s^{n-1}+\cdots+\bar{a}_{n-1}s+\bar{a}_n}=\frac{b_1 s^{n-1}+b_2 s^{n-2}+\cdots+b_{n-1}s+b_n}{s^n+a_1 s^{n-1}+\cdots+a_{n-1}s+a_n}+d$$
$$=G(s)+d$$

其中 $\bar{G}(s)$是真有理分式，即分母的阶次等于分子的阶次；$G(s)$是严格真有理分式，即分母的阶次大于分子的阶次。

系统的极点互不相同，即特征方程 $s^n+a_1 s^{n-1}+\cdots+a_{n-1}s+a_n=0$ 有 n 个互不相同的根：$s_1,s_2,\cdots,s_n$。因此，可对上式进行部分分式分解，可得：

$$\bar{G}(s)=G(s)+d=\frac{K_1}{s-s_1}+\frac{K_2}{s-s_2}+\cdots+\frac{k_n}{s-s_n}+d$$

其中：

$$k_i=\lim_{s\to s_i}G(s)(s-s_i)$$

令第 i 个状态变量的拉式变换为：

$$x_i(s)=\frac{1}{s-s_i}u(s)$$

即取：

$$\left.\begin{array}{c} x_1(s)=\dfrac{1}{s-s_1}u(s) \\ \vdots \\ x_n(s)=\dfrac{1}{s-s_n}u(s) \end{array}\right\}\Rightarrow\left\{\begin{array}{c} sx_1(s)=s_1x_1(s)+u(s) \\ \vdots \\ sx_n(s)=s_nx_n(s)+u(s) \end{array}\right.$$

对上式进行拉式反变换，可得：

$$\begin{cases}\dot{x}_1 = s_1 x_1 + u \\ \quad\vdots \\ \dot{x}_n = s_n x_n + u\end{cases}$$

$$y(s) = G(s)U(s) = \frac{K_1}{s-s_1}U(s) + \frac{K_2}{s-s_2}U(s) + \cdots + \frac{k_n}{s-s_n}U(s) + dU(s)$$
$$= K_1 x_1(s) + \cdots + k_n x_n(s) + dU(s)$$

$\therefore y = K_1 x_1 + \cdots + k_n x_n + dU$

所以，状态空间表达式如下所示：

$$\begin{bmatrix}\dot{x}_1 \\ \vdots \\ \dot{x}_n\end{bmatrix} = \begin{bmatrix}s_1 & & 0 \\ & \ddots & \\ 0 & & s_n\end{bmatrix}\begin{bmatrix}x_1 \\ \vdots \\ x_n\end{bmatrix} + \begin{bmatrix}1 \\ \vdots \\ 1\end{bmatrix}u$$

$$\boldsymbol{y} = [K_1 \quad \cdots \quad k_n]\begin{bmatrix}x_1 \\ \vdots \\ x_n\end{bmatrix} + \boldsymbol{du}$$

[例 9-10] 设线性定常系统的传递函数如下所示，求系统的状态空间表达式。

$$G(s) = \frac{2s+1}{s^3+7s^2+14s+8}$$

解：由特征方程：

$$s^3+7s^2+14s+8=0$$

得极点：$s_1=-1, s_2=-2, s_3=-4$。

$$\therefore G(s) = \frac{K_1}{s+1} + \frac{K_2}{s+2} + \frac{K_3}{s+4}$$

$$K_1 = \lim_{s\to -1} G(s)(s+1) = -\frac{1}{3}$$

$$K_2 = \lim_{s\to -2} G(s)(s+2) = \frac{3}{2}$$

$$K_3 = \lim_{s\to -4} G(s)(s+4) = -\frac{7}{6}$$

所以系统的状态空间表达式为：

$$\dot{\boldsymbol{X}} = \begin{bmatrix}-1 & 0 & 0 \\ 0 & -2 & 0 \\ 0 & 0 & -4\end{bmatrix}\boldsymbol{X} + \begin{bmatrix}1 \\ 1 \\ 1\end{bmatrix}u$$

$$\boldsymbol{Y} = \left[-\frac{1}{3} \quad \frac{3}{2} \quad -\frac{7}{6}\right]\boldsymbol{X}$$

例题解答完毕。

2. 传递函数有重极点时

设 s_1 是 n 阶系统的 n 重极点，则 $G(s)$ 由部分分式法可展开为：

$$G(s)=\frac{k_{11}}{(s-s_1)^n}+\frac{k_{12}}{(s-s_1)^{n-1}}+\cdots+\frac{k_{1n}}{s-s_1}$$

其中：

$$k_{1i}=\lim_{s\to s_i}\frac{1}{(i-1)!}\cdot\frac{\mathrm{d}^{i-1}}{\mathrm{d}s^{i-1}}\left[G(s)(s-s_1)^n\right]$$

即：

$$k_{11}=\lim_{s\to s_1}G(s)(s-s_1)^n$$

$$k_{12}=\lim_{s\to s_1}\frac{\mathrm{d}}{\mathrm{d}s}\left[G(s)(s-s_1)^n\right]$$

$$k_{13}=\lim_{s\to s_1}\frac{1}{2}\cdot\frac{\mathrm{d}^2}{\mathrm{d}s^2}\left[G(s)(s-s_1)^n\right]$$

$$\vdots$$

设状态变量为：

$$\left.\begin{array}{c}\dfrac{1}{(s-s_1)^n}U(s)=X_1(s)\\ \dfrac{1}{(s-s_1)^{n-1}}U(s)=X_2(s)\\ \vdots\\ \dfrac{1}{(s-s_1)}U(s)=X_n(s)\end{array}\right\}\Rightarrow\left\{\begin{array}{c}X_1(s)=\dfrac{1}{(s-s_1)}X_2(s)\\ X_2(s)=\dfrac{1}{(s-s_1)}X_3(s)\\ \vdots\\ X_n(s)=\dfrac{1}{(s-s_1)}U(s)\end{array}\right.$$

$$\Rightarrow\left\{\begin{array}{l}sX_1(s)=s_1X_1(s)+X_2(s)\\ sX_2(s)=s_1X_2(s)+X_3(s)\\ \qquad\vdots\\ sX_n(s)=s_1X_n(s)+U(s)\end{array}\right.\Rightarrow\left\{\begin{array}{c}\dot{x}_1=s_1X_1+X_2\\ \dot{x}_2=s_1X_2+X_3\\ \vdots\\ \dot{x}_{n-1}=s_1X_{n-1}+X_n\\ \dot{x}_n=s_1X_n+U\end{array}\right.$$

$$\Rightarrow\begin{bmatrix}\dot{x}_1\\ \dot{x}_2\\ \vdots\\ \dot{x}_n\end{bmatrix}=\begin{bmatrix}s_1&1&0&\cdots&0\\ 0&s_1&1&\cdots&0\\ 0&0&\ddots&\ddots&\vdots\\ \vdots&\vdots&\vdots&\ddots&1\\ 0&0&0&\cdots&s_1\end{bmatrix}\begin{bmatrix}x_1\\ x_2\\ \vdots\\ x_n\end{bmatrix}+\begin{bmatrix}0\\ \vdots\\ 0\\ 1\end{bmatrix}u$$

上式中最后一项中的系数矩阵为约当型矩阵。

$$\because y(s)=G(s)U(s)=\frac{k_{11}}{(s-s_1)^n}U(s)+\frac{k_{12}}{(s-s_1)^{n-1}}U(s)+\cdots+\frac{k_{1n}}{(s-s_1)}U(s)$$

$$\therefore y(t)=k_{11}x_1+k_{12}x_2+\cdots+k_{1n}x_n=\begin{bmatrix}k_{11} & k_{12} & \cdots & k_{1n}\end{bmatrix}\begin{bmatrix}x_1\\x_2\\\vdots\\x_n\end{bmatrix}$$

[例 9-11] 设线性定常系统的传递函数如下所示，求系统的状态空间表达式。

$$G(s)=\frac{4s^2+17s+16}{s^3+7s^2+16s+12}$$

解:由特征方程:$s^3+7s^2+16s+12=0$,得极点:$s_1=-2,s_2=-2,s_3=-3$。

$$\therefore G(s)=\frac{4s^2+17s+16}{(s+2)^2(s+3)}=\frac{k_{11}}{(s+2)^2}+\frac{k_{12}}{s+2}+\frac{K_3}{s+4}$$

$$k_{11}=\lim_{s\to-2}G(s)(s+2)^2=-2$$

$$k_{12}=\lim_{s\to-2}\frac{\mathrm{d}}{\mathrm{d}s}G(s)(s+2)^2=3$$

$$K_3=\lim_{s\to-3}G(s)(s+3)=1$$

所以系统的状态空间表达式为:

$$\begin{bmatrix}\dot{x}_1\\\dot{x}_2\\\dot{x}_3\end{bmatrix}=\begin{bmatrix}-2 & 1 & 0\\0 & -2 & 0\\0 & 0 & -3\end{bmatrix}\begin{bmatrix}x_1\\x_2\\x_3\end{bmatrix}+\begin{bmatrix}0\\1\\1\end{bmatrix}u$$

$$\boldsymbol{Y}=\begin{bmatrix}-2 & 3 & 1\end{bmatrix}\begin{bmatrix}x_1\\x_2\\x_3\end{bmatrix}$$

例题解答完毕。

3. 根据结构图建立状态空间表达式

若已知系统的结构图，则由结构图可以直接建立系统的状态空间表达式，下面举例加以说明。

[例 9-12] 已知某系统的结构图如图 9-9 所示，求系统的状态空间表达式。

解:(1)首先将结构图中的每个方框的传递函数，分解为比例环节、惯性环节$\left(\frac{k}{s+p}\right)$或积分环节$\left(\frac{k}{s}\right)$的组合，如图 9-10 所示。

$$\frac{s+z}{s+p}=1+\frac{z-p}{s+p};\frac{k}{s(s+a)}=\frac{k}{s}\cdot\frac{1}{s+a}$$

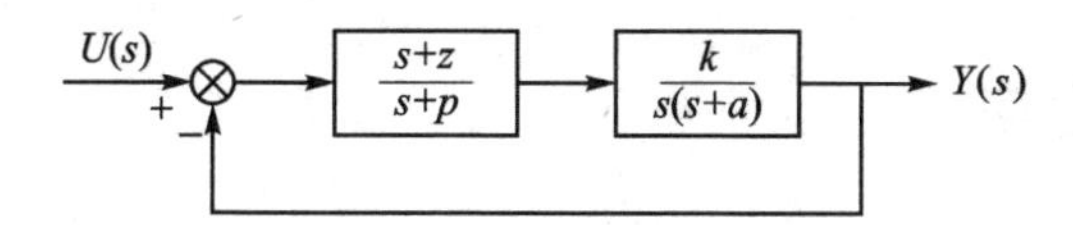

图 9-9　例 9-12 中某系统结构图

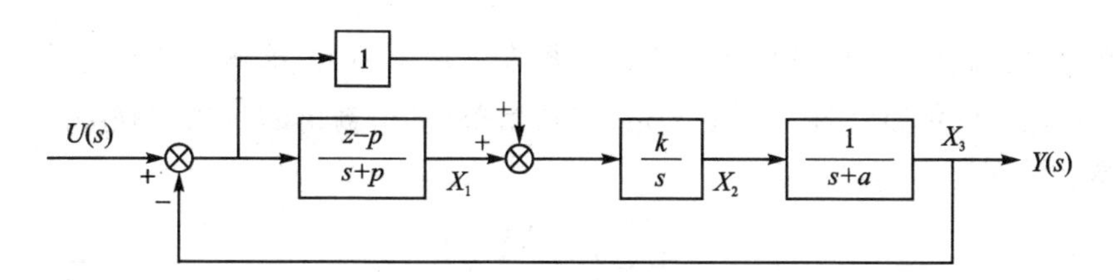

图 9-10　例 9-12 中某系统结构图分解

（2）将每一个惯性和积分基本环节的输出设为状态变量。

（3）写出状态空间表达式：

$$\begin{cases} X_1(s)=\dfrac{z-p}{s+p}[U(s)-X_3(s)] \Rightarrow sX_1(s)=-pX_1(s)-(z-p)X_3(s)+(z-p)U(s) \\ X_2(s)=\dfrac{k}{s}[X_1(s)+U(s)-X_3(s)] \\ X_3(s)=\dfrac{1}{s+a}X_2(s) \end{cases}$$

对上式进行拉式反变换，可得：

$$\begin{cases} \dot{x}_1=-px_1-(z-p)x_3+(z-p)U \\ \dot{x}_2=kx_1-kx_3+kU \\ \dot{x}_3=x_2-ax_3 \end{cases}$$

所以，化为矩阵的形式，可得系统的状态空间表达式为：

$$\begin{bmatrix} \dot{x}_1 \\ \dot{x}_2 \\ \dot{x}_3 \end{bmatrix}=\begin{bmatrix} -p & 0 & -(z-p) \\ k & 0 & -k \\ 0 & 1 & -a \end{bmatrix}\begin{bmatrix} x_1 \\ x_2 \\ x_3 \end{bmatrix}+\begin{bmatrix} (z-p) \\ k \\ 0 \end{bmatrix}u$$

$$\boldsymbol{Y}=[0 \quad 0 \quad 1]\begin{bmatrix} x_1 \\ x_2 \\ x_3 \end{bmatrix}$$

例题解答完毕。

9.1.6 传递矩阵

1. 传递矩阵的概念

在经典控制理论中,我们常用传递函数来表示单输入/单输出线性定常系统输入与输出之间的传递特性。其定义是:零初始条件下,输出的拉氏变换与输入的拉氏变换之比,即:

$$G(s)=\frac{Y(s)}{U(s)}$$

$$Y(s)=G(s)U(s)$$

图 9-11 为单输入/单输出线性定常系统的传递函数。

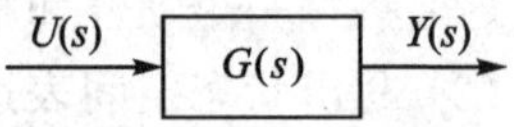

图 9-11 单输入/单输出线性定常系统的传递函数

在现代控制理论中,对于多输入/多输出线性定常系统,也可把传递函数的概念推广进来,设系统有 r 个输入变量,m 个输出变量,n 阶系统,则其传递函数矩阵的一般形式为:

$$\boldsymbol{G}(s)=\begin{bmatrix} g_{11}(s) & \cdots & g_{1r}(s) \\ \vdots & \vdots & \vdots \\ g_{m1}(s) & \cdots & g_{mr}(s) \end{bmatrix}$$

2. 闭环传递矩阵

闭环传递函数的概念也可推广到多输入/多输出系统中,称为闭环传递矩阵,设多输入/多输出闭环系统如图 9-12 所示。

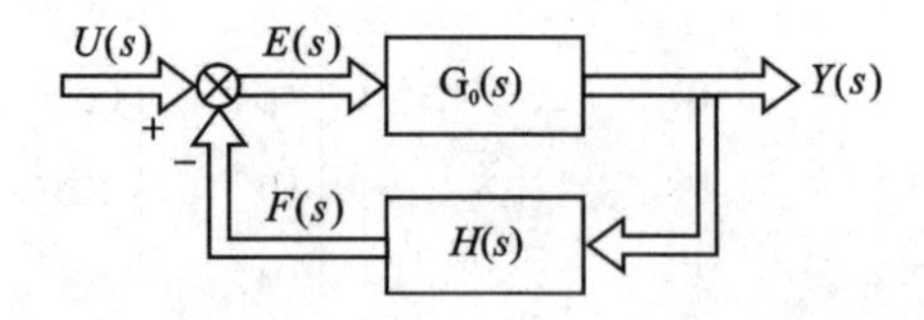

图 9-12 多输入/多输出线性定常系统的传递矩阵结构图

由结构图可知:

$$E(s)=U(s)-F(s)=U(s)-H(s)Y(s)$$

$$Y(s)=G_0(s)E(s)=G_0(s)[U(s)-H(s)Y(s)]$$

$$[I+G_0(s)H(s)]Y(s)=G_0(s)U(s)$$

$$\therefore Y(s)=[I+G_0(s)H(s)]^{-1}G_0(s)U(s)$$

所以，闭环系统传递函数矩阵为：

$$\boldsymbol{G}(s)=[I+G_0(s)H(s)]^{-1}G_0(s)$$

讨论：

(1) 传递函数矩阵是传递函数概念在多变量系统中的推广，它描述了输入矢量与输出矢量间的传递特性。注意，传递函数矩阵不能写成$\frac{Y(s)}{U(s)}$的形式。

(2) 传递函数矩阵是一个 $m\times r$ 阶矩阵，其一般形式如下所示：

$$\boldsymbol{G}(s)=\begin{bmatrix} g_{11}(s) & \cdots & g_{1r}(s) \\ \vdots & \vdots & \vdots \\ g_{m1}(s) & \cdots & g_{mr}(s) \end{bmatrix}$$

其中，$g_{ij}(s)$，$(i=1,2,\cdots,m;j=1,2,\cdots,r)$表示第 i 个输出与第 j 个输入之间的传递函数。由此可见，一般情况，多变量系统的某个输出量与其他输入量都有关系，称为交叉耦合。

(3) 若传递函数矩阵是对角形（显然也是方阵），称为传递矩阵的解耦形式，即

$$\boldsymbol{G}(s)=\begin{bmatrix} g_{11}(s) & 0 & \cdots & 0 \\ 0 & g_{22}(s) & \cdots & 0 \\ \vdots & \vdots & \ddots & \vdots \\ 0 & 0 & \cdots & g_{mm}(s) \end{bmatrix}$$

$$\begin{bmatrix} y_1(s) \\ y_2(s) \\ \vdots \\ y_m(s) \end{bmatrix}=\begin{bmatrix} g_{11}(s) & 0 & \cdots & 0 \\ 0 & g_{22}(s) & \cdots & 0 \\ \vdots & \vdots & \ddots & \vdots \\ 0 & 0 & \cdots & g_{mm}(s) \end{bmatrix}\begin{bmatrix} U_1(s) \\ U_2(s) \\ \vdots \\ U_m(s) \end{bmatrix}$$

$$\begin{cases} y_1(s)=g_{11}(s)U_1(s) \\ \qquad\vdots \\ y_m(s)=g_{mm}(s)U_m(s) \end{cases}$$

可见，所谓解耦，即表示系统的第 i 个输出只与第 i 个输入有关，这种形式更便于控制。

3. 已知状态空间表达式，求传递函数矩阵

设状态空间表达式如下所示：

$$\begin{cases} \dot{\boldsymbol{X}}=\boldsymbol{AX}+\boldsymbol{BU} \\ \boldsymbol{Y}=\boldsymbol{CX}+\boldsymbol{DU} \end{cases}$$

其中：$\dot{\boldsymbol{X}}$ 是 $n\times1$ 阶矩阵；$\boldsymbol{A}$ 是 $n\times n$ 阶矩阵；$\boldsymbol{X}$ 是 $n\times1$ 阶矩阵；$\boldsymbol{B}$ 是 $n\times r$ 阶矩阵；$\boldsymbol{U}$ 是 $r\times1$ 阶矩阵；$\boldsymbol{Y}$ 是 $m\times1$ 阶矩阵；$\boldsymbol{C}$ 是 $m\times n$ 阶矩阵；$\boldsymbol{D}$ 是 $m\times r$ 阶矩阵。

根据传递函数的定义，设零初始条件，对上式等号两边取拉氏变换，可得：

$$\begin{cases} s\boldsymbol{X}(s)=\boldsymbol{A}\boldsymbol{X}(s)+\boldsymbol{B}\boldsymbol{U}(s)\Rightarrow\boldsymbol{X}(s)=[s\boldsymbol{I}-\boldsymbol{A}]^{-1}\boldsymbol{B}\boldsymbol{U}(s) \\ \boldsymbol{Y}(s)=\boldsymbol{C}X+\boldsymbol{D}U=\{\boldsymbol{C}[s\boldsymbol{I}-\boldsymbol{A}]^{-1}\boldsymbol{B}+\boldsymbol{D}\}U(s) \end{cases}$$

$$\therefore \boldsymbol{G}(s)=\boldsymbol{C}[s\boldsymbol{I}-\boldsymbol{A}]^{-1}\boldsymbol{B}+\boldsymbol{D}$$

上式即称为多变量系统的传递函数矩阵。

［例 9－13］ 已知某系统的状态空间表达式如下所示，求系统的传递函数矩阵 $\boldsymbol{G}(s)$。

$$\begin{bmatrix}\dot{x}_1\\ \dot{x}_2\end{bmatrix}=\begin{bmatrix}-5 & -1\\ 3 & -1\end{bmatrix}\begin{bmatrix}x_1\\ x_2\end{bmatrix}+\begin{bmatrix}2\\ 5\end{bmatrix}u$$

$$\boldsymbol{Y}=\begin{bmatrix}1 & 2\end{bmatrix}\begin{bmatrix}x_1\\ x_2\end{bmatrix}$$

解：

$$\boldsymbol{G}(s)=\boldsymbol{C}[s\boldsymbol{I}-\boldsymbol{A}]^{-1}\boldsymbol{B}+\boldsymbol{D}$$

$$s\boldsymbol{I}-\boldsymbol{A}=\begin{bmatrix}s+5 & 1\\ -3 & s+1\end{bmatrix}$$

$$|s\boldsymbol{I}-\boldsymbol{A}|=\begin{vmatrix}s+5 & 1\\ -3 & s+1\end{vmatrix}=(s+5)(s+1)+3=s^2+6s+8=(s+2)(s+4)$$

$$\text{adj}(s\boldsymbol{I}-\boldsymbol{A})=\begin{bmatrix}s+1 & -1\\ 3 & s+5\end{bmatrix}$$

$$\therefore \boldsymbol{G}(s)=\frac{1}{(s+2)(s+4)}\begin{bmatrix}1 & 2\end{bmatrix}\begin{bmatrix}s+1 & -1\\ 3 & s+5\end{bmatrix}\begin{bmatrix}2\\ 5\end{bmatrix}=\frac{12s+59}{(s+2)(s+4)}$$

例题解答完毕。

4. 传递函数矩阵的性质

定理：线性变换不改变系统的传递函数矩阵。

证明：设原系统的传递矩阵为：

$$\boldsymbol{G}(s)=\boldsymbol{C}(s\boldsymbol{I}-\boldsymbol{A})^{-1}\boldsymbol{B}+\boldsymbol{D}$$

取线性变换阵 $\boldsymbol{P}$：

$$\begin{cases}\widetilde{\boldsymbol{A}}=\boldsymbol{P}^{-1}\boldsymbol{A}\boldsymbol{P}\\ \widetilde{\boldsymbol{B}}=\boldsymbol{P}^{-1}\boldsymbol{B}\\ \widetilde{\boldsymbol{C}}=\boldsymbol{C}\boldsymbol{P}\\ \widetilde{\boldsymbol{D}}=\boldsymbol{D}\end{cases}$$

则变换后系统的传递矩阵为：

$$\begin{aligned}\widetilde{\boldsymbol{G}}(s)&=\widetilde{\boldsymbol{C}}(s\boldsymbol{I}-\widetilde{\boldsymbol{A}})^{-1}\widetilde{\boldsymbol{B}}+\widetilde{\boldsymbol{D}}=\boldsymbol{CP}(s\boldsymbol{I}-\boldsymbol{P}^{-1}\boldsymbol{AP})^{-1}\boldsymbol{P}^{-1}\boldsymbol{B}+\boldsymbol{D}\\&=\boldsymbol{CP}(\boldsymbol{P}^{-1}s\boldsymbol{P}-\boldsymbol{P}^{-1}\boldsymbol{AP})^{-1}\boldsymbol{P}^{-1}\boldsymbol{B}+\boldsymbol{D}=\boldsymbol{CP}[\boldsymbol{P}^{-1}(s\boldsymbol{I}-\boldsymbol{A})\boldsymbol{P}]^{-1}\boldsymbol{P}^{-1}\boldsymbol{B}+\boldsymbol{D}\\&=\boldsymbol{CP}\cdot\boldsymbol{P}^{-1}(s\boldsymbol{I}-\boldsymbol{A})^{-1}\boldsymbol{P}\cdot\boldsymbol{P}^{-1}\boldsymbol{B}+\boldsymbol{D}=\boldsymbol{C}(s\boldsymbol{I}-\boldsymbol{A})^{-1}\boldsymbol{B}+\boldsymbol{D}=\boldsymbol{G}(s)\end{aligned}$$

证明完毕。

5. 凯莱—哈密尔顿定理及最小多项式

凯莱—哈密尔顿定理及最小多项式的概念在现代控制理论中经常用到，下面简要介绍一下有关内容。

(1) 矩阵 $\boldsymbol{A}$ 的零化多项式

定义：设有变量 s 的多项式 $\varphi(s)$，$\boldsymbol{A}$ 是 $n\times n$ 阶方阵，若满足 $\varphi(\boldsymbol{A})=0$，则称 $\varphi(s)$为矩阵 $\boldsymbol{A}$ 的零化多项式。

(2) 凯莱—哈密尔顿定理

定理：$\boldsymbol{A}$ 的特征多项式就是 $\boldsymbol{A}$ 的零化多项式，即若 $f(s)=\det(s\boldsymbol{I}-\boldsymbol{A})$，则 $f(\boldsymbol{A})=0$。

证明：设 $\boldsymbol{A}$ 的特征多项式为：

$$f(s)=|(s\boldsymbol{I}-\boldsymbol{A})|=s^n+a_1s^{n-1}+\cdots+a_{n-1}s+a_n$$

$$\because (s\boldsymbol{I}-\boldsymbol{A})^{-1}(s\boldsymbol{I}-\boldsymbol{A})=\frac{\mathrm{adj}(s\boldsymbol{I}-\boldsymbol{A})}{|s\boldsymbol{I}-\boldsymbol{A}|}(s\boldsymbol{I}-\boldsymbol{A})=\boldsymbol{I}$$

$$\therefore |s\boldsymbol{I}-\boldsymbol{A}|\cdot\boldsymbol{I}=\mathrm{adj}(s\boldsymbol{I}-\boldsymbol{A})\cdot(s\boldsymbol{I}-\boldsymbol{A})$$

又因为 $\mathrm{adj}(s\boldsymbol{I}-\boldsymbol{A})$中的各元素为$(n-1)$次多项式，故一般表示为：

$$\mathrm{adj}(s\boldsymbol{I}-\boldsymbol{A})=B_1s^{n-1}+B_2s^{n-2}+\cdots+B_{n-1}s+B_n$$

$$|(s\boldsymbol{I}-\boldsymbol{A})|\cdot\boldsymbol{I}=s^n\boldsymbol{I}+a_1s^{n-1}\boldsymbol{I}+\cdots+a_{n-1}s\boldsymbol{I}+a_n\boldsymbol{I}=(B_1s^{n-1}+\cdots+B_n)(s\boldsymbol{I}-\boldsymbol{A})$$

将上式展开，并令等号两边的各项系数相等，可得：

$$\begin{cases}B_1=\boldsymbol{I}\\ B_2-B_1\boldsymbol{A}=a_1\boldsymbol{I}\\ \vdots\\ B_n-B_{n-1}\boldsymbol{A}=a_{n-1}\boldsymbol{I}\\ -B_n\boldsymbol{A}=a_n\boldsymbol{I}\end{cases}$$

再将以上各等式依次右乘 $\boldsymbol{A}^n,\boldsymbol{A}^{n-1},\cdots,\boldsymbol{A},\boldsymbol{I}$，并将各等式等号两边分别相加，可得：

$$A^n + a_1 A^{n-1} + \cdots + a_{n-1} A + a_n I = 0$$
$$f(A) = 0$$

证明完毕。

(3) 矩阵 $\boldsymbol{A}$ 的最小多项式

定义:$\boldsymbol{A}$ 的零化多项式中,幂次最低的零化多项式称为 $\boldsymbol{A}$ 的最小多项式,用 $\phi(s)$表示,即 $\phi(A)=0$。

定理:设 A 的伴随矩阵 $\text{adj}(s\boldsymbol{I}-\boldsymbol{A})$全部元素的最大公因子为 $d(s)$($d(s)$是最高次项系数为 1 的 s 多项式),则 $\boldsymbol{A}$ 的最小多项式为:

$$\phi(s) = \frac{|s\boldsymbol{I} - \boldsymbol{A}|}{d(s)}$$

[例 9-14] 已知某系统的系数矩阵 $\boldsymbol{A}$ 如下所示,求 $\boldsymbol{A}$ 的最小多项式,并验证凯莱—哈密尔顿定理。

$$\boldsymbol{A} = \begin{bmatrix} 2 & 0 & 0 \\ 0 & 2 & 0 \\ 0 & 3 & 1 \end{bmatrix}$$

解:

$$|s\boldsymbol{I} - \boldsymbol{A}| = \begin{vmatrix} s-2 & 0 & 0 \\ 0 & s-2 & 0 \\ 0 & -3 & s-1 \end{vmatrix} = (s-2)^2(s-1)$$

$$\text{adj}(s\boldsymbol{I} - \boldsymbol{A}) = \begin{bmatrix} (s-2)(s-1) & 0 & 0 \\ 0 & (s-2)(s-1) & 0 \\ 0 & 3(s-2) & (s-2)^2 \end{bmatrix}$$

故最大公因子为 $d(s)=(s-2)$。

所以 $\boldsymbol{A}$ 的最小多项式为:

$$\phi(s) = \frac{|s\boldsymbol{I} - \boldsymbol{A}|}{d(s)} = \frac{(s-2)^2(s-1)}{(s-2)} = (s-2)(s-1) = s^2 - 3s + 2$$

进一步可验证 $\phi(\boldsymbol{A})=\boldsymbol{A}^2-3\boldsymbol{A}+2\boldsymbol{I}=0$。

$$f(s) = (s-2)^2(s-1) = s^3 - 5s^2 + 8s - 4$$

$$f(\boldsymbol{A}) = \boldsymbol{A}^3 - 5\boldsymbol{A}^2 + 8\boldsymbol{A} - 4\boldsymbol{I}$$

$$= \begin{bmatrix} 2 & 0 & 0 \\ 0 & 2 & 0 \\ 0 & 3 & 1 \end{bmatrix}^3 - 5\begin{bmatrix} 2 & 0 & 0 \\ 0 & 2 & 0 \\ 0 & 3 & 1 \end{bmatrix}^2 + 8\begin{bmatrix} 2 & 0 & 0 \\ 0 & 2 & 0 \\ 0 & 3 & 1 \end{bmatrix} - 8\begin{bmatrix} 2 & 0 & 0 \\ 0 & 2 & 0 \\ 0 & 3 & 1 \end{bmatrix} - \begin{bmatrix} 4 & 0 & 0 \\ 0 & 4 & 0 \\ 0 & 0 & 4 \end{bmatrix}$$

$$= \begin{bmatrix} 8 & 0 & 0 \\ 0 & 8 & 0 \\ 0 & 21 & 1 \end{bmatrix} - \begin{bmatrix} 20 & 0 & 0 \\ 0 & 20 & 0 \\ 0 & 45 & 5 \end{bmatrix} + \begin{bmatrix} 16 & 0 & 0 \\ 0 & 16 & 0 \\ 0 & 24 & 8 \end{bmatrix} - \begin{bmatrix} 4 & 0 & 0 \\ 0 & 4 & 0 \\ 0 & 0 & 4 \end{bmatrix} = \begin{bmatrix} 0 & 0 & 0 \\ 0 & 0 & 0 \\ 0 & 0 & 0 \end{bmatrix}$$

例题解答完毕。

9.1.7　线性定常连续系统状态方程的解

前面我们详细讨论了状态空间表达式的建立及相互转换。建立了状态空间表达式之后，接着就是状态空间表达式的求解问题。由于，

$$\text{状态空间表达式}\begin{cases}\text{状态方程:}\dot{\boldsymbol{X}}=\boldsymbol{AX}+\boldsymbol{BU}\Rightarrow\text{状态解}\\\text{输出方程:}\boldsymbol{Y}=\boldsymbol{CX}+\boldsymbol{DU}\Rightarrow\text{输出解(}\boldsymbol{X}\text{ 的线性组合)}\end{cases}$$

所以，关键是求解状态方程，本小节就来讨论这个问题。

1. 齐次状态方程的解

齐次状态方程与齐次微分方程类似，即输入 $\boldsymbol{U}(t)=0$ 的情况，故齐次状态方程为：

$$\dot{\boldsymbol{X}}=\boldsymbol{AX}$$

(1) 设初始时刻 $t_0=0$，初始状态为 $X(0)$时的解

下面利用拉式变换法求解。

对齐次方程两边取拉式变换，得

$$s\boldsymbol{X}(s)-\boldsymbol{X}(0)=\boldsymbol{AX}(s)$$

$$(s\boldsymbol{I}-\boldsymbol{A})\boldsymbol{X}(s)=\boldsymbol{X}(0)$$

$$\boldsymbol{X}(s)=(s\boldsymbol{I}-\boldsymbol{A})^{-1}\boldsymbol{X}(0)$$

对上式等号两边进行拉式反变换，即得齐次状态方程的解为：

$$\boldsymbol{X}(t)=\boldsymbol{L}^{-1}\left[(s\boldsymbol{I}-\boldsymbol{A})^{-1}\right]\boldsymbol{X}(0)$$

回顾一下标量函数，可得：

$$\boldsymbol{L}^{-1}\left[\frac{1}{s-a}\right]=\mathrm{e}^{at}$$

$$\frac{1}{s-a}=\frac{1}{s}+\frac{a}{s^2}+\frac{a^2}{s^3}+\cdots$$

对上式进行拉式反变换，可得：

$$\mathrm{e}^{at}=1+at+\frac{a^2t^2}{2!}+\cdots$$

与标量函数对应的矩阵函数为：

$$\boldsymbol{L}^{-1}\left[(s\boldsymbol{I}-\boldsymbol{A})^{-1}\right\}=\mathrm{e}^{\boldsymbol{A}t}$$

$$(s\boldsymbol{I}-\boldsymbol{A})^{-1}=\frac{\boldsymbol{I}}{s}+\frac{\boldsymbol{A}}{s^2}+\frac{\boldsymbol{A}^2}{s^3}+\cdots$$

$$\mathrm{e}^{\boldsymbol{A}t}=\boldsymbol{I}+\boldsymbol{A}t+\frac{\boldsymbol{A}^2t^2}{2!}+\cdots$$

其中，e^{At} 是矩阵指数函数。

所以齐次状态方程的解为：

$$\boldsymbol{X}(t)=\boldsymbol{L}^{-1}\left(\frac{\boldsymbol{I}}{s}+\frac{\boldsymbol{A}}{s^2}+\frac{\boldsymbol{A}^2}{s^3}+\cdots\right)\boldsymbol{X}(0)=\left(\boldsymbol{I}+\boldsymbol{A}t+\frac{\boldsymbol{A}^2t^2}{2}+\cdots\right)\boldsymbol{X}(0)=e^{\boldsymbol{A}t}\boldsymbol{X}(0)$$

(2) 设初始时刻 $t_0\neq0$，初始状态为 $\boldsymbol{X}(t_0)$ 时的解

由齐次状态方程 $t_0=0$ 时的解为：

$$\boldsymbol{X}(t)=e^{\boldsymbol{A}t}\boldsymbol{X}(0)$$

故当 $t=t_0$ 时，可得：

$$\boldsymbol{X}(t_0)=e^{\boldsymbol{A}t_0}\boldsymbol{X}(0)$$

$$\therefore X(0)=e^{-\boldsymbol{A}t_0}\boldsymbol{X}(t_0)$$

$$\therefore \boldsymbol{X}(t)=e^{\boldsymbol{A}t}\boldsymbol{X}(0)=e^{\boldsymbol{A}t}e^{-\boldsymbol{A}t_0}\boldsymbol{X}(t_0)=e^{\boldsymbol{A}(t-t_0)}\boldsymbol{X}(t_0)$$

小结：

① 齐次状态方程的解表示了系统在初始条件作用下的自由运动，又称为零输入解。

② 系统状态的变化实质上是从初始状态开始的状态转移，如图 9-13 所示，而转移规律取决于 e^{At}，$e^{A(t-t_0)}$，故称为状态转移矩阵，一般用下式表示：

$$\phi(t)=e^{At}$$

$$\phi(t-t_0)=e^{A(t-t_0)}$$

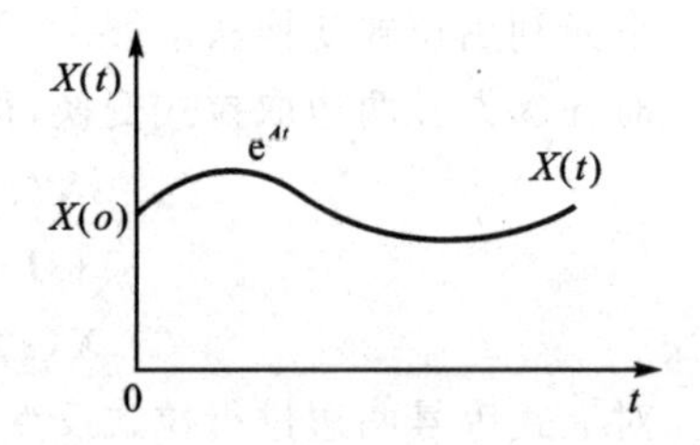

图 9-13　系统的状态转移图

③ 求齐次状态解的关键是求 e^{At}，前面已经给出了两种求 e^{At} 的方法，即：

拉式变换法：

$$e^{At}=\boldsymbol{L}^{-1}\left[(s\boldsymbol{I}-\boldsymbol{A})^{-1}\right]$$

幂级数法：

$$e^{At}=\boldsymbol{I}+\boldsymbol{A}t+\frac{\boldsymbol{A}^2t^2}{2!}+\cdots$$

但是按照幂级数法计算通常得到的不是闭式，故通常使用拉式变换法。

[例 9-15] 已知某系统的状态方程和初始状态如下所示，求在所示初始状态时的状态解。

$$\dot{\boldsymbol{X}}=\begin{bmatrix}0 & 1\\ -2 & -3\end{bmatrix}\boldsymbol{X}$$

$$\boldsymbol{X}(0)=\begin{bmatrix}1\\ 1\end{bmatrix}$$

解：(1) 求 e^{At}：

$$(s\boldsymbol{I}-\boldsymbol{A})=\begin{bmatrix} s & -1 \\ 2 & s+3 \end{bmatrix}$$

$$(s\boldsymbol{I}-\boldsymbol{A})^{-1}=\begin{bmatrix} s & -1 \\ 2 & s+3 \end{bmatrix}^{-1}=\frac{1}{s(s+3)+2}\begin{bmatrix} s+3 & 1 \\ -2 & s \end{bmatrix}$$

$$=\begin{bmatrix} \dfrac{s+3}{(s+1)(s+2)} & \dfrac{1}{(s+1)(s+2)} \\ \dfrac{-2}{(s+1)(s+2)} & \dfrac{s}{(s+1)(s+2)} \end{bmatrix}$$

$$=\begin{bmatrix} \dfrac{2}{s+1}-\dfrac{1}{s+2} & \dfrac{1}{s+1}-\dfrac{1}{s+2} \\ \dfrac{-2}{s+1}+\dfrac{2}{s+2} & \dfrac{-1}{s+1}+\dfrac{2}{s+2} \end{bmatrix}$$

$$\mathrm{e}^{\boldsymbol{A}t}=\boldsymbol{L}^{-1}\{(s\boldsymbol{I}-\boldsymbol{A})^{-1}\}=\begin{bmatrix} 2\mathrm{e}^{-t}-\mathrm{e}^{-2t} & \mathrm{e}^{-t}-\mathrm{e}^{-2t} \\ -2\mathrm{e}^{-t}+2\mathrm{e}^{-2t} & -\mathrm{e}^{-t}+2\mathrm{e}^{-2t} \end{bmatrix}$$

(2) 求 $\boldsymbol{X}(t)$：

$$\boldsymbol{X}(t)=\mathrm{e}^{\boldsymbol{A}t}\boldsymbol{X}(0)=\begin{bmatrix} 2\mathrm{e}^{-t}-\mathrm{e}^{-2t} & \mathrm{e}^{-t}-\mathrm{e}^{-2t} \\ -2\mathrm{e}^{-t}+2\mathrm{e}^{-2t} & -\mathrm{e}^{-t}+2\mathrm{e}^{-2t} \end{bmatrix}\begin{bmatrix} 1 \\ 1 \end{bmatrix}=\begin{bmatrix} 3\mathrm{e}^{-t}-2\mathrm{e}^{-2t} \\ -3\mathrm{e}^{-t}+4\mathrm{e}^{-2t} \end{bmatrix}$$

例题解答完毕。

2. 状态转移矩阵

在状态空间分析中，状态转移矩阵是一个十分重要的概念。

(1) 定　义

线性定常系统，初始时刻 $t_0=0$ 时，满足以下矩阵微分方程和初始条件：

$$\begin{cases} \dot{\phi}(t)=\boldsymbol{A}\phi(t) \\ \phi(0)=\boldsymbol{I} \end{cases}$$

的解 $\phi(t)$，定义为系统的状态转移矩阵。

三点讨论：

① $\phi(t)=\mathrm{e}^{\boldsymbol{A}t}$，当初始时刻 $t_0=0$ 时，证明如下：

证明：

$$\because \frac{\mathrm{d}}{\mathrm{d}t}\mathrm{e}^{\boldsymbol{A}t}=\frac{\mathrm{d}}{\mathrm{d}t}\left(\boldsymbol{I}+\boldsymbol{A}t+\frac{\boldsymbol{A}^2t^2}{2!}+\frac{\boldsymbol{A}^3t^3}{3!}+\cdots\right)=\boldsymbol{A}+\boldsymbol{A}^2t+\frac{\boldsymbol{A}^3t^2}{2!}+\cdots$$

$$=\boldsymbol{A}\left(\boldsymbol{I}+\boldsymbol{A}t+\frac{\boldsymbol{A}^2t^2}{2!}+\frac{\boldsymbol{A}^3t^3}{3!}+\cdots\right)=\boldsymbol{A}\mathrm{e}^{\boldsymbol{A}t}$$

$$\therefore \dot{\phi}(t)=\boldsymbol{A}\phi(t)$$

$$\because \mathrm{e}^{\boldsymbol{A}0}=\boldsymbol{I}+\boldsymbol{A}0+\frac{\boldsymbol{A}^2 0^2}{2!}+\frac{\boldsymbol{A}^3 0^3}{3!}+\cdots=\boldsymbol{I}$$

$$\therefore \phi(0)=\boldsymbol{I}$$

所以 e^{At} 是状态转移矩阵 $\phi(t)$。

② 状态转移矩阵 $\phi(t)$是与 $\boldsymbol{A}$ 同阶的方阵，$n\times n$ 阶方阵，其元素均为时间函数，如下所示：

$$\phi(t)=\begin{bmatrix}\phi_{11}(t) & \cdots & \phi_{1n}(t)\\ \vdots & \ddots & \vdots\\ \phi_{n1}(t) & \cdots & \phi_{nn}(t)\end{bmatrix}$$

③ 当初始条件为 $X(t_0)$时，状态转移矩阵为 $e^{\boldsymbol{A}(t-t_0)}$，记为 $\phi(t-t_0)$，即

$$\phi(t-t_0)=e^{\boldsymbol{A}(t-t_0)},t_0\neq 0$$

$$\begin{cases}\dot{\phi}(t-t_0)=\boldsymbol{A}\phi(t-t_0)\\ \phi(t_0-t_0)=\boldsymbol{I}\end{cases}$$

(2) 性　质

下面的性质均可由 $\phi(t-t_0)=e^{\boldsymbol{A}(t-t_0)}$ 导出：

① $\phi(0)=\boldsymbol{I}$：

$$\begin{cases}\phi(t),t=0\\ \phi(t-t_0),t=t_0\end{cases}$$

证明：

$$\because e^{\boldsymbol{A}t}=\boldsymbol{I}+\boldsymbol{A}t+\frac{\boldsymbol{A}^2t^2}{2!}+\cdots$$

$$\therefore e^{\boldsymbol{A}t}=\boldsymbol{I},t=0$$

② $\phi(t-t_0)$是非奇异矩阵，则

$$\phi^{-1}(t-t_0)=\phi(t_0-t)$$

③ $\phi(t_1+t_2)=\phi(t_1)\cdot\phi(t_2)=\phi(t_2)\cdot\phi(t_1)$。

④ $[\phi(t)]^n=\phi(nt)$：

证明：$\because \phi(nt)=\phi(t+t+\cdots+t)$

$$\therefore \phi(nt)=e^{\boldsymbol{A}(t+t+\cdots+t)}=e^{\boldsymbol{A}t}\cdot\cdots\cdot e^{\boldsymbol{A}t}=e^{n\boldsymbol{A}t}=[\phi(t)]^n$$

⑤ $\phi(t_2-t_1)\phi(t_1-t_0)=\phi(t_2-t_0)$。

⑥ $\dot{\phi}(t)=\boldsymbol{A}\phi(t)=\phi(t)\boldsymbol{A}$。

3. 非齐次状态方程的解

$$\because \dot{\boldsymbol{X}}=\boldsymbol{AX}+\boldsymbol{BU}$$

$$\therefore \dot{\boldsymbol{X}}-\boldsymbol{AX}=\boldsymbol{BU}$$

对上式等号两边左乘 $e^{-\boldsymbol{A}t}$，可得：

$$e^{-\boldsymbol{A}t}[\dot{\boldsymbol{X}}-\boldsymbol{A}\boldsymbol{X}]=e^{-\boldsymbol{A}t}\cdot\dot{\boldsymbol{X}}(t)+e^{-\boldsymbol{A}t}\cdot(-\boldsymbol{A})\boldsymbol{X}(t)=\frac{d}{dt}[e^{-\boldsymbol{A}t}\boldsymbol{X}(t)]=e^{-\boldsymbol{A}t}\boldsymbol{B}\boldsymbol{U}(t)$$

(1) 当初始时刻 $t_0=0$ 时,对等号两边在 $(0\sim t)$ 上做定积分,可得:

$$[e^{-\boldsymbol{A}t}\boldsymbol{X}(t)]\Big|_0^t=\int_0^t e^{-\boldsymbol{A}\tau}\boldsymbol{B}\boldsymbol{U}(\tau)d\tau$$

$$e^{-\boldsymbol{A}t}\boldsymbol{X}(t)-\boldsymbol{X}(0)=\int_0^t e^{-\boldsymbol{A}\tau}\boldsymbol{B}\boldsymbol{U}(\tau)d\tau$$

$$e^{-\boldsymbol{A}t}\boldsymbol{X}(t)=\boldsymbol{X}(0)+\int_0^t e^{-\boldsymbol{A}\tau}\boldsymbol{B}\boldsymbol{U}(\tau)d\tau$$

$$\therefore \boldsymbol{X}(t)=e^{\boldsymbol{A}t}\boldsymbol{X}(0)+\int_0^t e^{\boldsymbol{A}(t-\tau)}\boldsymbol{B}\boldsymbol{U}(\tau)d\tau$$

又可以写成:

$$\boldsymbol{X}(t)=\phi(t)\boldsymbol{X}(0)+\int_0^t \phi(t-\tau)\boldsymbol{B}\boldsymbol{U}(\tau)d\tau$$

(2) 当初始时刻 $t_0\neq 0$ 时,对等号两边在 $(t_0\sim t)$ 上做定积分,可得:

$$[e^{-\boldsymbol{A}t}\boldsymbol{X}(t)]\Big|_{t_0}^t=\int_{t_0}^t e^{-\boldsymbol{A}\tau}\boldsymbol{B}\boldsymbol{U}(\tau)d\tau$$

$$e^{-\boldsymbol{A}t}\boldsymbol{X}(t)-e^{-\boldsymbol{A}t_0}\boldsymbol{X}(t_0)=\int_{t_0}^t e^{-\boldsymbol{A}\tau}\boldsymbol{B}\boldsymbol{U}(\tau)d\tau$$

$$e^{-\boldsymbol{A}t}\boldsymbol{X}(t)=e^{-\boldsymbol{A}t_0}\boldsymbol{X}(t_0)+\int_{t_0}^t e^{-\boldsymbol{A}\tau}\boldsymbol{B}\boldsymbol{U}(\tau)d\tau$$

$$\therefore \boldsymbol{X}(t)=e^{\boldsymbol{A}(t-t_0)}\boldsymbol{X}(t_0)+\int_{t_0}^t e^{\boldsymbol{A}(t-\tau)}\boldsymbol{B}\boldsymbol{U}(\tau)d\tau$$

又可以写成:

$$\boldsymbol{X}(t)=\phi(t-t_0)\boldsymbol{X}(t_0)+\int_{t_0}^t \phi(t-\tau)\boldsymbol{B}\boldsymbol{U}(\tau)d\tau$$

结论:非齐次状态方程的解由以下两部分组成:

① 由初始状态产生的自由分量:零输入解。

② 由输入引起的强迫分量:零状态解。

[例 9-16] 已知某系统的状态方程如下所示,求在所示初始状态和给定输入时的状态解。

$$\dot{\boldsymbol{X}}=\begin{bmatrix}0 & 1\\ -2 & -3\end{bmatrix}\boldsymbol{X}+\begin{bmatrix}0\\ 1\end{bmatrix}\boldsymbol{U}$$

$$\boldsymbol{X}(0)=0,\boldsymbol{U}(t)=1(t)$$

解:(1) 求 $e^{\boldsymbol{A}t}$,由上一个例题可知:

$$e^{\boldsymbol{A}t}=\begin{bmatrix}2e^{-t}-e^{-2t} & e^{-t}-e^{-2t}\\ -2e^{-t}+2e^{-2t} & -e^{-t}+2e^{-2t}\end{bmatrix}$$

(2) 求 $\boldsymbol{X}(t)$：

$$\boldsymbol{X}(t)=\int_0^t \mathrm{e}^{\boldsymbol{A}(t-\tau)}\boldsymbol{B}\boldsymbol{U}(\tau)\,\mathrm{d}\tau=\int_0^t \begin{bmatrix} 2\mathrm{e}^{-(t-\tau)}-\mathrm{e}^{-2(t-\tau)} & \mathrm{e}^{-(t-\tau)}-\mathrm{e}^{-2(t-\tau)} \\ -2\mathrm{e}^{-(t-\tau)}+2\mathrm{e}^{-2t} & -\mathrm{e}^{-(t-\tau)}+2\mathrm{e}^{-2(t-\tau)} \end{bmatrix}\begin{bmatrix}0\\1\end{bmatrix}\mathrm{d}\tau$$

$$=\begin{bmatrix} \int_0^t \mathrm{e}^{-(t-\tau)}\mathrm{d}\tau-\int_0^t \mathrm{e}^{-2(t-\tau)}\mathrm{d}\tau \\ -\int_0^t \mathrm{e}^{-(t-\tau)}\mathrm{d}\tau+2\int_0^t \mathrm{e}^{-2(t-\tau)}\mathrm{d}\tau \end{bmatrix}=\begin{bmatrix} \frac{1}{2}-\mathrm{e}^{-t}+\frac{1}{2}\mathrm{e}^{-2t} \\ \mathrm{e}^{-t}-\mathrm{e}^{-2t} \end{bmatrix}$$

例题解答完毕。

4. 系统的脉冲响应

所谓脉冲响应，即初始条件为零时，输入 u 为单位脉冲函数 $\delta(t)$，系统的输出，称为脉冲响应。根据这个定义，可求出线性定常系统的脉冲响应。

设系统的状态空间表达式为(设系统为单输入)：

$$\begin{cases} \dot{\boldsymbol{X}}=\boldsymbol{A}\boldsymbol{X}+b\boldsymbol{U} \\ \boldsymbol{Y}=\boldsymbol{C}\boldsymbol{X} \end{cases}$$

初始时刻 $t_0=0$，初始状态为 $X(0)=0$，所以，系统的状态解为：

$$\boldsymbol{X}(t)=\phi(t)\boldsymbol{X}(0)+\int_0^t \phi(t-\tau)b\boldsymbol{U}(\tau)\,\mathrm{d}\tau=\int_0^t \phi(t-\tau)b\boldsymbol{U}(\tau)\,\mathrm{d}\tau$$

故输出为：

$$\boldsymbol{Y}=\boldsymbol{C}\boldsymbol{X}(t)=\int_0^t \boldsymbol{C}\mathrm{e}^{\boldsymbol{A}(t-\tau)}b\boldsymbol{U}(\tau)\,\mathrm{d}\tau$$

$$\because \boldsymbol{U}(t)=\boldsymbol{\delta}(t)=\begin{cases}0, t\neq 0\\ \infty, t=0\end{cases}$$

$$\therefore \boldsymbol{Y}(t)=\int_{0_-}^{0_+}\boldsymbol{C}\mathrm{e}^{\boldsymbol{A}(t-\tau)}b\boldsymbol{\delta}(\tau)\,\mathrm{d}\tau=\boldsymbol{C}\mathrm{e}^{\boldsymbol{A}t}\cdot\int_{0_-}^{0_+}\mathrm{e}^{-\boldsymbol{A}\tau}\boldsymbol{\delta}(\tau)\,\mathrm{d}\tau\cdot b=\boldsymbol{C}\mathrm{e}^{\boldsymbol{A}t}\cdot\int_{0_-}^{0_+}\boldsymbol{\delta}(\tau)\,\mathrm{d}\tau\cdot b$$

$$=\boldsymbol{C}\mathrm{e}^{\boldsymbol{A}t}b=\boldsymbol{H}(t)$$

因为 $\boldsymbol{H}(t)$是一个 $m\times 1$ 阶矩阵，故通常又称 $\boldsymbol{H}(t)$为脉冲响应矩阵。

两点讨论：

定理一：$\boldsymbol{H}(t)$是传递矩阵的拉式反变换：

$$\boldsymbol{H}(t)=\boldsymbol{L}^{-1}\left[\boldsymbol{C}(s\boldsymbol{I}-\boldsymbol{A})^{-1}\boldsymbol{B}\right]=\boldsymbol{L}^{-1}\left[\boldsymbol{G}(s)\right]$$

证明：

$$\because \mathrm{e}^{\boldsymbol{A}t}=\boldsymbol{L}^{-1}\left[(s\boldsymbol{I}-\boldsymbol{A})^{-1}\right]$$

$$\therefore \boldsymbol{H}(t)=\boldsymbol{C}\mathrm{e}^{\boldsymbol{A}t}\boldsymbol{B}=\boldsymbol{C}\cdot\boldsymbol{L}^{-1}\left[(s\boldsymbol{I}-\boldsymbol{A})^{-1}\right]\cdot\boldsymbol{B}=\boldsymbol{L}^{-1}\left[\boldsymbol{C}(s\boldsymbol{I}-\boldsymbol{A})^{-1}\boldsymbol{B}\right]=\boldsymbol{L}^{-1}\left[\boldsymbol{G}(s)\right]$$

$$\boldsymbol{G}(s)=\boldsymbol{L}\left[\boldsymbol{H}(t)\right]$$

这表明 $\boldsymbol{H}(t)$反映了系统的基本特性。

证明完毕。

定理二：线性变换不改变系统的脉冲响应。

证明：令 $\boldsymbol{X}=\boldsymbol{P}\widetilde{X}$，则线性变换之后，有：

$$\begin{cases}\widetilde{\boldsymbol{A}}=\boldsymbol{P}^{-1}\boldsymbol{A}\boldsymbol{P}\\ \widetilde{\boldsymbol{B}}=\boldsymbol{P}^{-1}\boldsymbol{B}\\ \widetilde{\boldsymbol{C}}=\boldsymbol{C}\boldsymbol{P}\end{cases}$$

$$\therefore \widetilde{\boldsymbol{H}}(t)=\widetilde{\boldsymbol{C}}\mathrm{e}^{\widetilde{\boldsymbol{A}}t}\widetilde{\boldsymbol{B}}=\boldsymbol{C}\boldsymbol{P}\cdot\mathrm{e}^{\boldsymbol{P}^{-1}\boldsymbol{A}\boldsymbol{P}t}\cdot\boldsymbol{P}^{-1}\boldsymbol{B}$$

$$\begin{aligned}\because \mathrm{e}^{\boldsymbol{P}^{-1}\boldsymbol{A}\boldsymbol{P}t}&=\boldsymbol{I}+\boldsymbol{P}^{-1}\boldsymbol{A}\boldsymbol{P}t+\frac{1}{2!}(\boldsymbol{P}^{-1}\boldsymbol{A}\boldsymbol{P})^{2}t^{2}+\cdots\\ &=\boldsymbol{I}+\boldsymbol{P}^{-1}\boldsymbol{A}\boldsymbol{P}t+\frac{1}{2!}\boldsymbol{P}^{-1}\boldsymbol{A}\boldsymbol{P}\cdot\boldsymbol{P}^{-1}\boldsymbol{A}\boldsymbol{P}t^{2}+\cdots\\ &=\boldsymbol{I}+\boldsymbol{P}^{-1}\boldsymbol{A}\boldsymbol{P}t+\frac{1}{2!}\boldsymbol{P}^{-1}\boldsymbol{A}^{2}\boldsymbol{P}t^{2}+\cdots\\ &=\boldsymbol{P}^{-1}\left(\boldsymbol{I}+\boldsymbol{A}t+\frac{1}{2!}\boldsymbol{A}^{2}t^{2}+\cdots\right)\boldsymbol{P}\\ &=\boldsymbol{P}^{-1}\mathrm{e}^{\boldsymbol{A}t}\boldsymbol{P}\end{aligned}$$

$$\therefore \widetilde{\boldsymbol{H}}(t)=\boldsymbol{C}\boldsymbol{P}\cdot\boldsymbol{P}^{-1}\mathrm{e}^{\boldsymbol{A}t}\boldsymbol{P}\cdot\boldsymbol{P}^{-1}\boldsymbol{B}=\boldsymbol{C}\mathrm{e}^{\boldsymbol{A}t}\boldsymbol{B}=\boldsymbol{H}(t)$$

证明完毕。

9.1.8 状态转移矩阵的算法

在线性定常系统状态方程的求解中，关键是求 $\phi(t)$。下面介绍三种算法，它们都有各自的特点，适用于不同的场合：

1. 拉式变换法

这种方法上一小节已经介绍过：

$$\mathrm{e}^{\boldsymbol{A}t}=\boldsymbol{L}^{-1}\left[(s\boldsymbol{I}-\boldsymbol{A})^{-1}\right]$$

特点：对低阶（三阶以下）系统比较方便，高阶系统求逆矩阵困难。

2. 幂级数法

这种方法上一小节也介绍过：

$$\mathrm{e}^{\boldsymbol{A}t}=\boldsymbol{I}+\boldsymbol{A}t+\frac{\boldsymbol{A}^{2}t^{2}}{2!}+\frac{\boldsymbol{A}^{3}t^{3}}{3!}+\cdots$$

特点：求得的是近似值，难于得到解析表达式。

3. 对角形法或约当型法

这种方法与系数矩阵 **A** 的特征值有关，这里只讨论 **A** 的特征值互不相同的情况。

定理：若系数矩阵 $\boldsymbol{A}$ 的特征值 $\lambda_1,\lambda_2,\cdots,\lambda_n$ 互不相同，则

$$e^{\boldsymbol{A}t}=\boldsymbol{P}^{-1}\begin{bmatrix} e^{\lambda_1 t} & & & 0 \\ & e^{\lambda_2 t} & & \\ & & \ddots & \\ 0 & & & e^{\lambda_n t} \end{bmatrix}\boldsymbol{P}$$

其中，$\boldsymbol{P}$ 是使 $\boldsymbol{A}$ 化成对角形的线性变换矩阵。

证明：因为 $\lambda_1,\lambda_2,\cdots,\lambda_n$ 互不相同，故必存在线性变换矩阵 $\boldsymbol{P}$，可将系数矩阵 $\boldsymbol{A}$ 化成对角形，即：

$$\widetilde{\boldsymbol{A}}=\boldsymbol{P}^{-1}\boldsymbol{A}\boldsymbol{P}=\begin{bmatrix} \lambda_1 & & & 0 \\ & \lambda_2 & & \\ & & \ddots & \\ 0 & & & \lambda_n \end{bmatrix}$$

$$\therefore e^{\widetilde{\boldsymbol{A}}t}=\boldsymbol{I}+\widetilde{\boldsymbol{A}}t+\frac{\widetilde{\boldsymbol{A}}^2t^2}{2!}+\cdots$$

$$=\begin{bmatrix} 1 & & 0 \\ & \ddots & \\ 0 & & 1 \end{bmatrix}+\begin{bmatrix} \lambda_1 t & & 0 \\ & \ddots & \\ 0 & & \lambda_n t \end{bmatrix}+\begin{bmatrix} \frac{1}{2}\lambda_1^2 t^2 & & 0 \\ & \ddots & \\ 0 & & \frac{1}{2}\lambda_n^2 t^2 \end{bmatrix}+\cdots$$

$$=\begin{bmatrix} 1+\lambda_1 t+\frac{1}{2}\lambda_1^2 t^2+\cdots & & 0 \\ & \ddots & \\ 0 & & 1+\lambda_n t+\frac{1}{2}\lambda_n^2 t^2+\cdots \end{bmatrix}$$

$$=\begin{bmatrix} e^{\lambda_1 t} & & 0 \\ & \ddots & \\ 0 & & e^{\lambda_n t} \end{bmatrix}$$

$$\because e^{\widetilde{\boldsymbol{A}}t}=e^{\boldsymbol{P}^{-1}\boldsymbol{A}\boldsymbol{P}t}=\boldsymbol{P}^{-1}\cdot e^{\boldsymbol{A}t}\cdot\boldsymbol{P}$$

$$\therefore e^{\boldsymbol{A}t}=\boldsymbol{P}\cdot e^{\widetilde{\boldsymbol{A}}t}\cdot\boldsymbol{P}^{-1}=\boldsymbol{P}\cdot\begin{bmatrix}e^{\lambda_1 t} & & 0\\ & \ddots & \\ 0 & & e^{\lambda_n t}\end{bmatrix}\cdot\boldsymbol{P}^{-1}$$

小结：利用对角形法求 $e^{\boldsymbol{A}t}$ 的方法（条件为系数矩阵 $\boldsymbol{A}$ 的特征值 $\lambda_1,\lambda_2,\cdots,\lambda_n$ 互不相同）：

① 求系数矩阵 $\boldsymbol{A}$ 的特征值 $\lambda_1,\lambda_2,\cdots,\lambda_n$：$|\lambda\boldsymbol{I}-\boldsymbol{A}|=0$；

② 求特征矢量：$p_1,p_2,\cdots,p_n$，求变换矩阵 $\boldsymbol{P}=[p_1\quad p_2\quad\cdots\quad p_n]$，$\boldsymbol{P}^{-1}$；

③ 求 $e^{\boldsymbol{A}t}$。

特点：比较麻烦，常用于理论推导。

9.2　能控性、能观测性及系统综合

【提要】 本节详细讨论以下两大问题。

1. 能控性和能观测性

(1) 线性定常系统能控性、能观测性的定义及判别方法；

(2) 线性定常系统能控性、能观测性的性质：

① 对偶原理；

② 线性变换特性；

③ 与传递函数(矩阵)的关系。

(3) 内部结构分析：

① 结构分解；

② 标准形。

2. 系统综合

(1) 状态反馈；

(2) 极点配置；

(3) 解耦控制；

(4) 实现问题；

(5) 观测器设计。

9.2.1　概　述

能控性和能观测性是现代控制理论中的两个基础性概念，是美国人 Kalman 在 1960 年首先提出来的。

这两个问题是怎样提出的呢？

我们知道，在现代控制理论中，由于引入了状态变量这个概念，使得状态空间描述分成了两个阶段，即两个方程，如图 9.14 所示。

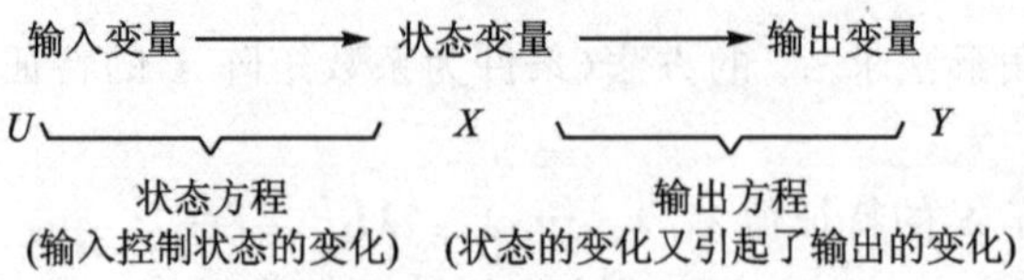

图 9-14 系统状态空间的两个阶段

由于状态变量的非唯一性，于是这里就产生了两个问题：

① 输入能否控制状态的变化；

② 状态的变化能否由输出反映出来。

上述两个问题，第一个问题就是能控性问题，而第二个问题就是能观测性问题。

[例 9-17] 已知某系统的状态方程和输出方程如下所示，试分析此系统的能控性和能观测性。

$$\begin{bmatrix}\dot{X}_1\\ \dot{X}_2\end{bmatrix}=\begin{bmatrix}1 & 0\\ 0 & 2\end{bmatrix}\begin{bmatrix}X_1\\ X_2\end{bmatrix}+\begin{bmatrix}0\\ 2\end{bmatrix}\boldsymbol{U}$$

$$\boldsymbol{Y}=[1\quad 0]\begin{bmatrix}X_1\\ X_2\end{bmatrix}$$

解：从系统的状态方程和输出方程推导出如下公式：

$$\begin{cases}\dot{\boldsymbol{X}}_1=\boldsymbol{X}_1\\ \dot{\boldsymbol{X}}_2=2\boldsymbol{X}_2+2\boldsymbol{U}\\ \boldsymbol{Y}=\boldsymbol{X}_1\end{cases}$$

从状态方程来看：$\boldsymbol{X}_1$ 的方程中，与 $\boldsymbol{U}$ 无关，故输入 $\boldsymbol{U}$ 不能控制 $\boldsymbol{X}_1$；

从输出方程来看：输出 $\boldsymbol{Y}$ 不能反映状态变量 $\boldsymbol{X}_2$，所以 $\boldsymbol{X}_2$ 是不能观测的。

例题解答完毕。

能控性和能观测性在现代控制理论中是很重要的。例如，在最优控制问题中，其任务是寻找输入 $\boldsymbol{U}(t)$，使状态达到最优轨线，如果状态不能控，当然就无从实现最优控制了。下面就来讨论它们的严格定义及判别方法。

9.2.2 线性定常连续系统的能控性

1. 状态能控性定义

定义：对于线性定常连续系统 $\dot{\boldsymbol{X}}=\boldsymbol{AX}+\boldsymbol{BU}$，设初始状态为 $\boldsymbol{X}(t_0)$，如果存在一

个允许控制 $\boldsymbol{U}(t)$，能在有限的时间 (t_1-t_0) 内，把系统从初始状态 $\boldsymbol{X}(t_0)$ 转移到任意指定的终端状态 $\boldsymbol{X}(t_1)$，则称系统的 t_0 时刻的状态 $\boldsymbol{X}(t_0)$ 是能控的。若状态空间中所有的 $\boldsymbol{X}(t_0)$ 都是能控的，则称系统是状态完全能控的，简称系统是能控的。反之，若系统中只要有一个状态 $\boldsymbol{X}(t_0)$ 不能控，则称系统是不能控的。

讨论：

(1) 定义中把终端时刻定义为 t_1，事实上若系统在 (t_0,t_1) 内状态完全能控，则对 $t_2>t_1$，系统在 (t_0,t_2) 内也是完全能控的；

(2) 通常在讨论能控性的时候，不考虑扰动作用；

(3) 定义中，是把终端状态都取为任意非零有限点，为便于数学处理而又不失一般性，通常把终端状态定义为状态空间的原点，即 $\boldsymbol{X}(t_1)=0$，而初始状态取为 $\boldsymbol{X}(0)$。

2. 线性定常连续系统状态能控性判别准则

(1) 准则 1

定理：线性定常连续系统 $\dot{\boldsymbol{X}}=\boldsymbol{AX}+\boldsymbol{BU}$，其状态完全能控的充分必要条件是：其状态能控性矩阵：

$$\boldsymbol{Q}_c=[\boldsymbol{B}\quad \boldsymbol{AB}\quad \boldsymbol{A}^2\boldsymbol{B}\quad \cdots\quad \boldsymbol{A}^{n-1}\boldsymbol{B}]$$

满秩，即：

$$\operatorname{rank}\boldsymbol{Q}_c=n$$

证明：为简单起见，设 $t_0=0$，由状态解可知：

$$\boldsymbol{X}(t)=e^{\boldsymbol{A}t}\boldsymbol{X}(0)+\int_0^t e^{\boldsymbol{A}(t-\tau)}\boldsymbol{BU}(\tau)\,d\tau$$

根据能控性定义，取终端状态为 $\boldsymbol{X}(t_1)=0$，于是上式可表示为：

$$0=e^{\boldsymbol{A}t_1}\boldsymbol{X}(0)+\int_0^{t_1} e^{\boldsymbol{A}(t_1-\tau)}\boldsymbol{BU}(\tau)\,d\tau$$

$$\therefore \boldsymbol{X}(0)=-\int_0^{t_1} e^{-\boldsymbol{A}\tau}\boldsymbol{BU}(\tau)\,d\tau$$

利用凯—哈定理，可将矩阵指数 $e^{-\boldsymbol{A}\tau}$ 展开成有限项为：

$$e^{-\boldsymbol{A}\tau}=\alpha_0(\tau)\boldsymbol{I}+\alpha_1(\tau)\boldsymbol{A}+\cdots+\alpha_{n-1}(\tau)\boldsymbol{A}^{n-1}=\sum_{k=0}^{n-1}\alpha_k(\tau)\boldsymbol{A}^k$$

$$\therefore \boldsymbol{X}(0)=-\sum_{k=0}^{n-1}\boldsymbol{A}^k\cdot\boldsymbol{B}\cdot\int_0^{t_1}\alpha_k(\tau)\boldsymbol{U}(\tau)\,d\tau$$

令 $\int_0^{t_1}\alpha_k(\tau)\boldsymbol{U}(\tau)\,d\tau=\beta_k$，则

$$X(0)=-\sum_{k=0}^{n-1}\boldsymbol{A}^k\cdot B\cdot\beta_k=-(\boldsymbol{B}\beta_0+\boldsymbol{AB}\beta_1+\cdots+\boldsymbol{A}^{n-1}\boldsymbol{B}\beta_{n-1})$$

$$=-[\boldsymbol{B}\quad \boldsymbol{AB}\quad \cdots\quad \boldsymbol{A}^{n-1}\boldsymbol{B}]\begin{bmatrix}\beta_0\\ \vdots\\ \beta_{n-1}\end{bmatrix}$$

$\boldsymbol{X}(0)$是 n 行的矩阵，$[\boldsymbol{B} \quad \boldsymbol{AB} \quad \cdots \quad \boldsymbol{A}^{n-1}\boldsymbol{B}]$是 n 行矩阵，$\begin{bmatrix}\beta_0\\ \vdots \\ \beta_{n-1}\end{bmatrix}$同样是 n 行的矩阵,所以上式可以被展开成 n 个方程组。按照能控性定义,对任意 $\boldsymbol{X}(0)$,若能找到(存在)$\boldsymbol{U}(t)$,使得 $\boldsymbol{X}(t_1)=0$,就是能控的。这实际上就是求解上述的 n 个方程组:未知量是 $\beta_0,\cdots\beta_{n-1}$($n$ 个),方程的个数也为 n 个。由方程组解的存在性定理可知,上述方程组有解的充要条件是:矩阵$[\boldsymbol{B} \quad \boldsymbol{AB} \quad \cdots \quad \boldsymbol{A}^{n-1}\boldsymbol{B}]$的秩应为$n$,即:

$$\text{rank}\boldsymbol{Q}_c=n$$

证明完毕。

[例 9-18] 已知某系统的状态方程如下所示,试分析此系统的状态能控性。

$$\dot{\boldsymbol{X}}=\begin{bmatrix}-1 & 2 & 2\\ 0 & -2 & 0\\ 1 & 3 & -3\end{bmatrix}\boldsymbol{X}+\begin{bmatrix}0\\0\\1\end{bmatrix}\boldsymbol{U}$$

解:

$$\boldsymbol{A}=\begin{bmatrix}-1 & 2 & 2\\ 0 & -2 & 0\\ 1 & 3 & -3\end{bmatrix}$$

$$\boldsymbol{AB}=\begin{bmatrix}-1 & 2 & 2\\ 0 & -2 & 0\\ 1 & 3 & -3\end{bmatrix}\begin{bmatrix}0\\0\\1\end{bmatrix}=\begin{bmatrix}2\\0\\-3\end{bmatrix}$$

$$\boldsymbol{A}^2\boldsymbol{B}=\boldsymbol{A}\cdot\boldsymbol{AB}=\begin{bmatrix}-1 & 2 & 2\\ 0 & -2 & 0\\ 1 & 3 & -3\end{bmatrix}\begin{bmatrix}2\\0\\-3\end{bmatrix}=\begin{bmatrix}-8\\0\\11\end{bmatrix}$$

$$\therefore\boldsymbol{Q}_c=\begin{bmatrix}0 & 2 & -8\\ 0 & 0 & 0\\ 1 & -3 & 11\end{bmatrix}$$

$$\text{rank}\boldsymbol{Q}_c=2<n$$

所以系统不能控。

例题解答完毕。

(2) 性　质

线性变换不改变系统的能控性。

证明:设 $\text{rank}\boldsymbol{Q}_c=\text{rank}[\boldsymbol{B} \quad \boldsymbol{AB} \quad \cdots \quad \boldsymbol{A}^{n-1}\boldsymbol{B}]=n$,取线性变换:$\boldsymbol{X}=\boldsymbol{P}\widetilde{\boldsymbol{X}}$,则

$$\widetilde{\boldsymbol{A}}=\boldsymbol{P}^{-1}\boldsymbol{AP},\widetilde{\boldsymbol{B}}=\boldsymbol{P}^{-1}\boldsymbol{B}$$

系统经线性变换后:

$$\widetilde{\boldsymbol{Q}}_c=[\widetilde{\boldsymbol{B}} \quad \widetilde{\boldsymbol{A}}\widetilde{\boldsymbol{B}} \quad \cdots \quad \widetilde{\boldsymbol{A}}^{n-1}\widetilde{\boldsymbol{B}}]=[\boldsymbol{P}^{-1}\boldsymbol{B} \quad \boldsymbol{P}^{-1}\boldsymbol{AP}\cdot\boldsymbol{P}^{-1}\boldsymbol{B} \quad \cdots]$$

$$=\begin{bmatrix}\boldsymbol{P}^{-1}\boldsymbol{B} & \boldsymbol{P}^{-1}\boldsymbol{A}\boldsymbol{B} & \cdots & \boldsymbol{P}^{-1}\boldsymbol{A}^{n-1}\boldsymbol{B}\end{bmatrix}=\boldsymbol{P}^{-1}\begin{bmatrix}\boldsymbol{B} & \boldsymbol{A}\boldsymbol{B} & \cdots & \boldsymbol{A}^{n-1}\boldsymbol{B}\end{bmatrix}$$

由线性代数可知，一矩阵乘以非奇异变换矩阵之后秩不变，则

$$\mathrm{rank}\widetilde{\boldsymbol{Q}}_{\mathrm{c}}=n$$

证明完毕。

(3) 准则 2

根据对角形或约当型来判别系统的可控性，分两种情况：

① $\boldsymbol{A}$ 矩阵有互不相同的特征值。

定理：线性定常连续系统为 $\dot{\boldsymbol{X}}=\boldsymbol{AX}+\boldsymbol{BU}$，若系统的特征值互不相同，则系统能控的充要条件是，经线性非奇异变换后的对角形方程中，$\widetilde{\boldsymbol{B}}$ 的各行均为非零向量。

证明：由于线性变换不改变系统的能控性，故不妨设系统已变换成对角形：

$$\dot{\widetilde{\boldsymbol{X}}}=\widetilde{\boldsymbol{A}}\widetilde{\boldsymbol{X}}+\widetilde{\boldsymbol{B}}\boldsymbol{U}=\begin{bmatrix}\lambda_1 & \cdots & 0\\ \vdots & \ddots & \vdots\\ 0 & \cdots & \lambda_n\end{bmatrix}\begin{bmatrix}\widetilde{X}_1\\ \vdots\\ \widetilde{X}_n\end{bmatrix}+\begin{bmatrix}\widetilde{b}_{11} & \cdots & \widetilde{b}_{1r}\\ \vdots & \ddots & \vdots\\ \widetilde{b}_{n1} & \cdots & \widetilde{b}_{nr}\end{bmatrix}\begin{bmatrix}U_1\\ \vdots\\ U_r\end{bmatrix}$$

上式又可写成：

$$\begin{cases}\dot{\widetilde{X}}_1=\lambda_1\widetilde{X}_1+(\widetilde{b}_{11}U_1+\cdots+\widetilde{b}_{1r}U_r)\\ \qquad\vdots\\ \dot{\widetilde{X}}_n=\lambda_n\widetilde{X}_n+(\widetilde{b}_{n1}U_1+\cdots+\widetilde{b}_{nr}U_r)\end{cases}$$

由上式可见，每个方程都是解耦的，状态 $\widetilde{X}_i\ (i=1,\cdots,\mathrm{n})$ 只与其本身有关，与其他状态无关。因此，当 $\widetilde{\boldsymbol{B}}$ 的第 i 行全为 0 时，则该变量与输入无关，显然该变量就不能控。从而证明了系统可控的充要条件是：$\widetilde{\boldsymbol{B}}$ 中的各行均为非零向量。

[例 9-19]　已知某系统的状态方程如下所示，试分析此系统的能控性。

$$\dot{\boldsymbol{X}}=\begin{bmatrix}-7 & 0 & 0\\ 0 & -5 & 0\\ 0 & 0 & -1\end{bmatrix}\boldsymbol{X}+\begin{bmatrix}0 & 1\\ 4 & 0\\ 7 & 5\end{bmatrix}\boldsymbol{U}$$

解：$\widetilde{\boldsymbol{B}}$ 中的各行均为非零向量，所以，显然系统是状态能控的。

例题解答完毕。

② $\boldsymbol{A}$ 矩阵有相重的特征值。

定理：线性定常连续系统为 $\dot{\boldsymbol{X}}=\boldsymbol{AX}+\boldsymbol{BU}$，若系统具有相重的特征值，且每一个互不相同的特征值只对应一个独立的特征向量(即一个互不相同的特征值，对应一个约当子块)，则系统状态完全能控的充要条件是：经非奇异变换后的约当标准形为：

$$\dot{\widetilde{\boldsymbol{X}}}=\begin{bmatrix}J_1 & \cdots & 0\\ \vdots & \ddots & \vdots\\ 0 & \cdots & J_k\end{bmatrix}\widetilde{\boldsymbol{X}}+\widetilde{\boldsymbol{B}}\boldsymbol{U}$$

$$
\boldsymbol{J}_i=\begin{bmatrix} \lambda_i & 1 & \cdots & 0 \\ \vdots & \ddots & \ddots & \vdots \\ \vdots & & \ddots & 1 \\ 0 & \cdots & \cdots & \lambda_i \end{bmatrix}
$$

其中，每个约当子块 $\boldsymbol{J}_i(i=1,\cdots,k)$ 最后一行所对应的 $\widetilde{\boldsymbol{B}}$ 阵的行均为非零矢量。

解释：该定理的证明与上一个定理的证明类似，故略去。

由于约当块中最后一行所对应的变量是解耦的，而其他行都不解耦，故当该行对应的 $\boldsymbol{B}$ 中的行全为 0 时，则与输入无关，故状态不能控。

注意：上面的结论只是约当型中的一种特殊情况。

［例 9－20］ 已知某系统的状态方程如下所示，试分析此系统的能控性。

$$
\dot{\boldsymbol{X}}=\begin{bmatrix} -4 & 1 & 0 \\ 0 & -4 & 0 \\ 0 & 0 & -2 \end{bmatrix}\boldsymbol{X}+\begin{bmatrix} 4 & 2 \\ 0 & 0 \\ 3 & 0 \end{bmatrix}\boldsymbol{U}
$$

解：约当子块 $\boldsymbol{J}_1$ 最后一行所对应的 $\widetilde{\boldsymbol{B}}$ 阵的行为零向量，所以，显然系统是状态不能控的。

例题解答完毕。

3. 输出能控性

把上述状态能控性的概念，推广到输出变量，即是输出能控性。

(1) 定　义

如果存在一个无约束的控制矢量 $\boldsymbol{U}(t)$，可在有限时间间隔 (t_1-t_0) 内，将任一给定的初始输出 $\boldsymbol{Y}(t_0)$ 转移到任一指定的终端输出 $\boldsymbol{Y}(t_1)$，则称系统 $(\boldsymbol{A},\boldsymbol{B},\boldsymbol{C},\boldsymbol{D})$ 是输出完全能控的，或简称输出是能控的。

(2) 判别方法

定理：线性定常连续系统为：

$$
\begin{cases} \dot{X}=\boldsymbol{AX}+\boldsymbol{BU} \\ \boldsymbol{Y}=\boldsymbol{CX}+\boldsymbol{DU} \end{cases}
$$

其输出完全能控的充分必要条件是：其输出能控性矩阵：

$$
\boldsymbol{Q}_{oc}=\begin{bmatrix} \boldsymbol{CB} & \boldsymbol{CAB} & \cdots & \boldsymbol{CA}^{n-1}\boldsymbol{B} & \boldsymbol{D} \end{bmatrix}
$$

的秩为 m，即：

$$
\text{rank}\boldsymbol{Q}_{oc}=m
$$

其中 m 为输出的个数。

证明：证明过程与状态能控性的定理证明类似，这里略去。

[例 9-21] 已知某系统的状态方程和输出方程如下所示，试分析此系统的状态能控性和输出能控性。

$$\begin{cases}\dot{\boldsymbol{X}} = \begin{bmatrix}0 & 0\\0 & 0\end{bmatrix}\boldsymbol{X} + \begin{bmatrix}1\\1\end{bmatrix}\boldsymbol{U}\\ \boldsymbol{Y} = \begin{bmatrix}1 & 1\end{bmatrix}\boldsymbol{X}\end{cases}$$

解：(1) 状态能控性：

$$\boldsymbol{A} = \begin{bmatrix}0 & 0\\0 & 0\end{bmatrix}$$

$$\boldsymbol{AB} = \begin{bmatrix}0 & 0\\0 & 0\end{bmatrix}\begin{bmatrix}1\\1\end{bmatrix} = \begin{bmatrix}0\\0\end{bmatrix}$$

$$\therefore \boldsymbol{Q}_c = [\boldsymbol{B} \quad \boldsymbol{AB}] = \begin{bmatrix}1 & 0\\1 & 0\end{bmatrix}$$

$$\mathrm{rank}\boldsymbol{Q}_c = 1 < n = 2$$

所以状态不能控。

(2) 输出能控性：

$$\boldsymbol{CB} = [1 \quad 1]\begin{bmatrix}1\\1\end{bmatrix} = 2$$

$$\boldsymbol{CAB} = [1 \quad 1]\begin{bmatrix}0\\0\end{bmatrix} = 0$$

$$\boldsymbol{D} = 0$$

$$\therefore \boldsymbol{Q}_{oc} = [\boldsymbol{CB} \quad \boldsymbol{CAB} \quad \boldsymbol{D}] = [2 \quad 0 \quad 0]$$

$$\mathrm{rank}\boldsymbol{Q}_{oc} = 1 = m$$

所以输出能控。

例题解答完毕。

由此例题可以看出，输出能控性与状态能控性是两回事，两者之间没有必然的联系。

9.2.3 线性定常连续系统的能观测性

1. 状态能观测性定义

能观测性的定性含义为：状态变化能否由输出反映出来，或换句话说，能否根据对 $\boldsymbol{Y}(t)$ 的量测值来确定系统的状态。由此可见，能观测性只需要考察系统的自由运动，故可以不考虑输入 $\boldsymbol{U}(t)$。

能观测性定义：对于线性定常连续系统：

$$\begin{cases}\dot{\boldsymbol{X}}=\boldsymbol{AX}\\ \boldsymbol{Y}=\boldsymbol{CX}\end{cases}$$

若根据有限时间区间(t_0,t_1)内的量测值$\boldsymbol{Y}(t)$，能够唯一地确定系统在t_0时刻的初始状态$\boldsymbol{X}(t_0)$，则称状态$\boldsymbol{X}(t_0)$是能观测的。若系统的所有初始状态$\boldsymbol{X}(t_0)$都是能观测的，则称系统的状态是完全能观测的，或简称能观测的。

讨论：

定义中把能观测性规定为对初始状态$\boldsymbol{X}(t_0)$的确定，这是因为，一旦确定了初始状态，就可以根据给定的输入$\boldsymbol{U}(t)$，利用系统的状态解求出各瞬间状态$\boldsymbol{X}(t)$。

2. 线性定常连续系统能观测性的判别准则

(1) 准则一

定理：对于线性定常连续系统：

$$\begin{cases}\dot{\boldsymbol{X}}=\boldsymbol{AX}\\ \boldsymbol{Y}=\boldsymbol{CX}\end{cases}$$

状态完全能观测的充要条件是：其能观测性矩阵：

$$\boldsymbol{Q}_O=\begin{bmatrix}\boldsymbol{C}\\ \boldsymbol{CA}\\ \vdots\\ \boldsymbol{CA}^{n-1}\end{bmatrix}$$

满秩，即

$$\mathrm{rank}\boldsymbol{Q}_O=n$$

或者：

$$\mathrm{rank}\begin{bmatrix}\boldsymbol{C}^T & \boldsymbol{A}^T\boldsymbol{C}^T & \cdots & (\boldsymbol{A}^T)^{n-1}\boldsymbol{C}^T\end{bmatrix}=n$$

证明：因为齐次状态方程的解为：

$$\boldsymbol{X}(t)=\phi(t-t_0)\boldsymbol{X}(t_0)$$

$$\therefore \boldsymbol{Y}(t)=\boldsymbol{C}\phi(t-t_0)\boldsymbol{X}(t_0)$$

由凯—哈定理可知：

$$\phi(t-t_0)=\sum_{k=0}^{n-1}\alpha_k(t)\boldsymbol{A}^k$$

$$\begin{aligned}\therefore \boldsymbol{Y}(t)&=\boldsymbol{C}\sum_{k=0}^{n-1}\alpha_k(t)\boldsymbol{A}^k\boldsymbol{X}(t_0)\\ &=\alpha_0(t)\boldsymbol{CX}(t_0)+\alpha_1(t)\boldsymbol{CAX}(t_0)+\alpha_2(t)\boldsymbol{CA}^2\boldsymbol{X}(t_0)+\cdots\\ &\quad+\alpha_{n-1}(t)\boldsymbol{CA}^{n-1}\boldsymbol{X}(t_0)\end{aligned}$$

$$=\begin{bmatrix}\alpha_0(t)\boldsymbol{I}_m & \alpha_1(t)\boldsymbol{I}_m & \cdots & \alpha_{n-1}(t)\boldsymbol{I}_m\end{bmatrix}\begin{bmatrix}\boldsymbol{C}\\ \boldsymbol{CA}\\ \vdots\\ \boldsymbol{CA}^{n-1}\end{bmatrix}\boldsymbol{X}(t_0)$$

因为 $\boldsymbol{Y}$ 的阶数是 m，$\boldsymbol{X}$ 的阶数是 n，所以上式是一个含有 n 个未知量，m 个方程的方程组。当 $m<n$ 时方程组无唯一解。要唯一地解出 n 个初始状态，我们必须根据不同时刻的输出值 $\boldsymbol{Y}(t_1)$，$\boldsymbol{Y}(t_2)$，…，组成具有 n 个方程的方程组：

$$\begin{bmatrix}\boldsymbol{Y}(t_1)\\ \vdots\\ \boldsymbol{Y}(t_f)\end{bmatrix}=\begin{bmatrix}\alpha_0(t)\boldsymbol{I}_m & \cdots & \alpha_{n-1}(t)\boldsymbol{I}_m\\ \vdots & \ddots & \vdots\\ \alpha_0(t_f)\boldsymbol{I}_m & & \alpha_{n-1}(t_f)\boldsymbol{I}_m\end{bmatrix}\begin{bmatrix}\boldsymbol{C}\\ \vdots\\ \boldsymbol{CA}^{n-1}\end{bmatrix}\boldsymbol{X}(t_0)$$

即：

$$\boldsymbol{Y}=\boldsymbol{MX}(t_0)$$

由线性代数可知，要使上面（n 个方程，n 个未知数）线性非齐次方程组的解存在且唯一，其充要条件是系数矩阵 $\boldsymbol{M}$ 的秩等于 n。而要使 M 的秩等于 n，则要求

$$\boldsymbol{Q}_o=\begin{bmatrix}\boldsymbol{C}\\ \boldsymbol{CA}\\ \vdots\\ \boldsymbol{CA}^{n-1}\end{bmatrix}$$

满秩。

证明完毕。

［例 9－22］ 已知某系统的状态方程和输出方程如下所示，试分析此系统的状态能观测性。

$$\begin{cases}\dot{\boldsymbol{X}}=\begin{bmatrix}2 & -1\\ 1 & -3\end{bmatrix}\boldsymbol{X}+\begin{bmatrix}-1\\ 1\end{bmatrix}\boldsymbol{U}\\ \boldsymbol{Y}=\begin{bmatrix}1 & 0\\ -1 & 0\end{bmatrix}\boldsymbol{X}\end{cases}$$

解：状态能观测性：

$$\boldsymbol{CA}=\begin{bmatrix}1 & 0\\ -1 & 0\end{bmatrix}\begin{bmatrix}2 & -1\\ 1 & -3\end{bmatrix}=\begin{bmatrix}2 & -1\\ -2 & 1\end{bmatrix}$$

$$\therefore \boldsymbol{Q}_o=\begin{bmatrix}\boldsymbol{C}\\ \boldsymbol{CA}\end{bmatrix}=\begin{bmatrix}1 & 0\\ -1 & 0\\ 2 & -1\\ -1 & 1\end{bmatrix}$$

$$\text{rank}\ \boldsymbol{Q}_o=2=n$$

所以状态能观测。

例题解答完毕。

(2) 性　质

线性变换不改变系统的能观测性。

证明:设线性变换后系统的能观测矩阵为:

$$\widetilde{Q}_o=\begin{bmatrix}\widetilde{C}\\ \widetilde{C}\widetilde{A}\\ \vdots\\ \widetilde{C}(\widetilde{A})^{n-1}\end{bmatrix}=\begin{bmatrix}CP\\ CP\cdot P^{-1}AP\\ \vdots\\ CP\cdot(P^{-1}AP)^{n-1}\end{bmatrix}=\begin{bmatrix}C\\ CA\\ \vdots\\ CA^{n-1}\end{bmatrix}P$$

由线性代数可知,矩阵经线性变换后不改变秩,即

$$\text{rank}\ Q_o=\text{rank}\ \widetilde{Q}_o$$

证明完毕。

(3) 准则 2

根据对角形或约当型来判别系统的可观测性,分两种情况:

① A 矩阵有互不相同的特征值。

定理:线性定常连续系统:

$$\begin{cases}\dot{X}=AX\\ Y=CX\end{cases}$$

若矩阵 A 的特征值互不相同,则状态完全能观测的充要条件条件是:系统经线性非奇异变换后的对角形方程中:

$$\begin{cases}\dot{\widetilde{X}}=\begin{bmatrix}\lambda_1 & \cdots & 0\\ \vdots & \ddots & \vdots\\ 0 & \cdots & \lambda_n\end{bmatrix}\widetilde{X}\\ Y=\widetilde{C}\widetilde{X}\end{cases}$$

$\widetilde{C}$ 的各列均为非零矢量。

解释:若 $\widetilde{C}$ 中的某一列全为零,则该状态变量就与输出无关了,又因状态变量之间没有耦合关系,这个状态变量也不可能通过其他状态变量与输出发生联系,因此系统状态不能观测。

[例 9-23] 已知某系统的状态方程和输出方程如下所示,试分析此系统的能观测性。

$$\begin{cases}\dot{X}=\begin{bmatrix}\lambda_1 & 0\\ 0 & \lambda_2\end{bmatrix}X\\ Y=\begin{bmatrix}0 & 1\\ 0 & -1\end{bmatrix}X\end{cases}$$

解: $\widetilde{C}$ 中的第一列向量为零向量,所以,显然系统是状态不能观测的。

例题解答完毕。

② $\boldsymbol{A}$ 矩阵有相重的特征值。

定理：线性定常连续系统：

$$\begin{cases}\dot{\boldsymbol{X}}=\boldsymbol{A}\boldsymbol{X}\\ \boldsymbol{Y}=\boldsymbol{C}\boldsymbol{X}\end{cases}$$

若系统矩阵 $\boldsymbol{A}$ 具有相重的特征值，且每一个重特征值只对应一个特征向量，则系统状态完全能观测的充要条件是：经非奇异变换后的约当标准形：

$$\dot{\widetilde{\boldsymbol{X}}}=\begin{bmatrix}J_1 & \cdots & 0\\ \vdots & \ddots & \vdots\\ 0 & \cdots & J_k\end{bmatrix}\widetilde{\boldsymbol{X}}$$

$$\boldsymbol{Y}=\widetilde{\boldsymbol{C}}\widetilde{\boldsymbol{X}}$$

$$\boldsymbol{J}_i=\begin{bmatrix}\lambda_i & 1 & \cdots & 0\\ \vdots & \ddots & \ddots & \vdots\\ \vdots & & \ddots & 1\\ 0 & \cdots & \cdots & \lambda_i\end{bmatrix}$$

矩阵 $\widetilde{\boldsymbol{C}}$ 中与每个约当子块的首行所对应的那些列，均为非零向量。

[例 9-24]　已知某系统的状态方程和输出方程如下所示，试分析此系统的能观测性。

$$\begin{cases}\dot{\boldsymbol{X}}=\begin{bmatrix}-2 & 1\\ 0 & -2\end{bmatrix}\boldsymbol{X}\\ \boldsymbol{Y}=\begin{bmatrix}1 & 0\end{bmatrix}\boldsymbol{X}\end{cases}$$

解：$\widetilde{\boldsymbol{C}}$ 中约当子块的首行所对应的列，为非零向量，所以，显然系统是状态能观测的。

例题解答完毕。

[例 9-25]　已知某系统的状态方程和输出方程如下所示，试分析此系统的能观测性。

$$\begin{cases}\dot{\boldsymbol{X}}=\begin{bmatrix}-2 & 1\\ 0 & -2\end{bmatrix}\boldsymbol{X}\\ \boldsymbol{Y}=\begin{bmatrix}0 & 1\end{bmatrix}\boldsymbol{X}\end{cases}$$

解：$\widetilde{\boldsymbol{C}}$ 中约当子块的首行所对应的列，为零向量，所以，显然系统是状态不能观测的。

例题解答完毕。

9.2.4 对偶原理

线性系统的能控性和能观测性不是两个相互独立的概念,它们之间存在着一种内在的联系,这种联系被称为对偶原理,它是 Kalman 首先提出的。

1. 对偶系统

定义:设有两个 n 维线性连续系统:

$$S_1:\begin{cases}\dot{\boldsymbol{X}}=\boldsymbol{AX}+\boldsymbol{BU}\\ \boldsymbol{Y}=\boldsymbol{CX}\end{cases}$$

$$S_2:\begin{cases}\dot{Z}=\boldsymbol{A}'\boldsymbol{Z}+\boldsymbol{B}'\boldsymbol{V}\\ \boldsymbol{W}=\boldsymbol{C}'\boldsymbol{Z}\end{cases}$$

其中对于系统 S_1 来说:$\boldsymbol{X}$ 是 n 维状态向量,$\boldsymbol{U}$ 是 r 维输入向量,$\boldsymbol{Y}$ 是 m 维输出向量;对于系统 S_2 来说:$\boldsymbol{Z}$ 是 n 维状态向量,$\boldsymbol{V}$ 是 m 维输入向量,$\boldsymbol{W}$ 是 r 维输出向量

若满足下列关系:

$$\begin{cases}\boldsymbol{A}'=\boldsymbol{A}^{\mathrm{T}}\\ \boldsymbol{B}'=\boldsymbol{C}^{\mathrm{T}}\\ \boldsymbol{C}'=\boldsymbol{B}^{\mathrm{T}}\end{cases}$$

则称系统 S_1 和系统 S_2 是对偶系统。

2. 对偶原理

定理:设 S_1 和 S_2 是两个对偶系统,则 S_1 的能控性等价于 S_2 的能观测性;S_1 的能观测性等价于 S_2 的能控性。

证明:对于系统 S_1 来说,其能控性矩阵:

$$\boldsymbol{Q}_{\mathrm{C1}}=\begin{bmatrix}\boldsymbol{B} & \boldsymbol{AB} & \cdots & \boldsymbol{A}^{n-1}\boldsymbol{B}\end{bmatrix}$$

对于系统 S_2 来说,其能观测性矩阵:

$$\boldsymbol{Q}_{\mathrm{o2}}=\begin{bmatrix}\boldsymbol{C}'\\ \boldsymbol{C}'\boldsymbol{A}'\\ \vdots\\ \boldsymbol{C}'(\boldsymbol{A}')^{n-1}\end{bmatrix}=\begin{bmatrix}\boldsymbol{B}^{\mathrm{T}}\\ \boldsymbol{B}^{\mathrm{T}}\boldsymbol{A}^{\mathrm{T}}\\ \vdots\\ \boldsymbol{B}^{\mathrm{T}}(\boldsymbol{A}^{\mathrm{T}})^{n-1}\end{bmatrix}$$

$$\therefore \boldsymbol{Q}_{\mathrm{o2}}{}^{\mathrm{T}}=\boldsymbol{Q}_{\mathrm{C1}}$$

$$\therefore \mathrm{rank}\boldsymbol{Q}_{\mathrm{o2}}=\mathrm{rank}\boldsymbol{Q}_{\mathrm{C1}}$$

所以 S_1 的能控性等价于 S_2 的能观测性。

同理可证:S_1 的能观测性等价于 S_2 的能控性。

小结:利用对偶原理,可以把一个系统的能控性分析,转变成对其对偶系统的能

观测性分析，这在系统设计中是很有用的。

9.2.5　系统的结构分解

前面我们详细讨论了能控性和能观测性的定义及判别方法，由定义知，如果一个系统是不完全能控的，并不意味着全部状态变量都是不能控的，其中有一部分是能控的，有一部分是不能控的；如果一个系统不完全能观测，则系统有一部分是能观测的，有一部分是不能观测的。因此从能控性和能观测性出发，对一个不能控不能观测的系统，就存在能控能观测，能控不能观测，不能控能观测，不能控不能观测这四部分。本小节就讨论如何通过线性变换，将系统的状态空间分解为上述四部分，这种分解又称为系统的结构分解。

1. 按能控性的结构分解

定理：设线性定常系统：

$$\begin{cases}\dot{\boldsymbol{X}}=\boldsymbol{AX}+\boldsymbol{BU}\\ \boldsymbol{Y}=\boldsymbol{CX}\end{cases}$$

是状态不完全能控的，其能控性矩阵 $\boldsymbol{Q}_c=[\boldsymbol{B}\quad \boldsymbol{AB}\quad \cdots\quad \boldsymbol{A}^{n-1}\boldsymbol{B}]$ 的秩为：

$$\text{rank}\boldsymbol{Q}_c=k<n$$

则存在非奇异变换：

$$\boldsymbol{X}=\boldsymbol{T}_c\widetilde{\boldsymbol{X}}$$

将原系统变换为：

$$\begin{cases}\dot{\widetilde{\boldsymbol{X}}}=\widetilde{\boldsymbol{A}}\widetilde{\boldsymbol{X}}+\widetilde{\boldsymbol{B}}\boldsymbol{U}=\begin{bmatrix}\widetilde{\boldsymbol{A}}_{11} & \widetilde{\boldsymbol{A}}_{12}\\ 0 & \widetilde{\boldsymbol{A}}_{22}\end{bmatrix}\begin{bmatrix}\widetilde{\boldsymbol{X}}_1\\ \widetilde{\boldsymbol{X}}_2\end{bmatrix}+\begin{bmatrix}\widetilde{\boldsymbol{B}}_1\\ 0\end{bmatrix}\boldsymbol{U}\\ \boldsymbol{Y}=\widetilde{\boldsymbol{C}}\widetilde{\boldsymbol{X}}=[\widetilde{\boldsymbol{C}}_1\quad \widetilde{C}_2]\begin{bmatrix}\widetilde{\boldsymbol{X}}_1\\ \widetilde{\boldsymbol{X}}_2\end{bmatrix}\end{cases}$$

其中，$\widetilde{\boldsymbol{X}}_1$ 是 k 行能控的状态变量，$\widetilde{\boldsymbol{X}}_2$ 是 $n-k$ 行不能控的状态变量，$\widetilde{\boldsymbol{A}}_{11}$ 是 $k\times k$ 的子矩阵，$\widetilde{\boldsymbol{A}}_{12}$ 是 $k\times(n-k)$ 的子矩阵，$\widetilde{\boldsymbol{A}}_{22}$ 是 $(n-k)\times(n-k)$ 的子矩阵，$\widetilde{\boldsymbol{B}}_1$ 是 k 行子矩阵，$\widetilde{\boldsymbol{C}}_1$ 是 k 列子矩阵，$\widetilde{\boldsymbol{C}}_2$ 是 $(n-k)$ 列子矩阵。

讨论：

(1) 系统经过能控性典范分解后，把状态空间、状态变量和系统分解成两部分，能控的子系统和不能控的子系统，如图 9－15 所示。

(2) 变换矩阵 $\boldsymbol{T}_c$ 的求法(列变换法)：

① 从能控性矩阵 $\boldsymbol{Q}_c=[\boldsymbol{B}\quad \boldsymbol{AB}\quad \boldsymbol{A}^2\boldsymbol{B}\quad \cdots\quad \boldsymbol{A}^{n-1}\boldsymbol{B}]$ 中选取 k 个线性独立的列

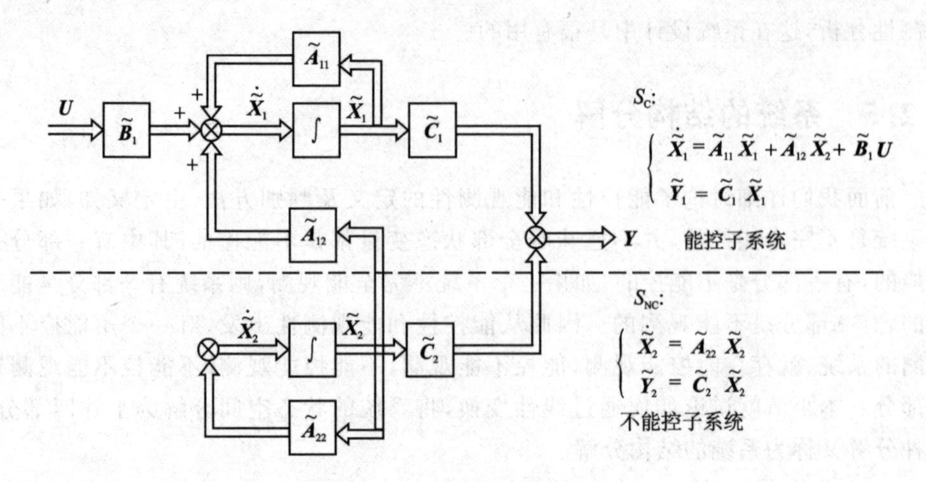

图 9-15　系统能控性典范分解

向量(由于 $rankQ_c=k$,故从 Q_c 中一定能选取 k 个这样的矢量),作为 T_c 的前 k 个列向量;

② 其余的$(n-k)$个列矢量可以在保证T_c^{-1}存在的条件下,任意选择。

[例 9-26]　已知某系统的状态方程和输出方程如下所示,试将此系统进行能控性典范分解。

$$\begin{cases}\dot{X}=\begin{bmatrix}1 & 2 & -1\\0 & 1 & 0\\1 & -4 & 3\end{bmatrix}X+\begin{bmatrix}0\\0\\1\end{bmatrix}U\\ Y=\begin{bmatrix}1 & -1 & 1\end{bmatrix}X\end{cases}$$

解:(1) 求能控性矩阵 Q_c:

$$Q_c=\begin{bmatrix}B & AB & A^2B\end{bmatrix}=\begin{bmatrix}0 & -1 & -4\\0 & 0 & 0\\1 & 3 & 8\end{bmatrix}$$

$$\text{rank}Q_c=2<3$$

此系统不能控。

(2) 选 Q_c 的前两列,另选一列 $\begin{bmatrix}0\\1\\0\end{bmatrix}$,则

$$T_c=\begin{bmatrix}0 & -1 & 0\\0 & 0 & 1\\1 & 3 & 0\end{bmatrix}$$

$$\therefore T_c^{-1}=-\begin{bmatrix}-3 & 0 & -1\\1 & 0 & 0\\0 & -1 & 0\end{bmatrix}=\begin{bmatrix}3 & 0 & 1\\-1 & 0 & 0\\0 & 1 & 0\end{bmatrix}$$

(3) 求 $\widetilde{\boldsymbol{A}},\widetilde{\boldsymbol{B}},\widetilde{\boldsymbol{C}}$：

$$\widetilde{\boldsymbol{A}}=\boldsymbol{T}_c^{-1}\boldsymbol{A}\boldsymbol{T}_c=\begin{bmatrix}3&0&1\\-1&0&0\\0&1&0\end{bmatrix}\begin{bmatrix}1&2&-1\\0&1&0\\1&-4&3\end{bmatrix}\begin{bmatrix}0&-1&0\\0&0&1\\1&3&0\end{bmatrix}$$

$$=\begin{bmatrix}3&0&1\\-1&0&0\\0&1&0\end{bmatrix}\begin{bmatrix}-1&-4&2\\0&0&1\\3&8&-4\end{bmatrix}=\begin{bmatrix}0&-4&2\\1&4&-2\\0&0&1\end{bmatrix}$$

$$\widetilde{\boldsymbol{B}}=\boldsymbol{T}_c^{-1}\boldsymbol{B}=\begin{bmatrix}3&0&1\\-1&0&0\\0&1&0\end{bmatrix}\begin{bmatrix}0\\0\\1\end{bmatrix}=\begin{bmatrix}1\\0\\0\end{bmatrix}$$

$$\widetilde{\boldsymbol{C}}=\boldsymbol{C}\boldsymbol{T}_c=\begin{bmatrix}1&-1&1\end{bmatrix}\begin{bmatrix}0&-1&0\\0&0&1\\1&3&0\end{bmatrix}=\begin{bmatrix}1&2&-1\end{bmatrix}$$

所以，能控子系统为：

$$\begin{cases}\begin{bmatrix}\dot{\widetilde{\boldsymbol{X}}}_1\\\dot{\widetilde{\boldsymbol{X}}}_2\end{bmatrix}=\begin{bmatrix}0&-4\\1&4\end{bmatrix}\begin{bmatrix}\widetilde{\boldsymbol{X}}_1\\\widetilde{\boldsymbol{X}}_2\end{bmatrix}+\begin{bmatrix}2\\-2\end{bmatrix}\widetilde{\boldsymbol{X}}_3+\begin{bmatrix}1\\0\end{bmatrix}\boldsymbol{U}\\\boldsymbol{Y}_1=\begin{bmatrix}1&2\end{bmatrix}\begin{bmatrix}\widetilde{\boldsymbol{X}}_1\\\widetilde{\boldsymbol{X}}_2\end{bmatrix}\end{cases}$$

例题解答完毕。

2. 按能观测性的结构分解

定理：设线性定常系统：

$$\begin{cases}\dot{\boldsymbol{X}}=\boldsymbol{A}\boldsymbol{X}+\boldsymbol{B}\boldsymbol{U}\\\boldsymbol{Y}=\boldsymbol{C}\boldsymbol{X}\end{cases}$$

是状态不完全能观测的，其能观测性矩阵：

$$\boldsymbol{Q}_o=\begin{bmatrix}\boldsymbol{C}\\\boldsymbol{C}\boldsymbol{A}\\\vdots\\\boldsymbol{C}\boldsymbol{A}^{n-1}\end{bmatrix}$$

的秩为：

$$\mathrm{rank}\boldsymbol{Q}_o=l<n$$

则存在非奇异变换：

$$\boldsymbol{X}=\boldsymbol{T}_o\widetilde{\boldsymbol{X}}$$

将原系统变换为：

$$\begin{cases}\dot{\widetilde{\boldsymbol{X}}}=\widetilde{\boldsymbol{A}}\widetilde{\boldsymbol{X}}+\widetilde{\boldsymbol{B}}\boldsymbol{U}=\begin{bmatrix}\widetilde{\boldsymbol{A}}_{11} & 0\\ \widetilde{\boldsymbol{A}}_{21} & \widetilde{\boldsymbol{A}}_{22}\end{bmatrix}\begin{bmatrix}\widetilde{\boldsymbol{X}}_1\\ \widetilde{\boldsymbol{X}}_2\end{bmatrix}+\begin{bmatrix}\widetilde{\boldsymbol{B}}_1\\ \widetilde{\boldsymbol{B}}_2\end{bmatrix}\boldsymbol{U}\\ \boldsymbol{Y}=\widetilde{\boldsymbol{C}}\widetilde{\boldsymbol{X}}=\begin{bmatrix}\widetilde{\boldsymbol{C}}_1 & 0\end{bmatrix}\begin{bmatrix}\widetilde{\boldsymbol{X}}_1\\ \widetilde{\boldsymbol{X}}_2\end{bmatrix}\end{cases}$$

其中，$\widetilde{\boldsymbol{X}}_1$ 是 l 行能观测的状态变量，$\widetilde{\boldsymbol{X}}_2$ 是 $n-l$ 行不能观测的状态变量，$\widetilde{\boldsymbol{A}}_{11}$ 是 $l\times l$ 的子矩阵，$\widetilde{\boldsymbol{A}}_{21}$ 是 $l\times(n-l)$ 的子矩阵，$\widetilde{\boldsymbol{A}}_{22}$ 是 $(n-l)\times(n-l)$ 的子矩阵，$\widetilde{\boldsymbol{B}}_1$ 是 l 行子矩阵，$\widetilde{\boldsymbol{B}}_2$ 是 $n-l$ 行子矩阵，$\widetilde{\boldsymbol{C}}_1$ 是 l 列子矩阵。

讨论：

(1) 系统经过能观测性典范分解后，把状态空间、状态变量和系统分解成两部分，能观测的子系统和不能观测的子系统，如图 9－16 所示。

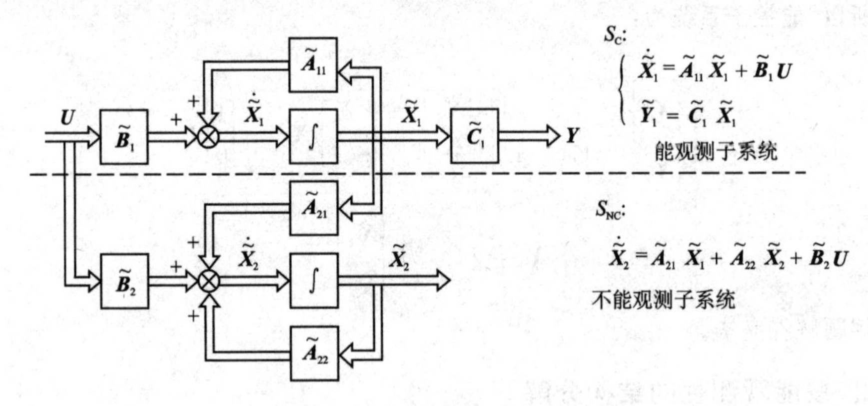

图 9－16　系统能观测性典范分解

(2) 变换矩阵 $\boldsymbol{T}_o$ 的求法(行变换法)：

① 从能观测性矩阵 $\boldsymbol{Q}_o$ 中选取 l 个线性独立的行向量(由于 $\text{rank}\boldsymbol{Q}_o=l$，故从 $\boldsymbol{Q}_o$ 中一定能选取 l 个这样的行矢量)，作为$\boldsymbol{T}_o^{-1}$ 的前 l 个行向量；

② 其余的$(n-l)$个行向量可以在保证 $\boldsymbol{T}_o$ 存在的条件下，任意选择。

[例 9－26]　已知某系统的状态方程和输出方程如下所示，试将此系统进行能观测性典范分解。

$$\begin{cases}\dot{\boldsymbol{X}}=\begin{bmatrix}1 & 2 & -1\\ 0 & 1 & 0\\ 1 & -4 & 3\end{bmatrix}\boldsymbol{X}+\begin{bmatrix}0\\ 0\\ 1\end{bmatrix}\boldsymbol{U}\\ \boldsymbol{Y}=\begin{bmatrix}1 & -1 & 1\end{bmatrix}\boldsymbol{X}\end{cases}$$

解：(1) 求能观测性矩阵 $\boldsymbol{Q}_o$：

$$\boldsymbol{Q}_{o}=\begin{bmatrix}\boldsymbol{C}\\\boldsymbol{CA}\\\boldsymbol{CA}^{2}\end{bmatrix}=\begin{bmatrix}1&-1&1\\2&-3&2\\4&-7&4\end{bmatrix}$$

$$\text{rank}\,\boldsymbol{Q}_{o}=2<3$$

此系统不能观测。

(2) 选 $\boldsymbol{Q}_{o}$ 的前两行,另选一行 $[0\quad 0\quad 1]$,则

$$\boldsymbol{T}_{o}^{-1}=\begin{bmatrix}1&-1&1\\2&-3&2\\0&0&1\end{bmatrix}$$

$$\therefore \boldsymbol{T}_{o}=-\begin{bmatrix}-3&1&1\\-2&1&0\\0&0&-1\end{bmatrix}=\begin{bmatrix}3&-1&-1\\2&-1&0\\0&0&1\end{bmatrix}$$

(3) 求 $\widetilde{\boldsymbol{A}},\widetilde{\boldsymbol{B}},\widetilde{\boldsymbol{C}}$:

$$\widetilde{\boldsymbol{A}}=\boldsymbol{T}_{o}^{-1}\boldsymbol{A}\boldsymbol{T}_{o}=\begin{bmatrix}1&-1&1\\2&-3&2\\0&0&1\end{bmatrix}\begin{bmatrix}1&2&-1\\0&1&0\\1&-4&3\end{bmatrix}\begin{bmatrix}3&-1&-1\\2&-1&0\\0&0&1\end{bmatrix}=\begin{bmatrix}0&1&0\\-2&3&0\\-5&3&2\end{bmatrix}$$

$$\widetilde{\boldsymbol{B}}=\boldsymbol{T}_{o}^{-1}\boldsymbol{B}=\begin{bmatrix}1&-1&1\\2&-3&2\\0&0&1\end{bmatrix}\begin{bmatrix}0\\0\\1\end{bmatrix}=\begin{bmatrix}1\\2\\1\end{bmatrix}$$

$$\widetilde{\boldsymbol{C}}=\boldsymbol{C}\boldsymbol{T}_{o}=[1\quad -1\quad 1]\begin{bmatrix}3&-1&-1\\2&-1&0\\0&0&1\end{bmatrix}=[1\quad 0\quad 0]$$

所以,能观测子系统为:

$$\begin{cases}\begin{bmatrix}\dot{\widetilde{\boldsymbol{X}}}_{1}\\\dot{\widetilde{\boldsymbol{X}}}_{2}\end{bmatrix}=\begin{bmatrix}0&1\\-2&3\end{bmatrix}\begin{bmatrix}\widetilde{\boldsymbol{X}}_{1}\\\widetilde{\boldsymbol{X}}_{2}\end{bmatrix}+\begin{bmatrix}1\\2\end{bmatrix}\boldsymbol{U}\\\boldsymbol{Y}_{1}=[1\quad 0]\begin{bmatrix}\widetilde{\boldsymbol{X}}_{1}\\\widetilde{\boldsymbol{X}}_{2}\end{bmatrix}\end{cases}$$

例题解答完毕。

3. 按能控性和能观测性的结构分解

定理:设线性定常系统:

$$\begin{cases}\dot{\boldsymbol{X}}=\boldsymbol{AX}+\boldsymbol{BU}\\\boldsymbol{Y}=\boldsymbol{CX}\end{cases}$$

是状态不完全能控且不完全能观测的,则存在非奇异变换:

$$\boldsymbol{X}=\boldsymbol{T}\widetilde{\boldsymbol{X}}$$

将原系统变换为:

$$\begin{cases}\dot{\widetilde{\boldsymbol{X}}}=\widetilde{\boldsymbol{A}}\widetilde{\boldsymbol{X}}+\widetilde{\boldsymbol{B}}\boldsymbol{U}=\begin{bmatrix}\widetilde{\boldsymbol{A}}_{11} & 0 & \widetilde{\boldsymbol{A}}_{13} & 0\\ \widetilde{\boldsymbol{A}}_{21} & \widetilde{\boldsymbol{A}}_{22} & \widetilde{\boldsymbol{A}}_{23} & \widetilde{\boldsymbol{A}}_{24}\\ 0 & 0 & \widetilde{\boldsymbol{A}}_{33} & 0\\ 0 & 0 & \widetilde{\boldsymbol{A}}_{43} & \widetilde{\boldsymbol{A}}_{44}\end{bmatrix}\begin{bmatrix}\widetilde{\boldsymbol{X}}_1\\ \widetilde{\boldsymbol{X}}_2\\ \widetilde{\boldsymbol{X}}_3\\ \widetilde{\boldsymbol{X}}_4\end{bmatrix}+\begin{bmatrix}\widetilde{\boldsymbol{B}}_1\\ \widetilde{\boldsymbol{B}}_2\\ 0\\ 0\end{bmatrix}\boldsymbol{U}\\ \boldsymbol{Y}=\widetilde{\boldsymbol{C}}\widetilde{\boldsymbol{X}}=\begin{bmatrix}\widetilde{\boldsymbol{C}}_1 & 0 & \widetilde{\boldsymbol{C}}_3 & 0\end{bmatrix}\begin{bmatrix}\widetilde{\boldsymbol{X}}_1\\ \widetilde{\boldsymbol{X}}_2\\ \widetilde{\boldsymbol{X}}_3\\ \widetilde{\boldsymbol{X}}_4\end{bmatrix}\end{cases}$$

讨论:

(1) 系统经过能控能观测性典范分解后,把状态空间、状态变量和系统分解成四部分:能控能观测子系统;能控不能观测子系统;不能控能观测子系统;不能控不能观测子系统,如图 9-17 所示。

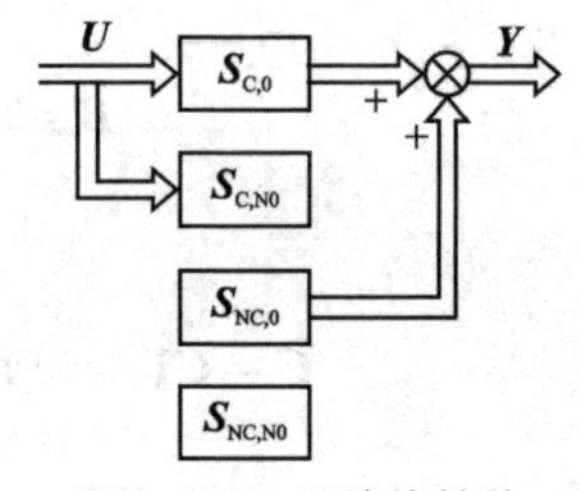

图 9-17　系统能控能观测性典范分解

(2) 传递函数矩阵 $\boldsymbol{G}(s)$ 只能反映系统中能控且能观测的那个子系统。

(3) 能控能观测典范分解的求法:

① 首先将原系统 $(\boldsymbol{A},\boldsymbol{B},\boldsymbol{C})$ 按能控性典范分解,其变换矩阵为 $\boldsymbol{T}_c$;

② 将能控子系统按能观测典范分解,交换矩阵为 $\boldsymbol{T}_{o1}$;

③ 将不能控子系统按能观测典范分解,交换矩阵为 $\boldsymbol{T}_{o2}$;

④ 综合以上三次变换,即可导出系统同时按能控且能观测典范分解:

$$\boldsymbol{T}_o=\begin{bmatrix}\boldsymbol{T}_{o1} & 0\\ 0 & \boldsymbol{T}_{o2}\end{bmatrix}$$

$$\because \widetilde{\boldsymbol{A}}=\boldsymbol{T}_o^{-1}(\boldsymbol{T}_c^{-1}\boldsymbol{A}\boldsymbol{T}_c)\boldsymbol{T}_o=(\boldsymbol{T}_c\boldsymbol{T}_o)^{-1}\boldsymbol{A}(\boldsymbol{T}_c\boldsymbol{T}_o)$$

$$\therefore \boldsymbol{T}=\boldsymbol{T}_c\boldsymbol{T}_o$$

[**例 9-27**]　已知某系统的状态方程和输出方程如下所示,试将此系统进行能控能观测性典范分解。

$$\begin{cases}\dot{\boldsymbol{X}}=\begin{bmatrix}1 & 2 & -1\\ 0 & 1 & 0\\ 1 & -4 & 3\end{bmatrix}\boldsymbol{X}+\begin{bmatrix}0\\ 0\\ 1\end{bmatrix}\boldsymbol{U}\\ \boldsymbol{Y}=\begin{bmatrix}1 & -1 & 1\end{bmatrix}\boldsymbol{X}\end{cases}$$

解：(1) 由前面可知，能控典范分解的结果如下：

求能控性矩阵 $\boldsymbol{Q}_c$：

$$\boldsymbol{Q}_c=\begin{bmatrix}\boldsymbol{B} & \boldsymbol{AB} & \boldsymbol{A}^2\boldsymbol{B}\end{bmatrix}=\begin{bmatrix}0 & -1 & -4\\ 0 & 0 & 0\\ 1 & 3 & 8\end{bmatrix}$$

$$\text{rank}\,\boldsymbol{Q}_c=2<3$$

此系统不能控。

$$\therefore \boldsymbol{T}_c=\begin{bmatrix}0 & -1 & 0\\ 0 & 0 & 1\\ 1 & 3 & 0\end{bmatrix}$$

$$\widetilde{\boldsymbol{A}}=\begin{bmatrix}0 & -4 & 2\\ 1 & 4 & -2\\ 0 & 0 & 1\end{bmatrix}$$

$$\widetilde{\boldsymbol{B}}=\begin{bmatrix}1\\ 0\\ 0\end{bmatrix}$$

$$\widetilde{\boldsymbol{C}}=\begin{bmatrix}1 & 2 & -1\end{bmatrix}$$

(2) 对能控子系统按能观测典范分解：

$$\begin{cases}\dot{\widetilde{\boldsymbol{X}}}_1=\begin{bmatrix}0 & -4\\ 1 & 4\end{bmatrix}\widetilde{\boldsymbol{X}}_1+\begin{bmatrix}1\\ 0\end{bmatrix}\boldsymbol{U}\\ \boldsymbol{Y}_1=\begin{bmatrix}1 & 2\end{bmatrix}\widetilde{\boldsymbol{X}}_1\end{cases}$$

$$\because \text{rank}\boldsymbol{Q}_o=\text{rank}\begin{bmatrix}1 & 2\\ 2 & 4\end{bmatrix}=1<2$$

故能控子系统不能观测，对其进行能观测典范分解：

$$\boldsymbol{T}_{o1}^{-1}=\begin{bmatrix}1 & 2\\ 0 & 1\end{bmatrix}$$

$$\boldsymbol{T}_{o1}=\begin{bmatrix}1 & -2\\ 0 & 1\end{bmatrix}$$

(3) 对不能控子系统：

$$\begin{cases}\dot{\widetilde{\boldsymbol{X}}}_2=\widetilde{\boldsymbol{X}}_2\\ \boldsymbol{Y}_2=-\widetilde{\boldsymbol{X}}_2\end{cases}$$

已经是能观测子系统了,不能再分解了。故

$$\boldsymbol{T}_{o2}=1$$

(4) 求 $\boldsymbol{T}$:

$$\because \boldsymbol{T}_{o}=\begin{bmatrix}\boldsymbol{T}_{o1} & 0\\ 0 & \boldsymbol{T}_{o2}\end{bmatrix}=\begin{bmatrix}1 & -2 & 0\\ 0 & 1 & 0\\ 0 & 0 & 1\end{bmatrix}$$

$$\therefore \boldsymbol{T}=\boldsymbol{T}_{c}\boldsymbol{T}_{o}=\begin{bmatrix}0 & -1 & 0\\ 0 & 0 & 1\\ 1 & 3 & 0\end{bmatrix}\begin{bmatrix}1 & -2 & 0\\ 0 & 1 & 0\\ 0 & 0 & 1\end{bmatrix}=\begin{bmatrix}0 & -1 & 0\\ 0 & 0 & 1\\ 1 & 1 & 0\end{bmatrix}$$

$$\boldsymbol{T}^{-1}=\begin{bmatrix}0 & -1 & 0\\ 0 & 0 & 1\\ 1 & 1 & 0\end{bmatrix}^{-1}=\begin{bmatrix}1 & 0 & 1\\ -1 & 0 & 0\\ 0 & 1 & 0\end{bmatrix}$$

$$\therefore \widetilde{\boldsymbol{A}}=\boldsymbol{T}^{-1}\boldsymbol{A}\boldsymbol{T}=\begin{bmatrix}1 & 0 & 1\\ -1 & 0 & 0\\ 0 & 1 & 0\end{bmatrix}\begin{bmatrix}1 & 2 & -1\\ 0 & 1 & 0\\ 1 & -4 & 3\end{bmatrix}\begin{bmatrix}0 & -1 & 0\\ 0 & 0 & 1\\ 1 & 1 & 0\end{bmatrix}=\begin{bmatrix}2 & 1 & -2\\ 1 & 2 & -2\\ 0 & 0 & 1\end{bmatrix}$$

$$\widetilde{\boldsymbol{B}}=\boldsymbol{T}^{-1}\boldsymbol{B}=\begin{bmatrix}1 & 0 & 1\\ -1 & 0 & 0\\ 0 & 1 & 0\end{bmatrix}\begin{bmatrix}0\\ 0\\ 1\end{bmatrix}-\begin{bmatrix}1\\ 0\\ 0\end{bmatrix}$$

$$\widetilde{\boldsymbol{C}}=\boldsymbol{C}\boldsymbol{T}=[1\quad -1\quad 1]\begin{bmatrix}0 & -1 & 0\\ 0 & 0 & 1\\ 1 & 1 & 0\end{bmatrix}=[1\quad 0\quad -1]$$

所以,分解后的系统为:

$$\begin{cases}\dot{\widetilde{\boldsymbol{X}}}=\begin{bmatrix}2 & 0 & -2\\ 1 & 2 & -2\\ 0 & 0 & 1\end{bmatrix}\begin{bmatrix}\widetilde{\boldsymbol{X}}_1\\ \widetilde{\boldsymbol{X}}_2\\ \widetilde{\boldsymbol{X}}_3\end{bmatrix}+\begin{bmatrix}1\\ 0\\ 0\end{bmatrix}\boldsymbol{U}\\ \boldsymbol{Y}=[1\quad 0\quad -1]\begin{bmatrix}\widetilde{\boldsymbol{X}}_1\\ \widetilde{\boldsymbol{X}}_2\\ \widetilde{\boldsymbol{X}}_3\end{bmatrix}\end{cases}$$

例题解答完毕。

9.2.6 传递函数与能控性和能观测性之间的关系

系统的能控性和能观测性与传递函数之间存在一定的关系。

1. 能控且能观测与传递函数的关系

定理:对于单输入/单输出线性定常系统:

$$\begin{cases} \dot{\boldsymbol{X}} = \boldsymbol{AX} + \boldsymbol{bU} \\ \boldsymbol{Y} = \boldsymbol{cX} \end{cases}$$

其状态能控且能观测的充要条件是:传递函数

$$\boldsymbol{G}(s) = \boldsymbol{c}(s\boldsymbol{I} - \boldsymbol{A})^{-1}\boldsymbol{b}$$

不存在零极点相消。若有零极点相消,则系统或是不能控的,或是不能观测的,决定于状态变量的选择。

证明:设系统的特征值互不相同:$\lambda_1, \lambda_2, \cdots, \lambda_n$,则必存在线性交换阵 $\boldsymbol{P}$,可把原系统的状态变量表达式变换成对角形:

$$\begin{cases} \dot{\widetilde{\boldsymbol{X}}} = \begin{bmatrix} \lambda_1 & \cdots & 0 \\ \vdots & \ddots & \vdots \\ 0 & \cdots & \lambda_n \end{bmatrix} \widetilde{\boldsymbol{X}} + \begin{bmatrix} \alpha_1 \\ \vdots \\ \alpha_n \end{bmatrix} \boldsymbol{U} \\ \boldsymbol{Y} = [\beta_1 \quad \cdots \quad \beta_n] \widetilde{\boldsymbol{X}} \end{cases}$$

此时,系统的传递函数为:

$$\frac{\boldsymbol{Y}(s)}{\boldsymbol{U}(s)} = \tilde{\boldsymbol{c}}(s\boldsymbol{I} - \widetilde{\boldsymbol{A}})^{-1}\tilde{\boldsymbol{b}} = [\beta_1 \quad \cdots \quad \beta_n] \begin{bmatrix} s-\lambda_1 & \cdots & 0 \\ \vdots & \ddots & \vdots \\ 0 & \cdots & s-\lambda_n \end{bmatrix}^{-1} \begin{bmatrix} \alpha_1 \\ \vdots \\ \alpha_n \end{bmatrix}$$

$$= [\beta_1 \quad \cdots \quad \beta_n] \begin{bmatrix} \dfrac{1}{s-\lambda_1} & \cdots & 0 \\ \vdots & \ddots & \vdots \\ 0 & \cdots & \dfrac{1}{s-\lambda_n} \end{bmatrix} \begin{bmatrix} \alpha_1 \\ \vdots \\ \alpha_n \end{bmatrix} = \sum_{i=1}^{n} \frac{\beta_i \alpha_i}{s-\lambda_i}$$

又因为系统的传递函数可由部分分式法展开为:

$$\boldsymbol{G}(s) = \sum_{i=1}^{n} \frac{\boldsymbol{Q}_i}{s-\lambda_i}$$

$$\therefore \boldsymbol{Q}_i = \beta_i \alpha_i \quad (i = 1, 2, \cdots, n)$$

(1) 若传递函数中没有零极点相消,则 $\boldsymbol{Q}_i \neq 0 (i=1,2,\cdots,n)$,也即 α_i,β_i 都全不为 0,所以系统必定能控且能观测。

(2) 若传递函数中存在零极点相消,例如 $\boldsymbol{Q}_1 = 0$,则 α_1,β_1 之中至少有一个为 0,若 $\alpha_1 = 0$,则系统不能控;若 $\beta_1 = 0$,则系统不能观测。

[例 9-28] 已知某系统的状态方程和输出方程如下所示,试分析此系统的能控能观测性与传递函数的关系。

$$\begin{cases}\dot{\boldsymbol{X}}=\begin{bmatrix}3 & 1\\2 & 2\end{bmatrix}\boldsymbol{X}+\begin{bmatrix}1\\1\end{bmatrix}\boldsymbol{U}\\ \boldsymbol{Y}=\begin{bmatrix}1 & 0\end{bmatrix}\boldsymbol{X}\end{cases}$$

解:此系统的传递函数为:

$$\boldsymbol{G}(s)=\begin{bmatrix}1 & 0\end{bmatrix}\begin{bmatrix}s-3 & -1\\-2 & s-2\end{bmatrix}^{-1}\begin{bmatrix}1\\1\end{bmatrix}=\begin{bmatrix}1 & 0\end{bmatrix}\frac{1}{(s-1)(s-4)}\begin{bmatrix}s-2 & 1\\2 & s-3\end{bmatrix}\begin{bmatrix}1\\1\end{bmatrix}$$

$$=\frac{(s-1)}{(s-1)(s-4)}=\frac{1}{s-4}$$

存在零极点相消,故不是能控且能观测的。

另外:

$$\operatorname{rank}\begin{bmatrix}\boldsymbol{b} & \boldsymbol{Ab}\end{bmatrix}=\operatorname{rank}\begin{bmatrix}1 & 4\\1 & 4\end{bmatrix}=1<2$$

$$\operatorname{rank}\begin{bmatrix}\boldsymbol{c}\\\boldsymbol{cA}\end{bmatrix}=\operatorname{rank}\begin{bmatrix}1 & 0\\3 & 1\end{bmatrix}=2$$

所以,此系统是不能控系统,且是能观测系统。

例题解答完毕。

2. 能控性,能观测性与传递函数的关系

下面我们不加证明地给出下列定理。

定理1:对于单输入系统$(\boldsymbol{A},\boldsymbol{b})$状态完全能控的充要条件是,其输入到状态的传递函数矩阵

$$(s\boldsymbol{I}-\boldsymbol{A})^{-1}\boldsymbol{b}=\frac{\operatorname{adj}(s\boldsymbol{I}-\boldsymbol{A})\cdot\boldsymbol{b}}{|s\boldsymbol{I}-\boldsymbol{A}|}$$

中不存在零极点相消。

定理2:对于单输出系统$(\boldsymbol{A},\boldsymbol{c})$状态完全能观测的充要条件是,状态到输出之间的传递函数矩阵

$$\boldsymbol{c}(s\boldsymbol{I}-\boldsymbol{A})^{-1}=\frac{\boldsymbol{c}\cdot\operatorname{adj}(s\boldsymbol{I}-\boldsymbol{A})}{|s\boldsymbol{I}-\boldsymbol{A}|}$$

中不存在零极点相消。

定理3:对于单输入/单输出系统$(\boldsymbol{A},\boldsymbol{b},\boldsymbol{c})$状态完全能控且能观测的充要条件是,输入到输出之间的传递函数矩阵

$$\frac{\boldsymbol{Y}(s)}{\boldsymbol{U}(s)}=\boldsymbol{c}(s\boldsymbol{I}-\boldsymbol{A})^{-1}\boldsymbol{b}=\frac{\boldsymbol{c}\cdot\operatorname{adj}(s\boldsymbol{I}-\boldsymbol{A})\cdot\boldsymbol{b}}{|s\boldsymbol{I}-\boldsymbol{A}|}$$

中不存在零极点相消。

[例9-29] 已知某系统的状态方程和输出方程如下所示,试分析此系统的能控性,能观测性与传递函数的关系。

$$\begin{cases}\dot{\boldsymbol{X}}=\begin{bmatrix}3 & 1\\ 2 & 2\end{bmatrix}\boldsymbol{X}+\begin{bmatrix}1\\ 1\end{bmatrix}\boldsymbol{U}\\ \boldsymbol{Y}=\begin{bmatrix}1 & 0\end{bmatrix}X\end{cases}$$

解：

$$\because (s\boldsymbol{I}-\boldsymbol{A})^{-1}\boldsymbol{b}=\frac{1}{(s-1)(s-4)}\begin{bmatrix}s-2 & 1\\ 2 & s-3\end{bmatrix}\begin{bmatrix}1\\ 1\end{bmatrix}$$

$$=\frac{1}{(s-1)(s-4)}\begin{bmatrix}s-1\\ s-1\end{bmatrix}=\begin{bmatrix}\dfrac{1}{s-4}\\ \dfrac{1}{s-4}\end{bmatrix}$$

存在零极点相消，故不能控。

$$\because \boldsymbol{c}(s\boldsymbol{I}-\boldsymbol{A})^{-1}=\begin{bmatrix}1 & 0\end{bmatrix}\frac{1}{(s-1)(s-4)}\begin{bmatrix}s-2 & 1\\ 2 & s-3\end{bmatrix}$$

$$=\frac{1}{(s-1)(s-4)}\begin{bmatrix}s-2 & 1\end{bmatrix}$$

$$=\begin{bmatrix}\dfrac{s-2}{(s-1)(s-4)} & \dfrac{1}{(s-1)(s-4)}\end{bmatrix}$$

不存在零极点相消，故能观测。

例题解答完毕。

小结：

① 传递函数只能表征系统能控且能观测部分：

$U \to X$ 的传递函数表征系统的能控性；

$X \to Y$ 的传递函数表征系统的能观测性；

$U \to Y$ 的传递函数表征系统的能控且能观测性。

② 传递函数中若存在零极点相消，相消的部分就是不能控或不能观测的部分。

9.2.7　能控标准形和能观测标准形

我们知道，由于状态变量选择的非唯一性，系统的状态变量表达式不是唯一的，故把系统在一组特定状态空间基底下，其状态空间表达式的某种特定形式，称为状态空间表达式的标准形。例如，前面讨论的对角形和约当形就是一种标准形。本小节讨论与能控性和能观测性有关的两种标准形。下面只讨论单变量系统。

1. 能控标准形

(1) 一般形式

对于单输入/单输出线性定常系统，其状态空间表达式：

$$\begin{cases}\dot{\boldsymbol{X}}=\boldsymbol{A}_{\mathrm{c}}\boldsymbol{X}+\boldsymbol{b}_{\mathrm{c}}\boldsymbol{U}\\ \boldsymbol{Y}=\boldsymbol{C}_{\mathrm{c}}\boldsymbol{X}\end{cases}$$

其中：

$$\boldsymbol{A}_{\mathrm{c}}=\begin{bmatrix}0 & 1 & 0 & \cdots & 0\\ 0 & 0 & 1 & \cdots & 0\\ \vdots & \vdots & \vdots & \cdots & \vdots\\ 0 & 0 & 0 & \cdots & 1\\ -a_n & -a_{n-1} & -a_{n-2} & \cdots & -a_1\end{bmatrix};\boldsymbol{b}_{\mathrm{c}}=\begin{bmatrix}0\\0\\ \vdots\\0\\1\end{bmatrix}$$

$$\boldsymbol{C}_{\mathrm{c}}=[\beta_1 \quad \cdots \quad \beta_n]$$

$a_1,\cdots,a_n$ 是系统特征方程式的各项系数（$s^n+a_1s^{n-1}+\cdots+a_{n-1}s+a_n=0$），则称上式为系统的能控标准形。

（2）性　质

① 定理：能控标准形描述的系统一定是能控的。

证明：对单变量系统的状态方程

$$\dot{\boldsymbol{X}}=\boldsymbol{A}_{\mathrm{c}}\boldsymbol{X}+\boldsymbol{b}_{\mathrm{c}}\boldsymbol{U}$$

两边取拉氏变换，得到输入到状态间的关系：

$$\boldsymbol{X}(s)=(s\boldsymbol{I}-\boldsymbol{A}_{\mathrm{c}})^{-1}\boldsymbol{b}_{\mathrm{c}}\boldsymbol{U}(s)=\begin{bmatrix}s & -1 & 0 & \cdots & 0\\ 0 & s & -1 & \cdots & 0\\ \vdots & \vdots & \vdots & \cdots & \vdots\\ 0 & 0 & 0 & \cdots & -1\\ a_n & a_{n-1} & a_{n-2} & \cdots & s+a_1\end{bmatrix}^{-1}\begin{bmatrix}0\\0\\ \vdots\\0\\1\end{bmatrix}\boldsymbol{U}(s)$$

$$=\frac{1}{s^n+a_1s^{n-1}+\cdots+a_{n-1}s+a_n}\begin{bmatrix}\cdots & \cdots & \cdots & \cdots & 1\\ \cdots & \cdots & \cdots & \cdots & s\\ \vdots & \vdots & \vdots & \cdots & \vdots\\ \cdots & \cdots & \cdots & \cdots & \vdots\\ \cdots & \cdots & \cdots & \cdots & s^{n-1}\end{bmatrix}\begin{bmatrix}0\\0\\ \vdots\\0\\1\end{bmatrix}\boldsymbol{U}(s)$$

$$=\frac{1}{s^n+a_1s^{n-1}+\cdots+a_{n-1}s+a_n}\begin{bmatrix}1\\ s\\ s^2\\ \vdots\\ s^{n-1}\end{bmatrix}\boldsymbol{U}(s)$$

所以，由输入到状态间的传递函数矩阵中分子分母无零极点相消，则由前面定理可知，该系统必是能控的。

证明完毕。

② 状态完全能控的系统，其状态空间表达式一定能变换成能控标准形。

证明思路：已知原系统状态方程 $\dot{\boldsymbol{X}}=\boldsymbol{AX}+\boldsymbol{bU}$，设变换后系统的状态方程为上述能控标准形，如能找到变换阵 $\boldsymbol{P}$，就证明了上面的定理。

证明：设坐标变换为：

$$\widetilde{\boldsymbol{X}}=\boldsymbol{P}^{-1}\boldsymbol{X}$$

并取坐标变换矩阵为：

$$\boldsymbol{P}^{-1}=\begin{bmatrix}\boldsymbol{p}_1\\ \boldsymbol{p}_2\\ \vdots\\ \boldsymbol{p}_n\end{bmatrix}$$

其中，$\boldsymbol{p}_i(i=1,2,\cdots,n)$ 是 $1\times n$ 的行向量。

$$\widetilde{\boldsymbol{X}}=\begin{bmatrix}\boldsymbol{p}_1\\ \boldsymbol{p}_2\\ \vdots\\ \boldsymbol{p}_n\end{bmatrix}X\Rightarrow\begin{bmatrix}\widetilde{\boldsymbol{X}}_1\\ \widetilde{\boldsymbol{X}}_2\\ \vdots\\ \widetilde{\boldsymbol{X}}_n\end{bmatrix}=\begin{bmatrix}\boldsymbol{p}_1X\\ \boldsymbol{p}_2\boldsymbol{X}\\ \vdots\\ \boldsymbol{p}_n\boldsymbol{X}\end{bmatrix}$$

1）对等式 $\widetilde{\boldsymbol{X}}_1=\boldsymbol{p}_1\boldsymbol{X}$ 的等号两边求导数，并由能控标准形，可得：

$$\dot{\widetilde{\boldsymbol{X}}}_1=\boldsymbol{p}_1\dot{\boldsymbol{X}}=\boldsymbol{p}_1\boldsymbol{AX}+\boldsymbol{p}_1\boldsymbol{bU}=\widetilde{\boldsymbol{X}}_2+0\boldsymbol{U}$$

2）对等式 $\widetilde{\boldsymbol{X}}_2=\boldsymbol{p}_2\boldsymbol{X}$ 的等号两边求导数，并由能控标准形，可得：

$$\boldsymbol{p}_2=\boldsymbol{p}_1\boldsymbol{A},\boldsymbol{p}_1\boldsymbol{b}=0$$

$$\dot{\widetilde{\boldsymbol{X}}}_2=\boldsymbol{p}_2\dot{\boldsymbol{X}}=\boldsymbol{p}_2\boldsymbol{AX}+\boldsymbol{p}_2\boldsymbol{bU}=\widetilde{\boldsymbol{X}}_3+0\boldsymbol{U}$$

3）对等式 $\widetilde{\boldsymbol{X}}_3=\boldsymbol{p}_3\boldsymbol{X}$ 的等号两边求导数，并由能控标准形，可得：

$$\boldsymbol{p}_3=\boldsymbol{p}_2\boldsymbol{A}=\boldsymbol{p}_1\boldsymbol{A}^2,\boldsymbol{p}_2\boldsymbol{b}=0,\boldsymbol{p}_1\boldsymbol{Ab}=0$$

$$\dot{\widetilde{\boldsymbol{X}}}_3=\boldsymbol{p}_3\dot{\boldsymbol{X}}=\boldsymbol{p}_3\boldsymbol{AX}+\boldsymbol{p}_3\boldsymbol{bU}=\widetilde{\boldsymbol{X}}_4+0\boldsymbol{U}$$

$$\cdots$$

4）对等式 $\widetilde{\boldsymbol{X}}_{n-1}=\boldsymbol{p}_{n-1}\boldsymbol{X}$ 的等号两边求导数，并由能控标准形，可得：

$$\dot{\widetilde{\boldsymbol{X}}}_{n-1}=\boldsymbol{p}_{n-1}\dot{\boldsymbol{X}}=\boldsymbol{p}_{n-1}\boldsymbol{AX}+\boldsymbol{p}_{n-1}\boldsymbol{bU}=\widetilde{\boldsymbol{X}}_n+0\boldsymbol{U}$$

5）对等式 $\widetilde{\boldsymbol{X}}_n=\boldsymbol{p}_n\boldsymbol{X}$ 的等号两边求导数，并由能控标准形，可得：

$$\boldsymbol{p}_n=p_1\boldsymbol{A}^{n-1},\boldsymbol{p}_{n-1}\boldsymbol{b}=0,\boldsymbol{p}_1\boldsymbol{A}^{n-2}\boldsymbol{b}=0$$

$$\dot{\widetilde{\boldsymbol{X}}}_n=\boldsymbol{p}_n\dot{\boldsymbol{X}}=\boldsymbol{p}_n\boldsymbol{AX}+\boldsymbol{p}_n\boldsymbol{bU}$$

$$\therefore\boldsymbol{p}_n\boldsymbol{b}=1$$

$$\boldsymbol{p}_1\boldsymbol{A}^{n-1}\boldsymbol{b}=1$$

下面继续确定 $\boldsymbol{p}_1$。

由前面推导可知：

$$\begin{bmatrix} \boldsymbol{p}_1\boldsymbol{b} \\ \boldsymbol{p}_1\boldsymbol{A}\boldsymbol{b} \\ \vdots \\ \boldsymbol{p}_1\boldsymbol{A}^{n-1}\boldsymbol{b} \end{bmatrix} = \begin{bmatrix} 0 \\ \vdots \\ 0 \\ 1 \end{bmatrix}$$

对上式等号两边进行矩阵转置运算，可得：

$$[\boldsymbol{p}_1\boldsymbol{b} \quad \boldsymbol{p}_1\boldsymbol{A}\boldsymbol{b} \quad \cdots \quad \boldsymbol{p}_1\boldsymbol{A}^{n-1}\boldsymbol{b}] = [0 \quad \cdots \quad 0 \quad 1]$$

$$\boldsymbol{p}_1[\boldsymbol{b} \quad \boldsymbol{A}\boldsymbol{b} \quad \cdots \quad \boldsymbol{A}^{n-1}\boldsymbol{b}] = [0 \quad \cdots \quad 0 \quad 1]$$

若系统能控，则 $[\boldsymbol{b} \quad \boldsymbol{A}\boldsymbol{b} \quad \cdots \quad \boldsymbol{A}^{n-1}\boldsymbol{b}]$ 的秩为 n，即 $[\boldsymbol{b} \quad \boldsymbol{A}\boldsymbol{b} \quad \cdots \quad \boldsymbol{A}^{n-1}\boldsymbol{b}]^{-1}$ 存在，则：

$$\boldsymbol{p}_1 = [0 \quad \cdots \quad 0 \quad 1][\boldsymbol{b} \quad \boldsymbol{A}\boldsymbol{b} \quad \cdots \quad \boldsymbol{A}^{n-1}\boldsymbol{b}]^{-1}$$

所以 $\boldsymbol{p}_1$ 是存在的，所以变换矩阵 $\boldsymbol{P}$ 是存在的。

证明完毕。

(3) 求能控标准形的一般步骤

① 先求 $[\boldsymbol{b} \quad \boldsymbol{A}\boldsymbol{b} \quad \cdots \quad \boldsymbol{A}^{n-1}\boldsymbol{b}]$，并判断系统是否能控；

② 求 $\boldsymbol{p}_1 = [0 \quad \cdots \quad 0 \quad 1][\boldsymbol{b} \quad \boldsymbol{A}\boldsymbol{b} \quad \cdots \quad \boldsymbol{A}^{n-1}\boldsymbol{b}]^{-1}$；

③ 求变换矩阵：

$$\boldsymbol{P}^{-1} = \begin{bmatrix} \boldsymbol{p}_1 \\ \boldsymbol{p}_1\boldsymbol{A} \\ \vdots \\ \boldsymbol{p}_1\boldsymbol{A}^{n-1} \end{bmatrix}$$

④ 求能控标准形：

$$\boldsymbol{A}_c = \boldsymbol{P}^{-1}\boldsymbol{A}\boldsymbol{P};\ \boldsymbol{b}_c = \boldsymbol{P}^{-1}\boldsymbol{b};\ \boldsymbol{C}_c = \boldsymbol{C}\boldsymbol{P}$$

[例 9-30] 已知某系统的状态方程如下所示，试求此系统的能控标准形。

$$\dot{\boldsymbol{X}} = \begin{bmatrix} 1 & 0 \\ -1 & 2 \end{bmatrix}\boldsymbol{X} + \begin{bmatrix} -1 \\ 1 \end{bmatrix}\boldsymbol{U}$$

解：(1) 判断能控性：

$$\boldsymbol{Q}_c = [\boldsymbol{b} \quad \boldsymbol{A}\boldsymbol{b}] = \begin{bmatrix} -1 & -1 \\ 1 & 3 \end{bmatrix}$$

$$\mathrm{rank}\boldsymbol{Q}_c = 2$$

所以，系统是能控的。

(2) 求 $\boldsymbol{p}_1$：

$$\boldsymbol{Q}_c^{-1}=\begin{bmatrix}-1 & -1\\ 1 & 3\end{bmatrix}^{-1}=\begin{bmatrix}-\dfrac{3}{2} & -\dfrac{1}{2}\\ \dfrac{1}{2} & \dfrac{1}{2}\end{bmatrix}$$

$$\boldsymbol{p}_1=[0 \quad \cdots \quad 0 \quad 1]\boldsymbol{Q}_c^{-1}=[0 \quad 1]\begin{bmatrix}-\dfrac{3}{2} & -\dfrac{1}{2}\\ \dfrac{1}{2} & \dfrac{1}{2}\end{bmatrix}=\begin{bmatrix}\dfrac{1}{2} & \dfrac{1}{2}\end{bmatrix}$$

(3) 求 $\boldsymbol{P}^{-1}$：

$$\boldsymbol{P}^{-1}=\begin{bmatrix}\boldsymbol{p}_1\\ \boldsymbol{p}_1\boldsymbol{A}\end{bmatrix}=\begin{bmatrix}\dfrac{1}{2} & \dfrac{1}{2}\\ 0 & 1\end{bmatrix}$$

$$\boldsymbol{P}=\begin{bmatrix}2 & -1\\ 0 & 1\end{bmatrix}$$

(4) 求能控标准形：

$$\boldsymbol{A}_c=\boldsymbol{P}^{-1}\boldsymbol{A}\boldsymbol{P}=\begin{bmatrix}\dfrac{1}{2} & \dfrac{1}{2}\\ 0 & 1\end{bmatrix}\begin{bmatrix}1 & 0\\ -1 & 2\end{bmatrix}\begin{bmatrix}2 & -1\\ 0 & 1\end{bmatrix}=\begin{bmatrix}0 & 1\\ -2 & 3\end{bmatrix}$$

$$\boldsymbol{b}_c=\boldsymbol{P}^{-1}\boldsymbol{b}=\begin{bmatrix}\dfrac{1}{2} & \dfrac{1}{2}\\ 0 & 1\end{bmatrix}\begin{bmatrix}-1\\ 1\end{bmatrix}=\begin{bmatrix}0\\ 1\end{bmatrix}$$

例题解答完毕。

2. 能观测标准形

(1) 一般形式

对于单输入/单输出线性定常系统，其状态空间表达式：

$$\begin{cases}\dot{\boldsymbol{X}}=\boldsymbol{A}_o\boldsymbol{X}+\boldsymbol{b}_o\boldsymbol{U}\\ \boldsymbol{Y}=\boldsymbol{C}_o\boldsymbol{X}\end{cases}$$

其中：

$$\boldsymbol{A}_o=\begin{bmatrix}0 & 0 & \cdots & 0 & -a_n\\ 1 & 0 & \cdots & 0 & -a_{n-1}\\ \vdots & \vdots & \cdots & \vdots & \vdots\\ 0 & 0 & \cdots & 0 & -a_2\\ 0 & 0 & \cdots & 1 & -a_1\end{bmatrix};\boldsymbol{b}_o=\begin{bmatrix}\beta_1\\ \vdots\\ \beta_n\end{bmatrix}$$

$$\boldsymbol{C}_o=[0 \quad \cdots \quad 0 \quad 1]$$

$a_1,\cdots,a_n$ 是系统特征方程式的各项系数($s^n+a_1s^{n-1}+\cdots+a_{n-1}s+a_n=0$)，则

称上式为系统的能观测标准形。

(2) 性　质

① 定理：能观测标准形描述的系统一定是能观测的。

证明：对能观测标准形状态方程等号两边取拉氏变换，并令 $\boldsymbol{U}=0$，可得：

$$s\boldsymbol{X}(s)=\boldsymbol{A}_o\boldsymbol{X}(s)+\boldsymbol{X}(0)$$

$$\therefore \boldsymbol{X}(s)=(s\boldsymbol{I}-\boldsymbol{A}_o)^{-1}\boldsymbol{X}(0)$$

代入输出方程，则

$$\boldsymbol{Y}=\boldsymbol{C}_o\boldsymbol{X}(s)=\boldsymbol{C}_o(s\boldsymbol{I}-\boldsymbol{A}_o)^{-1}\boldsymbol{X}(0)$$

故状态与输出之间的传递函数矩阵为：

$$\boldsymbol{C}_o(s\boldsymbol{I}-\boldsymbol{A}_o)^{-1}=\begin{bmatrix}0 & \cdots & 0 & 1\end{bmatrix}\begin{bmatrix} s & 0 & \cdots & 0 & a_n \\ -1 & s & \cdots & 0 & a_{n-1} \\ \vdots & \vdots & \cdots & \vdots & \vdots \\ 0 & 0 & \cdots & s & a_2 \\ 0 & 0 & \cdots & -1 & s+a_1 \end{bmatrix}^{-1}$$

$$=\begin{bmatrix}0 & \cdots & 0 & 1\end{bmatrix}\begin{bmatrix} \cdots & \cdots & \cdots & \cdots & \cdots \\ \cdots & \cdots & \cdots & \cdots & \cdots \\ \vdots & \vdots & \vdots & \cdots & \vdots \\ \cdots & \cdots & \cdots & \cdots & \cdots \\ 1 & s & \cdots & \cdots & s^{n-1} \end{bmatrix}\frac{1}{s^n+a_1s^{n-1}+\cdots+a_{n-1}s+a_n}$$

$$=\frac{1}{s^n+a_1s^{n-1}+\cdots+a_{n-1}s+a_n}\begin{bmatrix}1 & s & \cdots & s^{n-1}\end{bmatrix}$$

故 $\boldsymbol{X}\to\boldsymbol{Y}$ 之间的传递函数矩阵中没有零极点相消，那么系统是能观测的。

证明完毕。

② 状态完全能观测的系统，其状态空间表达式一定能变换成能观测标准形，并且线性变换矩阵为：

$$\boldsymbol{T}=\begin{bmatrix}\boldsymbol{T}_1 & \boldsymbol{A}\boldsymbol{T}_1 & \cdots & \boldsymbol{A}^{n-1}\boldsymbol{T}_1\end{bmatrix}$$

$$\boldsymbol{T}_1=\begin{bmatrix}\boldsymbol{C} \\ \boldsymbol{C}\boldsymbol{A} \\ \vdots \\ \boldsymbol{C}\boldsymbol{A}^{n-1}\end{bmatrix}^{-1}\begin{bmatrix}0 \\ \vdots \\ 0 \\ 1\end{bmatrix}$$

证明：取坐标变换为：

$$\boldsymbol{X}=\boldsymbol{T}\widetilde{\boldsymbol{X}}$$

对上式等号两边求导，可得：

$$\dot{\boldsymbol{X}} = \boldsymbol{T}\dot{\widetilde{\boldsymbol{X}}} = \boldsymbol{A}\boldsymbol{X} + \boldsymbol{b}\boldsymbol{U}$$

$$\begin{aligned}\begin{bmatrix}\boldsymbol{T}_1 & \boldsymbol{A}\boldsymbol{T}_1 & \cdots & \boldsymbol{A}^{n-1}\boldsymbol{T}_1\end{bmatrix}\dot{\widetilde{\boldsymbol{X}}} &= \boldsymbol{A}\boldsymbol{X} + \boldsymbol{b}\boldsymbol{U} = \boldsymbol{A}\begin{bmatrix}\boldsymbol{T}_1 & \boldsymbol{A}\boldsymbol{T}_1 & \cdots & \boldsymbol{A}^{n-1}\boldsymbol{T}_1\end{bmatrix}\widetilde{\boldsymbol{X}} + \boldsymbol{b}\boldsymbol{U} \\ &= \begin{bmatrix}\boldsymbol{A}\boldsymbol{T}_1 & \boldsymbol{A}^2\boldsymbol{T}_1 & \cdots & \boldsymbol{A}^n\boldsymbol{T}_1\end{bmatrix}\widetilde{\boldsymbol{X}} + \boldsymbol{b}\boldsymbol{U}\end{aligned}$$

由凯—哈定理，可知：

$$\boldsymbol{A}^n = -(a_1\boldsymbol{A}^{n-1} + a_2\boldsymbol{A}^{n-2} + \cdots + a_n\boldsymbol{I})$$

$$\therefore \begin{bmatrix}\boldsymbol{T}_1 & \boldsymbol{A}\boldsymbol{T}_1 & \cdots & \boldsymbol{A}^{n-1}\boldsymbol{T}_1\end{bmatrix}\dot{\widetilde{\boldsymbol{X}}}$$

$$= \begin{bmatrix}\boldsymbol{A}\boldsymbol{T}_1 & \boldsymbol{A}^2\boldsymbol{T}_1 & \cdots & \boldsymbol{A}^{n-1}\boldsymbol{T}_1 & (-a_n\boldsymbol{I} - \cdots - a_1\boldsymbol{A}^{n-1})\boldsymbol{T}_1\end{bmatrix}\widetilde{\boldsymbol{X}} + \boldsymbol{b}\boldsymbol{U}$$

$$= \begin{bmatrix}\boldsymbol{T}_1 & \boldsymbol{A}\boldsymbol{T}_1 & \cdots & \boldsymbol{A}^{n-1}\boldsymbol{T}_1\end{bmatrix}\begin{bmatrix}-a_n\widetilde{\boldsymbol{X}}_n \\ \widetilde{\boldsymbol{X}}_1 - a_{n-1}\widetilde{\boldsymbol{X}}_n \\ \vdots \\ \widetilde{\boldsymbol{X}}_{n-1} - a_1\widetilde{\boldsymbol{X}}_n\end{bmatrix} + \boldsymbol{b}\boldsymbol{U}$$

上式等号两边左乘$\begin{bmatrix}\boldsymbol{T}_1 & \boldsymbol{A}\boldsymbol{T}_1 & \cdots & \boldsymbol{A}^{n-1}\boldsymbol{T}_1\end{bmatrix}^{-1}$，可得：

$$\dot{\widetilde{\boldsymbol{X}}} = \begin{bmatrix}-a_n\widetilde{\boldsymbol{X}}_n \\ \widetilde{\boldsymbol{X}}_1 - a_{n-1}\widetilde{\boldsymbol{X}}_n \\ \vdots \\ \widetilde{\boldsymbol{X}}_{n-1} - a_1\widetilde{\boldsymbol{X}}_n\end{bmatrix} + \boldsymbol{T}^{-1}\boldsymbol{b}\boldsymbol{U}$$

$$= \begin{bmatrix}0 & 0 & \cdots & 0 & -a_n \\ 1 & 0 & \cdots & 0 & -a_{n-1} \\ \vdots & \vdots & \cdots & \vdots & \vdots \\ 0 & 0 & \cdots & 0 & -a_2 \\ 0 & 0 & \cdots & 1 & -a_1\end{bmatrix}\begin{bmatrix}\widetilde{\boldsymbol{X}}_1 \\ \widetilde{\boldsymbol{X}}_2 \\ \vdots \\ \widetilde{\boldsymbol{X}}_n\end{bmatrix} + \boldsymbol{T}^{-1}\boldsymbol{b}\boldsymbol{U} = \boldsymbol{A}_o\widetilde{\boldsymbol{X}} + \boldsymbol{b}_o\boldsymbol{U}$$

下面求 $\boldsymbol{T}_1$。

因为变换后要保证：

$$\boldsymbol{C}_o = \boldsymbol{C}\boldsymbol{T} = \begin{bmatrix}0 & \cdots & 0 & 1\end{bmatrix}$$

$$\begin{bmatrix}\boldsymbol{C}\boldsymbol{T}_1 & \boldsymbol{C}\boldsymbol{A}\boldsymbol{T}_1 & \cdots & \boldsymbol{C}\boldsymbol{A}^{n-1}\boldsymbol{T}_1\end{bmatrix} = \begin{bmatrix}0 & \cdots & 0 & 1\end{bmatrix}$$

上式等号两边同时进行矩阵转置，可得：

$$\begin{bmatrix}\boldsymbol{C}\boldsymbol{T}_1 \\ \boldsymbol{C}\boldsymbol{A}\boldsymbol{T}_1 \\ \vdots \\ \boldsymbol{C}\boldsymbol{A}^{n-1}\boldsymbol{T}_1\end{bmatrix} = \begin{bmatrix}0 \\ \vdots \\ 0 \\ 1\end{bmatrix}$$

$$\begin{bmatrix} C \\ CA \\ \vdots \\ CA^{n-1} \end{bmatrix} T_1 = \begin{bmatrix} 0 \\ \vdots \\ 0 \\ 1 \end{bmatrix}$$

若系统能观测，则 Q_o 满秩，Q_o^{-1} 存在。

$$\therefore T_1 = \begin{bmatrix} C \\ CA \\ \vdots \\ CA^{n-1} \end{bmatrix}^{-1} \begin{bmatrix} 0 \\ \vdots \\ 0 \\ 1 \end{bmatrix}$$

证明完毕。

(3) 求能观测标准形的一般步骤

① 先求 Q_o，并判断系统是否能观测。

② 求 $T_1 = Q_o^{-1} \begin{bmatrix} 0 \\ \vdots \\ 0 \\ 1 \end{bmatrix}$。

③ 求变换矩阵：

$$T = \begin{bmatrix} T_1 & AT_1 & \cdots & A^{n-1}T_1 \end{bmatrix}$$

④ 求能观测标准形：

$$A_o = T^{-1}AT; b_o = T^{-1}b; C_o = CT$$

[例 9-31] 已知某系统的状态方程和输出方程如下所示，试求此系统的能观测标准形。

$$\begin{cases} \dot{X} = \begin{bmatrix} 1 & -1 \\ 0 & 2 \end{bmatrix} X \\ Y = \begin{bmatrix} -1 & -\frac{1}{2} \end{bmatrix} X \end{cases}$$

解：(1)判断能观测性：

$$Q_o = \begin{bmatrix} C \\ CA \end{bmatrix} = \begin{bmatrix} -1 & -\frac{1}{2} \\ -1 & 0 \end{bmatrix}$$

$$\mathrm{rank} Q_o = 2$$

所以，系统是能观测的。

(2) 求 T_1：

$$T_1 = Q_c^{-1} \begin{bmatrix} 0 \\ 1 \end{bmatrix} = \begin{bmatrix} -1 & -\frac{1}{2} \\ -1 & 0 \end{bmatrix}^{-1} \begin{bmatrix} 0 \\ 1 \end{bmatrix} = \begin{bmatrix} 0 & -1 \\ -2 & 2 \end{bmatrix} \begin{bmatrix} 0 \\ 1 \end{bmatrix} = \begin{bmatrix} -1 \\ 2 \end{bmatrix}$$

(3) 求 $\boldsymbol{T}$：

$$\boldsymbol{T}=[\boldsymbol{T}_1 \quad \boldsymbol{AT}_1]=\begin{bmatrix}-1 & -3\\ 2 & 4\end{bmatrix}$$

(4) 求能观测标准形：

$$\boldsymbol{A}_o=\boldsymbol{T}^{-1}\boldsymbol{AT}=\begin{bmatrix}-1 & -3\\ 2 & 4\end{bmatrix}^{-1}\begin{bmatrix}1 & -1\\ 0 & 2\end{bmatrix}\begin{bmatrix}-1 & -3\\ 2 & 4\end{bmatrix}=\frac{1}{2}\begin{bmatrix}4 & 3\\ -2 & -1\end{bmatrix}\begin{bmatrix}-3 & -7\\ 4 & 8\end{bmatrix}$$

$$=\frac{1}{2}\begin{bmatrix}0 & -4\\ 2 & 6\end{bmatrix}=\begin{bmatrix}0 & -2\\ 1 & 3\end{bmatrix}$$

$$\boldsymbol{C}_o=\boldsymbol{CT}=\begin{bmatrix}-1 & -\frac{1}{2}\end{bmatrix}\begin{bmatrix}-1 & -3\\ 2 & 4\end{bmatrix}=[0 \quad 1]$$

例题解答完毕。

注意：把状态变量表达式化成两种标准形，其理论依据是状态变换不改变系统的能控性和能观测性。因此，只有能控的（能观测的）系统才能化成能控标准形（能观测标准形）。

9.2.8　状态反馈和极点配置

1. 状态反馈和输出反馈的定义

(1) 状态反馈的定义

将被控系统($\boldsymbol{A},\boldsymbol{B},\boldsymbol{C}$)的状态变量，按照线性反馈规律反馈至输入端，构成闭环系统，这种控制规律，称为状态反馈，其方框图如图 9-18 所示。

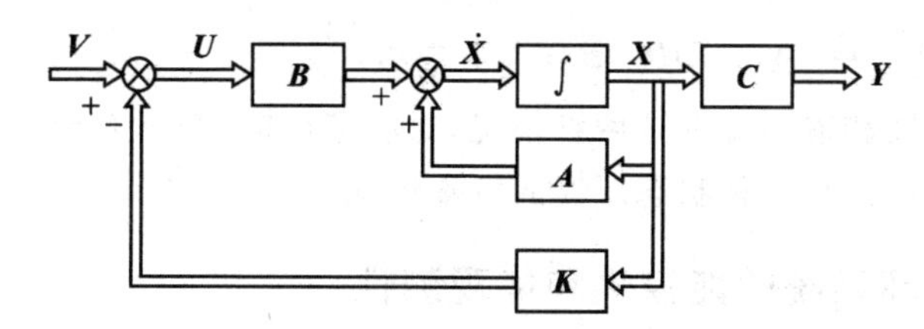

图 9-18　系统状态反馈的结构图

图 9-18 中 $\boldsymbol{K}$ 称为状态反馈矩阵，是 $r\times n$ 的常数矩阵。

下面推导状态反馈闭环系统的数学模型，由结构图可知：

$$\begin{cases}\dot{\boldsymbol{X}}=\boldsymbol{AX}+\boldsymbol{BU}\\ \boldsymbol{Y}=\boldsymbol{CX}\end{cases}$$

$$\boldsymbol{U}=\boldsymbol{V}-\boldsymbol{KX}$$

结合以上两式，可得：

$$\begin{cases}\dot{\boldsymbol{X}}=\boldsymbol{AX}+\boldsymbol{B}(\boldsymbol{V}-\boldsymbol{KX})=(\boldsymbol{A}-\boldsymbol{BK})\boldsymbol{X}+\boldsymbol{BV}\\ \boldsymbol{Y}=\boldsymbol{CX}\end{cases}$$

故通常用 $\sum_K=(\boldsymbol{A}-\boldsymbol{BK},\boldsymbol{B},\boldsymbol{C})$ 来表示。

(2) 输出反馈的定义

将被控对象$(\boldsymbol{A},\boldsymbol{B},\boldsymbol{C})$的输出变量，按照线性反馈规律反馈至输入端，构成闭环系统，这种反馈方式称为输出反馈，其结构图如图 9-19 所示。

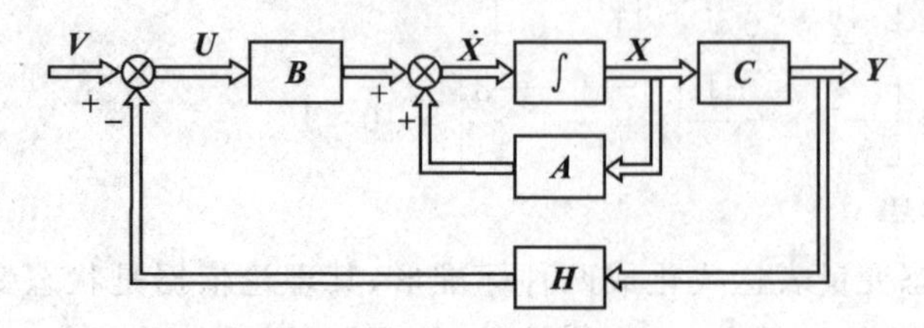

图 9-19　系统输出反馈的结构图

图 9-19 中 $\boldsymbol{H}$ 称为状态反馈矩阵，是 $r\times m$ 的常数矩阵。

下面推导输出反馈闭环系统的数学模型，由结构图可知：

$$\begin{cases}\dot{\boldsymbol{X}}=\boldsymbol{AX}+\boldsymbol{BU}\\ \boldsymbol{Y}=\boldsymbol{CX}\end{cases}$$

$$\boldsymbol{U}=\boldsymbol{V}-\boldsymbol{HY}=\boldsymbol{V}-\boldsymbol{HCX}$$

结合以上两式，可得：

$$\begin{cases}\dot{\boldsymbol{X}}=\boldsymbol{AX}+\boldsymbol{B}(\boldsymbol{V}-\boldsymbol{HCX})=(\boldsymbol{A}-\boldsymbol{BHC})\boldsymbol{X}+\boldsymbol{BV}\\ \boldsymbol{Y}=\boldsymbol{CX}\end{cases}$$

故通常用 $\sum_H=(\boldsymbol{A}-\boldsymbol{BHC},\boldsymbol{B},\boldsymbol{C})$ 来表示。

比较状态反馈和输出反馈这两种情况，对状态反馈，若令 $\boldsymbol{K}=\boldsymbol{HC}$，则 $\boldsymbol{KX}=\boldsymbol{HCX}=\boldsymbol{HY}$，故输出反馈只是一种状态反馈的特殊情况。

2. 两种闭环系统的能控性和能观测性

上述两种反馈方式，其闭环系统的能控性和能观测性如何呢？

(1) 状态反馈闭环系统

定理：

① 状态反馈闭环系统保持了原系统的能控性；

② 状态反馈闭环系统不保持原系统的能观测性。

证明：设原系统为$(\boldsymbol{A},\boldsymbol{B},\boldsymbol{C})$，其能控性矩阵为：

$$[\boldsymbol{B}\quad \boldsymbol{AB}\quad \cdots\quad \boldsymbol{A}^{n-1}\boldsymbol{B}]$$

状态反馈闭环系统$(\boldsymbol{A}-\boldsymbol{BK},\boldsymbol{B},\boldsymbol{C})$，其能控性矩阵为：

$$[\boldsymbol{B} \quad (\boldsymbol{A}-\boldsymbol{BK})\boldsymbol{B} \quad \cdots \quad (\boldsymbol{A}-\boldsymbol{BK})^{n-1}\boldsymbol{B}]$$

$$\because (\boldsymbol{A}-\boldsymbol{BK})\boldsymbol{B}=\boldsymbol{AB}-\boldsymbol{BKB}$$

故可通过 $\boldsymbol{B},\boldsymbol{AB}$ 的列向量线性组合来表示。

以此类推，可得 $\boldsymbol{B},(\boldsymbol{A}-\boldsymbol{BK})\boldsymbol{B},\cdots,(\boldsymbol{A}-\boldsymbol{BK})^{n-1}\boldsymbol{B}$ 均可用 $\boldsymbol{B},\boldsymbol{AB},\cdots,\boldsymbol{A}^{n-1}\boldsymbol{B}$ 的列向量线性组合来表示，那么

$$\mathrm{rank}[\boldsymbol{B} \quad (\boldsymbol{A}-\boldsymbol{BK})\boldsymbol{B} \quad \cdots \quad (\boldsymbol{A}-\boldsymbol{BK})^{n-1}\boldsymbol{B}] \leqslant \mathrm{rank}[\boldsymbol{B} \quad \boldsymbol{AB} \quad \cdots \quad \boldsymbol{A}^{n-1}\boldsymbol{B}]$$

而原系统 $(\boldsymbol{A},\boldsymbol{B},\boldsymbol{C})$ 又可看作状态反馈系统采用正反馈的状态反馈系统，即

$$(\boldsymbol{A},\boldsymbol{B},\boldsymbol{C}) \Rightarrow (\boldsymbol{A}-\boldsymbol{BK}+\boldsymbol{BK},\boldsymbol{B},\boldsymbol{C})$$

$$\therefore \mathrm{rank}[\boldsymbol{B} \quad \boldsymbol{AB} \quad \cdots \quad \boldsymbol{A}^{n-1}\boldsymbol{B}] \leqslant \mathrm{rank}[\boldsymbol{B} \quad (\boldsymbol{A}-\boldsymbol{BK})\boldsymbol{B} \quad \cdots \quad (\boldsymbol{A}-\boldsymbol{BK})^{n-1}\boldsymbol{B}]$$

$$\therefore \mathrm{rank}[\boldsymbol{B} \quad (\boldsymbol{A}-\boldsymbol{BK})\boldsymbol{B} \quad \cdots \quad (\boldsymbol{A}-\boldsymbol{BK})^{n-1}\boldsymbol{B}] = \mathrm{rank}[\boldsymbol{B} \quad \boldsymbol{AB} \quad \cdots \quad \boldsymbol{A}^{n-1}\boldsymbol{B}]$$

故证明状态反馈闭环系统与原系统的能控性相同。

证明完毕。

(2) 输出反馈闭环系统

定理：输出反馈闭环系统保持了原系统的能控性和能观测性。

说明：

① 由于输出反馈是状态反馈的一种特殊情况，因此，由于状态反馈能保持系统的能控性，则输出反馈也能保持系统的能控性；

② 输出反馈能保持系统的能观测性的证明方法与状态反馈保持能控性的方法相同。

一般说来，因为输出变量是可测量的，故实现输出反馈很容易，但由于输出变量的个数一般少于状态变量的个数，因此，输出反馈改善系统的性能，是有局限的。

而状态变量通常不一定是可测量的量，实现状态反馈比较困难，随着观测器理论的发展，可以采用状态估计的方法，重构状态变量。且状态变量的个数较多，因此状态反馈比输出反馈具有更好的特性，在状态空间法中应用最广。应用状态反馈可以实现极点配置、解耦控制。下面就来讨论如何利用状态反馈来实现极点配置。

3. 状态反馈极点配置

我们知道控制系统的稳定性和各种品质指标，主要取决于闭环系统的极点，因此，在系统设计时，可以将一组希望的极点，作为系统的性能指标。

(1) 定　义

所谓极点配置，即通过状态反馈的设计，使闭环系统的极点恰好处于所希望的极点位置上。

(2) 闭环系统希望极点的选取

一般应注意以下几个问题：

① 对于 n 阶系统，可以而且必须给定 n 个期望的闭环极点；

② 期望极点可以给出实数或共轭复数对；

③ 期望极点位置的选取必须从它对系统性能的影响和附近零点分布情况统一考虑，并从工程实际的角度加以妥善解决；

④ 期望极点位置的选取还需考虑系统对抗干扰能力和对灵敏度的要求。

(3) 单输入/单输出系统极点配置定理

定理：被控系统$(\boldsymbol{A},\boldsymbol{b},\boldsymbol{c})$，利用线性状态反馈，能使闭环系统的极点任意配置的充要条件是：$(\boldsymbol{A},\boldsymbol{b},\boldsymbol{c})$是完全能控的。

证明：由于是充要条件，故充分性和必要性要分别加以证明，这里我们只证明充分性。即证明：若$(\boldsymbol{A},\boldsymbol{b},\boldsymbol{c})$是完全能控的，则利用线性状态反馈，能使闭环系统的极点任意配置。

因为$(\boldsymbol{A},\boldsymbol{b},\boldsymbol{c})$是完全能控的，故一定可变换成能控标准形，所以，不妨设它已经是可控标准形：

$$\boldsymbol{A}=\begin{bmatrix}0 & 1 & 0 & \cdots & 0\\ 0 & 0 & 1 & \cdots & 0\\ \vdots & \vdots & \vdots & \cdots & \vdots\\ 0 & 0 & 0 & \cdots & 1\\ -a_n & -a_{n-1} & -a_{n-2} & \cdots & -a_1\end{bmatrix};\boldsymbol{b}=\begin{bmatrix}0\\0\\\vdots\\0\\1\end{bmatrix}$$

$$\boldsymbol{c}=[b_n \quad \cdots \quad b_1]$$

则其传递函数为：

$$\boldsymbol{G}(s)=\frac{b_1 s^{n-1}+b_2 s^{n-2}\cdots+b_n}{s^n+a_1 s^{n-1}+\cdots+a_{n-1}s+a_n}$$

取状态反馈阵为 $1\times n$ 行向量：

$$\boldsymbol{K}=[K_1 \quad K_2 \quad \cdots \quad k_n]$$

则闭环系统的系数矩阵为：

$$\boldsymbol{A}-\boldsymbol{bK}=\begin{bmatrix}0 & 1 & 0 & \cdots & 0\\ 0 & 0 & 1 & \cdots & 0\\ \vdots & \vdots & \vdots & \cdots & \vdots\\ 0 & 0 & 0 & \cdots & 1\\ -a_n-K_1 & -a_{n-1}-K_2 & -a_{n-2}-K_3 & \cdots & -a_1-k_n\end{bmatrix}$$

闭环系统特征多项式为：

$$|s\boldsymbol{I}-(\boldsymbol{A}-\boldsymbol{bK})|=s^n+(a_1+k_n)s^{n-1}+\cdots+(a_{n-1}+K_2)s+(a_n+K_1)$$

因为状态反馈系统 $\sum_K=(\boldsymbol{A}-\boldsymbol{bK},\boldsymbol{b},\boldsymbol{c})$ 中的 $\boldsymbol{A}-\boldsymbol{bK}$ 矩阵是友矩阵，且

$$b = \begin{bmatrix} 0 \\ 0 \\ \vdots \\ 0 \\ 1 \end{bmatrix}, c = [b_n \quad \cdots \quad b_1]$$

所以 $\sum_K = (A - bK, b, c)$ 也是能控标准形，故由 $G_K(s)$ 的能控标准形实现，可以反写出 $G_K(s)$，即状态反馈闭环系统传递函数为：

$$G_K(s) = c[sI - (A - bK)]^{-1}b$$

$$= \frac{b_1 s^{n-1} + b_2 s^{n-2} \cdots + b_n}{s^n + (a_1 + k_n)s^{n-1} + \cdots + (a_{n-1} + K_2)s + (a_n + K_1)}$$

设期望的闭环极点为：$s_1, s_2, \cdots, s_n$，则期望的闭环特征多项式为：

$$(s - s_1)\cdots(s - s_n) = s^n + a_1^* s^{n-1} + \cdots + a_{n-1}^* s + a_n^*$$

若取

$$\begin{cases} a_1 + k_n = a_1^* \\ \quad\vdots \\ a_n + K_1 = a_n^* \end{cases} \Rightarrow \begin{cases} k_n = a_1^* - a_1 \\ \quad\vdots \\ K_1 = a_n^* - a_n \end{cases}$$

也即若取状态反馈矩阵为：

$$K = [K_1 \quad K_2 \quad \cdots \quad k_n] = [a_n^* - a_n \quad \cdots \quad a_1^* - a_1]$$

则闭环特征多项式＝期望的特征多项式，也即实现了任意的极点配置。

讨论：

① 上述极点配置定理对多输入/多输出系统也是成立的，区别在于，后者的状态反馈矩阵不是唯一的，前者(即单输入/单输出系统)是唯一的。原因在于，多输入/多输出系统的能控标准形不是唯一的。

② 对于单输入系统，状态反馈不改变系统的零点。这是因为 $G_K(s)$ 的分子多项式与 $G(s)$ 完全相同。

③ 状态反馈不一定保持系统的能观测性。因为对能控系统来说，状态反馈可任意配置极点，且零点保持不变，因此就可以改变分子与分母的因子相消情况。

(4) 状态反馈矩阵的求法

已知：期望的闭环极点(与原系统的极点个数相同)，这里有两种求状态反馈矩阵的方法。

① 利用能控标准形来求状态反馈矩阵 K：

1) 若已知 $G(s)$，建立其对应的能控标准形，由上述的证明过程，就可以求得状态反馈矩阵 K 为：

$$K = [K_1 \quad K_2 \quad \cdots \quad k_n] = [a_n^* - a_n \quad \cdots \quad a_1^* - a_1]$$

2) 若已知系统 (A, b, c) 不是能控标准形，取状态变换矩阵 P，则

$$\boldsymbol{X}=\boldsymbol{P}\widetilde{\boldsymbol{X}}$$

$$\widetilde{\boldsymbol{A}}=\boldsymbol{P}^{-1}\boldsymbol{A}\boldsymbol{P},\widetilde{\boldsymbol{b}}=\boldsymbol{P}^{-1}\boldsymbol{b},\widetilde{\boldsymbol{c}}=\boldsymbol{c}\boldsymbol{P}$$

将原系统化为能控标准形，求出 $\widetilde{\boldsymbol{K}}=[a_n{}^*-a_n \quad \cdots \quad a_1{}^*-a_1]$，则原系统的状态反馈矩阵 $\boldsymbol{K}$ 为：

$$\boldsymbol{K}=\widetilde{\boldsymbol{K}}\boldsymbol{P}^{-1}$$

证明：设原系统为：

$$\begin{cases}\dot{\boldsymbol{X}}=\boldsymbol{A}\boldsymbol{X}+\boldsymbol{b}\boldsymbol{U}\\ \boldsymbol{Y}=\boldsymbol{c}\boldsymbol{X}\end{cases}$$

采用状态反馈之后，系统为：

$$\begin{cases}\dot{\boldsymbol{X}}=(\boldsymbol{A}-\boldsymbol{b}\boldsymbol{K})\boldsymbol{X}+\boldsymbol{b}\boldsymbol{U}\\ \boldsymbol{Y}=\boldsymbol{c}\boldsymbol{X}\end{cases}$$

取线性变换 $\boldsymbol{X}=\boldsymbol{P}\widetilde{\boldsymbol{X}}$，则

$$\widetilde{\boldsymbol{A}}=\boldsymbol{P}^{-1}\boldsymbol{A}\boldsymbol{P},\widetilde{\boldsymbol{b}}=\boldsymbol{P}^{-1}\boldsymbol{b},\widetilde{\boldsymbol{c}}=\boldsymbol{c}\boldsymbol{P}$$

此时系统为：

$$\dot{\widetilde{\boldsymbol{X}}}=(\widetilde{\boldsymbol{A}}-\widetilde{\boldsymbol{b}}\widetilde{\boldsymbol{K}})\widetilde{\boldsymbol{X}}+\widetilde{\boldsymbol{b}}\boldsymbol{U}$$

将上面两个式子结合起来，有：

$$\dot{\widetilde{\boldsymbol{X}}}=\boldsymbol{P}^{-1}\dot{\boldsymbol{X}}=(\boldsymbol{P}^{-1}\boldsymbol{A}\boldsymbol{P}-\boldsymbol{P}^{-1}\boldsymbol{b}\widetilde{\boldsymbol{K}})\boldsymbol{P}^{-1}\boldsymbol{X}+\boldsymbol{P}^{-1}\boldsymbol{b}\boldsymbol{U}$$

对上式等号两边同时左乘矩阵 $\boldsymbol{P}$，可得：

$$\dot{\boldsymbol{X}}=(\boldsymbol{A}-\boldsymbol{b}\widetilde{\boldsymbol{K}}\boldsymbol{P}^{-1})\boldsymbol{X}+\boldsymbol{b}\boldsymbol{U}$$

$$\therefore \boldsymbol{K}=\widetilde{\boldsymbol{K}}\boldsymbol{P}^{-1}$$

[例 9-32] 已知某线性定常系统的传递函数如下所示，欲将闭环极点配置在 $s_1=-2,s_2=-1+\mathrm{j},s_3=-1-\mathrm{j}$ 期望位置上，试求状态反馈矩阵 $\boldsymbol{K}$。

$$\boldsymbol{G}(s)=\frac{10}{s(s+1)(s+2)}$$

解：因为给定系统的传递函数无零极点相消的现象，所以给定系统为状态能控。这样就能够通过状态反馈，将闭环极点配置到期望的位置上。与给定的传递函数对应的状态方程为：

$$\begin{bmatrix}\dot{X}_1\\ \dot{X}_2\\ \dot{X}_3\end{bmatrix}=\begin{bmatrix}0 & 1 & 0\\ 0 & 0 & 1\\ 0 & -2 & -3\end{bmatrix}\begin{bmatrix}X_1\\ X_2\\ X_3\end{bmatrix}+\begin{bmatrix}0\\ 0\\ 1\end{bmatrix}\boldsymbol{U}$$

上式就是原系统的状态能控标准形。因为状态变量的个数是 3 个，所以设状态反馈矩阵如下所示：

$$\boldsymbol{K}=[K_1 \quad K_2 \quad K_3]$$

于是,状态反馈闭环系统的系数矩阵$(\boldsymbol{A}-\boldsymbol{bK})$为:

$$\boldsymbol{A}-\boldsymbol{bK}=\begin{bmatrix}0 & 1 & 0\\0 & 0 & 1\\-k_1 & -2-K_2 & -3-K_3\end{bmatrix}$$

$$|s\boldsymbol{I}-(\boldsymbol{A}-\boldsymbol{bK})|=\begin{vmatrix}s & -1 & 0\\0 & s & -1\\K_1 & 2+K_2 & s+3+K_3\end{vmatrix}=0$$

则闭环系统的特征方程式为:

$$s^3+(3+K_3)s^2+(2+K_2)s+K_1=0$$

由期望的闭环极点可确定闭环系统的特征方程为:

$$(s+2)(s+1+\mathrm{j})(s+1-\mathrm{j})=s^3+4s^2+6s+4=0$$

联立上述两个式子,可得:

$$\begin{cases}3+K_3=4\\2+K_2=6\\K_1=4\end{cases}$$

可得状态反馈矩阵$\boldsymbol{K}$如下所示:

$$\boldsymbol{K}=[4 \quad 4 \quad 1]$$

例题解答完毕。

② 对低阶系统可直接求出状态反馈矩阵$\boldsymbol{K}$,而不必进行坐标变换。

[例 9-33] 已知某线性定常系统如下所示,欲使闭环系统的特征多项式为$(s+40)(s^2+14.4s+100)$,试求状态反馈矩阵$\boldsymbol{K}$。

$$\begin{cases}\dot{\boldsymbol{X}}=\begin{bmatrix}0 & 1 & 0\\0 & -1 & 2\\0 & 0 & -2.5\end{bmatrix}\boldsymbol{X}+\begin{bmatrix}0\\0\\1\end{bmatrix}\boldsymbol{U}\\ \boldsymbol{Y}=[1 \quad 0 \quad 0]\boldsymbol{X}\end{cases}$$

解:取状态反馈矩阵如下所示:

$$\boldsymbol{K}=[K_1 \quad K_2 \quad K_3]$$

则可推导出以下式子:

$$\boldsymbol{A}-\boldsymbol{bK}=\begin{bmatrix}0 & 1 & 0\\0 & -1 & 2\\0 & 0 & -2.5\end{bmatrix}-\begin{bmatrix}0\\0\\1\end{bmatrix}[K_1 \quad K_2 \quad K_3]=\begin{bmatrix}0 & 1 & 0\\0 & -1 & 2\\-K_1 & -K_2 & -2.5-K_3\end{bmatrix}$$

$$|s\boldsymbol{I}-(\boldsymbol{A}-\boldsymbol{bK})|=\begin{vmatrix}s & -1 & 0\\0 & s+1 & -2\\K_1 & K_2 & s+2.5+K_3\end{vmatrix}$$

$$=s^3+(3.5+K_3)s^2+(2.5+K_3+2K_2)s+2K_1$$

由期望的闭环极点可确定闭环系统的特征方程为：

$$s^3+54.4s^2+676s+2K_1=0$$

联立上述两个式子，可得：

$$\begin{cases}3.5+K_3=54.4\\2.5+K_3+2K_2=676\\2K_1=2K_1\end{cases}$$

可得状态反馈矩阵 $\boldsymbol{K}$ 如下所示：

$$\boldsymbol{K}=[2000\quad 311.3\quad 50.9]$$

例题解答完毕。

4. 采用状态反馈加补偿器加输入变换器的极点配置

由前面所述，可以知道采用单一的状态反馈，只能实现极点配置，但是不能改变极点的个数，不能改变零点，而且一旦极点配置确定下来，还不能改变传递系数。

因此，在需要极点配置的同时还要改变极点的个数（或零点）或传递系数时，必须采用状态反馈加补偿器的方法，如图 9-20 所示。

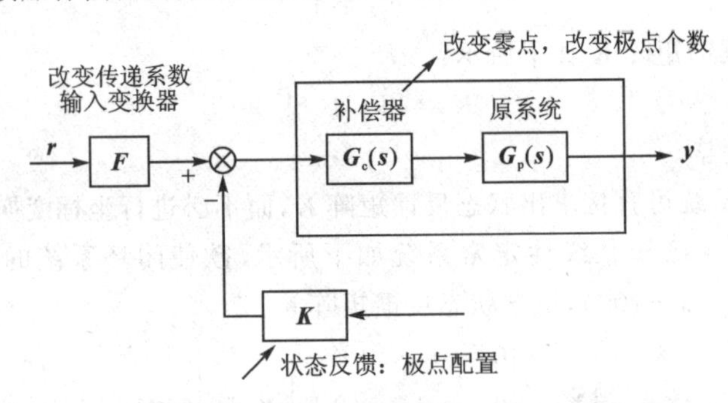

图 9-20　系统状态反馈加补偿器加输入变换器结构图

(1) 改变极点个数

① 首先根据极点个数的要求，选取 $\boldsymbol{G}_c(s)$，在选取 $\boldsymbol{G}_c(s)$ 时，保证 $\boldsymbol{G}_c(s)\boldsymbol{G}_p(s)$ 的极点个数与要求的相同，且 $\boldsymbol{G}_c(s)$ 的极点是稳定的，在此条件下，可任意选取；

② 设计状态反馈；

③ 根据要求的传递系数确定 $\boldsymbol{F}$。

(2) 增加零点

[例 9-34]　已知某线性定常系统的传递函数 $\boldsymbol{G}_p(s)$ 如下所示：

$$\boldsymbol{G}_p(s)=\frac{2}{s(s+1)}$$

希望的传递函数 $\boldsymbol{G}(s)$ 如下所示：

$$G(s)=\frac{285.7(s+3.5)}{(s^2+7.07s+25)(s+40)}$$

求补偿器 $G_c(s)$。

解:对比 $G_p(s)$ 和 $G(s)$,可知补偿器需要追加一个极点和一个零点,则

$$G_c(s)=\frac{s+3.5}{s+2.5}$$

上式中分子 $(s+3.5)$ 是必选的,而分母 $(s+2.5)$ 是任选的,因为极点是可以任意配置的。

例题解答完毕。

9.2.9　解耦控制

关于解耦控制的问题比较复杂,本小节将简要介绍一下关于解耦控制的基本概念和方法。在实现解耦控制的方法中有两种:状态反馈和利用串联补偿器。我们只介绍后一种。

1. 解耦的定义

若一个系统 $\sum=(A,B,C)$ 的传递函数矩阵 $G(s)$ 是对角形非奇异矩阵:

$$G(s)=\begin{bmatrix} g_{11}(s) & \cdots & 0 \\ \vdots & \ddots & \vdots \\ 0 & \cdots & g_{mm}(s) \end{bmatrix}$$

则称系统 $\sum=(A,B,C)$ 是解耦的。

讨论:

(1) 解耦的物理意义。由上述定义,可得:

$$Y(s)=G(s)U(s)=\begin{bmatrix} g_{11}(s) & \cdots & 0 \\ \vdots & \ddots & \vdots \\ 0 & \cdots & g_{mm}(s) \end{bmatrix}\begin{bmatrix} U_1(s) \\ \vdots \\ U_m(s) \end{bmatrix}$$

$$\begin{cases} y_1(s)=g_{11}(s)U_1(s) \\ \vdots \\ y_m(s)=g_{mm}(s)U_m(s) \end{cases}$$

由此可见,解耦控制实质上就是实现每一个输入只控制相应的一个输出,通过解耦使系统变为由多个独立的单变量系统组成,如图 9-21 所示。

(2) 解耦控制要求原系统输入与输出的维数要相同,反映在传递函数矩阵上就是 $G(s)$ 应是 m 阶方阵。而要求 $G(s)$ 是非奇异的,等价于要求 $g_{11}(s),\cdots,g_{mm}(s)$ 均不等于零,否则相应的输出就与输入无关了。

2. 利用串联补偿器实现解耦控制

所谓串联补偿器就是经典控制理论中的串联校正装置，如图 9－22 所示。

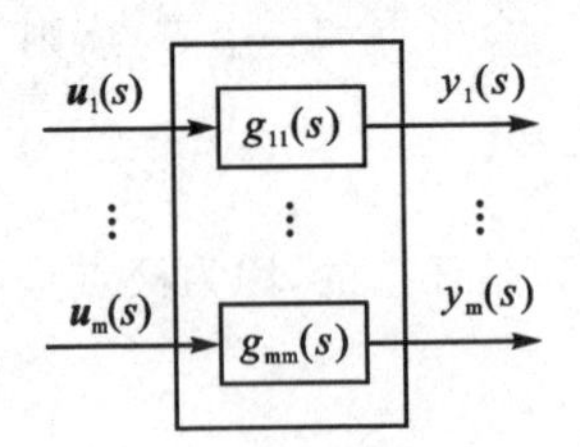

图 9－21 解耦控制结构图

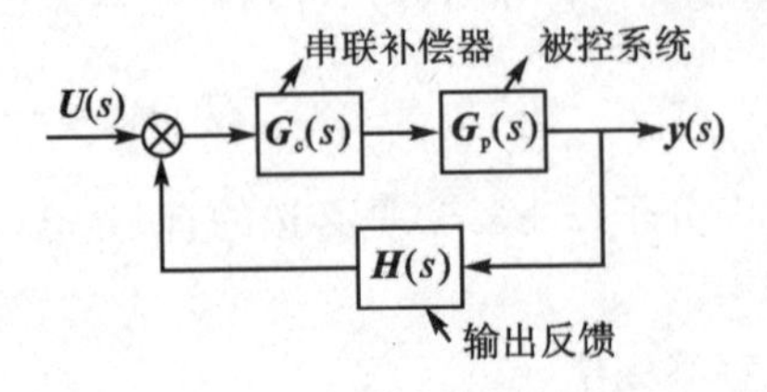

图 9－22 串联补偿器实现解耦控制

问题的提法：已知 $\boldsymbol{G}_{\mathrm{p}}(s)$和 $\boldsymbol{H}(s)$，求 $\boldsymbol{G}_{\mathrm{c}}(s)$使闭环传递函数矩阵为给定的对角形(解耦)矩阵 $\boldsymbol{G}(s)$。

设前向通道传递函数为 $\boldsymbol{G}_0(s)$，则 $\boldsymbol{G}_0(s)=\boldsymbol{G}_{\mathrm{p}}(s)\boldsymbol{G}_{\mathrm{c}}(s)$。

根据闭环传递函数矩阵的求法，可知：

$$\boldsymbol{G}(s)=[\boldsymbol{I}+\boldsymbol{G}_0(s)\boldsymbol{H}(s)]^{-1}\boldsymbol{G}_0(s)$$

上式等号两边左乘 $[\boldsymbol{I}+\boldsymbol{G}_0(s)\boldsymbol{H}(s)]$，可得：

$$\boldsymbol{G}_0(s)=[\boldsymbol{I}+\boldsymbol{G}_0(s)\boldsymbol{H}(s)]\boldsymbol{G}(s)=\boldsymbol{G}(s)+\boldsymbol{G}_0(s)\boldsymbol{H}(s)\boldsymbol{G}(s)$$

$$\boldsymbol{G}_0(s)[\boldsymbol{I}-\boldsymbol{H}(s)\boldsymbol{G}(s)]=\boldsymbol{G}(s)$$

$$\boldsymbol{G}_0(s)=\boldsymbol{G}(s)[\boldsymbol{I}-\boldsymbol{H}(s)\boldsymbol{G}(s)]^{-1}$$

$$\boldsymbol{G}_{\mathrm{c}}(s)=\boldsymbol{G}_{\mathrm{p}}(s)^{-1}\boldsymbol{G}(s)[\boldsymbol{I}-\boldsymbol{H}(s)\boldsymbol{G}(s)]^{-1}$$

9.2.10 实现问题

对于一个实际的物理系统，要想利用状态空间法来进行分析和设计，首先须要建立状态空间表达式。但是要直接导出一般比较困难。一个可能的办法是：首先用实验的方法，确定系统的传递函数(矩阵)，然后再由传递函数建立相应的状态空间表达式，这个问题就被称为实现问题。

1. 实现的基本概念

(1) 定　义

如果对给定的一个传递函数(矩阵)$\boldsymbol{G}(s)$或脉冲响应(矩阵)$\boldsymbol{H}(t)$，能找到一个系统 $\sum=(\boldsymbol{A},\boldsymbol{B},\boldsymbol{C},\boldsymbol{D})$，使其传递函数矩阵或脉冲响应就是给定的 $\boldsymbol{G}(s)$或 $\boldsymbol{H}(t)$，则称 $\sum=(\boldsymbol{A},\boldsymbol{B},\boldsymbol{C},\boldsymbol{D})$ 为 $\boldsymbol{G}(s)$或 $\boldsymbol{H}(t)$的一个实现。

(2) 基本性质

① 存在性：若传递函数(矩阵)$\boldsymbol{G}(s)$中的所有元都是 s 的真有理分式，或严格真

有理分式，且 $\boldsymbol{G}(s)$ 中的各系数均为实数，则实现一定是存在的。

实际工程系统总是满足的，这是物理上可实现的条件。

② 非唯一性：

1）形式不同：若实现是存在的，则建立一个实现之后，可通过状态变量建立更多的实现，因此实现是非唯一的。

2）阶数不同：例如

$$\boldsymbol{G}(s)=\frac{1}{s^3+1}$$

又可写成：

$$\boldsymbol{G}(s)=\frac{1}{s^3+1}\cdot\frac{s+2}{s+2}\cdot\frac{s+3}{s+3}$$

以上两个传递函数实现的维数是不同的。

3）在 $\boldsymbol{G}(s)$ 的分子、分母的次数相同时（意味着输入的维数与输出相同），实现为 $\sum=(\boldsymbol{A},\boldsymbol{B},\boldsymbol{C},\boldsymbol{D})$，且 $\boldsymbol{D}=\lim\limits_{s\to\infty}\boldsymbol{G}(s)$，否则 $\boldsymbol{D}=0$。

$$\therefore \lim_{s\to\infty}\boldsymbol{G}(s)=\lim_{s\to\infty}\left[\boldsymbol{C}\frac{\mathrm{adj}(s\boldsymbol{I}-\boldsymbol{A})}{|s\boldsymbol{I}-\boldsymbol{A}|}\boldsymbol{B}+\boldsymbol{D}\right]=\boldsymbol{D}+\lim_{s\to\infty}\boldsymbol{C}\frac{\mathrm{adj}(s\boldsymbol{I}-\boldsymbol{A})}{|s\boldsymbol{I}-\boldsymbol{A}|}\boldsymbol{B}=\boldsymbol{D}$$

因为 $\mathrm{adj}(s\boldsymbol{I}-\boldsymbol{A})$ 的每个元是 s 的多项式，且次数最高为 $n-1$，而 $|s\boldsymbol{I}-\boldsymbol{A}|$ 的最高项次数为 n。

2. 两种标准形实现

下面我们只讨论线性定常单输入/单输出系统的两种标准形实现。

设系统的传递函数为：

$$\boldsymbol{G}(s)=\frac{b_1s^{n-1}+b_2s^{n-2}\cdots+b_n}{s^n+a_1s^{n-1}+\cdots+a_n}+\boldsymbol{d}$$

（1）能控标准形

$$\boldsymbol{A}_c=\begin{bmatrix}0&1&0&\cdots&0\\0&0&1&\cdots&0\\\vdots&\vdots&\vdots&\cdots&\vdots\\0&0&0&\cdots&1\\-a_n&-a_{n-1}&-a_{n-2}&\cdots&-a_1\end{bmatrix};\boldsymbol{b}_c=\begin{bmatrix}0\\0\\\vdots\\0\\1\end{bmatrix}$$

$$\boldsymbol{C}_c=\begin{bmatrix}b_n&\cdots&b_1\end{bmatrix};\boldsymbol{D}_c=\boldsymbol{d}$$

（2）能观测标准形（是能控标准形的转置）

$$A_o = \begin{bmatrix} 0 & 0 & \cdots & 0 & -a_n \\ 1 & 0 & \cdots & 0 & -a_{n-1} \\ \vdots & \vdots & \cdots & \vdots & \vdots \\ 0 & 0 & \cdots & 0 & -a_2 \\ 0 & 0 & \cdots & 1 & -a_1 \end{bmatrix};\boldsymbol{b}_o = \begin{bmatrix} b_n \\ \vdots \\ b_1 \end{bmatrix}$$

$$C_o = [0 \quad \cdots \quad 0 \quad 1];D_o = d$$

上述结论的证明很简单,只须证明它们的传递函数是 $G(s)$ 即可。

注意:一个 $G(s)$ 的两种标准形实现之间不一定就是线性变换的关系,原因在于线性变换不改变系统的能控性和能观测性。因此,若 $G(s)$ 中存在零极点相消,说明系统不是能控且能观测的,两种标准形之间不是线性变换的关系。

[例 9-35] 已知某线性定常系统的传递函数如下所示,求能控标准形和能观测标准形。

$$G(s) = \frac{(s+1)}{(s^2+2s+1)}$$

解:(1)能控标准形:

$$\begin{cases} \dot{X} = \begin{bmatrix} 0 & 1 \\ -1 & -2 \end{bmatrix} X + \begin{bmatrix} 0 \\ 1 \end{bmatrix} U \\ Y = [1 \quad 1] X \end{cases}$$

$$Q_o = \begin{bmatrix} C \\ CA \end{bmatrix} = \begin{bmatrix} 1 & 1 \\ -1 & -1 \end{bmatrix}$$

$$\text{rank}Q_o = 1 < 2$$

所以此系统的能控标准形不能观测。

(2) 能观测标准形:

$$\begin{cases} \dot{X} = \begin{bmatrix} 0 & -1 \\ 1 & -2 \end{bmatrix} X + \begin{bmatrix} 1 \\ 1 \end{bmatrix} U \\ Y = [0 \quad 1] X \end{cases}$$

$$Q_c = \begin{bmatrix} 1 & -1 \\ 1 & -1 \end{bmatrix}$$

$$\text{rank}Q_c = 1 < 2$$

所以此系统的能观测标准形不能控。

例题解答完毕。

3. 最小实现

上述这些 $G(s)$ 的实现当中,假如得到的实现是不能控的,则可进一步用典范分解的方法得到一个维数较低的子系统(可控可观测子系统),它的传递函数仍是 $G(s)$,因此也是一个实现。这说明实现的维数有大有小。

(1) 定义:系统维数最小的实现,称为最小实现。

(2) 判别定理:系统$(\boldsymbol{A},\boldsymbol{B},\boldsymbol{C})$是传递函数$\boldsymbol{G}(s)$的最小实现的充要条件是:$(\boldsymbol{A},\boldsymbol{B},\boldsymbol{C})$能控能观测。

(3) 最小实现的求法:

① 首先根据已知的$\boldsymbol{G}(s)$建立它的一种标准形实现,其中:

当$r>m$,采用能观测标准形,此时系统的维数是$n\times m$;

当$r<m$,采用能控标准形,此时系统的维数是$n\times r$。

显然,这样做的目的,是使实现的维数小一些。

② 若取能控标准形实现$(\boldsymbol{A},\boldsymbol{B},\boldsymbol{C})$,首先验证它是否能观测,若能观测,就是最小实现;否则,进行能观测分解,则其能控能观测子系统$(\widetilde{\boldsymbol{A}}_{11},\widetilde{\boldsymbol{B}}_1,\widetilde{\boldsymbol{C}})$即为最小实现。

采用能观测标准形实现求最小实现的方法,与此类似。

注意:

① 对于一个$\boldsymbol{G}(s)$来说,最小实现的维数是唯一的,确定的;

② 对于一个$\boldsymbol{G}(s)$来说,最小实现不是唯一的;

③ 对于一个$\boldsymbol{G}(s)$来说,各个最小实现之间是线性变换的关系。

9.2.11 状态观测器理论

前面我们详细讨论了状态反馈的问题。利用状态反馈可以实现极点配置,解耦控制等。因此,状态反馈是现代控制理论中的一种重要的设计方法。但是,要实现状态反馈,就要求系统的状态变量能直接测量得到。然而,实际系统,内部状态变量一般不能直接测量得到。这样就提出了状态重构(状态估计)的问题。也就是利用系统中可测量的变量来复现状态变量,由龙伯格(Luenberger)提出的状态观测器理论,就完全解决了这个问题。

1. 定义及一般构造

(1) 定　义

构造一个系统,它以原系统的输入、输出作为它的输入量,而它的输出接近于原系统的状态变量或状态变量的线性组合,这个构造的系统就称为状态观测器。

下面我们就从上述定义出发,讨论线性定常连续系统,没有噪声下的观测器理论。

(2) 一般构造

如何构造一个系统,使其满足上述定义条件,而成为受控系统的观测器呢?

① 开环观测器。直观的想法是:按原系统的结构,构造一个相同的系统。

设原系统是$(\boldsymbol{A},\boldsymbol{B},\boldsymbol{C})$：$\begin{cases}\dot{\boldsymbol{X}}=\boldsymbol{AX}+\boldsymbol{BU}\\ \boldsymbol{Y}=\boldsymbol{CX}\end{cases}$

构造一个系统：

$$\begin{cases}\dot{\widetilde{\boldsymbol{X}}}=\boldsymbol{A}\widetilde{\boldsymbol{X}}+\boldsymbol{BU}\\ \widetilde{\boldsymbol{Y}}=\boldsymbol{C}\widetilde{\boldsymbol{X}}\end{cases}$$

则

$$\dot{\boldsymbol{X}}-\dot{\widetilde{\boldsymbol{X}}}=\boldsymbol{A}(\boldsymbol{X}-\widetilde{\boldsymbol{X}})$$

上式的解为：

$$\boldsymbol{X}-\widetilde{\boldsymbol{X}}=\mathrm{e}^{\boldsymbol{A}t}[\boldsymbol{X}(0)-\widetilde{\boldsymbol{X}}(0)]$$

当$\boldsymbol{X}(0)=\widetilde{\boldsymbol{X}}(0)$时，必有$\boldsymbol{X}=\widetilde{\boldsymbol{X}}$，说明$\widetilde{\boldsymbol{X}}$完全复现了$\boldsymbol{X}(t)$。但条件是任何时刻的初始条件要完全相同。这是很困难的，因此，这种观测器没有使用价值。

② 渐进观测器。开环观测器的缺陷在于采用了开环控制。假如，在此基础上，引入反馈，如图 9-23 所示。

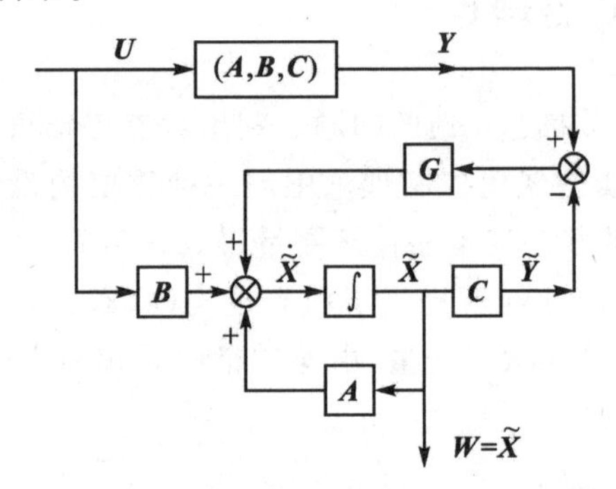

图 9-23 渐进观测器结构图

此时，观测器方程为：

$$\dot{\widetilde{\boldsymbol{X}}}=\boldsymbol{A}\widetilde{\boldsymbol{X}}+\boldsymbol{BU}+\boldsymbol{G}(\boldsymbol{Y}-\widetilde{\boldsymbol{Y}})=\boldsymbol{A}\widetilde{\boldsymbol{X}}+\boldsymbol{BU}+\boldsymbol{GCX}-\boldsymbol{GC}\widetilde{\boldsymbol{X}}=(\boldsymbol{A}-\boldsymbol{GC})\widetilde{\boldsymbol{X}}+\boldsymbol{GCX}+\boldsymbol{BU}$$

$$\therefore\dot{\boldsymbol{X}}-\dot{\widetilde{\boldsymbol{X}}}=\boldsymbol{AX}-(\boldsymbol{A}-\boldsymbol{GC})\widetilde{\boldsymbol{X}}-\boldsymbol{GCX}=(\boldsymbol{A}-\boldsymbol{GC})(\boldsymbol{X}-\widetilde{\boldsymbol{X}})$$

上式的解为：

$$\boldsymbol{X}-\widetilde{\boldsymbol{X}}=\mathrm{e}^{(\boldsymbol{A}-\boldsymbol{GC})t}[\boldsymbol{X}(0)-\widetilde{\boldsymbol{X}}(0)]$$

由上式可见，只要选择观测器的系数矩阵$(\boldsymbol{A}-\boldsymbol{GC})$的特征值都具有负实部，则偏差$(\boldsymbol{X}-\widetilde{\boldsymbol{X}})$就可趋于零，即$\lim\limits_{t\to\infty}(\boldsymbol{X}-\widetilde{\boldsymbol{X}})=0$。

故上述构造的系统为：

$$\begin{cases}\dot{\widetilde{X}}=(A-GC)\widetilde{X}+BU+GY \\ W=\widetilde{X}\end{cases}$$

这就是观测器。因为它的阶数为 n，通常称为 n 维观测器，这是一种实用的观测器，下面讨论的都是这种观测器。

2. 渐进观测器的极点配置及存在条件

(1) 极点配置

观测器的极点也就是$(A-GC)$的特征值，它对于观测器的性能是至关重要的，这是因为：

① 要使观测器成立，必须保证观测器的极点均具有负实部；

② 观测器的极点决定了 $\widetilde{X}$ 逼近 X 的速度，负实部越大，逼近速度越快，也就是观测器的响应速度越快；

③ 其极点还决定了观测器的抗干扰能力，响应速度越快，观测器频带越宽，抗干扰能力越差。

通常，将极点配置得使观测器的响应速度比受控系统稍快一些。这就要求其极点可以任意配置，那么满足什么条件，观测器的极点可任意配置呢？

定理：线性定常系统(A,B,C)，其观测器极点可任意配置的充要条件是：(A,B,C)是能观测的。

证明思路：道理很简单。因为若(A,C)是能观测的，由对偶原理可以知道，这等价于$(A^{\mathrm{T}},C^{\mathrm{T}})$能控的，由状态反馈极点配置的定理可知，通过状态反馈矩阵 G^{T}，可得$(A^{\mathrm{T}}-C^{\mathrm{T}}G^{\mathrm{T}})$的特征值可以任意配置，从而推导出$(A-GC)$的特征值可任意配置。

(2) 存在条件

是否对任意的受控系统，都能构造出渐进观测器呢？

定理：

线性定常系统(A,B,C)，其渐进观测器存在的充要条件是：它的不能观测部分是稳定的。

解释：

① 若(A,B,C)能观测，则由上述极点配置定理可知，可适当选择 G 矩阵，使得观测器极点均具有负实部，故渐进观测器是存在的。

② 若(A,B,C)不能观测，则可以经过典范分解，将系统(A,B,C)分为可观测部分(A_{11},B_1,C_1)和不可观测部分。其中的可观测部分(A_{11},B_1,C_1)，因为是可观测的，所以这部分的极点可以任意配置，故可实现极点均具有负实部。而不可观测部分因为是不可观测的，所以不能配置极点，但是若这部分极点具有负实部，也即不可

观测部分是稳定的。这样的话，整个观测器的极点均具有负实部，因此，渐进观测器就是成立的。

3. 线性定常系统 *n* 维状态观测器的设计方法

由观测器方程可知，设计观测器的任务，就是确定 $\boldsymbol{G}$ 矩阵。

(1) 已知条件

① 受控系统$(\boldsymbol{A},\boldsymbol{B},\boldsymbol{C})$，并且它是能观测的；

② 观测器的极点要求。

(2) 一般步骤

直接法：对低阶系统，可首先设 $\boldsymbol{G}=\begin{bmatrix} g_1 \\ \vdots \\ g_n \end{bmatrix}$，然后再令 $\det(s\boldsymbol{I}-\boldsymbol{A}+\boldsymbol{GC})$ 等于希望的特征多项式，从而求出 $\boldsymbol{G}$ 矩阵。

若已知的是原系统的结构图或传递函数，则首先建立它的状态空间表达式，然后用上述方法设计。

[例 9-36] 已知某线性定常系统的结构图如图 9-24 所示，试设计其 n 维状态观测器，使其极点均为-3，并画出结构图。

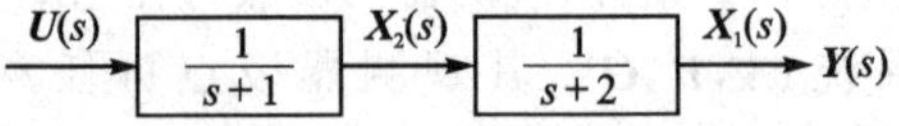

$$U(s)\rightarrow\boxed{\frac{1}{s+1}}\xrightarrow{X_2(s)}\boxed{\frac{1}{s+2}}\xrightarrow{X_1(s)}Y(s)$$

图 9-24　例 9-36 中的系统的结构图

解：(1) 建立原系统的状态空间表达式：

$$\left.\begin{aligned} &\frac{1}{s+1}=\frac{\boldsymbol{X}_1(s)}{\boldsymbol{U}(s)}\rightarrow\dot{\boldsymbol{X}}_2=-\boldsymbol{X}_2+\boldsymbol{U} \\ &\frac{1}{s+2}=\frac{\boldsymbol{X}_1(s)}{\boldsymbol{X}_2(s)}\rightarrow\dot{\boldsymbol{X}}_1=-2\boldsymbol{X}_1+\boldsymbol{X}_2 \\ &\qquad\qquad \boldsymbol{Y}=\boldsymbol{X}_1 \end{aligned}\right\}\Rightarrow\left\{\begin{aligned} &\begin{bmatrix}\dot{\boldsymbol{X}}_1\\ \dot{\boldsymbol{X}}_2\end{bmatrix}=\begin{bmatrix}-2 & 1\\ 0 & -1\end{bmatrix}\begin{bmatrix}\boldsymbol{X}_1\\ \boldsymbol{X}_2\end{bmatrix}+\begin{bmatrix}0\\ 1\end{bmatrix}\boldsymbol{U} \\ &\boldsymbol{Y}=\begin{bmatrix}1 & 0\end{bmatrix}\begin{bmatrix}\boldsymbol{X}_1\\ \boldsymbol{X}_2\end{bmatrix} \end{aligned}\right.$$

(2) 取：$\boldsymbol{G}=\begin{bmatrix} g_1 \\ g_2 \end{bmatrix}$，则

$$|s\boldsymbol{I}-(\boldsymbol{A}-\boldsymbol{GC})|=(s+3)(s+3)=s^2+6s+9$$

$$\because \boldsymbol{A}-\boldsymbol{GC}=\begin{bmatrix}-2 & 1\\ 0 & -1\end{bmatrix}-\begin{bmatrix}g_1\\ g_2\end{bmatrix}\begin{bmatrix}1 & 0\end{bmatrix}=\begin{bmatrix}-2-g_1 & 1\\ -g_2 & -1\end{bmatrix}$$

$$\therefore |s\boldsymbol{I}-(\boldsymbol{A}-\boldsymbol{GC})|=\begin{vmatrix}s+2+g_1 & -1\\ g_2 & s+1\end{vmatrix}=(s+1)(s+2+g_1)+g_2$$

$$=s^2+(3+g_1)s+(2+g_1+g_2)$$

$$\therefore \begin{cases} 3+g_1=6 \\ 2+g_1+g_2=9 \end{cases} \Rightarrow \begin{cases} g_1=3 \\ g_2=4 \end{cases} \Rightarrow \boldsymbol{G}=\begin{bmatrix} 3 \\ 4 \end{bmatrix}$$

观测器的方程为：

$$\begin{cases} \dot{\widetilde{\boldsymbol{X}}}=(\boldsymbol{A}-\boldsymbol{GC})\widetilde{\boldsymbol{X}}+\boldsymbol{BU}+\boldsymbol{GY} \\ \boldsymbol{W}=\widetilde{\boldsymbol{X}} \end{cases} \Rightarrow \begin{cases} \dot{\widetilde{\boldsymbol{X}}}=\begin{bmatrix} -5 & 1 \\ -4 & -1 \end{bmatrix}\widetilde{\boldsymbol{X}}+\begin{bmatrix} 0 \\ 1 \end{bmatrix}U+\begin{bmatrix} 3 \\ 4 \end{bmatrix}\boldsymbol{Y} \\ \boldsymbol{W}=\widetilde{\boldsymbol{X}} \end{cases}$$

(3) 画出观测器的结构图，如图 9－25 所示。

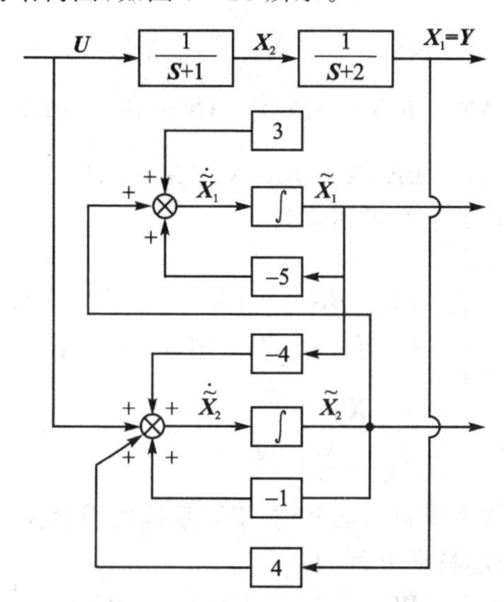

图 9－25　例 9－36 中的观测器结构图

例题解答完毕。

4. 带观测器的状态反馈闭环系统的性质

这里我们讨论：用观测器输出 $\widetilde{\boldsymbol{X}}$，来代替实际系统的状态，组成的状态反馈闭环系统与直接采用状态反馈时有什么异同。

(1) 分离特性

原系统：

$$\begin{cases} \dot{\boldsymbol{X}}=\boldsymbol{AX}+\boldsymbol{BU} \\ \boldsymbol{Y}=\boldsymbol{CX} \end{cases}$$

$$\begin{cases} \dot{\widetilde{\boldsymbol{X}}}=(\boldsymbol{A}-\boldsymbol{GC})\widetilde{\boldsymbol{X}}+\boldsymbol{BU}+\boldsymbol{GY} \\ \boldsymbol{W}=\widetilde{\boldsymbol{X}} \end{cases}$$

两者组成状态反馈闭环系统的结构图如图 9-26 所示。

由图 9-26 可知，控制规律是：

$$U=r-KW=r-K\widetilde{X}$$

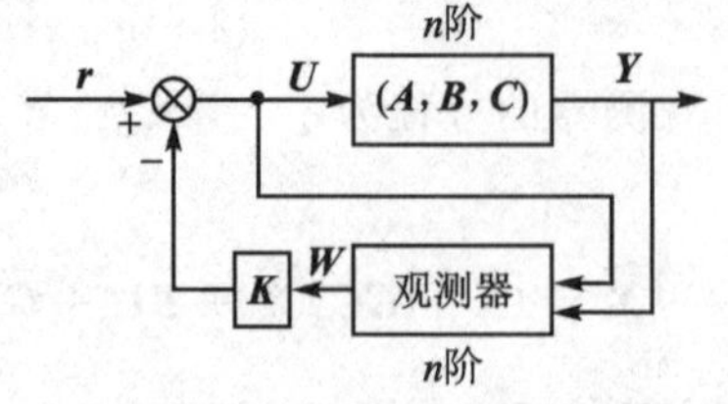

图 9-26 状态反馈闭环系统的结构图

以上三个方程联立起来，就是闭环系统的方程组，是个 $2n$ 阶系统。此时，由于变量多，阶次高，故为简单起见，我们采用状态误差 $(X-\widetilde{X})$ 作为其中的 n 个状态变量，可得：

$$\dot{X}-\dot{\widetilde{X}}=(A-GC)(X-\widetilde{X})$$

$$\dot{X}=AX+BU=AX+B(r-K\widetilde{X})=AX+Br-BK\widetilde{X}+BKX-BKX$$

$$=(A-BK)X+BK(X-\widetilde{X})+Br$$

所以，闭环系统的状态空间表达式为：

$$\begin{cases}\begin{bmatrix}\dot{X}\\ \dot{X}-\dot{\widetilde{X}}\end{bmatrix}=\begin{bmatrix}A-BK & BK\\ 0 & A-GC\end{bmatrix}\begin{bmatrix}X\\ X-\widetilde{X}\end{bmatrix}+\begin{bmatrix}B\\ 0\end{bmatrix}r\\ Y=\begin{bmatrix}C & 0\end{bmatrix}\begin{bmatrix}X\\ X-\widetilde{X}\end{bmatrix}\end{cases}$$

可见，闭环系统的状态变量($2n$ 个)等于原系统的转台变量(n 个)与状态误差(n 个)之和，此时闭环系统的特征方程为：

$$\left|sI-\begin{bmatrix}A-BK & BK\\ 0 & A-GC\end{bmatrix}\right|=\begin{vmatrix}sI-(A-BK) & -BK\\ 0 & sI-(A-GC)\end{vmatrix}$$

$$=|sI-(A-BK)|\cdot|sI-(A-GC)|=0$$

所以闭环系统的特征值(极点)等于 $(A-BK)$ 的特征值加上 $(A-GC)$ 的特征值之和，即系统 $(A-BK, B, C)$ 的极点加上观测器极点之和，而系统 $(A-BK, B, C)$ 的极点就是原系统 (A, B, C) 直接状态反馈闭环系统的极点。

这两组极点是相互无联系的，因此，在设计时可分别独立地进行，这给设计带来了很大的方便，这一性质称为分离特性。

(2) 传递函数矩阵的不变形

因为带观测器的闭环系统的传递函数矩阵为：

$$G_{K,O}(s)=\begin{bmatrix}C & 0\end{bmatrix}\left[sI-\begin{bmatrix}A-BK & BK\\ 0 & A-GC\end{bmatrix}\right]^{-1}\begin{bmatrix}B\\ 0\end{bmatrix}$$

$$=\begin{bmatrix}C & 0\end{bmatrix}\begin{bmatrix}sI-(A-BK) & -BK\\ 0 & sI-(A-GC)\end{bmatrix}^{-1}\begin{bmatrix}B\\ 0\end{bmatrix}$$

$$=\begin{bmatrix}C & 0\end{bmatrix}\begin{bmatrix}[sI-(A-BK)]^{-1} & \cdots\\ 0 & [sI-(A-GC)]^{-1}\end{bmatrix}\begin{bmatrix}B\\ 0\end{bmatrix}$$

$$=C[sI-(A-BK)]^{-1}B$$

可见，它与直接状态反馈闭环系统的传递函数矩阵相同。

结论：

① 两种系统的闭环传递矩阵相同，即与观测器部分无关。

② 由于闭环极点是由($A-BK$)的极点和观测器的极点组成的，而闭环传递函数矩阵的极点是($A-BK$)的极点，故观测器的极点(即($A-GC$)的极点)全部被闭环零点所对消，故闭环系统一定不是能控且能观测的。

③ 由于如下所示的闭环系统的状态空间表达式已经是能控典范分解的型式，

$$\begin{cases}\begin{bmatrix}\dot{X}\\ \dot{X}-\dot{\widetilde{X}}\end{bmatrix}=\begin{bmatrix}A-BK & BK\\ 0 & A-GC\end{bmatrix}\begin{bmatrix}X\\ X-\widetilde{X}\end{bmatrix}+\begin{bmatrix}B\\ 0\end{bmatrix}r\\ Y=\begin{bmatrix}C & 0\end{bmatrix}\begin{bmatrix}X\\ X-\widetilde{X}\end{bmatrix}\end{cases}$$

因此，($X-\widetilde{X}$)是不能控的。由于原系统是能控的(因为状态反馈极点配置要求的)，故观测器的状态 $\widetilde{X}$ 是不能控的，但 $\widetilde{X}$ 的主要任务是使 $\widetilde{X}$ 逼近 X，故不可控性不能影响系统的正常工作

5. 降维观测器

前面讨论的是 n 维状态观测器，考虑到 $Y=CX$，即原系统中已有 m 个状态变量可直接从 Y 中获得，故只需要重构 $n-m$ 个状态变量即可。此时，观测器维数可进一步降低，称为降维观测器。

设计方法：设有一个 n 维线性定常系统，有 p 个状态变量可由 Y 获得，且能观测。

(1) 首先对原系统线性变换，变成如下所示形式：(对单变量系统就是能观测标准形)

$$\begin{cases}\begin{bmatrix}\dot{X}_1\\ \dot{X}_2\end{bmatrix}=\begin{bmatrix}A_{11} & A_{12}\\ A_{21} & A_{22}\end{bmatrix}\begin{bmatrix}X_1\\ X_2\end{bmatrix}+\begin{bmatrix}B_1\\ B_2\end{bmatrix}U\\ Y=\begin{bmatrix}0 & I\end{bmatrix}\begin{bmatrix}X_1\\ X_2\end{bmatrix}=X_2\end{cases}$$

其中 X_2 是 p 维能观测的状态变量，显然 X_2 中的 p 个状态可由 Y 量测的，而 X_1 中的 $n-p$ 个状态变量需要观测器的重构。

(2) 对 X_1 设计 $n-p$ 维观测器。

首先写出 $n-p$ 维子系统的状态空间表达式，根据上面的式子，进行整理，可得：

$$\dot{X}_1=A_{11}X_1+A_{12}X_2+B_1U=A_{11}X_1+A_{12}Y+B_1U$$

$$\dot{\boldsymbol{X}}_2=\dot{\boldsymbol{Y}}=\boldsymbol{A}_{21}\boldsymbol{X}_1+\boldsymbol{A}_{22}\boldsymbol{X}_2+\boldsymbol{B}_2\boldsymbol{U}$$

令子系统的输出为：

$$\boldsymbol{Y}_1=\boldsymbol{A}_{21}\boldsymbol{X}_1$$

则,可得：

$$\boldsymbol{Y}_1=\dot{\boldsymbol{Y}}-\boldsymbol{A}_{22}\boldsymbol{Y}-\boldsymbol{B}_2\boldsymbol{U}$$

仿照全维观测器的设计方法：

$$\begin{cases}\dot{\widetilde{\boldsymbol{X}}}=(\boldsymbol{A}-\boldsymbol{GC})\widetilde{\boldsymbol{X}}+\boldsymbol{BU}+\boldsymbol{GY}\\ \boldsymbol{W}=\widetilde{\boldsymbol{X}}\end{cases}$$

可得：

$$\begin{aligned}\dot{\widetilde{\boldsymbol{X}}}_1&=(\boldsymbol{A}_{11}-\boldsymbol{G}_1\boldsymbol{A}_{21})\widetilde{\boldsymbol{X}}_1+\boldsymbol{G}_1\boldsymbol{Y}_1+\boldsymbol{B}_1\boldsymbol{U}+\boldsymbol{A}_{12}\boldsymbol{Y}\\&=(\boldsymbol{A}_{11}-\boldsymbol{G}_1\boldsymbol{A}_{21})\widetilde{\boldsymbol{X}}_1+\boldsymbol{G}_1\dot{\boldsymbol{Y}}-\boldsymbol{G}_1(\boldsymbol{A}_{22}\boldsymbol{Y}+\boldsymbol{B}_2\boldsymbol{U})+\boldsymbol{B}_1\boldsymbol{U}+\boldsymbol{A}_{12}\boldsymbol{Y}\end{aligned}$$

为避免 $\dot{\boldsymbol{Y}}$,做变量代换,令 $\boldsymbol{Z}_1=\widetilde{\boldsymbol{X}}_1-\boldsymbol{G}_1\boldsymbol{Y}$,则

$$\dot{\boldsymbol{Z}}_1=\dot{\widetilde{\boldsymbol{X}}}_1-\boldsymbol{G}_1\dot{\boldsymbol{Y}}$$

故上式为：

$$\dot{\boldsymbol{Z}}_1=(\boldsymbol{A}_{11}-\boldsymbol{G}_1\boldsymbol{A}_{21})\boldsymbol{Z}_1+(\boldsymbol{B}_1-\boldsymbol{G}_1\boldsymbol{B}_2)\boldsymbol{U}+[(\boldsymbol{A}_{11}-\boldsymbol{G}_1\boldsymbol{A}_{21})\boldsymbol{G}_1+\boldsymbol{A}_{12}-\boldsymbol{G}_1\boldsymbol{A}_{22}]\boldsymbol{Y}$$

这就是子系统的观测器方程,也就是原系统的降维观测器方程。该观测器的输出为 $\widetilde{\boldsymbol{X}}_1$,$\widetilde{\boldsymbol{X}}_1=\boldsymbol{Z}_1+\boldsymbol{G}_1\boldsymbol{Y}$。

(3) 整个系统的状态估计为：

$$\widetilde{\boldsymbol{X}}=\begin{bmatrix}\widetilde{\boldsymbol{X}}_1\\ \widetilde{\boldsymbol{X}}_2\end{bmatrix}=\begin{bmatrix}\boldsymbol{Z}_1+\boldsymbol{G}_1\boldsymbol{Y}\\ \boldsymbol{Y}\end{bmatrix}=\begin{bmatrix}\boldsymbol{I}\\ 0\end{bmatrix}\boldsymbol{Z}_1+\begin{bmatrix}\boldsymbol{G}_1\\ I\end{bmatrix}\boldsymbol{Y}$$

(4) 再对上述状态估计进行反变换,即得原系统的状态估计(即对应于第一步的线性变换)。

[例 9-37] 已知某线性定常系统的状态空间表达式如下所示,试设计其降维状态观测器,使其极点均为-10。

$$\begin{cases}\dot{\boldsymbol{X}}=\begin{bmatrix}1&0\\0&0\end{bmatrix}\boldsymbol{X}+\begin{bmatrix}1\\1\end{bmatrix}\boldsymbol{U}\\ \boldsymbol{Y}=[2\quad -1]\boldsymbol{X}\end{cases}$$

解:(1)变换成能观测标准形：

$$\boldsymbol{Q}_{\rm o}=\begin{bmatrix}\boldsymbol{C}\\ \boldsymbol{CA}\end{bmatrix}=\begin{bmatrix}2&-1\\2&0\end{bmatrix}$$

$$Q_o^{-1}=\frac{1}{2}\begin{bmatrix}0&1\\-2&2\end{bmatrix}=\begin{bmatrix}0&\frac{1}{2}\\-1&1\end{bmatrix}$$

$$T_1=Q_o^{-1}\begin{bmatrix}0\\1\end{bmatrix}=\begin{bmatrix}0&\frac{1}{2}\\-1&1\end{bmatrix}\begin{bmatrix}0\\1\end{bmatrix}=\begin{bmatrix}\frac{1}{2}\\1\end{bmatrix}$$

$$AT_1=\begin{bmatrix}1&0\\0&0\end{bmatrix}\begin{bmatrix}\frac{1}{2}\\1\end{bmatrix}=\begin{bmatrix}\frac{1}{2}\\0\end{bmatrix}$$

$$\therefore T=[T_1\quad AT_1]=\begin{bmatrix}\frac{1}{2}&\frac{1}{2}\\1&0\end{bmatrix}$$

$$T^{-1}=\frac{1}{-\frac{1}{2}}\begin{bmatrix}0&-\frac{1}{2}\\-1&\frac{1}{2}\end{bmatrix}=\begin{bmatrix}0&1\\2&-1\end{bmatrix}$$

$$\widetilde{A}=T^{-1}AT=\begin{bmatrix}0&1\\2&-1\end{bmatrix}\begin{bmatrix}1&0\\0&0\end{bmatrix}\begin{bmatrix}\frac{1}{2}&\frac{1}{2}\\1&0\end{bmatrix}=\begin{bmatrix}0&0\\1&1\end{bmatrix}$$

$$\widetilde{b}=T^{-1}b=\begin{bmatrix}0&1\\2&-1\end{bmatrix}\begin{bmatrix}1\\1\end{bmatrix}=\begin{bmatrix}1\\1\end{bmatrix}$$

$$\widetilde{C}=CT=[2\quad -1]\begin{bmatrix}\frac{1}{2}&\frac{1}{2}\\1&0\end{bmatrix}=[0\quad 1]$$

（2）对能观测标准形求降维观测器：

降维观测器方程为：

$$\begin{cases}\dot{Z}_1=(A_{11}-G_1A_{21})Z_1+(B_1-G_1B_2)U+[(A_{11}-G_1A_{21})G_1+A_{12}-G_1A_{22}]Y\\ \widetilde{X}_1=Z_1+G_1Y\end{cases}$$

因为降维观测器是一阶的，故取反馈矩阵为 G_1。

又因为观测器的特征多项式为：

$$\because A_{11}=0;A_{21}=1$$

$$|sI-(A_{11}-G_1A_{21})|=|sI+G_1|=s+G_1$$

而希望的观测器特征多项式为：$s+10$。

$$\therefore G_1=10$$

$$\begin{cases}\dot{Z}_1=(0-10\times 1)Z_1+(1-10\times 1)U+[(0-10\times 1)10+0-10\times 1]Y\\ \quad=-10Z_1-9U-110Y\\ \widetilde{X}_1=Z_1+10Y\end{cases}$$

(3) 求整个系统的状态估计：

对能观测标准形：

$$\widetilde{\boldsymbol{X}}=\begin{bmatrix}\widetilde{\boldsymbol{X}}_1\\ \widetilde{\boldsymbol{X}}_2\end{bmatrix}=\begin{bmatrix}\boldsymbol{I}\\ 0\end{bmatrix}\boldsymbol{Z}_1+\begin{bmatrix}\boldsymbol{G}_1\\ I\end{bmatrix}\boldsymbol{Y}=\begin{bmatrix}1\\ 0\end{bmatrix}\boldsymbol{Z}_1+\begin{bmatrix}10\\ 1\end{bmatrix}\boldsymbol{Y}$$

$$\because \boldsymbol{X}=\boldsymbol{T}\widetilde{\boldsymbol{X}}$$

变换成对原系统的：

$$\widetilde{\boldsymbol{X}}=\begin{bmatrix}\frac{1}{2} & \frac{1}{2}\\ 1 & 0\end{bmatrix}\begin{bmatrix}1\\ 0\end{bmatrix}\boldsymbol{Z}_1+\begin{bmatrix}\frac{1}{2} & \frac{1}{2}\\ 1 & 0\end{bmatrix}\begin{bmatrix}10\\ 1\end{bmatrix}\boldsymbol{Y}=\begin{bmatrix}\frac{1}{2}\\ 1\end{bmatrix}\boldsymbol{Z}_1+\begin{bmatrix}\frac{11}{2}\\ 10\end{bmatrix}\boldsymbol{Y}$$

例题解答完毕。

第10章 李雅普诺夫稳定性分析

【提要】 本章主要讨论关于李雅普诺夫稳定性理论及应用：

(1) 李雅普诺夫关于稳定性的定义；

(2) 李雅普诺夫关于稳定性的基本定理(第二法)；

(3) 线性系统的李雅普诺夫稳定性分析。

10.1 概 述

对一个控制系统来说，稳定性问题是一个十分重要的问题。在经典控制理论中，我们已经讨论了有关稳定性的一些判别方法，如：代数判据(劳斯、赫尔维茨)和频率判据(奈氏判据)，这些只适用于线性定常系统。1892年，俄国学者李雅普诺夫在《运动稳定性一般问题》一文中，提出了著名的李雅普诺夫稳定性理论。这种方法对任意的控制系统都是适用的。这个理论是建立在状态空间法之上的，因此，在相当长的时间里，这个理论没有引起人们的重视。只是在60年之后，随着状态空间法的迅速发展，李雅普诺夫理论才又重新为人们所重视，并得到进一步发展，成为现代控制理论的一个重要组成部分。

李雅普诺夫的稳定性理论，主要是判断系统稳定性的两种方法，即：

第一法：基本思路是先求解系统的微分方程，然后根据解的性质来判断稳定性，这种思路与经典控制理论是一致的，故又称为间接法。

第二法：基本思路是不通过求解系统的微分方程(或状态方程)，而是通过构造一个李雅普诺夫函数，然后再由 V 函数的性质来判别稳定性。由于不用求解方程就能直接判断，又称为直接法。这种方法对任何系统都是适用的。由于求解非线性或时变系统的微分方程是很困难的，因此，第二法显示出很大的优越性，所以，本章主要介绍李雅普诺夫第二法及其应用。

10.2 李雅普诺夫关于稳定性的定义

系统的稳定性都是相对于系统的平衡状态而言的。对于线性定常系统，由于通常存在唯一的一个平衡点，所以，只有线性定常系统才笼统地提系统的稳定性问题。对于其他的系统，系统中不同的平衡点有着不同的稳定性。因此，我们只能讨论某一平衡状态的稳定性。为此，首先给出有关平衡状态的定义。

1. 平衡状态

设系统的状态方程为：

$$\dot{\boldsymbol{X}} = f(\boldsymbol{X}, t, \boldsymbol{U})$$

因为稳定性问题与输入 $\boldsymbol{U}$ 无关，考察系统的自由运动，故令 $\boldsymbol{U}=0$，则

$$\dot{\boldsymbol{X}} = f(\boldsymbol{X}, t)$$

初始状态 $\boldsymbol{X}(t_0)=\boldsymbol{X}_0$，相应的解为：

$$\boldsymbol{X}(t) = \phi(t, \boldsymbol{X}_0, t_0)$$

(1) 定义：系统 $\dot{\boldsymbol{X}}=f(\boldsymbol{X},t)$，若对所有的 t，状态 X 满足 $\dot{\boldsymbol{X}}=0$，则称该状态 X 为系统的平衡状态，用 $\boldsymbol{X}_e$ 表示，故有：$f(\boldsymbol{X}_e,t)=0$。由平衡状态在状态空间中确定的点，称为平衡点。

(2) 求法：由 $\dot{\boldsymbol{X}}=f(\boldsymbol{X},t)=0$ 求得，例如：

① 线性定常系统：$\dot{\boldsymbol{X}}=\boldsymbol{A}\boldsymbol{X}$。

其平衡状态 $\boldsymbol{X}_e$，应满足 $\boldsymbol{A}\boldsymbol{X}_e=0$，解这个方程组即得。当 $\boldsymbol{A}$ 是非奇异的矩阵时，则系统有唯一的一个平衡状态：$\boldsymbol{X}_e=0$；当 A 是奇异的矩阵时，则系统有无限多个平衡状态，如图 10-1 所示平面上的小球。

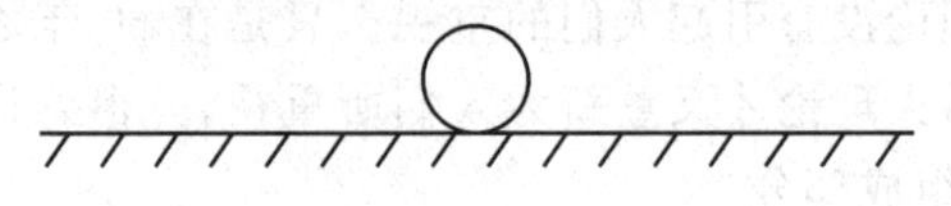

图 10-1　平面上的小球

② 非线性系统：

$$\begin{cases} \dot{\boldsymbol{X}}_1 = -\boldsymbol{X}_1 \\ \dot{\boldsymbol{X}}_2 = \boldsymbol{X}_1 + \boldsymbol{X}_2 - \boldsymbol{X}_2^{\,3} \end{cases}$$

其平衡状态应满足下列方程：

$$\begin{cases} -\boldsymbol{X}_1 = 0 \rightarrow \boldsymbol{X}_1 = 0 \\ \boldsymbol{X}_1 + \boldsymbol{X}_2 - \boldsymbol{X}_2^{\,3} = 0 \rightarrow \boldsymbol{X}_2 = 0, -1, 1 \end{cases}$$

解得：

$$\boldsymbol{X}_{e1} = \begin{bmatrix} 0 \\ 0 \end{bmatrix}, \boldsymbol{X}_{e2} = \begin{bmatrix} 0 \\ 1 \end{bmatrix}, \boldsymbol{X}_{e3} = \begin{bmatrix} 0 \\ -1 \end{bmatrix}$$

由于非零平衡点，总可以通过坐标变换将其移到状态空间的原点。故为方便分析，我们今后把平衡点取为状态空间的原点，即 $\boldsymbol{X}_e=0$。这样讨论问题不失一般性。

2. 范数的概念

李雅普诺夫稳定性的定义是用范数的概念来定义的，我们先复习一下范数的定义。

(1) 定义：状态空间中，向量 $\boldsymbol{X}$ 的长度，叫范数，用 $\|\boldsymbol{X}\|$ 表示，则

$$\|\boldsymbol{X}\|=\sqrt{\boldsymbol{X}_1^2+\boldsymbol{X}_2^2+\cdots+\boldsymbol{X}_n^2}=(\boldsymbol{X}^T\boldsymbol{X})^{\frac{1}{2}}=\left(\begin{bmatrix}\boldsymbol{X}_1 & \cdots & \boldsymbol{X}_n\end{bmatrix}\begin{bmatrix}\boldsymbol{X}_1\\ \vdots \\ \boldsymbol{X}_n\end{bmatrix}\right)^{\frac{1}{2}}$$

(2) $(\boldsymbol{X}-\boldsymbol{X}_e)$ 的范数：

$$\|\boldsymbol{X}-\boldsymbol{X}_e\|=\sqrt{(\boldsymbol{X}_1-\boldsymbol{X}_{1e})^2+\cdots+(\boldsymbol{X}_n-\boldsymbol{X}_{ne})^2}$$

几何意义：

$\|\boldsymbol{X}-\boldsymbol{X}_e\|\leqslant\varepsilon$：表示状态空间中以 $\boldsymbol{X}_e$ 为球心，以 ε 为半径的一个球域，记为 $S(\varepsilon)$；

$\|\boldsymbol{X}_0-\boldsymbol{X}_e\|\leqslant\delta$：表示状态空间中以 $\boldsymbol{X}_e$ 为球心，以 δ 为半径的一个球域，记为 $S(\delta)$。

3. 李雅普诺夫意义下的稳定性定义

(1) 稳定和一致稳定

① 定义：系统 $\dot{\boldsymbol{X}}=f(\boldsymbol{X},t)$，若对任意给定的实数 $\varepsilon>0$，都对应存在另一个实数 $\delta(\varepsilon,t_0)>0$，使得一切满足不等式：$\|\boldsymbol{X}_0-\boldsymbol{X}_e\|\leqslant\delta(\varepsilon,t_0)$ 的任意初始状态 $\boldsymbol{X}_0$ 所对应的解，在所有时间内都满足 $\|\boldsymbol{X}-\boldsymbol{X}_e\|\leqslant\varepsilon$，则称系统的平衡状态 $\boldsymbol{X}_e$ 是稳定的。若 δ 与 t_0 无关，则称 $\boldsymbol{X}_e$ 是一致稳定的。

(2) 几何意义：如图 10-2 所示。

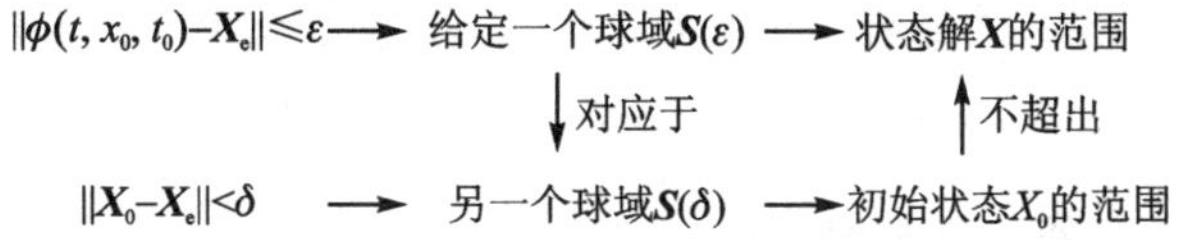

$\|\phi(t,x_0,t_0)-X_e\|\leqslant\varepsilon$ ⟶ 给定一个球域 $S(\varepsilon)$ ⟶ 状态解 X 的范围

↓对应于　　　↑不超出

$\|X_0-X_e\|<\delta$ ⟶ 另一个球域 $S(\delta)$ ⟶ 初始状态 X_0 的范围

图 10-2　稳定的几何意义

例如：二维系统稳定的几何意义如图 10-3 所示。

(2) 渐近稳定

① 定义：有两层含义：$\boldsymbol{X}_e$ 处是稳定的；$t\to\infty$ 时，$\boldsymbol{X}(t)\to\boldsymbol{X}_e$，即 $\lim\limits_{t\to\infty}\|\boldsymbol{X}(t)-\boldsymbol{X}_e\|\leqslant\mu$，因为通常 $\boldsymbol{X}_e$ 取为原点，即 $\boldsymbol{X}_e=0$，状态解又表示为：$\boldsymbol{X}(t)=\phi(t,\boldsymbol{X}_0,t_0)$，$\mu$ 为任意小的实数，$\mu\to0$。所以，最终得出 $\lim\limits_{t\to\infty}\|\boldsymbol{X}(t)\|=0$。

② 几何意义:如图 10-4 所示。

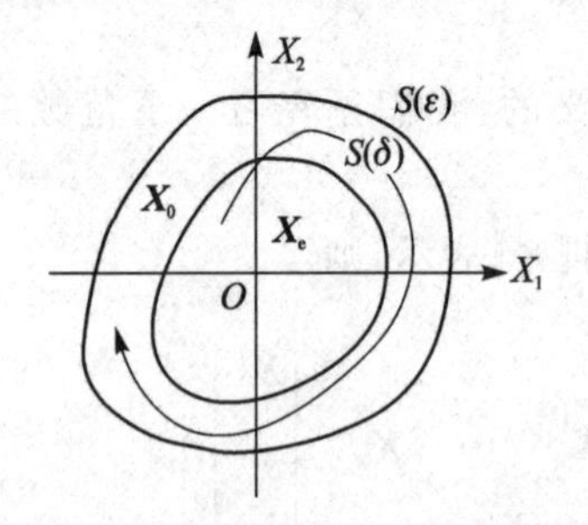

图 10-3 二维系统稳定的几何意义

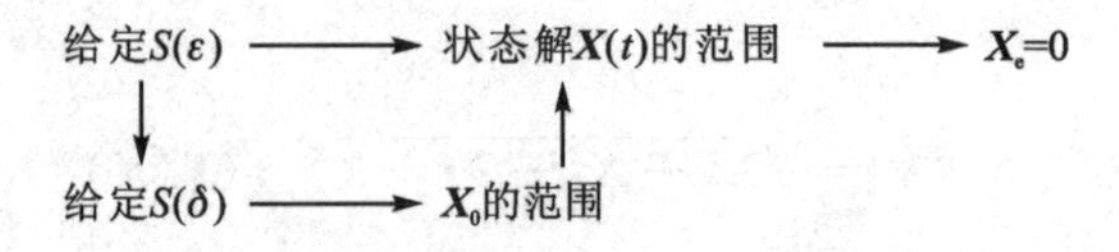

图 10-4 渐近稳定的几何意义

例如:二维系统渐近稳定的几何意义如图 10-5 所示。

(3) 大范围渐近稳定

① 定义:实质上就是把渐近稳定中的初始状态范围 $S(\delta)$扩展到整个状态空间。

② 几何意义:如图 10-6 所示。

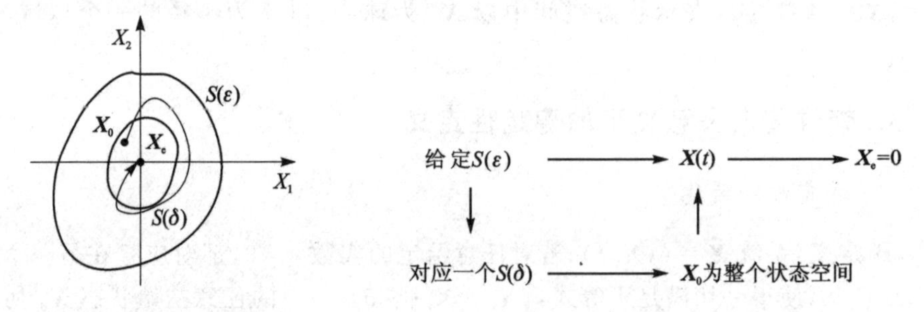

图 10-5 二维系统渐近稳定的几何意义　　图 10-6 大范围渐近稳定的几何意义

例如:二维系统大范围渐近稳定的几何意义如图 10-7 所示。

对线性系统来说,若是渐进稳定的,则必是大范围渐进稳定。

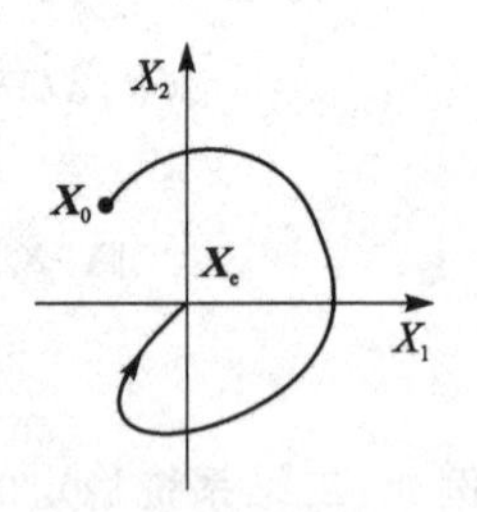

图 10-7 二维系统大范围渐近稳定的几何意义

(4) 不稳定

① 定义:与稳定的定义相对。

② 几何意义:与稳定的几何意义相对。

在经典控制理论中,等幅振荡称为不稳定,但是在李雅普诺夫稳定性定义下,由于 ε 是存在的,故是稳定的。

例如:二维系统不稳定的几何意义如图 10-8 所示。

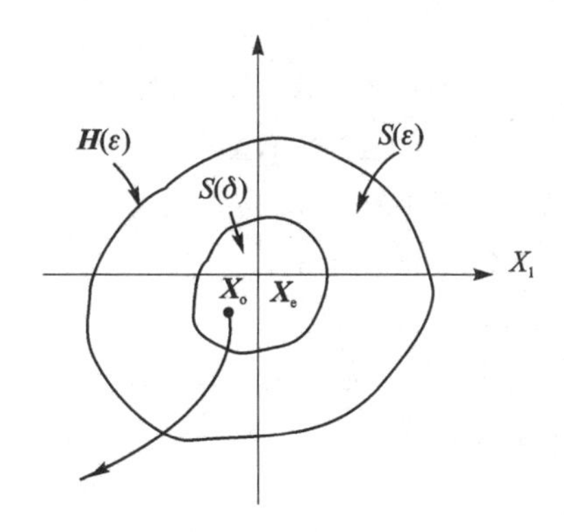

图 10－8　二维系统不稳定的几何意义

10.3　李雅普诺夫稳定性理论

1. 李雅普诺夫第一法

基本依据是根据系统的特征值来判断稳定性。

(1) 线性定常系统

定理：线性定常连续系统渐近稳定的充要条件是：**A** 矩阵的特征值均具有负实部。

(2) 非线性系统

对于非线性不严重的系统，$\dot{\boldsymbol{X}}=f(\boldsymbol{X},t)$，即满足小偏差理论，则非线性特性可展开成泰勒级数，将泰勒级数取一次近似，则可得近似的线性化系统：$\dot{\boldsymbol{X}}=\boldsymbol{AX}$。

2. 预备知识复习

李雅普诺夫第二法要用到标量函数的定号性及二次型函数知识。

(1) 标量函数定号性

设 X 是状态空间(域 Ω)中的非零向量，$\boldsymbol{V}(\boldsymbol{X})$是标量函数。

① 正定：条件为

$$\begin{cases}\boldsymbol{V}(\boldsymbol{X})>0,\boldsymbol{X}\neq 0\\ \boldsymbol{V}(\boldsymbol{X})=0,\boldsymbol{X}=0\end{cases}$$

例如：$\boldsymbol{V}(\boldsymbol{X})=\boldsymbol{X}_1^2+2\boldsymbol{X}_2^2$，正定。

② 负定：条件为$-\boldsymbol{V}(\boldsymbol{X})$是正定的。

例如：$\boldsymbol{V}(\boldsymbol{X})=-({\boldsymbol{X}_1}^2+2{\boldsymbol{X}_2}^2)$，负定。

③ 正半定：条件为

$$\begin{cases} V(X) \geqslant 0, X \neq 0 \\ V(X) = 0, X = 0 \end{cases}$$

例如：$V(X)=(X_1+X_2)^2$，正半定。

④ 负半定：条件为$-V(X)$是正半定的。

例如：$V(X)=-(X_1+X_2)^2$，负半定。

⑤ 不定：$V(X)$既可为正定，也可为负定。

例如：$V(X)=X_1X_2+X_2^2$，不定。

(2) 二次型标量函数

定义：$V(X)=X^TPX=\begin{bmatrix} X_1 & \cdots & X_n \end{bmatrix}\begin{bmatrix} p_{11} & \cdots & p_{1n} \\ \vdots & \ddots & \vdots \\ p_{n1} & \cdots & p_{nn} \end{bmatrix}\begin{bmatrix} X_1 \\ \vdots \\ X_n \end{bmatrix}=\sum_{i,j=1}^{n} p_{ij}X_iX_j$，称为二次型函数，若 $p_{ij}=p_{ji}$，则这种 P 矩阵称为实对称矩阵。

(3) P 矩阵为实对称矩阵的二次型函数的正定性判别准则：赛尔维斯特(Sylvester)准则

① 正定：二次型函数 $V(X)$为正定的充要条件是：P 矩阵的所有各阶主子行列式均大于零，即：

$$\Delta_1=p_{11}>0, \Delta_2=\begin{vmatrix} p_{11} & p_{12} \\ p_{21} & p_{22} \end{vmatrix}>0, \cdots, \Delta_n=\begin{vmatrix} p_{11} & \cdots & p_{1n} \\ \vdots & \ddots & \vdots \\ p_{n1} & \cdots & p_{nn} \end{vmatrix}>0$$

② 负定：二次型函数 $V(X)$为负定的充要条件是：

P 矩阵的所有各阶主子行列式为：

$$\Delta_i \begin{cases} >0, i \text{ 为偶数} \\ <0, i \text{ 为奇数} \end{cases}, (i=1,2,\cdots,n)$$

③ 正半定：$V(X)$为正半定(非负定)的充要条件是：

$$\begin{cases} \Delta_i \geqslant 0, i=1,2,\cdots,n-1 \\ \Delta_n=0 \end{cases}$$

④ 实对称矩阵 P 的定号性：设 $V(X)=X^TPX$，则

a. 当$V(X)$是正定的，称 P 矩阵是正定的，记为 $P>0$；

b. 当 $V(X)$是负定的，称 P 矩阵是负定的，记为 $P<0$；

c. 当 $V(X)$是正半定的，称 P 矩阵是正半定的，记为 $P\geqslant 0$。

[例 10-1] 已知 $V(X)=10X_1^2+4X_2^2+2X_1X_2$，试判定 $V(X)$是不是正定的。

解：求 P 矩阵的各阶主子式的正定性：

$$V(X)=10X_1^2+4X_2^2+2X_1X_2=\begin{bmatrix} X_1 & X_2 \end{bmatrix}\begin{bmatrix} 10 & 1 \\ 1 & 4 \end{bmatrix}\begin{bmatrix} X_1 \\ X_2 \end{bmatrix}$$

$$\Delta_1 = \boldsymbol{p}_{11} = 10 > 0$$

$$\Delta_2 = \begin{vmatrix} 10 & 1 \\ 1 & 4 \end{vmatrix} > 0$$

因为 $\boldsymbol{P}$ 矩阵的各阶主子式均大于零，所以 $\boldsymbol{V}(\boldsymbol{X})$是正定的。

例题解答完毕。

3. 李雅普诺夫第二法

下面不加证明地给出李雅普诺夫第二法的 4 个基本定理。李雅普诺夫第二法的基本思想是首先构造一个 $\boldsymbol{V}(\boldsymbol{X})$函数，称为李雅普诺夫函数，然后根据 $\boldsymbol{V}(\boldsymbol{X})$的正定性来判断系统的稳定性。

(1) 渐进稳定的判别定理(一)

简单地说，一致渐进稳定的条件是：$\boldsymbol{V}(\boldsymbol{X})$是正定的，$\dot{\boldsymbol{V}}(\boldsymbol{X})$是负定的。

说明：

① 这个定理可解释为：$\boldsymbol{V}(\boldsymbol{X})$函数实际上是参照实际物理系统的能量函数而构造的，从物理意义上看，能量显然总是正值，即 $\boldsymbol{V}(\boldsymbol{X})>0$，若能量在不断消耗，则 $\dot{\boldsymbol{V}}(\boldsymbol{X})<0$，故系统的能量最终耗尽，一个渐进稳定的系统此时又回到平衡状态；

例如：位移运动的能量$\frac{1}{2}mv^2$；旋转运动的能量$\frac{1}{2}\mathrm{j}\omega^2$；电场的能量$\frac{1}{2}cu^2$；磁场的能量$\frac{1}{2}Li^2$。

② 该定理只是一个充分条件，而不是充要条件。也就是说：如果能找到满足上述条件的一个 $\boldsymbol{V}(\boldsymbol{X})$，则系统一定是一致渐近稳定的。但如找不到这样的 $\boldsymbol{V}(\boldsymbol{X})$，也并不意味着系统是不稳定的，很可能还没有找到合适的 $\boldsymbol{V}(\boldsymbol{X})$函数。

③ 李雅普诺夫函数 $\boldsymbol{V}(\boldsymbol{X})$最简单的形式是二次型：$\boldsymbol{V}(\boldsymbol{X})=\boldsymbol{X}^{\mathrm{T}}\boldsymbol{P}\boldsymbol{X}$。在一般情况下，$\boldsymbol{V}(\boldsymbol{X})$不一定都是简单的二次型函数，但对线性系统 $\boldsymbol{V}(\boldsymbol{X})$一定可用二次型函数来构造。

④ 此定理适用于线性系统、非线性系统、时变系统、定常系统，是一个最基本的定理。

[例 10-2]　设系统的状态方程如下所示：

$$\begin{cases} \dot{\boldsymbol{X}}_1 = \boldsymbol{X}_2 - \boldsymbol{X}_1(\boldsymbol{X}_1{}^2 + \boldsymbol{X}_2^2) \\ \dot{\boldsymbol{X}}_2 = -\boldsymbol{X}_1 - \boldsymbol{X}_2(\boldsymbol{X}_1{}^2 + \boldsymbol{X}_2^2) \end{cases}$$

试确定其平衡状态的稳定性。

解：显然，原点($\boldsymbol{X}_1=0$，$\boldsymbol{X}_2=0$)是给定系统的唯一平衡点，如果我们试选取标准二次型函数作为李雅普诺夫函数，即

$$\boldsymbol{V}(\boldsymbol{X}) = \boldsymbol{X}_1{}^2 + \boldsymbol{X}_2^2 > 0$$

那么，沿任意轨线 $\boldsymbol{V}(\boldsymbol{X})$ 对时间的全导数为：

$$\dot{\boldsymbol{V}}(\boldsymbol{X}) = 2\boldsymbol{X}_1\dot{\boldsymbol{X}}_1 + 2\boldsymbol{X}_2\dot{\boldsymbol{X}}_2 = -2(\boldsymbol{X}_1^2 + \boldsymbol{X}_2^2)^2$$

是负定的。

所以，系统在原点处的平衡状态是大范围渐近稳定的。

例题解答完毕。

(2) 渐进稳定的判别定理(二)

利用渐进稳定的判别定理(一)判断稳定性时，寻找一个满足条件的 $\boldsymbol{V}(\boldsymbol{X})$ 函数是困难的。其困难在于：要求 $\boldsymbol{V}(\boldsymbol{X})$ 必须满足 $\dot{\boldsymbol{V}}(\boldsymbol{X})$ 是负定的，而这个条件很苛刻。

[例 10-3] 设系统的状态方程如下所示：

$$\begin{cases}\dot{\boldsymbol{X}}_1 = \boldsymbol{X}_2 \\ \dot{\boldsymbol{X}}_2 = -\boldsymbol{X}_1 - \boldsymbol{X}_2\end{cases}$$

试确定系统平衡状态的稳定性。

解：显然，原点($\boldsymbol{X}_1=0, \boldsymbol{X}_2=0$)是给定系统的唯一平衡点，如果我们试选取标准二次型函数作为李雅普诺夫函数，即

$$\boldsymbol{V}(\boldsymbol{X}) = \boldsymbol{X}_1^2 + \boldsymbol{X}_2^2 > 0$$

那么，沿任意轨线 $\boldsymbol{V}(\boldsymbol{X})$ 对时间的全导数为：

$$\dot{\boldsymbol{V}}(\boldsymbol{X}) = 2\boldsymbol{X}_1\dot{\boldsymbol{X}}_1 + 2\boldsymbol{X}_2\dot{\boldsymbol{X}}_2 = -2\boldsymbol{X}_2^2$$

是负半定的。故不满足渐进稳定的判别定理(一)的条件，所以上述的 $\boldsymbol{V}(\boldsymbol{X})$ 不能作为系统的李雅普诺夫函数。换句话说，若按这个 $\boldsymbol{V}(\boldsymbol{X})$ 来判定的话，系统的稳定性不能确定。

例题解答完毕。

这里就提出一个问题，能否把 $\dot{\boldsymbol{V}}(\boldsymbol{X})$ 是负定的条件，用 $\dot{\boldsymbol{V}}(\boldsymbol{X})$ 是负半定的来代替，这就是渐进稳定的判别定理(二)的内容。

简单地说，一致渐进稳定的条件是：$\boldsymbol{V}(\boldsymbol{X})$ 是正定的，$\dot{\boldsymbol{V}}(\boldsymbol{X})$ 是负半定的，且 $\dot{\boldsymbol{V}}(\boldsymbol{X})$ 不恒等于零。

解释：为什么要加“且 $\dot{\boldsymbol{V}}(\boldsymbol{X})$ 不恒等于零”这个条件呢？这是因为：由于条件中只要求“$\dot{\boldsymbol{V}}(\boldsymbol{X})$ 是负半定的”，所以在 $\boldsymbol{X} \neq 0$ 时，可能会出现 $\dot{\boldsymbol{V}}(\boldsymbol{X})=0$。而对于 $\dot{\boldsymbol{V}}(\boldsymbol{X})=0$ 有两种可能的情况。

① $\dot{\boldsymbol{V}}(\boldsymbol{X})$ 恒等于零，此时 $\boldsymbol{V}(\boldsymbol{X})=C$，$C$ 为常数，能量不变了，即意味着运动轨迹不会趋向原点。非线性系统中的极限环便属这种情况。系统一定不是渐近稳定。如图 10-9 所示为二维状态空间的情况。

② $\dot{V}(X)$ 不恒等于零，这时运动轨迹只在某个时刻 $\boldsymbol{V}(\boldsymbol{X})=C$，$C$ 为常数，但由于 $\dot{\boldsymbol{V}}(\boldsymbol{X})$ 不恒等于零，则运动不可能保持 $\boldsymbol{V}(\boldsymbol{X})=C$，必然要趋向原点，所以是渐近稳定

的。如图 10－10 所示为二维状态空间的情况。

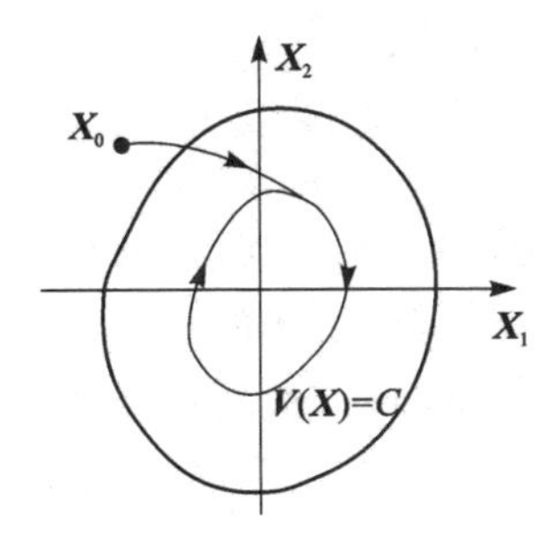

图 10－9　二维状态空间 $V(X)=C$ 且 $\dot{V}(X)$ 恒等于零

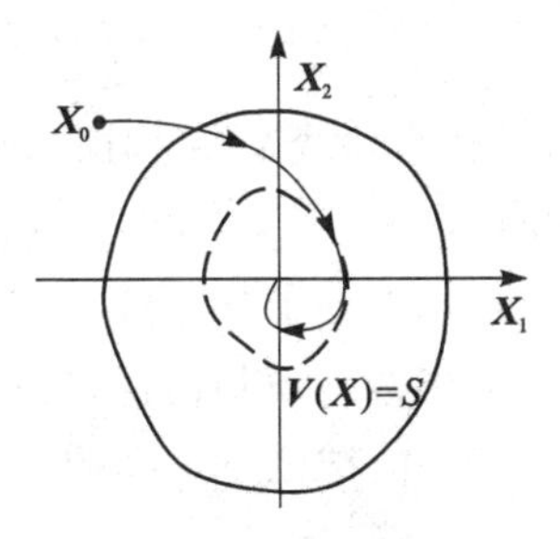

图 10－10　二维状态空间 $V(X)=C$ 且 $\dot{V}(X)$ 不恒等于零

［例 10－4］　设系统的状态方程如下所示：

$$\begin{cases}\dot{X}_1=X_2\\ \dot{X}_2=-X_1-X_2\end{cases}$$

试确定系统平衡状态的稳定性。

解：显然，原点（$X_1=0$，$X_2=0$）是给定系统的唯一平衡点，如果我们试选取标准二次型函数作为李雅普诺夫函数，即

$$V(X)=X_1^{\ 2}+X_2^2>0$$

那么，沿任意轨线 $V(X)$ 对时间的全导数为：

$$\dot{V}(X)=2X_1\dot{X}_1+2X_2\dot{X}_2=-2X_2^2$$

是负半定的。

当 $\begin{bmatrix}X_1\\X_2\end{bmatrix}=\begin{bmatrix}0\\0\end{bmatrix}$ 和 $\begin{bmatrix}X_1\\X_2\end{bmatrix}=\begin{bmatrix}\text{任意值}\\0\end{bmatrix}$ 时，$\dot{V}(X)=0$。

下面分析在 $X\neq0$（第二种情况）时，$\dot{V}(X)$ 会不会恒等于零。

因为 $\dot{X}_2=-X_1-X_2$，故当 $\begin{bmatrix}X_1\\X_2\end{bmatrix}=\begin{bmatrix}\text{任意值}\\0\end{bmatrix}$ 时，$\dot{X}_2$ 不会等于零。由于 X_2 的变化率不等于零，故 $X_2=0$ 是暂时的，不会恒等于零，故 $\dot{V}(X)=-2X_2^2$ 不会恒等于零。因此，$V(X)$ 函数满足渐进稳定的判别定理（二），系统是大范围渐近稳定的。

例题解答完毕。

［例 10－5］　设系统的状态方程如下所示：

$$\begin{cases}\dot{X}_1=X_2\\ \dot{X}_2=-X_1-X_2\end{cases}$$

试确定系统平衡状态的稳定性。

解：显然，原点（$X_1=0$，$X_2=0$）是给定系统的唯一平衡点，如果我们试选取标准

二次型函数作为李雅普诺夫函数,即

$$V(X)=\frac{1}{2}[(X_1+X_2)^2+2X_1{}^2+2X_2^2]>0$$

那么,沿任意轨线 $V(X)$ 对时间的全导数为:

$$\dot{V}(X)=(X_1+X_2)(\dot{X}_1+\dot{X}_2)+2X_1\dot{X}_1+2X_2\dot{X}_2=-(X_1{}^2+X_2^2)<0$$

是负定的。故满足渐进稳定的判别定理(一)的条件,所以上述的 $V(X)$ 能作为系统的李雅普诺夫函数。换句话说,若按这个 $V(X)$ 来判定的话,系统是大范围渐近稳定的。与例 10-4 的结论是一样的。

例题解答完毕。

(3) 稳定的判别定理(三)

解释:因为 $\dot{V}(X)$ 在某一 X 处恒等于零,则 $V(X)=C$,C 为常数,系统能量不变化了,故系统的运动必定不会趋于原点,而收敛于某个极限环,故系统是一致稳定的,但不是渐近稳定的。

[例 10-6] 设系统的状态方程如下所示:

$$\begin{cases}\dot{X}_1=kX_2\\ \dot{X}_2=-X_1\end{cases}$$

其中 k 是非零正常数,试确定系统平衡状态的稳定性。

解:显然,原点($X_1=0,X_2=0$)是给定系统的唯一平衡点,如果我们试选取标准二次型函数作为李雅普诺夫函数,即

$$V(X)=X_1{}^2+kX_2^2>0$$

那么,沿任意轨线 $V(X)$ 对时间的全导数为:

$$\dot{V}(X)=2X_1\dot{X}_1+2kX_2\dot{X}_2=2kX_1X_2-2kX_1X_2=0$$

可见,$\dot{V}(X)$ 在任意 $X\neq 0$ 的值上均可保持为零,这时系统在李雅普诺夫意义下是稳定的,但不是渐近稳定的。

例题解答完毕。

(4) 不稳定的判别定理

简单地说,不稳定的条件是:$V(X)$ 是正定的,$\dot{V}(X)$ 是正半定的,且 $\dot{V}(X)$ 不恒等于零。

或者说,不稳定的条件是:$V(X)$ 是正定的,$\dot{V}(X)$ 是正定的。

解释:因为 $\dot{V}(X)$ 是正定的,所以系统的能量是增大的,故系统运动必将发散至无穷大,系统是不稳定的。

[例 10-7] 设系统的状态方程如下所示:

$$\begin{cases}\dot{X}_1=X_2\\ \dot{X}_2=-X_1+X_2\end{cases}$$

试确定系统平衡状态的稳定性。

解：显然，原点($\boldsymbol{X}_1=0,\boldsymbol{X}_2=0$)是给定系统的唯一平衡点，如果我们试选取标准二次型函数作为李雅普诺夫函数，即

$$\boldsymbol{V}(\boldsymbol{X})=\boldsymbol{X}_1{}^2+\boldsymbol{X}_2^2>0$$

那么，沿任意轨线 $\boldsymbol{V}(\boldsymbol{X})$ 对时间的全导数为：

$$\dot{\boldsymbol{V}}(\boldsymbol{X})=2\boldsymbol{X}_1\dot{\boldsymbol{X}}_1+2\boldsymbol{X}_2\dot{\boldsymbol{X}}_2=2\boldsymbol{X}_1\boldsymbol{X}_2+2\boldsymbol{X}_2(-\boldsymbol{X}_1+\boldsymbol{X}_2)=2\boldsymbol{X}_2^2$$

因为 $\boldsymbol{X}_1\neq0,\boldsymbol{X}_2=0$ 时，$\dot{\boldsymbol{V}}(\boldsymbol{X})=0$，可见 $\dot{\boldsymbol{V}}(\boldsymbol{X})$ 为正半定。同时可以判定 $\dot{\boldsymbol{V}}(\boldsymbol{X})$ 只有在 $\boldsymbol{X}_1=0,\boldsymbol{X}_2=0$ 时恒等于零，而在其他状态，$\dot{\boldsymbol{V}}(\boldsymbol{X})$ 均不恒等于零，因此，系统的平衡状态是不稳定的。

例题解答完毕。

小结：

应用李雅普诺夫第二法分析系统的稳定性，关键在于如何构造 $\boldsymbol{V}(\boldsymbol{X})$ 函数，但是李雅普诺夫第二法本身并没有提供构造 $\boldsymbol{V}(\boldsymbol{X})$ 函数的方法。通常 $\boldsymbol{V}(\boldsymbol{X})$ 函数没有一般的方法可循。要凭试探和经验，这是李雅普诺夫第二法的缺点。到目前为止，对非线性系统，时变系统还没有一个一般方法。但是对于线性系统有一个方法可以构造 $\boldsymbol{V}(\boldsymbol{X})$ 函数。

10.4　线性系统的李雅普诺夫稳定性分析

1. 线性定常连续系统

(1) 渐近稳定的判别方法

定理：线性定常连续系统：$\dot{\boldsymbol{X}}=\boldsymbol{AX}$，在平衡状态 $\boldsymbol{X}_e=0$ 处渐近稳定的充要条件是：对给定的一个正定对称矩阵 $\boldsymbol{Q}$，存在一个正定对称矩阵 $\boldsymbol{P}$，且满足如下矩阵方程(称为李雅普诺夫方程)：

$$\boldsymbol{A}^T\boldsymbol{P}+\boldsymbol{PA}=-\boldsymbol{Q}$$

并且 $\boldsymbol{V}(\boldsymbol{X})=\boldsymbol{X}^{\mathrm{T}}\boldsymbol{PX}$ 是系统的一个李雅普诺夫函数。

证明：只证明充分性，即若满足上述要求的 $\boldsymbol{P}$ 存在，则系统在 $\boldsymbol{X}_e=0$ 处是渐近稳定的。

因为已知 $\boldsymbol{P}$ 矩阵存在，且 $\boldsymbol{P}$ 是正定的，即 $\boldsymbol{P}>0$，又选 $\boldsymbol{V}(\boldsymbol{X})=\boldsymbol{X}^{\mathrm{T}}\boldsymbol{PX}$，由赛尔维斯特判据可知 $\boldsymbol{V}(\boldsymbol{X})>0$，是正定的。

$$\because\dot{\boldsymbol{V}}(\boldsymbol{X})=\frac{\mathrm{d}}{\mathrm{d}t}(\boldsymbol{X}^{\mathrm{T}}\boldsymbol{PX})=\dot{\boldsymbol{X}}^{\mathrm{T}}\boldsymbol{PX}+\boldsymbol{X}^{\mathrm{T}}\boldsymbol{P}\dot{\boldsymbol{X}}=(\boldsymbol{AX})^{\mathrm{T}}\boldsymbol{PX}+\boldsymbol{X}^{\mathrm{T}}\boldsymbol{P}(\boldsymbol{AX})$$
$$=\boldsymbol{X}^{\mathrm{T}}\boldsymbol{A}^{\mathrm{T}}\boldsymbol{PX}+\boldsymbol{X}^{\mathrm{T}}\boldsymbol{PAX}=\boldsymbol{X}^{\mathrm{T}}(\boldsymbol{A}^{\mathrm{T}}\boldsymbol{P}+\boldsymbol{PA})\boldsymbol{X}=\boldsymbol{X}^{\mathrm{T}}(-\boldsymbol{Q})\boldsymbol{X}$$

已知$Q>0$,故$-Q<0$,即$\dot{V}(X)$是负定的,由渐近稳定的判别定理(一)可知系统在坐标原点是渐近稳定的。

证明完毕。

(2) 判断的一般步骤

通常,为方便起见,一般选$Q=I$(单位阵),则上述李雅普诺夫方程为:

$$A^{T}P+PA=-I$$

判断的一般步骤如下:

① 求平衡点;

② 去$Q=I$,而因为P是对称矩阵,设

$$P=\begin{bmatrix} p_{11} & \cdots & p_{1n} \\ \vdots & \ddots & \vdots \\ p_{1n} & \cdots & p_{nn} \end{bmatrix}$$

③ 解方程组:

$$A^{T}P+PA=-I$$

求出P;

④ 利用赛尔维斯特判据,判P矩阵的正定性,如$P>0$,正定,则系统渐近稳定系统。

[**例 10-8**] 设系统的状态方程如下所示:

$$\begin{cases} \dot{X}_1=X_2 \\ \dot{X}_2=-X_1-X_2 \end{cases}$$

试确定系统平衡状态的稳定性。

解:将原状态方程写成矩阵的形式,即

$$\begin{bmatrix} \dot{X}_1 \\ \dot{X}_2 \end{bmatrix}=\begin{bmatrix} 0 & 1 \\ -1 & -1 \end{bmatrix}\begin{bmatrix} X_1 \\ X_2 \end{bmatrix}$$

$$A=\begin{bmatrix} 0 & 1 \\ -1 & -1 \end{bmatrix}$$

设

$$P=\begin{bmatrix} p_{11} & p_{12} \\ p_{12} & p_{22} \end{bmatrix}$$

$$Q=I$$

$$A^{T}P+PA=-I$$

即

$$\begin{bmatrix} 0 & -1 \\ 1 & -1 \end{bmatrix}\begin{bmatrix} p_{11} & p_{12} \\ p_{12} & p_{22} \end{bmatrix}+\begin{bmatrix} p_{11} & p_{12} \\ p_{12} & p_{22} \end{bmatrix}\begin{bmatrix} 0 & 1 \\ -1 & -1 \end{bmatrix}=\begin{bmatrix} -1 & 0 \\ 0 & -1 \end{bmatrix}$$

将此矩阵方程展开，可得联立方程组：

$$\begin{cases}-2p_{12}=-1\\p_{11}-p_{12}-p_{22}=0\\2p_{12}-2p_{22}=-1\end{cases}$$

解得：

$$p_{11}=\frac{3}{2};p_{12}=\frac{1}{2};p_{22}=1$$

即

$$\boldsymbol{P}=\begin{bmatrix}\frac{3}{2} & \frac{1}{2}\\ \frac{1}{2} & 1\end{bmatrix}$$

运用赛尔维斯特判据来校核各阶主子式：

$$\Delta_1=p_{11}=\frac{3}{2}>0$$

$$\Delta_2=\begin{vmatrix}\frac{3}{2} & \frac{1}{2}\\ \frac{1}{2} & 1\end{vmatrix}>0$$

所以矩阵 $\boldsymbol{P}$ 是正定的，因此，系统在原点处的平衡状态是大范围渐近稳定的。而系统的李雅普诺夫函数及其导数为：

$$\boldsymbol{V}(\boldsymbol{X})=\boldsymbol{X}^{\mathrm{T}}\boldsymbol{P}\boldsymbol{X}=\frac{1}{2}(3\boldsymbol{X}_1{}^2+2\boldsymbol{X}_1\boldsymbol{X}_2+2\boldsymbol{X}_2^2)>0$$

$$\dot{\boldsymbol{V}}(\boldsymbol{X})=-(\boldsymbol{X}_1{}^2+\boldsymbol{X}_2^2)<0$$

因此，由系统的李雅普诺夫函数及其导数亦可反推系统在原点处的平衡状态是渐近稳定的。

例题解答完毕。

参考文献

[1] 程鹏. 自动控制原理[M]. 2版. 北京:高等教育出版社,2010.
[2] 胡寿松. 自动控制原理[M]. 北京:国防工业出版社,1984.
[3] 程鹏,王艳东. 现代控制理论基础[M]. 北京:北京航空航天大学出版社,2004.
[4] 王划一,杨西侠,林家恒,等. 自动控制原理[M]. 北京:国防工业出版社,2007.
[5] 钱学森,宋健. 工程控制论[M]. 北京:科学出版社,1980.
[6] 高为炳. 非线性控制系统导论[M]. 北京:科学出版社,1988.
[7] 张洪钺. 现代控制理论[M]. 北京:北京航空学院出版社,1987.
[8] (日)绪方胜彦. 现代控制工程[M]. 卢伯英,等译. 北京:科学出版社,1976.
[9] 王照林,等. 现代控制理论基础[M]. 北京:国防工业出版社,1981.
[10] 常春馨. 现代控制理论基础[M]. 北京:机械工业出版社,1988.